U0161352

基于 HAL 库的 STM32 应用系统原理与实践

主　编　李　淼　丁　健

副主编　陶为明　王　劼　方庆山　钱宗斌

参　编　张　阳　张鹏飞　刘　畅　章　浩

　　　　余蓓敏　王国义　徐琬婷　孙成正

合肥工业大学出版社

内容简介

本书以STM32F103ZET6为例,简要介绍了STM32单片机的基本构成和学习环境搭建;对于STM32F103系列单片机常用的典型外设,依次实例讲解完整的应用电路、工程架构生成、应用程序编写,力求帮助读者对STM32的应用有清晰的理解。

本书有完整的例程和实验板可供选用。本书既可作为电子、电气、自动化类相关专业的本、专科学生的教材,也可作为相关专业竞赛的培训教材,还可作为相关专业工程技术人员的参考书。

图书在版编目(CIP)数据

基于HAL库的STM32应用系统原理与实践/李淼,丁健主编.—合肥:合肥工业大学出版社,2023.10

ISBN 978 - 7 - 5650 - 5600 - 0

Ⅰ.①基…　Ⅱ.①李…　②丁…　Ⅲ.①微处理器—系统设计　Ⅳ.①TP332

中国版本图书馆CIP数据核字(2021)第247878号

基于HAL库的STM32应用系统原理与实践

李　淼　丁　健　主编　　　　　　　　　　　　责任编辑　张择瑞

出　版	合肥工业大学出版社	版　次	2023年10月第1版
地　址	合肥市屯溪路193号	印　次	2023年10月第1次印刷
邮　编	230009	开　本	787毫米×1092毫米　1/16
电　话	理工图书出版中心:0551－62903204	印　张	28.75
	营销与储运管理中心:0551－62903198	字　数	693千字
网　址	press.hfut.edu.cn	印　刷	安徽联众印刷有限公司
E-mail	hfutpress@163.com	发　行	全国新华书店

ISBN 978 - 7 - 5650 - 5600 - 0　　　　　　　　　　　　定价:68.00元

如果有影响阅读的印装质量问题,请与出版社营销与储运管理中心联系调换。

前　言

　　单片机全称为单片微型计算机,也称为微控制器,发展极其迅速,历经4位、8位、16位和32位,发展到现在的64位。随着各类应用要求的提高,4位单片机早已退出历史舞台,8位机也日显老态,32位单片机则因其更快的速度、更强的性能、更丰富的外设、更高的性价比迅速占领了市场。32位单片机品牌众多,常见的有德仪的MSP432系列、意法的STM32系列、微芯的PIC32系列、恩智浦的L系列、爱特梅尔的SAM系列、兆易创新的GD32系列、瑞萨的R系列等,其中意法的STM32系列因品种齐全、性价比高、开发工具易用而在业界广受喜爱。

　　意法半导体(STMicroelectronisc,ST)集团成立于1987年,由意大利的SGS微电子公司和法国Thomson半导体公司合并而成。从2007年ST推出世界第一款Cortex-M F3,至2020年ST新推出的高性能、大内存H7系列,ST共推出了5大产品族、17条产品线、1700多款型号。STM32是ST专为高性能、低成本、低功耗的嵌入式应用需求推出的基于ARM Cortex®—M0、M0+、M3、M4和M7内核32位单片机的总称,包括主流型(STM32F0、STM32F1、STM32F3)、超低功耗型(STM32L0、STM32L1、STM32L4、STM32L4+)、高性能型(STM32F2、STM32F4、STM32F7、STM32H7)、模数型(STM32G)、物联型(STM32WB)和多核型(STM32MP)等。

　　为了能够让用户轻松配置芯片外设引脚和功能,及配置使用如LWIP、FAT32、RTOS等第三方软件系统,ST推出了一套性能强大、基于HAL库的工程初始化代码生成器。STM32CubeMX支持STM32全系列芯片,它包含图形配置工具和嵌入式软件包两个关键部分。

　　图形配置工具,即允许用户通过图形化向导来生成C语言工程。

　　嵌入式软件包包含完整的HAL库(STM32硬件抽象层API)、配套的中间件(包括RTOS、USB、TCP/IP和图形)和一系列的完整例程。

　　ST推出STM32CubeMX旨在降低开发负担,节约时间和费用,为学习者提供轻松的学习体验。STM32CubeMX已经覆盖了STM32全系列。

　　本书以STM32F103ZET6为硬件对象编写,对于STM32的典型外设,均设计了应用电路,使用STM32CubeMX配置外设,编写应用程序,调试验证。稍加修改也适用于STM32

系列的其他芯片。本书参考资料大部分来自器件生产商或技术人员发布在网络上的文档，在此对原作者表示衷心的感谢！

本书由安徽电气工程职业技术学院教授李淼和合肥学院教授丁健担任主编；由安徽电气工程职业技术学院陶为明、王劼，安徽电子信息职业技术学院方庆山，安徽工业经济职业技术学院钱宗斌担任副主编；由合肥工业大学张阳，安徽省思极科技有限公司张鹏飞，安徽工业经济职业技术学院刘畅，安徽水利水电职业技术学院章浩，安徽电子信息职业技术学院余蓓敏，安徽机电职业技术学院王国义，芜湖职业技术学院徐琬婷，安徽财经职业学院孙成正参编。

由于编者水平有限，书中不足之处在所难免，敬请广大读者批评指正！

编　者

2021 年 12 月

目　录

第1章　STM32 系列单片机简介 ··· (001)

 1.1　单片机 ··· (001)

 1.2　ARM CPU 架构系列单片机 ··· (001)

 1.3　STM32 系列单片机 ·· (003)

 1.4　STM32F103 系列单片机 ··· (003)

 1.5　STM32F103ZET6 ·· (005)

第2章　硬件平台 ·· (006)

 2.1　实验板硬件资源 ··· (006)

 2.2　实验板跳线帽配置 ··· (008)

 2.3　实验板原理 ··· (009)

 2.4　实验板 IO 分配 ··· (011)

第3章　液晶模组接口 ··· (016)

 3.1　液晶模组电路 ··· (016)

 3.2　触摸控制 ··· (017)

 3.3　液晶显示接口电路 ··· (017)

第4章　学习环境 ·· (018)

 4.1　硬件环境 ··· (018)

 4.2　软件环境 ··· (019)

 4.3　Keil MDK－ARM 安装与使用 ······································· (020)

 4.4　STM32CubeMX 安装与使用 ··· (032)

第5章　HAL 库 ·· (042)

 5.1　STM32 软件编程方式 ·· (042)

 5.2　HAL 库概述 ·· (044)

5.3　HAL 库发展趋势 ……………………………………………………（044）

5.4　HAL 库特点 …………………………………………………………（044）

5.5　HAL 库驱动程序文件 ………………………………………………（046）

5.6　用户应用文件 ………………………………………………………（047）

5.7　HAL 库数据结构 ……………………………………………………（047）

5.8　基于 HAL 库的工程文件结构 ………………………………………（047）

第 6 章　Cortex - M3(CM3)内核 ………………………………………（064）

6.1　寄存器 ………………………………………………………………（064）

6.2　微控制器 ……………………………………………………………（067）

6.3　存储器 ………………………………………………………………（070）

6.4　外设 …………………………………………………………………（073）

6.5　输入输出 ……………………………………………………………（074）

6.6　时钟和复位 …………………………………………………………（075）

6.7　CM3 内核简化模型 …………………………………………………（078）

6.8　STM32 的寄存器 ……………………………………………………（082）

第 7 章　GPIO - 交通灯 …………………………………………………（088）

7.1　GPIO 介绍 …………………………………………………………（088）

7.2　GPIO 相关寄存器 …………………………………………………（093）

7.3　LED 驱动应用电路设计 ……………………………………………（096）

7.4　使用 STM32CubeMX 生成工程 ……………………………………（097）

7.5　GPIO 外设结构体分析 ……………………………………………（099）

7.6　GPIO 编程关键步骤 ………………………………………………（100）

7.7　交通灯代码分析 ……………………………………………………（100）

7.8　运行验证 ……………………………………………………………（110）

第 8 章　GPIO 按键扫描 …………………………………………………（112）

8.1　按键应用电路设计 …………………………………………………（112）

8.2　使用 STM32CubeMX 生成工程 ……………………………………（113）

8.3　按键扫描编程关键步骤 ……………………………………………（114）

8.4　按键输入扫描代码分析 ……………………………………………（114）

8.5　运行验证 ……………………………………………………………（117）

第 9 章　中断 ………………………………………………………………（118）

9.1　中断概述 ……………………………………………………………（118）

9.2　NVIC 嵌套向量中断控制器 ················· (118)

9.3　EXTI 外部中断/事件控制器 ················· (130)

9.4　使用 STM32CubeMX 生成工程 ··············· (132)

9.5　按键中断编程关键步骤 ···················· (134)

9.6　按键中断代码分析 ······················ (134)

9.7　运行验证 ··························· (138)

第 10 章　RS232 通信 ······················· (139)

10.1　串口通信协议 ························ (139)

10.2　STM32 的 USART 简介 ··················· (141)

10.3　串口通信应用电路设计 ··················· (145)

10.4　使用 STM32CubeMX 生成工程 ·············· (145)

10.5　USART 结构体分析 ····················· (147)

10.6　编程关键步骤 ························ (149)

10.7　USART 代码分析 ······················ (149)

10.8　运行验证 ·························· (152)

第 11 章　基于 RS232 的控制 ··················· (153)

11.1　使用 STM32CubeMX 生成工程 ·············· (153)

11.2　编程关键步骤 ························ (155)

11.3　USART 串口指令代码分析 ················· (155)

11.4　运行验证 ·························· (159)

第 12 章　直接存储器存取 DMA ·················· (160)

12.1　DMA ···························· (160)

12.2　STM32 的 DMA ······················ (160)

12.3　使用 STM32CubeMX 生成工程 ·············· (165)

12.4　编程关键步骤 ························ (167)

12.5　DMA 外设结构体分析 ··················· (167)

12.6　内存数据复制代码分析 ··················· (168)

12.7　运行验证 ·························· (171)

第 13 章　使用 DMA 的 RS232 通信 ··············· (172)

13.1　DMA 存储器到外设模式 ·················· (172)

13.2　使用 STM32CubeMX 生成工程 ·············· (172)

13.3 编程关键步骤 ……………………………………………………… (174)

13.4 DMA 存储器到外设代码分析 ……………………………………… (174)

13.5 运行验证 ……………………………………………………………… (178)

第 14 章 RS485 通信 ……………………………………………………… (179)

14.1 RS485 通信简介 …………………………………………………… (179)

14.2 RS485 通信应用电路设计 ………………………………………… (180)

14.3 使用 STM32CubeMX 生成工程 ………………………………… (180)

14.4 RS485 通信编程关键步骤 ………………………………………… (181)

14.5 RS485 通信代码分析 ……………………………………………… (181)

14.6 运行验证 ……………………………………………………………… (185)

第 15 章 CAN 通信 ……………………………………………………… (186)

15.1 CAN 简介 …………………………………………………………… (186)

15.2 CAN 总线标准 ……………………………………………………… (189)

15.3 STM32 的 CAN 外设简介 ………………………………………… (193)

15.4 CAN 通信应用电路设计 …………………………………………… (194)

15.5 使用 STM32CubeMX 生成工程 ………………………………… (195)

15.6 CAN 双机通信测试外设结构体分析 ……………………………… (197)

15.7 CAN 双机通信测试编程关键步骤 ………………………………… (198)

15.8 CAN 双机通信测试代码分析 ……………………………………… (199)

15.9 运行验证 ……………………………………………………………… (203)

第 16 章 系统滴答定时器 ………………………………………………… (205)

16.1 SysTick 介绍 ………………………………………………………… (205)

16.2 SysTick 寄存器 ……………………………………………………… (205)

16.3 使用 STM32CubeMX 生成工程 ………………………………… (206)

16.4 SysTick 编程关键步骤 …………………………………………… (208)

16.5 SysTick 实现定时代码分析 ……………………………………… (208)

16.6 运行验证 ……………………………………………………………… (210)

第 17 章 基本定时器 ……………………………………………………… (211)

17.1 STM32F103 定时器简介 …………………………………………… (211)

17.2 基本定时器功能框图 ……………………………………………… (213)

17.3 使用 STM32CubeMX 生成工程 ………………………………… (215)

17.4 TIM 基本定时器外设结构体分析 ……………………………………… (218)

17.5 TIM6 和 TIM7 编程关键步骤 ……………………………………………… (219)

17.6 TIM6 和 TIM7 基本定时代码分析 ……………………………………… (219)

17.7 运行验证 ……………………………………………………………………… (222)

第 18 章 通用定时器 …………………………………………………………………… (223)

18.1 时钟源 ………………………………………………………………………… (223)

18.2 通用定时器控制器 …………………………………………………………… (227)

18.3 时基单元 ……………………………………………………………………… (232)

18.4 捕获 …………………………………………………………………………… (233)

18.5 输出比较 ……………………………………………………………………… (238)

18.6 呼吸特性和时间参数 ………………………………………………………… (240)

18.7 呼吸灯功能实现 ……………………………………………………………… (241)

18.8 使用 STM32CubeMX 生成工程 …………………………………………… (241)

18.9 呼吸灯编程关键步骤 ………………………………………………………… (243)

18.10 呼吸灯代码分析 ……………………………………………………………… (243)

18.11 运行验证 ……………………………………………………………………… (246)

第 19 章 高级控制定时器 ……………………………………………………………… (247)

19.1 时钟源 ………………………………………………………………………… (248)

19.2 高级控制定时器 ……………………………………………………………… (250)

19.3 时基单元 ……………………………………………………………………… (251)

19.4 捕获 …………………………………………………………………………… (252)

19.5 输出比较 ……………………………………………………………………… (253)

19.6 断路功能 ……………………………………………………………………… (258)

19.7 高级控制定时器外设结构体分析 …………………………………………… (258)

19.8 TIMx 定时器和外部触发的同步 …………………………………………… (260)

19.9 使用 STM32CubeMX 生成工程 …………………………………………… (262)

19.10 高级控制定时器生成 PWM 波编程关键步骤 …………………………… (263)

19.11 高级控制定时器生成 PWM 波代码分析 ………………………………… (264)

19.12 运行验证 ……………………………………………………………………… (267)

第 20 章 模拟信号采集 ………………………………………………………………… (269)

20.1 STM32 的 ADC ……………………………………………………………… (269)

20.2 DMA 传输在 ADC 中的应用 ……………………………………………… (275)

20.3 ADC 应用电路设计 …………………………………………………………… (275)

20.4 使用 STM32CubeMX 生成工程 …………………………………………… (275)

20.5 ADC 外设结构体分析 ……………………………………………………… (277)

20.6 ADC 编程关键步骤 ………………………………………………………… (278)

20.7 基于 DMA 传输的多通道 ADC 代码分析 ……………………………… (279)

20.8 运行验证 …………………………………………………………………… (282)

第 21 章 模拟信号输出 ……………………………………………………………… (284)

21.1 DAC 简介 …………………………………………………………………… (284)

21.2 使用 STM32CubeMX 生成工程 …………………………………………… (286)

21.3 DAC 外设结构体分析 ……………………………………………………… (288)

21.4 DAC 正弦波编程关键步骤 ………………………………………………… (288)

21.5 DAC 正弦波输出的代码分析 ……………………………………………… (288)

21.6 运行验证 …………………………………………………………………… (291)

第 22 章 I2C 总线 …………………………………………………………………… (292)

22.1 I2C 总线简介 ……………………………………………………………… (292)

22.2 STM32 的 I2C 特性及架构 ………………………………………………… (294)

22.2 I2C－EEPROM 应用电路设计 ……………………………………………… (296)

22.3 使用 STM32CubeMX 生成工程 …………………………………………… (297)

22.4 I2C－EEPROM 编程关键步骤 ……………………………………………… (298)

22.5 硬件 I2C 读写 AT24C02 代码分析 ………………………………………… (298)

22.6 硬件 I2C 读写 AT24C02 运行验证 ………………………………………… (301)

22.7 软件 I2C 读写 AT24C02 代码分析 ………………………………………… (302)

22.8 软件 I2C 读写 AT24C02 运行验证 ………………………………………… (309)

第 23 章 并行总线 …………………………………………………………………… (311)

23.1 STM32 的 FSMC 简介 ……………………………………………………… (311)

23.2 SRAM 简介 ………………………………………………………………… (316)

23.3 SRAM 应用电路设计 ……………………………………………………… (317)

23.4 使用 STM32CubeMX 生成工程 …………………………………………… (318)

23.5 FSMC－外部 SRAM 外设结构体分析 …………………………………… (318)

23.6 FSMC－外部 SRAM 编程关键步骤 ……………………………………… (319)

23.7 FSMC－外部 SRAM 代码分析 …………………………………………… (319)

23.8 运行验证 …………………………………………………………………… (322)

第 24 章　SPI 总线 ·· (324)

24.1　SPI 简介 ·· (324)

24.2　STM32 的 SPI 框架剖析 ··· (328)

24.3　SPI 通信过程 ·· (329)

24.4　串行 Flash 应用电路设计 ·· (330)

24.5　使用 STM32CubeMX 生成工程 ·· (331)

24.6　串行 Flash 结构体分析 ·· (331)

24.7　串行 Flash 编程关键步骤 ·· (333)

24.8　串行 Flash 代码分析 ·· (333)

24.9　运行验证 ·· (342)

第 25 章　SD 卡驱动 ··· (343)

25.1　SDIO 简介 ··· (343)

25.2　SD 卡物理结构 ··· (344)

25.3　SDIO 功能框图 ··· (345)

25.4　SDIO 适配器 ··· (346)

25.5　AHB 接口 ·· (348)

25.6　SDIO 总线拓扑 ··· (348)

25.7　SDIO 总线协议 ··· (349)

25.8　MicroSD 卡应用电路设计 ··· (350)

25.9　使用 STM32CubeMX 生成工程 ··· (351)

25.10　SDIO 外设结构体分析 ·· (353)

25.11　SDIO 编程关键步骤 ·· (355)

25.12　SDIO/SD 卡读写代码分析 ··· (355)

25.13　运行验证 ··· (358)

第 26 章　基于 SD 卡的 FatFS 文件系统 ··· (360)

26.1　文件系统 ·· (360)

26.2　FatFS 简介 ·· (360)

30.3　使用 STM32CubeMX 生成工程 ··· (361)

26.4　SDIO – FatFS 文件系统功能使用外设结构体分析 ························· (363)

26.5　SDIO – FatFS 文件系统功能应用编程关键步骤 ··························· (363)

26.6　SDIO – FatFS 文件系统功能使用代码分析 ······························· (364)

26.7　运行验证 ·· (369)

第 27 章　基于串行 Flash 的 FatFS 文件系统···································· (370)

　　27.1　使用 STM32CubeMX 生成工程 ································· (370)

　　27.2　基于串行 Flash 的 FatFS 文件系统编程关键步骤 ············· (371)

　　27.3　基于串行 Flash 的 FatFS 文件系统代码分析 ················· (371)

　　27.4　运行验证 ·· (377)

第 28 章　并行总线驱动 LCD ·· (378)

　　28.1　LCD 简介 ·· (378)

　　28.2　LCD 驱动芯片简介 ·· (378)

　　28.3　STM32 的 LCD 控制 ······································· (381)

　　28.4　LCD 应用电路设计 ·· (385)

　　28.5　使用 STM32CubeMX 生成工程 ······························ (386)

　　28.6　FSMC 外设结构体分析 ····································· (386)

　　28.7　LCD 编程关键步骤 ·· (388)

　　28.8　LCD 显示代码分析 ·· (388)

　　28.9　LCD 基本图形显示代码分析 ································· (396)

　　28.10　运行验证 ··· (401)

第 29 章　LCD 显示中英文 (片内 Flash 字库) ························· (402)

　　29.1　ASCII 编码 ·· (402)

　　29.2　字模 ·· (403)

　　29.3　制作字模 ·· (403)

　　29.4　使用 STM32CubeMX 生成工程 ······························ (406)

　　29.5　LCD 显示字符及汉字编程关键步骤 ··························· (406)

　　29.6　LCD 显示字符代码分析 ····································· (406)

　　29.7　LCD 显示汉字代码分析 ····································· (414)

　　29.8　运行验证 ·· (418)

第 30 章　LCD 显示汉字 (SD 卡字库) ································· (419)

　　30.1　中文编码 ·· (419)

　　30.2　Unicode ··· (420)

　　30.3　字模的生成 ·· (420)

　　30.4　使用 STM32CubeMX 生成工程 ······························ (422)

　　30.5　LCD 显示汉字 (SD 卡字库) 编程关键步骤 ·················· (423)

30.6　LCD 显示汉字(SD 卡字库)代码实现 ··· (423)

30.7　运行验证 ··· (430)

第 31 章　LCD 显示汉字(串行 Flash 字库) ··· (431)

31.1　使用 STM32CubeMX 生成工程 ··· (431)

31.2　LCD 显示汉字(串行 Flash 字库)编程关键步骤 ······································· (432)

31.3　烧录中文字库到串行 Flash ··· (432)

31.4　LCD 显示汉字(串行 Flash 字库)代码分析 ··· (434)

31.5　运行验证 ··· (437)

第 32 章　多参数实时测量仪设计 ··· (438)

32.1　需求分析 ··· (438)

32.2　方案设计 ··· (439)

32.3　软件设计 ··· (442)

32.4　样机运行 ··· (443)

参考文献 ··· (445)

第1章 STM32 系列单片机简介

1.1 单片机

自1947年12月晶体管问世以来,半导体技术经历了晶体管、集成电路、超大规模集成电路、甚大规模集成电路等多代,发展速度之快、对社会贡献之大,超乎人们想象。半导体技术对整个社会产生了广泛的影响,因此被称为"产业的种子"。中央处理器(Central Processing Unit,CPU)是电子技术的集中体现,其集成密度越来越高,可以集成在一块半导体芯片上。这种具有中央处理器功能的大规模集成电路器件,统称为微处理器(Microprocessor Unit,MPU)。

单片机全称为单片微型计算机(Single - Chip Microcomputer),是把中央处理器(CPU)、随机存储器(Random Access Memory,RAM)、只读存储器(Read - Only Memory,ROM)、定时器(Timer)、计数器(Counter)和输入/输出接口(Input/Output,I/O)等都集成在一块集成电路芯片上的微型计算机。它具有集成度高、体积小、功耗低、易扩展和易嵌入仪器仪表内部等优点。由于其发展非常迅速,旧的单片机定义已不能完全体现其含义,所以在很多应用场合被称为范围更广的微控制器(Micro Controller Unit,MCU)。

微处理器与微控制器曾经是截然不同的两种器件,微处理器主要执行运算功能,微控制器完成"控制"相关的任务。随着技术的发展和应用要求的提高,现在微控制器已经过渡到32位,性能急剧提高,微控制器与微处理器之间的差距越来越小,微处理器与微控制器之间已经没有明显的界线。

1.2 ARM CPU 架构系列单片机

ARM(Advanced RISC Machine)既是英国一个 IT 公司的名称,也是一种"嵌入式微处理器核"技术的名称,还可以认为是具有这种"嵌入式微处理器核"技术的一类芯片及嵌入式系统的总称。1990年11月成立的英国 ARM 公司是全球领先的半导体知识产权(Intellectual Property,IP)提供商。该公司设计了大量高性价比、低功耗的 RISC(Rdeuced Instruction Set Computer,精简指令集)处理器内核及相关软件。ARM 公司将 ARM 微处理器内核转让给世界著名的半导体厂商,如高通、苹果、三星、华为、联发科、TI、CYPRESS、ST、恩智浦、微芯、英飞凌、瑞萨和兆易创新等公司。这些半导体厂商根据各自不同的应用领域,加入适当的外围电路,从而形成自己的 ARM 微处理器芯片,并将其快速推向市场。

ARM CPU 架构采用 RISC,历经 ARM1、ARM2、ARM3、ARM7、ARM8、ARM9、ARM10、ARM11(ARMV6)、Cortex(ARMV7)和 Cortex(ARMV8),成为最流行的处理器架构,Cortex(ARMV9)在 2022 年正式商用。ARM 架构分类见表 1-1。

表 1-1　ARM 架构分类

架构	应用场景	内核
Application Processors（应用处理器）	高性能要求的复杂应用(服务器、网络设备、手机、电视机)	Cortex-A
Real-time Processors（实时处理器）	用于需要实时响应的场景(严格的安全性应用、需要确定响应的应用、自动驾驶)	Cortex-R
Microcontroller Processors（微控制器处理器）	成本、功耗、性能和尺寸兼顾的设备,主要是嵌入式设备和物联网设备,如小型传感器、通信模组、智能家居产品等	Cortex-M

Cortex-M 处理器家族基于 ARM 架构定义,为嵌入式系统提供了低延迟和高度确定的操作,主要的 Cortex-M 系列内核分类如图 1-1 所示。

Feature	Cortex-M0	Cortex-M0+	Cortex-M1	Cortex-M23	Cortex-M3	Cortex-M4	Cortex-M33	Cortex-M35P	Cortex-M55	Cortex-M7
Instruction Set Architecture	Armv6-M	Armv6-M	Armv6-M	Armv8-M Baseline	Armv7-M	Armv7-M	Armv8-M Mainline	Armv8-M Mainline	Armv8.1-M Mainline	Armv7-M
TrustZone for Armv8-M	No	No	No	Yes(option)	No	No	Yes(option)	Yes(option)	Yes(option)	No
Digital Signal Processing (DSP)Extension	No	No	No	No	No	Yes	Yes	Yes	Yes	Yes
Hardware Divide	No	No	No	Yes	Yes	Yes	Yes	Yes	Yes	Yes
Arm Custom Instructions	No	No	No	No	No	No	Yes	No	Yes	No
Coprocessor Interface	No	No	No	No	No	No	Yes	Yes	Yes	No
DMIPS/MHz*	0.87	0.95	0.8	0.98	1.25	1.25	1.5	1.5	1.6	2.14
CoreMark@/MHz*	2.33	2.46	1.85	2.64	3.34	3.42	4.02	4.02	4.2	5.01

图 1-1　Cortex-M 系列内核分类

(1) Cortex-M0、Cortex-M0+、Cortex-M1 系列内核使用 Armv6-M 架构,常用的 Cortex-M3、Cortex-M4、Cortex-M7 系列内核使用 Armv7-M 架构,Cortex-M23 系列使用 Armv8-M Baseline 架构,Cortex-M33、Cortex-M35P、Cortex-M55 系列使用 Armv8-M Mainline 架构。

(2)从 Coretx-M23 系列开始,Cortex-M 内核中开始拥有 TrustZone 特性。

(3) Cortex-M4、Cortex-M7、Cortex-M33、Cortex-M35P、Cortex-M55 系列中才有

数字信号处理器(Digtal Signal Processing,DSP)扩展。

(4) Cortex - M33、Cortex - M55 系列中开始支持客制化指令。

(5) Cortex - M33、Cortex - M35P、Cortex M55 系列拥有协处理器接口。

1.3　STM32 系列单片机

意法半导体(ST)集团成立于 1987 年成立,是由意大利的 SGS 微电子公司和法国的 Thomson 半导体公司合并而成。自 2007 年 ST 推出世界第一款 Cortex - M F3,至 2020 年 ST 新推出了高性能、大内存 H7 系列,ST 共推出了 5 大产品族、17 条产品线、1700 多款型号,涵盖基于 ARM Cortex ® - M0、M0+、M3、M4 和 M7 内核的 32 位单片机,包括主流型(STM32F0、STM32F1、STM32F3)、超低功耗型(STM32L0、STM32L1、STM32L4、STM32L4+)、高性能型(STM32F2、STM32F4、STM32F7、STM32H7)、模数型(STM32G)、物联型(STM32WB)和多核型(STM32MP)等。

STM32 是 ST 专为高性能、低成本、低功耗的嵌入式应用需求而推出的基于 ARM Cortex ® - M0、M0+、M3、M4 和 M7 内核 32 位系列单片机的总称。

1.4　STM32F103 系列单片机

图 1 - 2 所示为 STM32 和 STM8 系列单片机命名规范,产品类别还在扩充中。

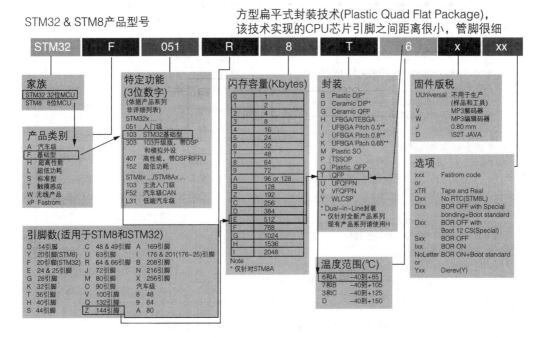

图 1 - 2　STM32 和 STM8 系列单片机命名规范

STM32F103 是 ST 公司推出的一个为满足高性能、低成本、低功耗的嵌入式应用需求而专门设计的 ARM Cortex - M3 内核的单片机系列。图 1 - 3 概述了 STM32F103 系列单片机的资源状况。

STM32F103xC STM32F103xD STM32F103xE

增强型，32 位基于 ARM 核心的带 512K 字节闪存的微控制器
USB、CAN、11 个定时器、3 个 ADC、13 个通信接口

功能

- **内核：ARM 32 位的 Cortex™-M3 CPU**
  - 最高 72MHz 工作频率，在存储器的 0 等待周期访问时可达 1.25DMips/MHz(Dhrystone 2.1)
  - 单周期乘法和硬件除法

- **存储器**
  - 从 256K 至 512K 字节的闪存程序存储器
  - 高达 64K 字节的 SRAM
  - 带 4 片选的静态存储器控制器。支持 CF 卡、SRAM、PSRAM、NOR 和 NAND 存储器
  - 并行 LCD 接口，兼容 8080/6800 模式

- **时钟、复位和电源管理**
  - 2.0～3.6 伏供电和 I/O 引脚
  - 上电/断电复位(POR/PDR)、可编程电压监测器(PVD)
  - 4～16MHz 晶体振荡器
  - 内嵌经出厂调校的 8MHz 的 RC 振荡器
  - 内嵌带校准的 40kHz 的 RC 振荡器
  - 带校准功能的 32kHz RTC 振荡器

- **低功耗**
  - 睡眠、停机和待机模式
  - V_{BAT} 为 RTC 和后备寄存器供电

- **3 个 12 位模数转换器，1μs 转换时间(多达 21 个输入通道)**
  - 转换范围：0 至 3.6V
  - 三倍采样和保持功能
  - 温度传感器

- **2 通道 12 位 D/A 转换器**

- **DMA：12 通道 DMA 控制器**
  - 支持的外设：定时器、ADC、DAC、SDIO、I²S、SPI、I²C 和 USART

- **调试模式**
  - 串行单线调试(SWD)和 JTAG 接口
  - Cortex-M3 内嵌跟踪模块(ETM)

- **多达 112 个快速 I/O 端口**
  - 51/80/112 个多功能双向的 I/O 口，所有 I/O 口可以映像到 16 个外部中断；几乎所有端口均可容忍 5V 信号

LQFP64 10 × 10 mm、
LQFP100 14 × 14 mm、
LQFP144 20 × 20 mm

WLCSP64

LFBGA100 10 × 10 mm
LFBGA144 10 × 10 mm

- **多达 11 个定时器**
  - 多达 4 个 16 位定时器，每个定时器有多达 4 个用于输入捕获/输出比较/PWM 或脉冲计数的通道和增量编码器输入
  - 2 个 16 位带死区控制和紧急刹车，用于电机控制的 PWM 高级控制定时器
  - 2 个看门狗定时器(独立的和窗口型的)
  - 系统时间定时器：24 位自减型计数器
  - 2 个 16 位基本定时器用于驱动 DAC

- **多达 13 个通信接口**
  - 多达 2 个 I²C 接口(支持 SMBus/PMBus)
  - 多达 5 个 USART 接口(支持 ISO7816，LIN，IrDA 接口和调制解调控制)
  - 多达 3 个 SPI 接口(18M 位/秒)，2 个可复用为 I²S 接口
  - CAN 接口(2.0B 主动)
  - USB 2.0 全速接口
  - SDIO 接口

- **CRC 计算单元，96 位的芯片唯一代码**

- **ECOPACK®封装**

表1 器件列表

参 考	基本型号
STM32F103xC	STM32F103RC、STM32F103VC、STM32F103ZC
STM32F103xD	STM32F103RD、STM32F103VD、STM32F103ZD
STM32F103xE	STM32F103RE、STM32F103ZE、STM32F103VE

图 1 - 3　STM32F103 系列单片机的资源状况

1.5　STM32F103ZET6

图 1-4　STM32F103ZET6
实物图

STM32F103ZET6（图 1-4）拥有的资源：64KB SRAM、512KB Flash、2 个基本定时器、4 个通用定时器、2 个高级定时器、2 个 DMA 控制器、3 个 SPI、2 个 I2C、3 个 USART、2 个 UART、1 个 USB、1 个 CAN、3 个 12 位 ADC、1 个 12 位 DAC、1 个 SDIO 接 口、1 个 FSMC 接 口 及 112 个 通 用 GPIO 口。STM32F103ZET6 引脚定义如图 1-5 所示。

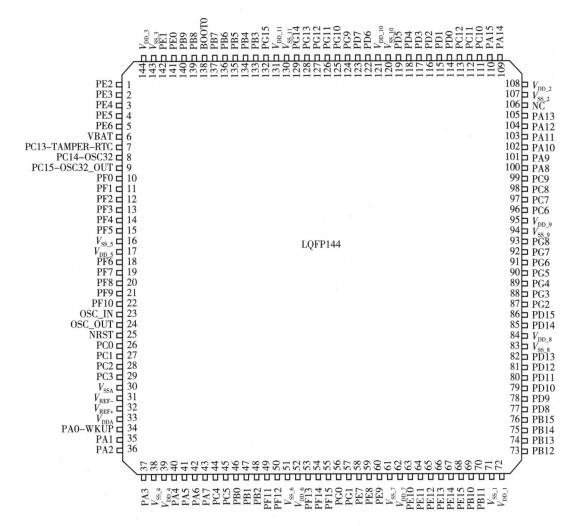

图 1-5　STM32F103ZET6 引脚定义

第2章 硬件平台

本章以 STM32F103ZET6 为学习对象，设计一款实验板。

2.1 实验板硬件资源

实验板充分利用了 STM32F103ZET6 的内部资源，绝大部分 STM32F103ZET6 的内部资源可以在此实验板上进行验证。

为了降低硬件费用，实验平台采用双层紧凑设计，元器件双面布置，所有跳线和接口均布置在正面。

2.2.1 元器件列表

实验板主要硬件资源参数见表 2-1。

表 2-1　实验板主要硬件资源

主要部件	型号及规格	编号	数量	状态
PCB	11.5cm×12cm		1	
MCU	STM32F103ZET6	U1	1	板载
SRAM	CY7C1011 2Mbit(128K×16)	U2	1	板载
WiFi	8266EX	U11	1	板载
LoRa	SX1268	U15	1	接口
NBIOT	M5310A	CN3	1	接口
Bluetooth	HC05B	CN13	1	接口
Flash	W25Q128	U5	1	板载
EEPROM	AT24C02	U6	1	板载
MicroSD 卡	最大支持 32GB	CN15	1	接口
RTC 后备电源	CR2032 座	BT	1	板载
输入电源	USB 5V		2 选 1	板载
	DC 9~12V			
电源熔断器	1A 自恢复	F1	1	板载
板内 5V	LM2596	U4	1	板载

（续表）

主要部件	型号及规格	编号	数量	状态
电位器	3296/103	VR	1	板载
光敏电阻	GL5516A	PR	1	板载
按键			3	板载
LED	0805		7	板载
液晶	320(RGB)X480	CN1	1	接口
CAN	TJA1050T	U9	1	板载
RS232	MAX232	U8	1	板载
RS485	MAX485	U7	1	板载
温湿度	SHT30	CN8	1	接口
红外接收	HS0038	CN14	1	接口
步进电机驱动	MC1413	U12	1	板载
蜂鸣器	3V 有源型	Beep	1	板载
板内 3.3V	LDO	2 选 1	板载	板内 3.3V
	DC - DC			

2.2.2　元器件位置

STM32F103ZET6 实验板中各元器件的布置如图 2-1 所示。

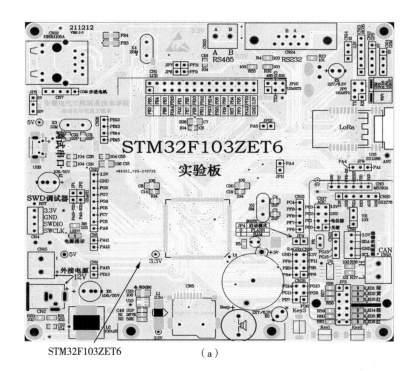

STM32F103ZET6

（a）

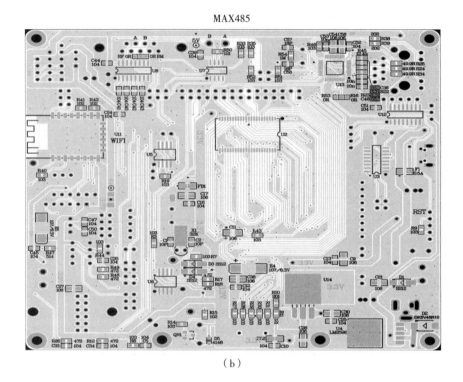

（b）

图 2-1　实验板中各元器件的布置

2.2　实验板跳线帽配置

　　为尽可能发挥 STM32F103ZET6 微控制器的性能并提供更多的接口，采用"跳线和模块结合"的方式来实现其不同的功能。STM32F103ZET6 实验板跳线帽配置见表 2-2。

表 2-2　STM32F103ZET6 实验板跳线帽配置

序号	丝印	类型	GPIO	目标功能引脚	目标功能说明
1	JP1	直连	PA10	串口 RXD1<->CH340G_TXD	USART1 用于调试串口，与 CH340G 芯片连接
	JP2	直连	PA9	串口 TXD1<->CH340G_RXD	
2	JP3	直连	PG14	LED1	绿
			PG13	LED2	黄
			PG11	LED3	红
			PG9	LED4	绿
			PD6	LED5	黄
			PB0	LED6	红，SPI 型 LoRa 发送使能

（续表）

序号	丝印	类型	GPIO	目标功能引脚	目标功能说明
3	JP4	直连		BOOT0	启动模式选择 ON：RAM，OFF：Flash
4	JP5	2 选 1	PA2	串口 RXD2	串口 2 设备切换，板载的 2 选 1
		2 选 1	PA3	串口 TXD2	
5	JP6	2 选 1	PF9		以太网和 2.4GB 无线， 板载的 2 选 1
	JP7	2 选 1	PF11		
6	JP8	2 选 1			步进电动机电源选择 5V 或 12V
7	JP9	2 选 1			SPI 总线型的 LoRa 的片选选择
8	JP10	2 选 1	PB10	串口 TXD3	RS232 与 RS485 选择
		2 选 1	PB11	串口 RXD3	
9	JP11	直连	PA4		ON：硬件 SPI 调试 OFF：DAC1 输出测量
10	JP12	直连	PA5		ON：硬件 SPI 调试 OFF：DAC2 输出测量

2.3　实验板原理

为了能够实现更多的功能，STM32F103ZET6 芯片部分引脚具有多重复用功能，部分复用功能需使用跳线帽配合。

2.3.1　STM32F103ZET6 最小系统

单片机最小系统，也称为单片机最小应用系统，是指用最少的元器件组成可以运行的单片机系统。

STM32F103ZET6 最小系统包括电源、单片机、时钟电路、复位电路、启动模式选择和 SWD 调试接口，如图 2-2 所示。

时钟电路包括实时时钟源和主时钟源。实时时钟源由 32768Hz 的晶体和电容器 $C1$、$C2$ 及匹配电阻 $R5$ 构成。主时钟源由 8MHz 的晶体和电容 $C3$、$C4$ 构成。

复位电路由按键 KEY3 和电容 $C5$ 及电阻 $R6$ 构成。

启动模式选择采用简化的模式，由跳线 $JP4$ 和电阻 $R3$ 构成。

SWD 调试接口由四针排针和上拉电阻 $R9$ 构成，适用于 SWD 仿真器。

2.3.2　电源方案

1. STM32F103 芯片供电技术规范

STM32F103ZET6 电源规范：VDD＝2.0～3.6V，VDDA＝2.0～3.6V，典型的电压为

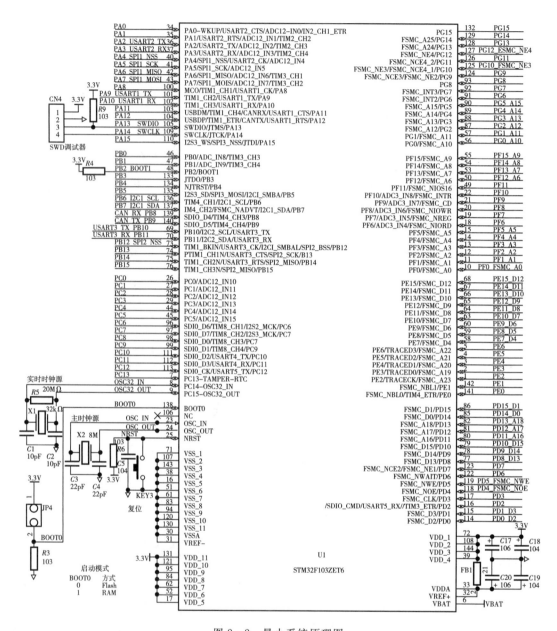

图 2-2 最小系统原理图

3.3V,尽量为每个电源引脚接上 104(0.1μf)的高频滤波电容。ADC 的参考电压、ADC 的电源引脚是通过一个磁珠后接至 3.3V。

2. 实验板供电方案

实验板不同模块需要的电源电压既有 5V 的,又有 3.3V 的。有两种方法提供可以 5V电源。第一种方法是实验板配置了 MicroUSB 接口,可以直接使用 USB 线连接计算机,从而为实验板提供 5V 电压。第二种方法是外部提供 7～12V 电源,由板载 DC-DC 电源芯片转换得到 5V 电源。其中,实验板使用的 DC-DC 电源芯片型号为 LM2596S-ADJ,该芯片最大可输出 3A 电流。5V 电源电器设计如图 2-3 所示。

　　同样可以利用两种方式提供 3.3V 电源：LDO 和 DC-DC。LDO 可以采用 LT108x/
LT158x 等芯片，由 5V 电源转换得到，电流为 0.8～7.5A。DC-DC 可以采用 AS1307/
ST1S12GR 等芯片，电流为 0.5～3A。LDO 的稳压性能优异，但效率低，当输出大电流时，
需要加强散热，适用于对模拟电路供电要求较高的情况，而 DC-DC 效率高，纹波稍大。两
种电路如图 2-4～图 2-5 所示。

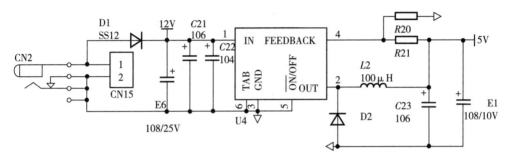

图 2-3　5V 电源电路

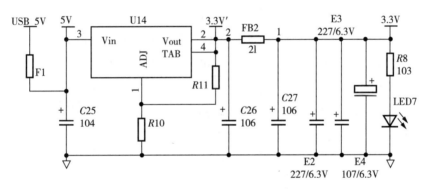

图 2-4　LDO 3.3V 电源电路

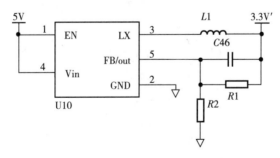

图 2-5　DC-DC 3.3V 电源电路

2.4　实验板 IO 分配

　　实验板上 STM32F103ZET6 微控制器 GPIO 具体分配见表 2-3。

表 2-3   STM32F103ZET6 微控制器 GPIO 具体分配

引脚	GPIO	功能说明
34	PA0/WKUP	KEY1 按键
35	PA1	排针引出
36	PA2/USART2_TXD	串口 2 发送,默认连接 Wi-Fi(ESP8266EX)模块,可选连接蓝牙 HC-05、GPS、GSM 模块
37	PA3/USART2_RXD	串口 2 接收,默认连接 Wi-Fi(ESP8266EX)模块,可选连接蓝牙 HC-05、GPS、GSM 模块
40	PA4/SPI1_NSS	串行 Flash 片选引脚,DAC_OUT1
41	PA5/SPI1_SCK	SPI 总线(串行 Flash)时钟、DAC_OUT2
42	PA6/SPI1_MISO	SPI 总线(串行 Flash)MISO
43	PA7/SPI1_MOSI	SPI 总线(串行 Flash)MOSI
100	PA8/TIM1_CH1	定时器功能引脚,直流电动机控制
101	PA9/USART1_TX	串口 1 发送,调试串口/定时器功能引脚
102	PA10/USART1_RX	串口 1 接收,调试串口/定时器功能引脚
103	PA11/USBDM	全速(12Mbit/s)USB 接口数据线 D-
104	PA12/USBDP	全速(12Mbit/s)USB 接口数据线 D+
105	PA13/JTMS-SWDIO	SWD 调试接口数据线
109	PA14/JTCK-SWCLK	SWD 调试接口时钟线
110	PA15	定时器功能引脚
46	PB0	定时器功能引脚、LED6
47	PB1	定时器功能引脚、红外接收管
48	PB2	RS485 发送使能
133	PB3/JTDO-SWO/SPI3_SCK	SPI3 时钟线(默认连接 W5500、NRF24L01+模块)
134	PB4/SPI3_MISO	SPI3 数据线(默认连接 W5500、NRF24L01+模块)
135	PB5/SPI3_MOSI	SPI3 数据线(默认连接 W5500、NRF24L01+模块)
136	PB6/I2C1_SCL	I2C1 串行时钟控制
137	PB7/I2C1_SDA	I2C1 串行数据控制
139	PB8/CANRX	CAN 接收
140	PB9/CANTX	CAN 发送
69	PB10/USART3_TX	串口 3 发送,默认接 RS232 芯片,可接 RS485 收发芯片
70	PB11/USART3_RX	串口 3 接收,默认接 RS232 芯片,可接 RS485 收发芯片
73	PB12/TIM1_BKIN	定时器功能引脚、步进电动机驱动通道 1

（续表）

引脚	GPIO	功能说明
74	PB13/TIM1_CH1N	定时器功能引脚、步进电动机驱动通道 2
75	PB14/TIM1_CH2N	定时器功能引脚、步进电动机驱动通道 3
76	PB15/TIM1_CH3N	定时器功能引脚、步进电动机驱动通道 4
26	PC0/ADC123_IN10	ADC 输入
27	PC1/ADC123_IN11	ADC 输入
28	PC2/ADC123_IN12	ADC 输入
29	PC3/ADC123_IN13	ADC 输入
44	PC4/ADC12_IN14	排针引出
45	PC5/ADC12_IN15	LoRa 控制
96	PC6	排针引出
97	PC7	排针引出
98	PC8/SDIO_D0	SDIO 数据线 D0、排针引出
99	PC9/SDIO_D1	SDIO 数据线 D1
111	PC10/SDIO_D2	SDIO 数据线 D2
112	PC11/SDIO_D3	SDIO 数据线 D3
113	PC12/SDIO_CK	SDIO 时钟
7	PC13/TAMPER	KEY2 按键
8	PC13 - OSC32_IN	32768Hz 时钟输入
9	PC14 - OSC32_OUT	32768Hz 时钟输出
114	PD0/FSMC_D2	FSMC 数据总线 D2
115	PD1/FSMC_D3	FSMC 数据总线 D3
116	PD2_SDIO_CMD/TIM3_ETR	SDIO 命令/定时器功能引脚
117	PD3/FIFO_WRST	
118	PD4/FSMC_NOE	FSMC 控制总线读信号（N 表示低有效，OE = OutputEnable）
119	PD5/FSMC_NWE	FSMC 控制总线写信号（N 表示低有效，WE = WriteEnable）
122	PD6/WIFI_EN	Wi-Fi(ESP8266EX)模块使能引脚、LED5
123	PD7/BEEP	蜂鸣器
77	PD8/FSMC_D13	FSMC 数据总线 D13
78	PD9/FSMC_D14	FSMC 数据总线 D14
79	PD10/FSMC_D15	FSMC 数据总线 D15

（续表）

引脚	GPIO	功能说明
80	PD11/FSMC_A16	FSMC 地址总线 A16
81	PD12/FSMC_A17	FSMC 地址总线 A17
82	PD13/FSMC_A18	FSMC 地址总线 A18
85	PD14/FSMC_D0	FSMC 数据总线 D0
86	PD15/FSMC_D1	FSMC 数据总线 D1
141	PE0/FSMC_NBL0	FSMC 字节选择信号
142	PE1/FSMC_NBL1	FSMC 字节选择信号,用于 SRAM
1	PE2/TP_IRQ	电阻触摸屏中断
2	PE3/TP_SCK	电阻触摸屏时钟线
3	PE4/TP_MOSI	电阻触摸屏数据线
4	PE5/TP_MISO	电阻触摸屏数据线
5	PE6/TP_CS	电阻触摸屏片选
58	PE7/FSMC_D4	FSMC 数据总线 D4
59	PE8/FSMC_D5	FSMC 数据总线 D5
60	PE9/FSMC_D6	FSMC 数据总线 D6
63	PE10/FSMC_D7	FSMC 数据总线 D7
64	PE11/FSMC_D8	FSMC 数据总线 D8
65	PE12/FSMC_D9	FSMC 数据总线 D9
66	PE13/FSMC_D10	FSMC 数据总线 D10
67	PE14/FSMC_D11	FSMC 数据总线 D11
68	PE15/FSMC_D12	FSMC 数据总线 D12
10	PF0/FSMC_A0	FSMC 地址总线 A0
11	PF1/FSMC_A1	FSMC 地址总线 A1
12	PF2/FSMC_A2	FSMC 地址总线 A2
13	PF3/FSMC_A3	FSMC 地址总线 A3
14	PF4/FSMC_A4	FSMC 地址总线 A4
15	PF5/FSMC_A5	FSMC 地址总线 A5
18	PF6/FIFO_RCLK	
19	PF7/FIFO_WEN	
20	PF8/NRF_IRQ	NRF24L01＋模块中断
21	PF9/NRF_CS	NRF24L01＋模块功能引脚

（续表）

引脚	GPIO	功能说明
22	PF10/LCD_BK	液晶背光
49	PF11/HC‐05_EN/NRF_SPI_CS	蓝牙 HC‐05 模块使能、NRF24L01＋模块片选
50	PF12/FSMC_A6	FSMC 地址总线 A6
53	PF13/FSMC_A7	FSMC 地址总线 A7
54	PF14/FSMC_A8	FSMC 地址总线 A8
55	PF15/FSMC_A9	FSMC 地址总线 A9
56	PG0/FSMC_A10	FSMC 地址总线 A10
57	PG1/FSMC_A11	FSMC 地址总线 A11
87	PG2/FSMC_A12	FSMC 地址总线 A12
88	PG3/FSMC_A13	FSMC 地址总线 A13
89	PG4/FSMC_A14	FSMC 地址总线 A14
90	PG5/FSMC_A15	FSMC 地址总线 A15
91	PG6	
92	PG7	
93	PG8	
124	PG9	LED4
125	PG10/FSMC_NE3	FSMC 总线片选 NE3
126	PG11	LED3
127	PG12/FSMC_NE4	FSMC 总线片选 NE4
128	PG13/USBD_ENBLE	USB 设备使能、OLED、SHT30_SDA、LED2
129	PG14/FIFO_RRST/LED3	LED1
132	PG15/FIFO_OE	OLED/SHT30_SCL

从第 7 章开始,将学习 STM32F103ZET6 的 GPIO、中断、RS232、DMA、RS485、CAN、定时器、ADC、DAC、I2C、FSMC、SPI、SDIO 等外设相关的知识。

思考题

1. 简述 STM32F103ZET6 的资源。

2. STM32F103ZET6 最小系统包括哪些电路?

3. 简述 STM32 的复位方式。手动复位按键处的电容有什么作用?

第 3 章　液晶模组接口

为配合实验板做人机交互界面,在实验板上布置了一个液晶模组接口,适配于驱动芯片为 ILI9488 的液晶模组。

3.1　液晶模组电路

常见的基于 ILI9488 液晶模组电路如图 3-1 所示。液晶模组通信方式可以采用 8 位或 16 位数据并口通信,默认采用 16bit 接口。LED 背光采用一个晶体三极管驱动。

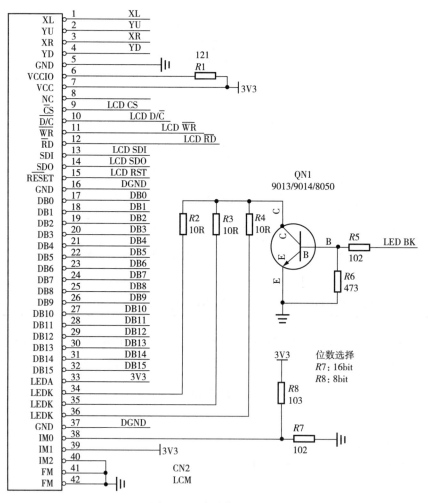

图 3-1　液晶模组电路

3.2　触摸控制

XPT2046 是四线制电阻触摸屏控制芯片,与电阻触摸屏连接的电路如图 3 - 2 所示。XR、YU、XL 和 YD "四"个引脚与电阻触摸屏连接。XPT2046 采用 SPI 接口与 STM32F103ZET6 连接。

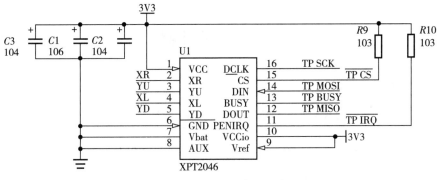

图 3 - 2　电阻触摸屏电路

3.3　液晶显示接口电路

图 3 - 3 是模组侧的液晶显示接口电路。

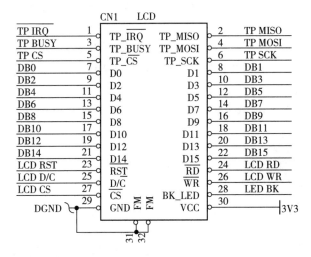

图 3 - 3　液晶显示接口电路

第4章 学习环境

掌握单片机技术既要学习必要的理论知识,又要通过实践加以巩固,最终才能学以致用,因此必须搭建必要的学习环境。

4.1 硬件环境

4.1.1 计算机

计算机用于安装 Keil MDK-ARM、STM32CubeMX 和其他工具软件。

4.1.2 实验板

实验板已在第2章做了详细介绍。

4.1.3 调试器

调试器习惯上被称为仿真器。支持 STM32 的仿真器有很多,其中 ST-link/V2 是专门针对意法半导体 STM8 和 STM32 系列芯片而设计的仿真器,具有特定的 SWIM 标准接口和 SWD 标准接口,其主要功能如下。

(1)编程功能:可用于 Flash ROM、EPROM、AFR 等的编程。

(2)仿真功能:支持全速运行、单步调试、断点调试等各种调试方法,可查看输入/输出状态,变量数据等。

(3)仿真性能:采用 USB 2.0 接口进行仿真调试,单步调试,断点调试,反应速度快。

(4)编程性能:采用 USB 2.0 接口,进行 SWIM/SWD 下载,下载速度快。

1. 实物图

网售的、自制的 ST-link/V2 实物图分别如图 4-1 和 4-2 所示。

图 4-1 网售的 ST-link/V2 实物图

图 4-2 自制的简易 ST-link/V2 实物图

2. ST – link 驱动安装

网络下载 ST – link_v2_usbdriver. exe 文件,与普通软件一样双击安装,保持默认路径。安装完成后,将 ST – link/V2 插入计算机的 USB 接口,此时计算机会提示发现新硬件,并提示安装驱动,请选择自动安装。升级 Keil 版本后,也会提示 ST – link 升级固件,界面如图 4 – 3所示。

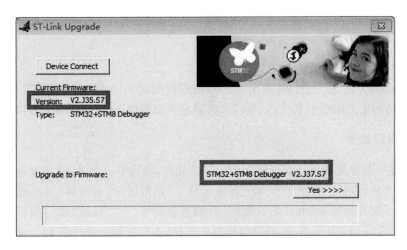

图 4 – 3　ST – link/V2 固件升级

点击 Device Connect 按钮,此时对话框界面会提示当前固件版本及最新的固件版本,点击 Yes 按钮,固件就会自动升级。

3. 硬件连接

按图 4 – 4 所示,将 ST – link 与目标板(实验板)连接好,然后将 ST – link 接入计算机即可。

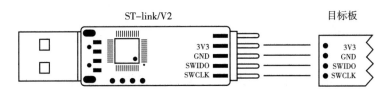

图 4 – 4　ST – link/V2 与目标板连接图

4.2　软件环境

4.2.1　集成开发环境 IDE

基于 ARM 内核处理器的开发工具有很多,根据功能的不同,分别有编译软件、汇编软件、链接软件、调试软件、嵌入式实时操作系统、函数库、评估板、仿真器、在线仿真器等,目前全球有 40 多家公司提供以上不同类别的产品。

选用 ARM 内核处理器开发嵌入式系统时,选择合适的开发工具可以加快开发进度,降低开发成本,因此一套含有编辑软件、编译软件、汇编软件、链接软件、调试软件、工程管理及函数库的集成开发环境(Integrated Development Invironment,IDE)一般来说是必不可少的。

使用 IDE 开发基于 ARM 的应用软件,编辑、编译、汇编、链接等工作在个人计算机上即可完成,并且配合仿真器可实现在线调试。常见的 IDE 有 STD、ADS、IAR EWARM、Keil MDK - ARM、MULTI2000 等。

2005 年 10 月 ARM 公司收购了 Keil 公司,因此 IDE 一般选用 Keil MDK - ARM。

4.2.2 STM32CubeMX

STM32CubeMX 是 ST 力推的 STM32 芯片图形化配置工具,可以使用图形化向导生成基于 HAL 库的初始化工程 C 语言代码,可以大大减轻开发强度、缩短开发时间及降低开发费用。

4.2.3 串口助手

SSCOM 是一款非常强大且实用的多串口调试软件,称为串口助手,支持显示串口号;支持多种串口显示方式,包括字符串和十六进制方式显示、数据波形(示波器)显示等;软件显示相比其他串口助手更加流畅,且不易丢失数据;使用非常简单、串口设置、通信端口选择,支持串口和网卡 TCP/IP 与 UDP 通信等,可以根据需要选择;支持字符串和十进制方式发送;可以自定义多条数据串;软件附有帮助教程。

4.2.4 字模提取软件

显示汉字或字符时会用到字模。字模就是汉字或字符在点阵上显示时对应的编码。PCtoLCD 2002 完美版是一款取字模的软件,在图形模式下可用鼠标任意作画,左键画图,右键擦图。该软件支持 4 种取模方式:逐行、逐列、行列、列行,可以生成中英文数字混合的字符串的字模数据。用户可选择字体、大小,并且可独立调整文字的长和宽,生成任意形状的字符。除了选择系统预设的 C 语言和汇编语言两种格式,用户还可以自己定义新的数据输出格式,调整每行输出数据的个数。

4.3 Keil MDK - ARM 安装与使用

4.3.1 Keil 公司简介

Keil 公司是一家业界领先的微控制器软件开发工具的独立供应商,由两家私人公司联合运营,分别是德国慕尼黑的 Keil Elektronik GmbH 和美国得克萨斯的 Keil Software Inc。Keil 公司制造和销售种类广泛的开发工具,包括 ANSI C 编译器、宏汇编程序、调试器(仿真器)、连接器、库管理器、固件和实时操作系统核心,支持基于 ARM、C51、C251 和 C166 等核心的处理器。

4.3.2 MDK 简介

MDK(Microcontroller Developer Kit)是微控制器开发工具的简称。

Keil MDK - ARM 是 Keil 公司出品的支持 ARM 微控制器的一款集成开发环境,包含工业标准的 Keil C 编译器、宏汇编器、调试器(仿真器)、实时内核等组件,如图 4 - 5 所示。Keil MDK - ARM 具有行业领先的 ARM C/C++编译工具链,完美支持基于 Cortex - M、Cortex - R4、ARM7、ARM9 和 Cortex - A8 等的 ST、Atmel、Freescale、NXP、TI 等数千种微控制器芯片。Keil MDK - ARM 专为微控制器应用而设计,不仅易学易用,而且功能强大,能够满足大多数嵌入式应用。Keil MDK - ARM 有 4 个可用版本,分别是 MDK - Lite、MDK - Basic、MDK - Standard、MDK - Professional。所有版本均提供一个完善的 C/C++开发环境,其中 MDK - Professional 还包含大量的中间库。一般将 Keil MDK - ARM 简称为 Keil。

Keil 提供了包括 C 编译器、宏汇编、链接器、库管理和一个功能强大的仿真调试器等在内的完整开发方案,通过一个集成开发环境(μVision)将它们组合在一起。如果用户使用 C 语言编程,那么 Keil 几乎就是不二之选。即使用户不使用 C 语言而仅用汇编语言编程,Keil 方便易用的集成环境、强大的软件仿真调试工具也会使用用户事半功倍。

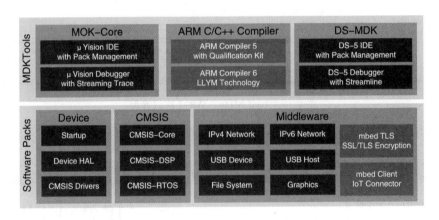

图 4 - 5 Keil MDK - ARM 组件

4.3.3 MDK - ARM 安装包与器件支持包下载

MDK - ARM 安装包下载地址:http://www.keil.com/download/product。

MDK - ARM 器件支持包下载地址:http://www.keil.com/dd2/pack。

4.3.4 MDK 安装

(1)双击 MDK534.EXE 图标,如图 4 - 6 所示。

图 4 - 6 Keil MDK - ARM 安装文件

（2）弹出欢迎界面，单击"Next"按钮，如图 4 - 7 所示。

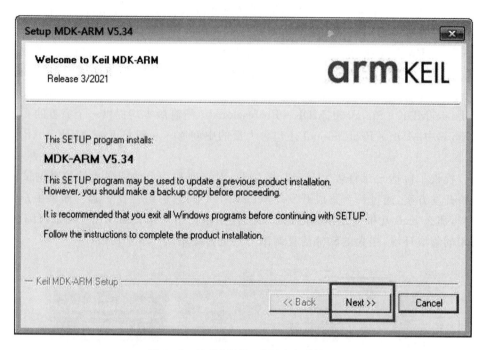

图 4 - 7　Keil MDK - ARM 欢迎界面

（3）弹出许可证协议界面，单击"Next"按钮，如图 4 - 8 所示。

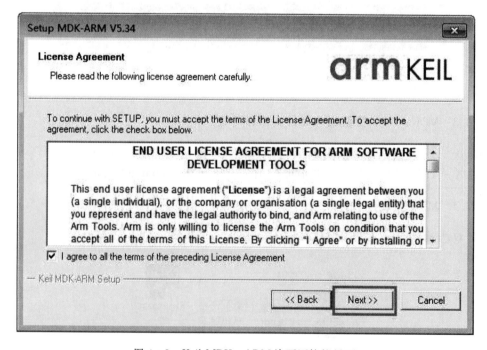

图 4 - 8　Keil MDK - ARM 许可证协议界面

（4）在弹出的选择文件夹界面中选择安装路径后，单击"Next"按钮，如图 4 - 9 所示。

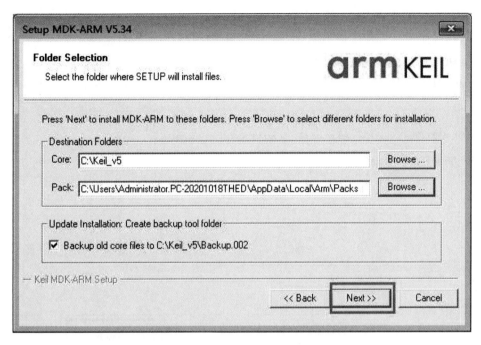

图 4 - 9　Keil MDK - ARM 安装路径

（5）在弹出的使用者信息界面中填写使用者信息后，单击"Next"按钮，如图 4 - 10 所示。

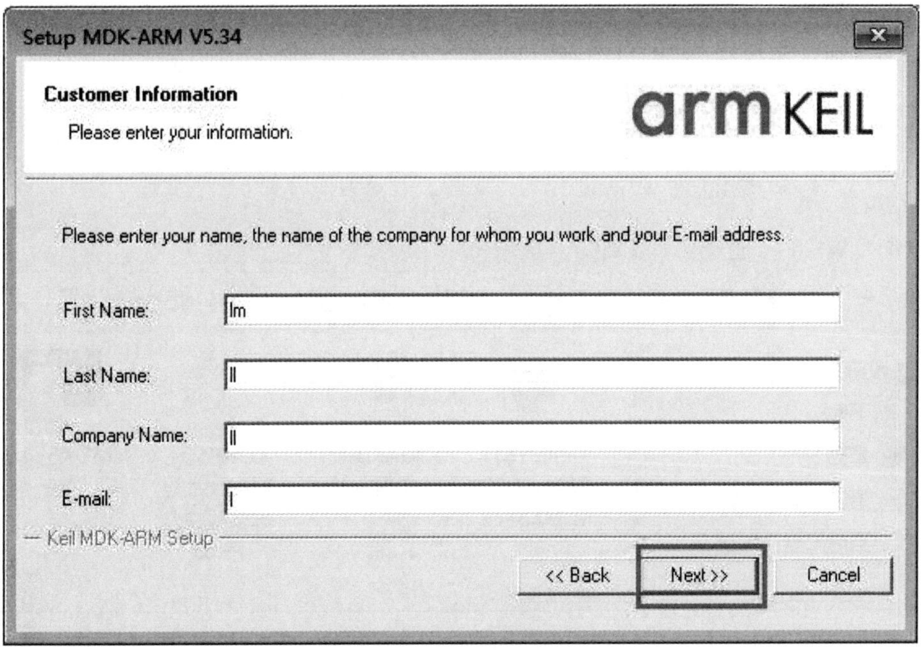

图 4 - 10　填写使用者信息

(6)在弹出的安装完成界面中单击"Finish"按钮,如图 4-11 所示。

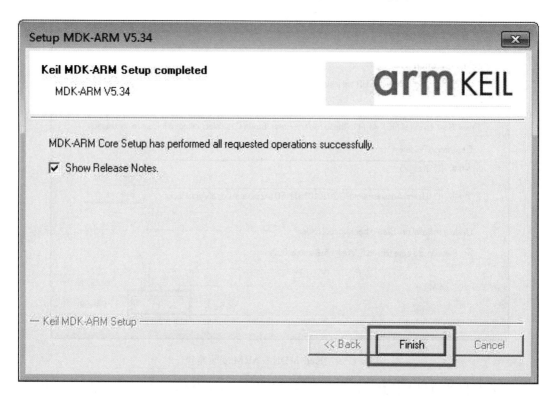

图 4-11　安装完成

(7)双击器件支持包 Keil. STM32F1xx_DFP. 2. 3. 0. pack,如图 4-12 所示。

图 4-12　器件支持包

(8)安装器件支持包,如图 4-13 所示。

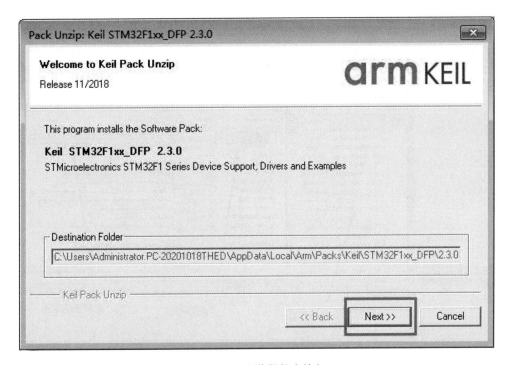

图 4-13 安装器件支持包

(9)器件支持包安装完毕后,单击"Finish"按钮,如图 4-14 所示。

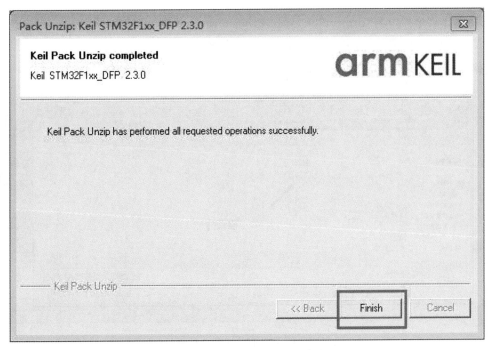

图 4-14 器件支持包安装完毕

（10）用户可通过单击"支持包管理"按钮管理器的支持包，如图 4-15 所示。

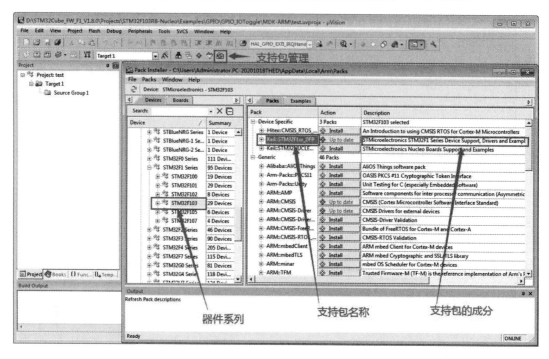

图 4-15　管理器件支持包

4.3.5　Keil V5 的使用

（1）选择菜单栏中的"Project"→"open Project"命令，在弹出的"Select Project File"对话框中选择工程文件，单击"打开"按钮，如图 4-16 所示。

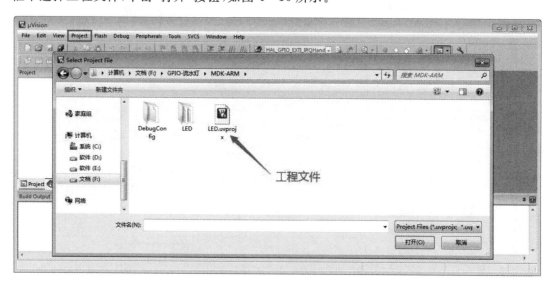

图 4-16　打开工程文件

（2）打开 Keil V5 工程界面，如图 4 - 17 所示。

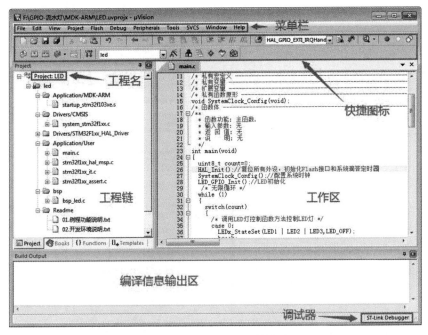

图 4 - 17　Keil V5 工程界面

（3）工程配置。单击"魔术棒"按钮，弹出"Options for Target'led'"对话框，在该对话框中单击相应的选项卡，即可进行工程配置。

① 单击"Device"（设备）选项卡，进行设备设置，如图 4 - 18 所示。

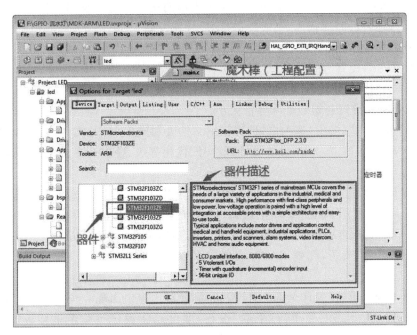

图 4 - 18　设备设置

② 单击"Target"（硬件目标设置）选项卡，进行硬件目标设置，如图 4-19 所示。

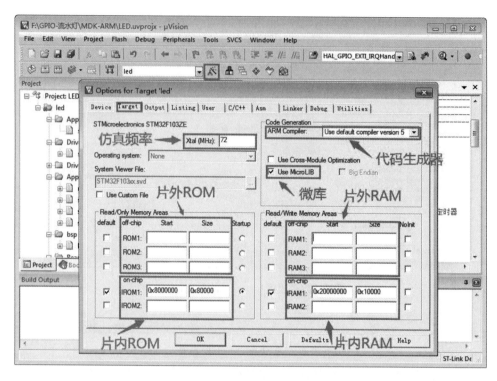

图 4-19　设置硬件目标

　　a. 仿真频率 Xtal：设备晶体频率，用于模拟仿真时使用。

　　b. 代码生成器（Code Generation）：为优化代码创建一个链接反馈文件/使用 MicroLIB 库，可大大降低运行的时库代码。

　　c. 片外 ROM：扩展 ROM 时，设置起始地址与容量大小。

　　d. 片内 ROM：设置起始地址、容量大小。

　　e. 片外 RAM：扩展 RAM 时，设置起始地址与容量大小。

　　f. 片内 RAM：设置起始地址与容量大小。

③ 单击"Output"（输出）选项卡，选择输出文件夹和产生 HEX 文件，如图 4-20 所示。

④ 单击"C/C++"选项卡，设置预处理符号、优化等级、警告及头文件搜寻路径等，如图 4-21 所示。

⑤ 单击"Debug"选项卡，在"Use"下拉列表中选择"ST-link Debugger"选项进行硬件的调试仿真，如图 4-22 所示；单击"Setting"按钮，进入硬件调试仿真设置界面如图 4-23 所示；在"Flash Download"选项卡中选中"Reset and Run"复选框，单击"确定"按钮，如图 4-24 所示。

（4）单击"积木"按钮，在弹出的对话框中可以对工程的文件组进行管理，如图 4-25 所示。

（5）编译工程。单击"编译全部文件"按钮，编译输出窗口出现"-0 Error(s),0 Warning(s)"，如图 4-26 所示。然后单击"下载"按钮，即可以将程序下载至试验板，也可以单击"debug"按钮，进入调试状态。

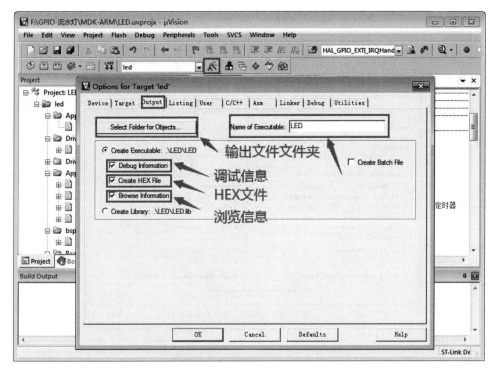

图 4 - 20 "Output"(输出)选项卡设置

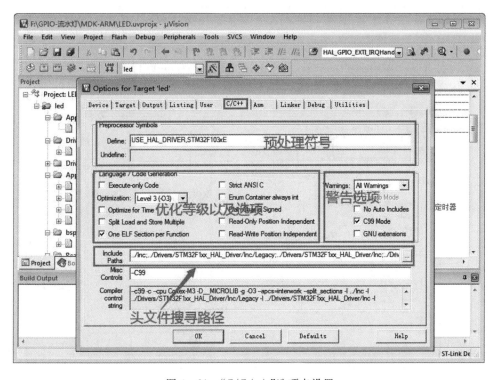

图 4 - 21 "C/C++"选项卡设置

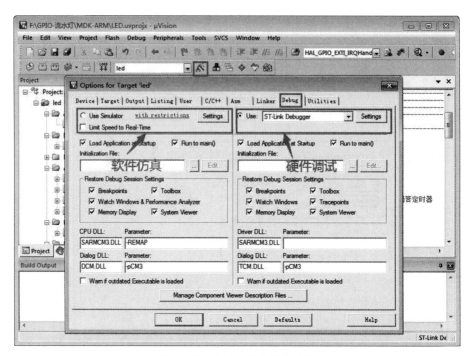

图 4 - 22 "Debug"选项卡设置

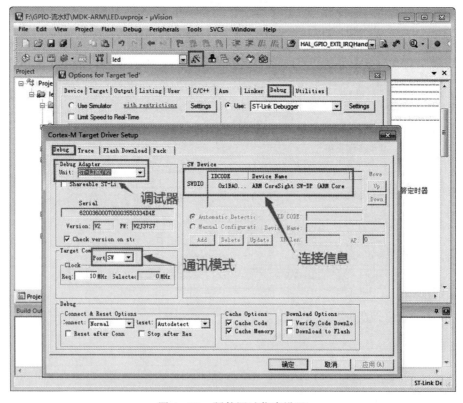

图 4 - 23 硬件调试仿真设置

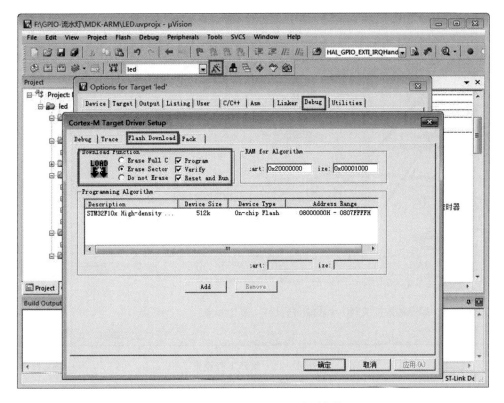

图 4 - 24　"Flash Download"选项卡设置

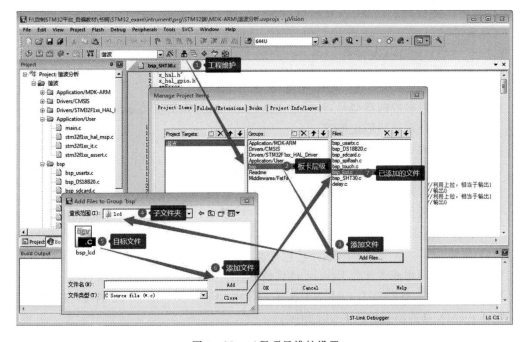

图 4 - 25　工程项目维护设置

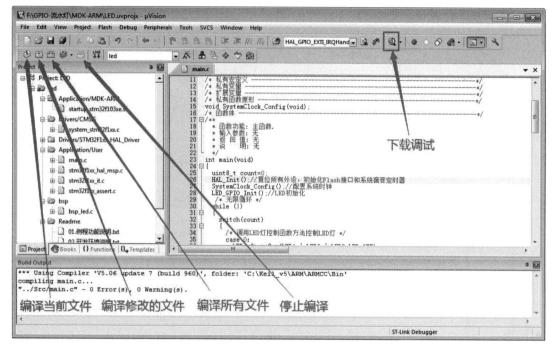

图 4 - 26　编译工程设置

4.4　STM32CubeMX 安装与使用

4.4.1　STM32CubeMX 简介

STM32CubeMX 是初始化代码生成器,覆盖了 STM32 全系列芯片。它具有如下特性。

(1)直观地选择微控制器型号,并可指定系列、封装、外设数量等条件。

(2)可进行微控制器图形化配置。

(3)可自动处理引脚冲突。

(4)可动态设置时钟树,生成系统时钟配置代码。

(5)可动态设置外围和中间件模式和初始化。

(6)可进行功耗预测。

(7)其 C 代码工程生成器覆盖了 STM32 单片机初始化编译软件,如 IAR、Keil 和 GCC 等。

(8)可以独立使用或者作为 Eclipse 插件使用。

ST 大力推广 STM32CubeMX,未来 STM32CubeMX 的功能将会更加完善。STM32CubeMX 功能示意如图 4 - 27 所示。

STM32CubeMX 支持 STM32 的全系列,其支持的 F1 系列处理器见表 4 - 1。

图 4 - 27　通过 STM32CubeMX 功能示意图

表 4 - 1　STM32CubeMX 支持的 F1 系列处理器

stm32f1xx.h	STM32F1 devices
STM32F100xB	STM32F100C4、STM32F100R4、STM32F100C6、STM32F100R6、STM32F100C8、STM32F100R8、STM32F100V8、STM32F100CB、STM32F100RB、STM32F100VB
STM32F100xE	STM32F100RC、　　　STM32F100VC、　　　STM32F100ZC、　　　STM32F100RD、STM32F100VD、STM32F100ZD、STM32F100RE、STM32F100VE、STM32F100ZE
STM32F101x6	STM32F101C4、　　　STM32F101R4、　　　STM32F101T4、　　　STM32F101C6、STM32F101R6、STM32F101T6
STM32F101xB	STM32F101C8、STM32F101R8、STM32F101T8、STM32F101V8、STM32F101CB、STM32F101RB、STM32F101TB、STM32F101VB
STM32F101xE	STM32F101RC、　　　STM32F101VC、　　　STM32F101ZC、　　　STM32F101RD、STM32F101VD、STM32F101ZD、STM32F101RE、STM32F101VE、STM32F101ZE
STM32F101xG	STM32F101RF、　　　STM32F101VF、　　　STM32F101ZF、　　　STM32F101RG、STM32F101VG、STM32F101ZG
STM32F102x6	STM32F102C4、STM32F102R4、STM32F102C6、STM32F102R6
STM32F102xB	STM32F102C8、STM32F102R8、STM32F102CB、STM32F102RB
STM32F103x6	STM32F103C4、　　　STM32F103R4、　　　STM32F103T4、　　　STM32F103C6、STM32F103R6、STM32F103T6
STM32F103xB	STM32F103C8、STM32F103R8、STM32F103T8、STM32F103V8、STM32F103CB、STM32F103RB、STM32F103TB、STM32F103VB
STM32F103xE	STM32F103RC、　　　STM32F103VC、　　　STM32F103ZC、　　　STM32F103RD、STM32F103VD、STM32F103ZD、STM32F103RE、STM32F103VE、STM32F103ZE
STM32F103xG	STM32F103RF、　　　STM32F103VF、　　　STM32F103ZF、　　　STM32F103RG、STM32F103VG、STM32F103ZG

（续表）

stm32f1xx. h	STM32F1 devices
STM32F105xC	STM32F105R8、 STM32F105V8、 STM32F105R8、 STM32F105VB、STM32F105RC、STM32F105VC
STM32F107xC	STM32F107RB、STM32F107VB、STM32F107RC、STM32F107VC

4.4.2　STM32CubeMX 下载

STM32CubeMX 的 ST 官方下载地址为 https：//www. st. com/content/st＿com/en/products/development — tools/software — development — tools/stm31 — software — development — tools/stm31 — configurators — and — code — generators/STM32CubeMX. html。

第三方下载地址：https：//pan. baidu. com/s/1lZQMJ3yCecVaoAwpridrFQ，针对使用的实验板平台，还需要下载基于 STM32F1 系列芯片的支持包 STM32CubeF1，下载地址为 http：//www. stmicroelectronics. com. cn/web/cn/catalog/tools/PF260820。

STM32CubeF1 版本为 V1.8.0（随时更新），下载界面如图 4-28 所示。

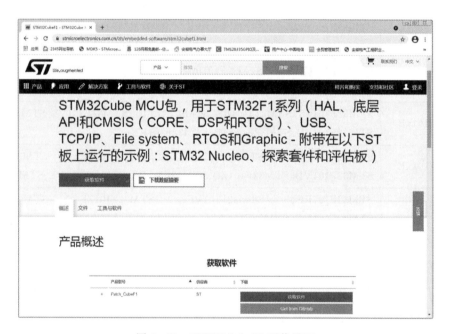

图 4-28　STM32CubeF1 下载界面

STM32F1 系列芯片 V1.8.0 版本的下载网址为 http：//www. stmicroelectronics. com. cn/web/cn/catalog/tools/PF263153，ST 官方以补丁形式给出。第三方下载网址为 https：//pan. baidu. com/s/1L6hYuqI5i2Vo95coIEuV1g。在安装 STM32CubeMX 软件之前，应先安装 Java 组件：https：//www. oracle. com/java/technologies/javase — jre8 — downloads. html。

4.4.3 STM32CubeMX 器件包安装

安装 STM32CubeMX 软件之前须先安装 Keil MDK 或 IAR EWARM 开发工具。

(1)安装 STM32CubeMX 软件后，双击打开软件，进入软件界面，如图 4-29 所示。

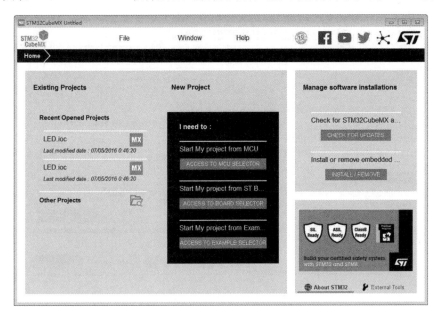

图 4-29 STM32CubeMX 软件界面

(2)进入导入界面后，按图中序号依次单击，选择压缩文件 STM32CubeF1，进行 STM32F103 系列芯片支持包安装，如图 4-30 所示。

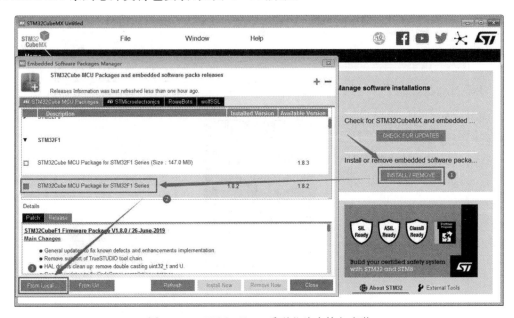

图 4-30 STM32F103 系列芯片支持包安装

（3）切换到存入支持包所在的文件夹，选中支持包，导入本地支持包，等待导入完成后，导入补丁库，这里选择 STM32Cube_FW_F1_V1.8.0.zip，如图 4-31 所示。

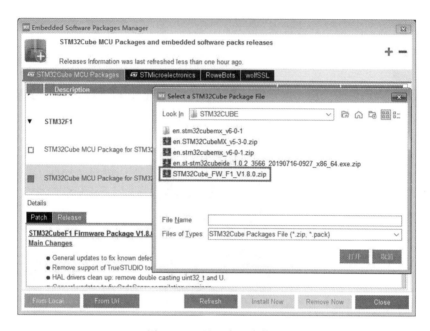

图 4-31　导入本地支持包

4.4.4　建立 STM32CubeMX 工程

（1）选择"New Project"选型，如图 4-32 所示。

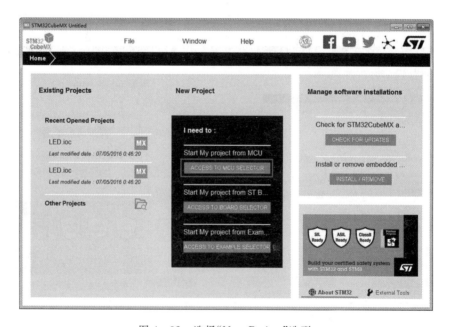

图 4-32　选择"New Project"选型

（2）选择 LQFP144 封装的 STM32F103ZETx 芯片，如图 4 - 33 所示，单击"OK"按钮，自动弹出工程设置界面。

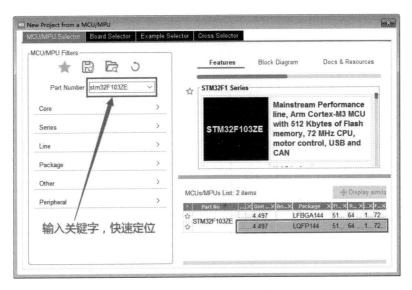

图 4 - 33　选择芯片型号

（3）设置使用外部晶体，并把 PB0、PG9 和 PG14 这 3 个引脚设置为输出模式，如图4 - 34 所示。

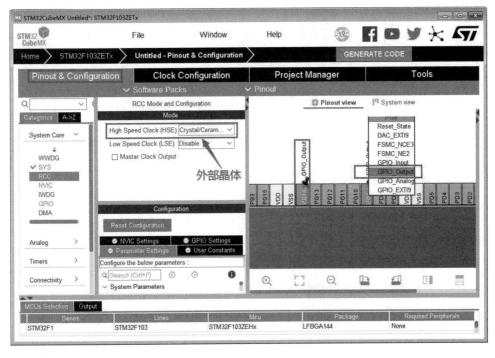

图 4 - 34　外设功能选择和引脚分配

（4）设置系统时钟配置界面，这里选择使用外部 8MHz 晶体，并设置系统时钟为 72MHz，具体设置如图 4-35 所示。

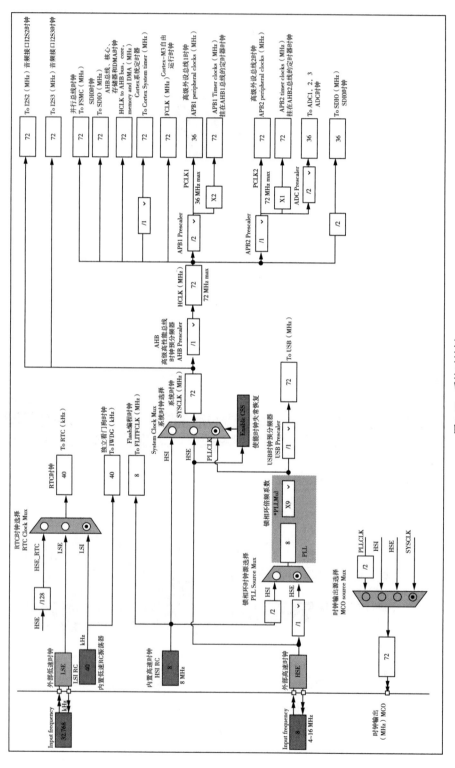

图4-35 系统时钟树

（5）外设具体设置。选择"GPIO"选项，在弹出的界面中设置 GPIO 特性，主要包括初始化输出电平、GPIO 模式、最大输出速度，如图 4-36 所示。

同时，还可以查看与 RCC 相对应的引脚，一般保持默认设置即可，如图 4-37 所示。

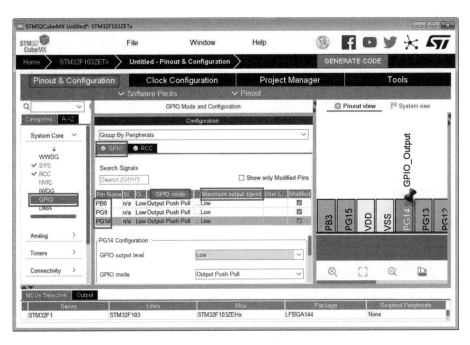

图 4-36 GPIO 设置

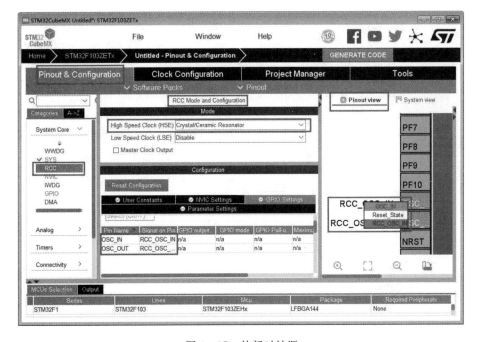

图 4-37 外部时钟源

（6）设置工程名称、保存路径、工程预留堆栈大小。栈空间用于局部变量空间，堆空间用于 alloc() 或 malloc() 函数动态申请变量空间，实际上一般程序设置栈空间为 0x400 是足够的，具体设置如图 4-38 所示。

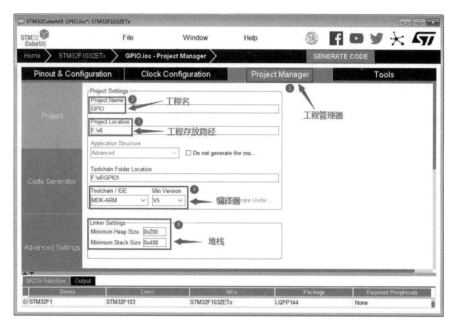

图 4-38　工程设置

（7）设置生成工程文件，如图 4-39 所示。

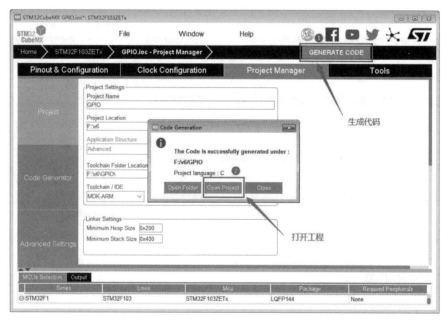

图 4-39　生成工程文件

　　(8)工程文件生成后，打开工程，如图 4 - 40 所示，如果直接编译工程，则正常情况下是没有警告和错误的。

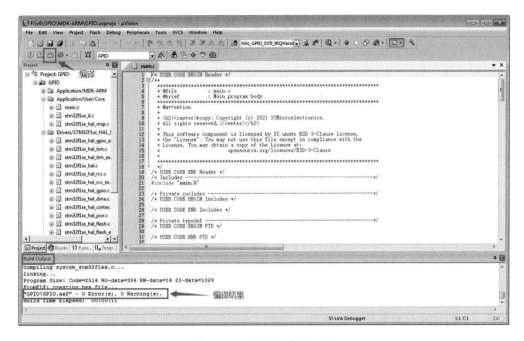

图 4 - 40　Keil V5 打开工程

思考题

学习 STM32 系列控制器，需要哪些必要的硬件和软件？在网上搜索、下载并安装这些软件。

第5章 HAL 库

5.1 STM32 软件编程方式

微控制器最基本的功能就是控制特定引脚输出高、低电平。如何控制一个引脚？如何使 PA0 输出高电平？编写程序，然后编译程序并下载到实验板运行就可实现。STM32 编程方法有很多种，一般选择 C 语言作为编程语言；集成开发环境一般选用 Keil MDK 或 IAR EWARM。为了方便广大使用者编程，ST 官方提供了与硬件底层相关的 C 语言文件，节省了使用者编程的时间。使用者重点是学习使用方法。STM32 有 4 种软件编程方式：直接寄存器编程、标准(固件)库编程、HAL 库编程和 LL(Low‐layer，低层)库编程。

5.1.1 直接寄存器编程

直接寄存器编程是直接操作寄存器方法，如语句 GPIOA→BSRR＝0x0001。使 PA0 引脚输出高电平，这里 0x0001 对应 PA0 引脚，0x0002 对应 PA1 引脚，0x0003 对应 PA0 和 PA1 两个引脚，以此类推。GPIOA 和 BSRR 的含义是 ST 官方已经定义好的，可以直接使用。

对于 89C51、MEGA、MSP430 等寄存器数量不多的单片机，直接寄存器编程方式易懂易行，但是 STM32 的寄存器数量庞大，技术人员很难记忆如此多的寄存器，开发时需要经常翻查芯片的数据手册，难以直接操作寄存器。

5.1.2 标准库编程

为了使编程简单化、人性化，ST 官方把直接操作寄存器语句进行函数格式化封装，形成标准固件库 STM32Fxxx_StdPeriph_Driver。使用语句 GPIO_SetBits(GPIOA,GPIO_Pin_1)，就可以控制 PA1 引脚输出高电平。

标准库推出多年来备受广大使用者推崇，现在仍有很多技术人员在使用。不过，STM32 标准库不再被 ST 更新，一直停留在 2013 年 9 月推出的 V3.5.0 版本。

5.1.3 HAL 库编程

现在 ST 官方全力推广新的软件编程库 HAL(Hardware Abstraction Layer，硬件抽象层)。HAL 库比标准库推出得要晚，但目的和标准库一样，都是为了节省程序开发时间，而且 HAL 库更有效。如果说标准库是把实现功能需要配置的寄存器集成了，HAL 库则是特定功能函数的集合。同样的功能，标准库可能要用几句话，HAL 库只需用一句话就可实现。更重要的是，HAL 库很好地解决了程序移植的问题，不同型号的 STM32 芯片的标准库是不一样的。但是使用 HAL 库，只要使用的是相同的外设，程序基本可以完全复制、粘贴，便于程序移植。特别地，可以使用 STM32cubeMX 软件，通过图形化的配置功能，直接生成完整的使用 HAL 库的工程文件结构。

HAL 库编程 PA1 输出高电平：HAL_GPIO_WritePin(GPIOA,GPIO_PIN_1,GPIO_PIN_SET)。

单独从上面语句暂时看不出 HAL 库的优势，但当配合 STM32CubeMX 软件使用时，HAL 的优势就能体现出来。ST 公司最终的目的是实现在 STM32 系列微控制器之间无缝移植。

5.1.4　LL 库编程

ST 在推行 HAL 库时，逐渐停止了对于标准库的更新（新出的芯片已经不再提供标准库了），但也意识到 HAL 库效率较低的问题，因此同时推出了 LL 库。对一些较低性能（M0）或者低功耗（L 系列）的芯片编程，相较于 HAL 库的低效率，寄存器操作的复杂、标准库的逐渐淘汰，LL 库就成为替代 HAL 库一个较好的选择。

低层驱动程序旨在提供快速的轻量级面向专家的层，该层比 HAL 库更接近硬件。与 HAL 库相反，对于优化访问权限不是关键功能的外围设备，或需要大量软件配置和/或复杂上层堆栈（如 FSMC、USB 或 SDMMC）的外围设备，不提供 LL API（Application Program Interface，应用程序接口）。LL 库的手册大多放在 HAL 库手册中的，作为 HAL 库的一个补充。

直接寄存器、标准库、HAL 库、LL 库效率对比见表 5-1。

表 5-1　直接寄存器、标准库、HAL 库、LL 库效率对比

		直接寄存器	标准库	HAL 库	LL 库
GPIO	ROM 代码量(B)	980	1436	3204	1228
	RAM 需量(B)	0	7	8	4
	执行效率（周期）	时钟初始化:1835 GPIO 初始化:14 GPIO 翻转 1 次:4	时钟初始化:1892 GPIO 初始化:72 GPIO 翻转 1 次:18	时钟初始化:2606 GPIO 初始化:423 GPIO 翻转 1 次:16	时钟初始化:1835 GPIO 初始化:14 GPIO 翻转 1 次:7
ADC@DMA	ROM 代码量(B)	1104	2580	6620	1456
	RAM 需量(B)	0	104	152	0
	执行效率（周期）	时钟初始化:2144 ADC 初始化:810 DMA 初始化:19 采集 100 次:1422	时钟初始化:2295 ADC 初始化:1344 DMA 初始化:137 采集 100 次:1425	时钟初始化:3089 ADC 初始化:1627 DMA 初始化:122 采集 100 次:1862	时钟初始化:2254 ADC 初始化:955 DMA 初始化:127 采集 100 次:1422
PWM	ROM 代码量(B)	1080	1996	2100	2100
	RAM 需量(B)	0	20	0	32
	执行效率（周期）	时钟初始化:2198 TIM1 初始化:35 变更占空比:1	时钟初始化:2267 TIM1 初始化:747 变更占空比:6	时钟初始化:3121 TIM1 初始化:795 变更占空比:5	时钟初始化:2245 TIM1 初始化:202 变更占空比:2

（续表）

		直接寄存器	标准库	HAL 库	LL 库
MEM @DMA	ROM 代码量(B)	1080	1632	3730	1080
	RAM 需量(B)	0	0	68	0
	执行效率 （周期）	时钟初始化:2159 DMA 初始化:29 传输 100 字节:817	时钟初始化:2253 DMA 初始化:151 传输 100 字节:864	时钟初始化:2981 DMA 初始化:110 传输 100 字节:1043	时钟初始化:2255 DMA 初始化:112 传输 100 字节:814

从单片机的速度、存储器容量、可移植性等方面综合考虑,HAL 库编程方式是目前比较理想的选择。

5.2　HAL 库概述

HAL 能够确保 STM32 系列最大的移植性。HAL 位于操作系统内核与硬件电路之间的接口层,其目的在于将硬件抽象化。为了与 STM32CubeMX 配合使用,ST 官方推出了新的函数库,因为和 HAL 息息相关,所以称为 HAL 库。HAL 库是一个由 ST 官方基于硬件抽象层而设计的软件函数包,它由程序、数据结构和宏定义组成,包括了微控制器所有外设的性能特征。该函数库还包括每一个外设的驱动描述和应用实例,为学习者访问底层硬件提供了一个中间 API。使用 HAL 库,无须深入掌握底层硬件细节,学习者就可以轻松应用每一个外设,从而大大减少用户的程序编写时间,降低开发成本。每个外设驱动都由一组函数组成,这组函数覆盖了该外设的全部功能。每个器件的开发都由一个通用 API 驱动,API 对该驱动程序的结构、函数和参数名称都进行了标准化。

5.3　HAL 库发展趋势

ST 官方声明使用 HAL 库是大势所趋。在 ST 公司最新开发的部分芯片中,只有 HAL 库而没有标准库,ST 的战略目标是逐渐转向 HAL 库。相对于标准库来说,在使用 STM32CubeMX 生成代码后,工程项目和初始化代码已经完成。更重要的是,由于 ST 官方的大力推广,未来 STM32CubeMX 功能会更加完善。

5.4　HAL 库特点

API 是一组命令、函数、协议和对象,技术人员可以用它们来开发软件或与外部系统进行交互。它为技术人员提供了执行通用操作的标准命令,这样技术人员就不必从头开始编写代码了。API 定义了其他技术人员如何与软件进行交互,不需要知道 API 函数具体是如何运行的,只要清楚直接调用就能实现某种功能即可。例如,已经做好了一块几何处理程序,可以直接调用来算圆的面积,程序会提示把半径传给它,它就把面积值传过来,至于程序里面是怎样运行的不用关心。

官方下载的 HAL 库内容包括 STM32Cube HAL 库文件、中间件(RTOS、USB、TCP/IP、Graphics)及一系列的外设应用例程。

HAL 驱动建立在一套通用的体系结构之上,提供一套 API 接口以便更好地与上层应用进行通信。HAL 驱动函数严格按照 ANSI-C 标准编写,因此可独立于开发工具。

HAL 库主要有如下特点。

(1)具有抽象于硬件之上的结构体赋值初始化操作,以及基于功能的分类。

(2)具有 3 种运行模式:轮询模式、中断模式、DMA 模式。

■ 轮询模式:也称为阻塞模式,函数(或进程)必须执行完毕才会退出该函数,然后执行下一条指令,CPU 专心执行单一任务。

■ 中断模式:为 CPU 使用中断来发送,发送/接收完成后进入中断回调函数。

■ DMA 模式:CPU 设定必要的条件后,采用 DMA 管道传输需要发送的数据。

以 I2C 为例,3 种运行模式对应的函数如下。

① 轮询模式。

```
HAL_I2C_Master_Transmit();
HAL_I2C_Master_Receive();
HAL_I2C_Slave_Transmit();
HAL_I2C_Slave_Receive()
HAL_I2C_Mem_Write();
HAL_I2C_Mem_Read();
HAL_I2C_IsDeviceReady()
```

② 中断模式。

```
HAL_I2C_Master_Transmit_IT();
HAL_I2C_Master_Receive_IT();
HAL_I2C_Slave_Transmit_IT()
HAL_I2C_Slave_Receive_IT();
HAL_I2C_Mem_Write_IT();
HAL_I2C_Mem_Read_IT()
```

③ DMA 模式。

```
HAL_I2C_Master_Transmit_DMA();
HAL_I2C_Master_Receive_DMA();
HAL_I2C_Slave_Transmit_DMA();
HAL_I2C_Slave_Receive_DMA();
HAL_I2C_Mem_Write_DMA();
HAL_I2C_Mem_Read_DMA()
```

以上函数在 STM32fxxx_hal_i2c.c 中。

（3）具有可供用户进行重载的 API 函数。

（4）具有用于轮询方式的系统超时设置。

（5）具有完善的对象锁定机制，可提供安全的硬件资源访问。

（6）在 HAL 驱动层中有回调函数，主要有以下 3 种类型。

① 外设的初始化 HAL_PPPMspInit()。

② 外设的去初始化 HAL_PPP_MspDeInit()。

③ 回调函数：处理完成回调函数 HAL_PPP_ProcessCpltCallback()和发生错误时的处理回调函数 HAL_PPP_ErrorCallback()。

5.5 HAL 库驱动程序文件

HAL 库驱动程序文件见表 5-2。

表 5-2　HAL 库驱动程序文件

文件	描述
STM32fxxx_hal_ppp. c	通用的外设/模块驱动程序文件，如 stm32f1xx_hal_adc. c、STM32f1xx_hal_irda. c
STM32fxxx_hal_ppp. h	通用的外设/模块驱动头文件，包括通用数据、句柄、枚举结构、定义语句、宏等，如 STM32f1xx_hal_adc. h、STM32f1xx_hal_irda. h
STM32fxxx_hal_ppp_ex. c	扩展的外设/模块驱动程序文件，如 STM32f1xx_hal_adc_ex. c、STM32f1xx_hal_dma_ex. c
STM32fxxx_hal_ppp_ex. h	包括特定的数据和枚举结构、声明语句、宏和导出的设备，部分特定编号的 API 示例：STM32f1xx_hal_adc_ex. h、STM32f1xx_hal_dma_ex. h
STM32fxxx_hal. c	用于初始化，包含 DBGMCU，以及基于 SysTick API 的重新映射和时间延迟
STM32fxxx_hal. h	
STM32fxxx_hal_msp_template. c	在用户应用程序和使用外围设备时，模板文件将复制到用户应用程序文件夹中。它包含 MSP 的初始化和取消初始化（主例程和回调函数）
STM32fxxx_hal_msp_template. h	模板文件允许自定义给定的驱动程序应用 msp：MCU Specific Package 单片机具体方案
STM32fxxx_hal_def. h	公用的 HAL 资源，如宏、结构体、枚举变量等

5.6　用户应用文件

用户应用文件见表 5-3。

表 5-3　用户应用文件

文件	描述
system_stm32fxxx.c	包含 SystemInit()函数,在 SRAM 中重定位中断向量(如果需要),但不完成系统时钟的配置(在 HAL 文件中完成)
startup_stm32fxxx.s	包含 Reset Handler 处理函数、堆栈的初始化等
STM32fxxx_hal_msp.c	MSP 的初始化和复位
STM32fxxx_flash.icf	可选的链接工具
STM32fxxx_hal_conf.h	允许用户对其进行配置以选择特定的外设
STM32fxxx_it.c/h	外设中断服务函数,其中每个 PPP_IRQHandler 中都调用了相应的 HAL_PPP_IRQHandler
main.c/.h	HAL_Init()调用 assert_failed()实现系统时钟配置外设 HAL 库初始化和用户应用程序代码

5.7　HAL 库数据结构

HAL 库中 3 种主要的数据结构是外设句柄、初始化和配置结构体、具体外设句柄结构体 PPP_HandleTypeDef ＊handle,主要特点如下。

(1)支持多实例、同一结构体内部共享资源。

(2)存储/管理全局变量,减少外部全局变量的使用,增加程序的稳定性。

(3)当外设可以使用 DMA 通道时,相应的 DMA 接口句柄会添加到 PPP_HandlerTypeDef 中。

(4)对于通用的外设,如 GPIO、NVIC、SYSTick 等,没有实例句柄。

5.8　基于 HAL 库的工程文件结构

5.8.1　STM32Cube_FW_F1

STM32CubeMX 是一个支持 STM32 全系列芯片并基于 HAL 库的工程初始化代码生成器。使用 STM32CubeMX 时需要把系列芯片的固件支持包导入软件中。对于 STM32F1

系列芯片，必须导入 STM32Cube_FW_F1.zip。STM32Cube_FW_F1 固件包附带了一组能在 STMicroelectronics 板上运行基于 HAL 库的示例工程集合，这些示例按板组织，其组件结构如图 5-1 所示。

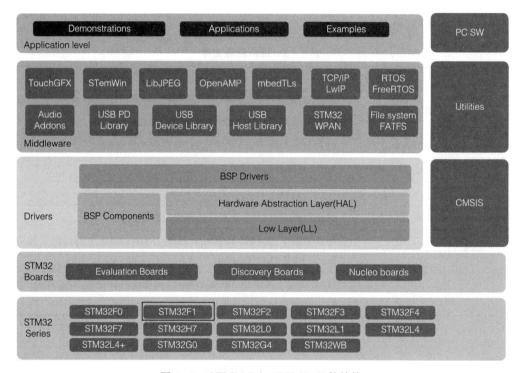

图 5-1　STM32Cube_FW_F1 组件结构

1. Application level demonstrations(应用演示层)

提供示例。

2. Middleware(中间组件)

提供多种可选的开源的中间组件，可以根据项目需求使用这些组件，如有 TCP/IP 协议、USB、File system(FatFS 文件系统)、RTOS(FreeRTOS 嵌入式实时操作系统)等。对大部分组件会有相关例程介绍，可以实现很多功能。

3. Drivers 层

BSP(Board Support Package，板级支持包)提供了 STM32 控制板载的功能模块的APIs，例如，测试板上集成了 LED，类似 BSP_LED_Init()、BSP_LED_On()这些函数就是BSP 函数。HAL 库提供了 STM32 各个外设 APIs，例如，BSP_LED_On()一般是调用 HAL库函数 HAL_GPIO_WritePin()实现的。HAL 库函数是与 STM32 各个外设(如 GPIO、USART、I2C、SPI 等)紧密联系的 APIs，HAL 库对每个 STM32 外设都提供了一套通用的APIs，对部分外设还提供了特殊功能 APIs。

4. STM32Boards 层

Evaluation Boards、Discovery Boards 和 Nucleo Boards，这几款都是 ST 官方给出的测试板，STM32Cube_FW_F1 包含了这几款测试板的例程，可以作为移植的参考。

5. Utilities(实用组件)

CMSIS(Cortex Microcontroller Software Interface Standard,软件接口标准)是为了解决不同的芯片厂商生产的 Cortex 微控制器软件的兼容性问题,ARM 与芯片厂商共同建立的 Cortex - M 处理器系列与供应商无关的硬件抽象层。CMSIS 标准如图 5 - 2 所示。

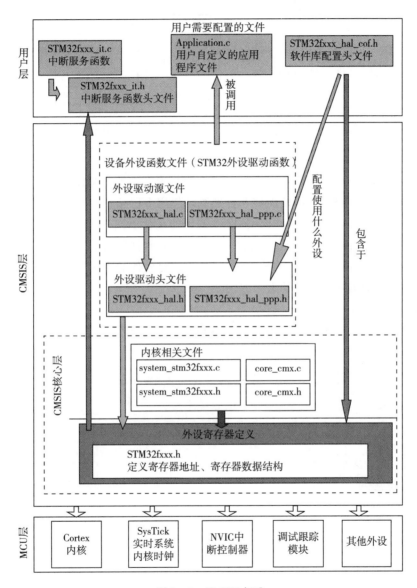

图 5 - 2　CMSIS 标准

CMSIS 标准中最主要的为 CMSIS 层,它包括内核函数层和设备外设函数层。CMSIS 标准核心层如图 5 - 3 所示。

(1)内核函数层:包含用于访问内核寄存器的名称、地址定义,由 ARM 公司提供。

(2)设备外设函数层:提供片上的核外外设的地址和中断定义,由芯片生产商提供。

CMSIS 包含以下组件。

（1）CMSIS - CORE：提供与 Cortex - M0、M3、M4、M7 等与外围寄存器之间的接口。

（2）CMSIS - DSP：包含以定点和单精度浮点实现的 60 多种函数的 DSP 库。

（3）CMSIS - RTOS API：用于线程控制、资源和时间管理的实时操作系统的标准化编程接口。

（4）CMSIS - SVD：包含完整微控制器（包括外设）的系统视图描述 XML 文件。

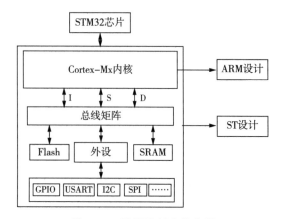

图 5 - 3 CMSIS 标准核心层

TI、ST、Microchip、FSL、Energy Micro 等众多厂家的内核都是使用 Cortex - M，但这些微控制器的外设却大相径庭，即使能够非常熟练地使用 STM32 软件编程的技术人员也很难快速上手使用一款不熟悉的软件。而 CMSIS 的目的是让不同厂家的基于 Cortex - M 的微控制器至少在内核层次上能够做到一定的一致性，提高软件移植的效率。使用 CMSIS 可以为处理器和外设实现简单且一致的软件接口，从而简化软件的重用，缩短微控制器新开发人员的学习过程，进而缩短新设备的上市时间。

6. 器件层

STM32CubeF1 是针对系列芯片提供相应的支持包。图 5 - 4 为 STM32cubeF1 实际的文件夹组成。

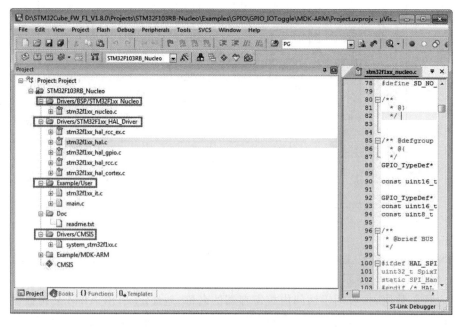

图 5 - 4 STM32cubeF1 文件夹组成

5.8.2　工程文件结构

使用 STM32CubeMX 软件可以方便地生成基于 HAL 库的工程文件。由 STM32CubeMX 软件生成的代码可直接使用 Keil(或 IAR)软件打开,非常简单。实际工程都是在 STM32CubeMX 软件生成的工程代码基础上修改而成的,如图 5-5 所示。

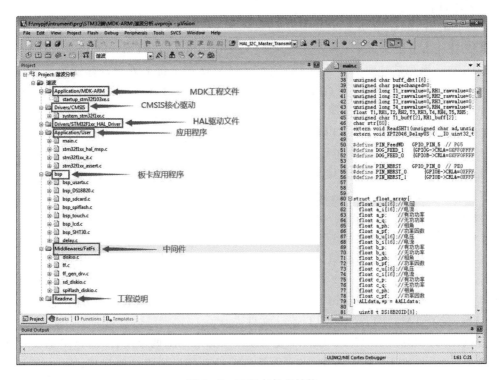

图 5-5　工程文件夹结构

1. CMSIS 文件夹

CMSIS 文件夹存放了 STM32F1xx 芯片硬件与代码桥接的相关定义,如图 5-6 所示。

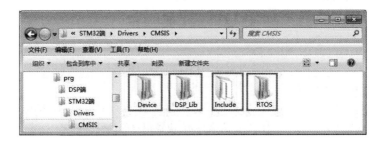

图 5-6　CMSIS 文件夹

Include 文件夹。在 Include 文件夹中包含的是位于 CMSIS 标准的核内设备函数层的 Cortex-M 核通用的头文件,为采用 Cortex-M 核设计 SOC 的芯片商设计的芯片外设提供一个进入内核的接口,定义了一些内核相关的寄存器。这些文件在其他公司的 Cortex-M

系列芯片中也是相同的,必须用到其中的 4 个文件:core_cm3.h、core_cmFunc.h、orecmInstr.h、msis_armcc.h,其他的文件是属于其他内核的,还有几个文件是 DSP 函数库使用的头文件。

Device 文件夹。Device 文件夹中的文件是与具体芯片直接相关的文件,包含启动文件、芯片外设寄存器定义、系统时钟初始化功能的一些文件,由 ST 公司提供。Device 文件夹中的主要文件如下。

(1)STM32F103xe.h 头文件

文件路径为\Device\ST\STM32F1xx\Include\STM32F103xe.h。它是与STM32F103xe 系列芯片底层相关的文件,包含 STM32 中全部的外设寄存器地址和结构体类型定义。例如,熟悉的宏定义 GPIOA、结构体类型 GPIO_TypeDef 都是在该文件中定义。

(2)system_STM32f1xx.c 源文件

文件路径为\Device\ST\STM32F1xx\Source\Templates\system_STM32F1xx.c。该文件定义了几个函数,如系统初始化函数 SystemInit()、系统内核时钟更新函数 System-CoreClockUpdate()、外部 SRAM 启动控制函数 SystemInit_ExtMemCtl()。SystemInit()是在芯片复位后会执行的一个函数,用于预初始化内核时钟。

(3)startup_STM32F103xe.s 启动文件

文件路径为\Device\ST\STM32F1xx\Source\Templates\arm\startup_STM32F103xe.s。它是一个汇编文件,在不同的开发环境平台上,该文件内容不同(文件名称相同,使用时应注意区分)。该文件内容是芯片上电后运行的真正内容,运行了此文件后才跳转至 main.c 文件中的 main()。DSP 文件夹内存放了 DSP 函数库相关的头文件。

2. Drivers\STM32F1xx_HAL_Driver 文件夹

Drivers\STM32Flxx_HAL_Driver 文件夹有 Inc 和 Src 两个文件夹,这里的文件属于 CMSIS 之外的、芯片片上外设部分。Src 内是每个设备外设的驱动源程序,Inc 内是相对应的外设头文件。Src 及 Inc 文件夹是 HAL 库的主要内容。在 Src 和 Inc 文件夹中的文件是 HAL 库针对每个外设而编写的库函数文件,每个外设对应一个 STM32f1xx_hal_ppp.c 和 TM32f1xx_hal_ppp.h 文件,部分特殊功能的外设还有一个 STM32f1xx_hal_ppp_ex.c 文件,其中 ppp 为外设名称,如 gpio、adc、i2c 等,见表 5-4。

表 5-4　HAL 库相关文件

文件	描述
STM32f1xx_hal_ppp.c/.h	基本外设的 API,PPP 代表任意外设
STM32f1xx_hal_ppp_ex.c/.h	拓展外设特性的 API
STM32f1xx_hal.c	HAL 通用 API(如 HAL_Init、HAL_DeInit、HAL_Delay 等)
STM32f1xx_hal.h	HAL 的头文件,它应被用户的代码所包含
STM32f1xx_hal_conf.h	HAL 的配置文件,它应该根据用户配置来选择使能何种外设,其本身应该被用户代码所包含
STM32f1xx_hal_def.h	HAL 的通用数据类型定义和宏定义
STM32f1xx_ll_ppp.c	在一些复杂外设中实现底层功能,在 STM32f1xx_hal_ppp.c 中被调用

3. MDK - ARM 文件夹

MDK - ARM 文件夹存放了 Keil V5 软件相关的工程文件,如图 5 - 7 所示。

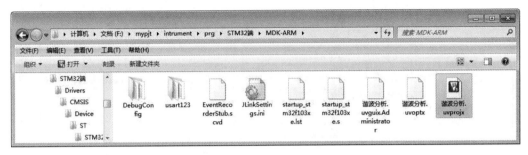

图 5 - 7　Keil V5 软件工程文件

4. Inc 和 Src 文件夹

Inc 和 Src 文件夹与\Drivers\STM32F1xx_HAL_Driver 目录下的两个同名文件夹内容相同。但这两个文件夹属于应用层次。在这两个文件夹内都创建了一个该文件夹,然后把实验板上每个模块功能驱动代码都存放在 bsp 文件夹内。Inc 文件夹中还有 mxconstants. h、STM32f1xx ＿ hal ＿ conf. h 和 STM32f1xx ＿ it. h 共 3 个头文件。mxconstants. h 是留给用户自定义内容的文件;STM32f1xx_hal_conf. h 见表 5 - 4 相应的描述;STM32f1xx_it. h 是中断服务函数声明,实际上一般很少改动。Src 文件夹中还有 main. c、STM32f1xx_assert. c、STM32f1xx_hal_msp. c 和 STM32f1xx_it. c 共 4 个文件。main. c 文件存放了 main() 和 SystemClock_Config();STM32f1xx_assert. c 是自定义的、有关断言的、存放 assert＿failed() 的文件。STM32f1xx＿hal＿msp. c(msp:MCU Support Package)文件中存放了 HAL_MspInit(),该函数在 HAL_Init()中被调用,而 main()起始就调用 HAL_Init(),HAL＿MspInit()是芯片系统级初始化,一般实现中断优先级配置。STM32f1xx_it. c 文件存放中断服务函数。以上是工程源文件夹文件结构,具体应用到 Keil 软件结构如下:

```
Keil 编译环境
        └LED                                :Target 名称
        ├Application/MDK - ARM              :启动文件(汇编源程序)
        ├Drivers/CMSIS                      :仅存放 CMSIS 接口文件 system_STM32f1xx. c
        ├Drivers/STM32f1xx_HAL_Driver       :存放 STM32f1xx 系列微控制器的 HAL 库源代码
        ├Application/User                   :存放 main. c 及用户应用程序
        ├bsp                                :板级支持包,存放模块底层的驱动函数
        └Readme                             :工程说明文档,仅限 . txt 文件
```

5.8.3　启动代码

STM32 上电后先运行 startup ＿ STM32F103xe. s,再运行 main()。startup ＿ STM32F103xe. s 是汇编语言文件。阅读汇编程序之前,需要对汇编语言中的关键字有一定的了解,可以通过 Keil 软件帮助功能来查询汇编关键字的含义,输入要查找的关键字即可,如需要查找"EQU",如图 5 - 8 所示。

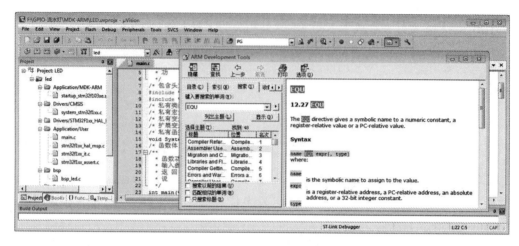

图 5-8　Keil 软件帮助

　　检索出来的结果会有很多,只需要看 Assembler User Guide 这部分即可。表 5-5 列出了启动文件中用到的 ARM 汇编指令,该列表的指令全部从 ARM Development Tools 这个帮助文档中检索而来。为了方便,其中编译器相关的指令 WEAK 和 ALIGN 也放在同一表中,见表 5-5。

表 5-5　汇编程序关键字

指令名称	作用
EQU	等值命令,相当于 C 语言中的 define
AREA	汇编一个新的代码段或数据段
SPACE	分配内存空间
PRESERVE8	当前文件堆栈需按照 8 字节对齐
EXPORT	声明一个标号具有全局属性,可被外部文件使用
DCD	以字为单位分配内存,要求 4 字节对齐,并要求初始化这些内存
PROC	定义子程序,与 ENDP 成对使用,表示子程序结束
IMPORT	声明标号来自外部文件,与 C 语言中的 EXTERN 关键字类似
B	跳转到一个标号
END	到达文件的末尾,文件结束
IF,ELSE,ENDIF	汇编条件分支语句,与 C 语言的 if...else 类似
WEAK	弱定义,如果外部文件声明了一个标号,则优先使用外部文件定义的标号,如果外部文件没有定义也不出错。需要注意的是,这个不是 ARM 的指令,是编译器的,这里放在一起只是为了方便
ALIGN	编译器对指令或数据的存放地址进行对齐,一般需要跟一个立即数,默认表示 4 字节对齐。需要注意的是,这个不是 ARM 的指令,是编译器的,这里放在一起只是为了方便

在汇编语言中,行首的";"表示此行为注释行,类似 C 语言中的双斜杠"//"。限于篇幅问题,下面讲解的汇编程序是去掉注释行之后的。启动文件主要完成如下工作(即程序执行过程)。

(1)设置堆栈指针 SP＝initial_sp。

(2)设置 PC 指针＝Reset_Handler。

(3)设置向量表作为外部中断入口(中断服务函数)。

(4)配置系统时钟。

(5)配置外部 SRAM 用于程序变量等数据存储(这是可选的)。

(6)跳转(Jump)到 C 库中的 main(),最终会调用(Call)用户程序的 main()。

Cortex - M3 内核复位后,处于线程模式,指令权限是特权级别(最高级别),堆栈设置为主堆栈。硬件复位之后,CPU 内的时序逻辑电路首先将 0x0800 0000 位置存放的堆栈栈顶地址装入 PC 寄存器。紧接着将 0x0800 0004 位置存放的向量地址装入 PC 程序计数器。CPU 从 PC 寄存器指向的物理地址取出第 1 条指令开始执行程序,也就是开始执行复位中断服务程序 Reset_Handler。

复位中断服务程序会调用 SystemInit()来配置系统时钟、配置 FSMC 总线上的外部 SRAM,然后跳转到 C 程序 main()。由 C 程序的 main()完成用户程序的初始化工作(如变量赋初值等),最后调用用户编写的 main()程序。

下面详细分析启动文件内容。

代码 5 - 1　Stack Configuration

```
01 Stack_Size EQU 0x1000;                     //定义栈大小为 1024B
02 AREA STACK,NOINIT,READWRITE,ALIGN = 3;     //AREA 指示汇编器汇编一个新的代码段或数据段
03 Stack_Mem SPACE Stack_Size;                //连续分配 Stack_Size 字节的存储单元并初始化为 0
04 __initial_sp;                              //初始化堆栈指针,指向堆栈顶
```

(1) EQU 是表示宏定义的伪指令,类似于 C 语言中的 ♯ define。伪指令的意思是指这个"指令"并不会生成二进制程序代码,也不会引起变量空间分配。

(2) 0x1000 表示栈大小,注意这里是以字节为单位,可以在 STM32CubeMX 软件工程设置选项中设置。开辟一段数据空间可读可写,段名为 STACK,按照 8 字节对齐。

(3) AREA 伪指令表示下面将开始定义一个代码段或数据段。此处为定义数据段。AREA 后面的关键字表示这个段的属性。

① STACK:表示这个数据段的名字,可以任意命名。

② NOINIT:表示此数据段不需要填入初始数据。

③ READWRITE:表示这个数据段可读可写。

④ ALIGN＝3:表示首地址按照 2 的 3 次方对齐,也就是按照 8 字节对齐。

(4) SPACE 一行指令告诉汇编器给 STACK 段分配 0x1000 字节的连续内存空间。

(5) __initial_sp 只是一个标号。标号主要用于表示一片内存空间的某个位置,等价于 C 语言中的"地址"概念。地址仅仅表示存储空间的一个位置,从 C 语言的角度来看,变量的地址、数组的地址或函数的入口地址在本质上并无区别。

　　__initial_sp 紧随 SPACE 语句放置,表示栈空间顶地址。Cortex - M3 堆栈是由高地址空间向低地址空间增长的。压栈(PUSH)时,堆栈指针 SP 递减。弹栈(POP)时,堆栈指针SP 递增。栈的作用是用于局部变量、函数调用、函数形参等的开销,栈的大小不能超过内部SRAM 的大小。如果编写的程序比较大,定义的局部变量很多,那么就需要修改栈的大小。

代码 5 - 2　Heap Configuration

```
60 Heap_Size              EQU 0x200
61
62                        AREA HEAP,NOINIT,READWRITE,ALIGN = 3
63__heap_base
64 Heap_Mem               SPACE Heap_Size
65__heap_limit
67PRESERVE8
68THUMB
```

　　在代码 5 - 2 中,开辟堆的大小为 0x00000200(512 字节),名字为 HEAP,NOINIT,8(2^3)字节对齐。

　　__heap_base 表示堆的起始地址,__heap_limit 表示堆的结束地址。堆是由低向高生长的,跟栈的生长方向相反。堆主要用来分配动态内存,malloc()或 alloc()申请的内存就在堆上面。

　　PRESERVE8 指定当前文件保持堆栈。

　　THUMB 表示后面的指令是 THUMB 指令集。THUBM 是 ARM 以前的 16 位指令集,现在 Cortex - M 系列的都使用 32 位的 THUMB - 2 指令集,兼容 16 位指令。

代码 5 - 3　定位中断向量表定义

```
71;Vector Table Mapped to Address 0 at Reset
72              AREA     RESET,DATA,READONLY;     //此语句声明RESET 数据段
73              EXPORT            __Vectors;   //导出向量表标号
74              EXPORT            __Vectors_End
75              EXPORT            __Vectors_Size
76
77__Vectors   DCD      __initial_sp              ;Top of Stack
78            DCD      Reset_Handler             ;Reset Handler
79            DCD      NMI_Handler               ;NMI Handler
80            DCD      HardFault_Handler         ;Hard Fault Handler
81            DCD      MemManage_Handler         ;MPU Fault Handler
82            DCD      BusFault_Handler          ;Bus Fault Handler
83            DCD      UsageFault_Handler        ;Usage Fault Handler
84            DCD      0                         ;Reserved
85            DCD      0                         ;Reserved
86            DCD      0                         ;Reserved
87            DCD      0                         ;Reserved
```

```
88        DCD      SVC_Handler                        ;SVCall Handler
89        DCD      DebugMon_Handler                   ;Debug Monitor Handler
90        DCD      0                                  ;Reserved
91        DCD      PendSV_Handler                     ;PendSV Handler
92        DCD      SysTick_Handler                    ;SysTick Handler
93
94        ;External Interrupts
95        DCD      WWDG_IRQHandler                    ;Window Watchdog
96        DCD      PVD_IRQHandler                     ;PVD through EXTI Line detect
97        DCD      TAMPER_IRQHandler                  ;Tamper
98        DCD      RTC_IRQHandler                     ;RTC
99        DCD      FLASH_IRQHandler                   ;Flash
100       DCD      RCC_IRQHandler                     ;RCC
101       DCD      EXTI0_IRQHandler                   ;EXTI Line 0
102       DCD      EXTI1_IRQHandler                   ;EXTI Line 1
103       DCD      EXTI2_IRQHandler                   ;EXTI Line 2
104       DCD      EXTI3_IRQHandler                   ;EXTI Line 3
105       DCD      EXTI4_IRQHandler                   ;EXTI Line 4
106       DCD      DMA1_Channel1_IRQHandler           ;DMA1 Channel 1
107       DCD      DMA1_Channel2_IRQHandler           ;DMA1 Channel 2
108       DCD      DMA1_Channel3_IRQHandler           ;DMA1 Channel 3
109       DCD      DMA1_Channel4_IRQHandler           ;DMA1 Channel 4
110       DCD      DMA1_Channel5_IRQHandler           ;DMA1 Channel 5
111       DCD      DMA1_Channel6_IRQHandler           ;DMA1 Channel 6
112       DCD      DMA1_Channel7_IRQHandler           ;DMA1 Channel 7
113       DCD      ADC1_2_IRQHandler                  ;ADC1 & ADC2
114       DCD      USB_HP_CAN1_TX_IRQHandler          ;USB High Priority or CAN1 TX
115       DCD      USB_LP_CAN1_RX0_IRQHandler         ;USB Low Priority or CAN1 RX0
116       DCD      CAN1_RX1_IRQHandler                ;CAN1 RX1
117       DCD      CAN1_SCE_IRQHandler                ;CAN1 SCE
118       DCD      EXTI9_5_IRQHandler                 ;EXTI Line 8..5
119       DCD      TIM1_BRK_IRQHandler                ;TIM1 Break
120       DCD      TIM1_UP_IRQHandler                 ;TIM1 Update
121       DCD      TIM1_TRG_COM_IRQHandler            ;TIM1 Trigger and Commutation
122       DCD      TIM1_CC_IRQHandler                 ;TIM1 Capture Compare
123       DCD      TIM2_IRQHandler                    ;TIM2
124       DCD      TIM3_IRQHandler                    ;TIM3
125       DCD      TIM4_IRQHandler                    ;TIM4
126       DCD      I2C1_EV_IRQHandler                 ;I2C1 Event
127       DCD      I2C1_ER_IRQHandler                 ;I2C1 Error
128       DCD      I2C2_EV_IRQHandler                 ;I2C2 Event
129       DCD      I2C2_ER_IRQHandler                 ;I2C2 Error
```

```
130            DCD        SPI1_IRQHandler                    ;SPI1
131            DCD        SPI2_IRQHandler                    ;SPI2
132            DCD        USART1_IRQHandler                  ;USART1
133            DCD        USART2_IRQHandler                  ;USART2
134            DCD        USART3_IRQHandler                  ;USART3
135            DCD        EXTI15_10_IRQHandler               ;EXTI Line 14..10
136            DCD        RTC_Alarm_IRQHandler               ;RTC Alarm through EXTI Line
137            DCD        USBWakeUp_IRQHandler               ;USB Wakeup from suspend
138            DCD        TIM8_BRK_IRQHandler                ;TIM8 Break
139            DCD        TIM8_UP_IRQHandler                 ;TIM8 Update
140            DCD        TIM8_TRG_COM_IRQHandler            ;TIM8 Trigger and Commutation
141            DCD        TIM8_CC_IRQHandler                 ;TIM8 Capture Compare
142            DCD        ADC3_IRQHandler                    ;ADC3
143            DCD        FSMC_IRQHandler                    ;FSMC
144            DCD        SDIO_IRQHandler                    ;SDIO
145            DCD        TIM5_IRQHandler                    ;TIM5
146            DCD        SPI3_IRQHandler                    ;SPI3
147            DCD        UART4_IRQHandler                   ;UART4
148            DCD        UART5_IRQHandler                   ;UART5
149            DCD        TIM6_IRQHandler                    ;TIM6
150            DCD        TIM7_IRQHandler                    ;TIM7
151            DCD        DMA2_Channel1_IRQHandler           ;DMA2 Channel1
152            DCD        DMA2_Channel2_IRQHandler           ;DMA2 Channel2
153            DCD        DMA2_Channel3_IRQHandler           ;DMA2 Channel3
154            DCD        DMA2_Channel4_5_IRQHandler         ;DMA2 Channel4 & Channel5
155 __Vectors_End
```

AREA 定义一块代码段,属性为 READONLY,段名字为 RESET。READONLY 表示只读。后面 3 行 EXPORT 语句将 3 个标号申明为可被外部引用,主要提供给连接器,用于连接库文件或其他文件。

为上面的代码建立中断向量表。中断向量表定位在代码段的最前面。具体的物理地址由连接器的配置参数(IROM1 的地址)决定。如果程序在 Flash 中运行,则中断向量表的起始地址是 0x0800 0000。

DCD(数据定义)表示分配 1 个 4 字节的空间。每行 DCD 都会生成一个 4 字节的二进制代码。中断向量表存放的实际上是中断服务程序的入口地址。当异常(即中断事件)发生时,CPU 的中断系统会将相应的入口地址赋值给 PC 程序计数器,之后就开始执行中断服务程序。

当内核响应了一个发生的异常后,对应的异常服务例程(Exception service routine,ESR)就会执行。为了决定 ESR 的入口地址,内核使用了"向量表查表机制"。STM32F103xE 芯片中断向量表见表 5-6。向量表其实是一个 32 位的整数数组,每个下标对应一种异常,该下标元素的值则是该 ESR 的入口地址。向量表在地址空间中的位置是可以设置的,通过 NVIC(Nested Vectored Interrupt Controller,内嵌向量中断控制器)中的一个重定位寄存器来指出向量表的地址。在复位后,该寄存器的值为 0。因此,在地址 0(即 Flash 地址 0)处必须包含一张向量表,用于初始时的异常分配。需要注意的是,0 位置并不是入口地址,而是给出了复位后 MSP 的初值。

表 5-6　STM32F103xE 芯片中断向量表

位置	优先级	类型	名称	说明	地址
				保留	0x0000_0000
	−3	固定	Reset	复位	0x0000_0004
	−2	固定	NMI	不可屏蔽中断 RCC 时钟安全系统(Clock Security System,CSS)连接到 NMI 向量	0x0000_0008
	−1	固定	HardFault	全部类型的失效	0x0000_000C
	0	可设置	MemManage	存储器管理	0x0000_0010
	1	可设置	BusFault	预取指失败,存储器访问失败	0x0000_0014
	2	可设置	UsageFault	未定义的指令或非法状态	0x0000_0018
				保留	0x0000_001C: 0x0000_002B
	3	可设置	SVCall	通过 SWI 指令的系统服务调用	0x0000_002C
	4	可设置	DebugMonitor	调试监控器	0x0000_0030
				保留	0x0000_0034
	5	可设置	PendSV	可挂起的系统服务	0x0000_0038
	6	可设置	SysTick	系统嘀嗒定时器	0x0000_003C
0	7	可设置	WWDG	窗口定时器中断	0x0000_0040
1	8	可设置	PVD	连到 EXTI 的电源电压检测(Power supply Voltage Detetion,PVD)中断	0x0000_0044
2	9	可设置	TAMPER	侵入检测中断	0x0000_0048
3~56 省略,详见第 9 章的表 9-1					
57	65	可设置	DMA2 通道 2	DMA2 通道 2 全局中断	0x0000_0124
58	65	可设置	DMA2 通道 3	DMA2 通道 3 全局中断	0x0000_0128
59	66	可设置	DMA2 通道 4_5	DMA2 通道 4 和 DMA2 通道 5 全局中断	0x0000_012C

代码 5-4　复位函数和中断服务函数

```
01                  AREA |.text|,CODE,READONLY
02
03;Reset handler 定义一个子程序。
04Reset_Handler    PROC
05                  EXPORT    Reset_Handler [WEAK]
```

```
06              IMPORT       __main
07              IMPORT       SystemInit
08              LDR          R0, = SystemInit
09              BLX          R0
10              LDR          R0, = __main
11              BX           R0
12              ENDP
```

下面是其他中断服务函数程序

```
;Dummy Exception Handlers(infinite loops which can be modified)
NMI_Handler          PROC
                     EXPORT       NMI_Handler              [WEAK]
                     B            .
                     ENDP
HardFault_Handler    PROC
                     EXPORT       HardFault_Handler        [WEAK]
                     B            .
                     ENDP
MemManage_Handler    PROC
                     EXPORT       MemManage_Handler        [WEAK]
                     B            .
                     ENDP
BusFault_Handler     PROC
                     EXPORT       BusFault_Handler         [WEAK]
                     B            .
                     ENDP
UsageFault_Handler   PROC
                     EXPORT       UsageFault_Handler       [WEAK]
                     B            .
                     ENDP
SVC_Handler          PROC
                     EXPORT       SVC_Handler              [WEAK]
                     B            .
                     ENDP
DebugMon_Handler     PROC
                     EXPORT       DebugMon_Handler         [WEAK]
                     B            .
                     ENDP
PendSV_Handler       PROC
                     EXPORT       PendSV_Handler           [WEAK]
                     B            .
                     ENDP
SysTick_Handler      PROC
```

	EXPORT	SysTick_Handler	[WEAK]
	B	.	
	ENDP		
Default_Handler	PROC		
	EXPORT	WWDG_IRQHandler	[WEAK]
	EXPORT	PVD_IRQHandler	[WEAK]
	EXPORT	TAMPER_STAMP_IRQHandler	[WEAK]
	EXPORT	RTC_WKUP_IRQHandler	[WEAK]
	EXPORT	FLASH_IRQHandler	[WEAK]
	EXPORT	RCC_IRQHandler	[WEAK]
	EXPORT	EXTI0_IRQHandler	[WEAK]

上面的汇编程序代码是实现中断服务的程序。

利用 PROC、ENDP 这一对伪指令把程序段分为若干个过程,使程序的结构更加清晰。

WEAK 声明其他的同名标号优先于该标号被引用,也就是说如果外面声明了的话会优先调用外面的。这个声明很重要,可以在 C 文件中任意位置放置中断服务程序,只要保证 C 函数的名字和向量表中的名字一致即可。

IMPORT 伪指令用于通知编译器要使用的标号在其他源文件中的定义。但要在当前源文件中引用,而且无论当前源文件是否引用该标号,该标号均会被加入当前源文件的符号表中。

SystemInit 函数在文件 system_stm32f1xx.c 中。

__main 标号并不表示 C 程序中的 main()入口地址,因此 LDR R0,=_main 也并不是直接跳转至 main()开始执行 C 程序。__main 标号表示 C/C++标准实时库函数里的一个初始化子程序__main 的入口地址。该程序的一个主要作用是初始化堆栈(跳转__user_initial_stackheap 标号进行初始化堆栈,下面会讲到这个标号),并初始化映像文件,最后跳转到 C 程序中的 main()。这就解释了为何全部的 C 程序必须有一个 main()作为程序的起点。这是由 C/C++标准实时库所规定的,并且不能更改。

以下是启动文件的最后一段代码,选择用户自己初始化堆和栈。

代码 5-5　用户堆栈初始化

```
01         ALIGN
02
03 ;********************************************************
04 ;User Stack and Heap initialization
05 ;********************************************************
06         If:DEF:__MICROLIB
07         EXPORT__initial_sp
08         EXPORT__heap_base
09         EXPORT__heap_limit
10         Else
11         IMPORT__use_two_region_memory
12         EXPORT__user_initial_stackheap
13         __user_initial_stackheap
```

```
14          LDR R0, = Heap_Mem
15          LDR R1, = (Stack_Mem + Stack_Size)
16          LDR R2, = (Heap_Mem + Heap_Size)
17          LDR R3, = Stack_Mem
18          BX LR
19          ALIGN
20          ENDIF
21          END
```

上面程序就是用一个简单的汇编语言实现 If…,Else 语句。如果定义了 MicroLIB,那么程序就不会有 Else 分支的代码。__MicroLIB 可在 MDK 的 Target Option 中进行设置,如图 5-9 所示。

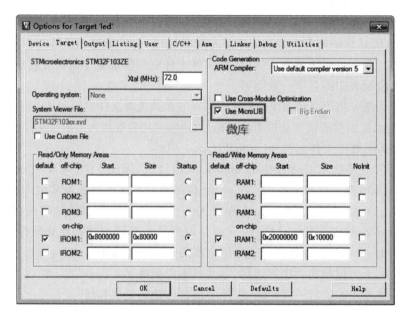

图 5-9 MicroLIB 选项

MicroLIB 是默认 C 库的备选库。它旨在与需要装入极少量内存中的深层嵌入式应用程序配合使用。这些应用程序不在操作系统中运行。

MicroLIB 进行了高度优化以使代码变得很少。但是它的功能比默认的 C 库少,并且不具备某些 ISO C 特性,某些库函数的运行速度也比较慢,如 memcpy()。

5.8.4　复位启动流程

在离开复位状态后,CM3 首先读取下列两个 32 位整数的值,如图 5-10 所示。

(1)从地址 0x0000 0000 处取出 MSP 的初始值。

(2)从地址 0x0000 0004 处取出 PC 的初始值——这个值是复位向量,LSB 必须是 1。然后从这个值所对应的地址处取指。

这与传统的 ARM 架构不同。传统的 ARM 架构总是从 0 地址开始执行第一条指令。

图 5 - 10　复位序列

它们的 0 地址处总是一条跳转指令。在 CM3 中,0 地址处提供 MSP 的初始值,然后就是向量表(向量表在以后还可以被移至其他位置)。向量表中的数值是 32 位的地址,而不是跳转指令。向量表的第一个条目指向复位后应执行的第一条指令。MSP 及 PC 的初始化如图 5 - 11所示。

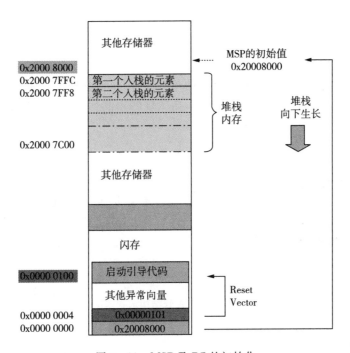

图 5 - 11　MSP 及 PC 的初始化

　　CM3 使用的是"向下生长的满栈"模型,所以 MSP 的初始值必须是堆栈内存的末地址加 1。举例来说,如果堆栈区域在 0x2000 7C00～0x2000 7FFF,那么 MSP 的初始值就必须是 0x2000 8000。向量表跟随在 MSP 的初始值之后,也就是第二个表目。因为 CM3 是在 Thumb 态下执行的,所以向量表中的每个数值都必须把 LSB 置 1(也就是奇数)。正是这个原因,才使用 0x101 来表达地址 0x100。当 0x100 处的指令得到执行后,就正式开始执行程序。在此之前初始化 MSP 是必须的,因为可能第一条指令还没执行就被 NMI 或其他 fault 打断。MSP 初始化好后就已经为它们的服务例程准备好堆栈了。

思考题

1. 简述 STM32 软件编程的不同方式及其特点。
2. 为何 HAL 编程方式是发展的趋势?

第6章　Cortex – M3(CM3)内核

6.1　寄存器

6.1.1　晶体管

晶体管泛指一切以半导体材料为基础的单一元件,包括各种半导体材料制成的二极管、三极管、场效应管、晶闸管等。一般习惯上,晶体管特指晶体三极管,结构示意图如图 6 - 1 所示。

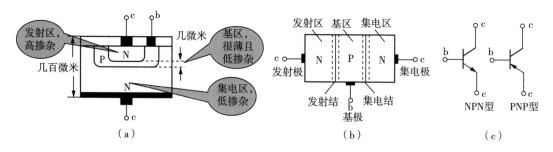

图 6 - 1　三极管结构示意图

6.1.2　非门电路

三极管构成的一个典型电路如图 6 - 2 所示,当外部工作条件合适时,三极管可以等效为一个开关。

TTL(Transistor Transistor Logic,三极管和三极管之间构成的电路)集成门电路中非门电路结构如图 6 - 3 所示,以增强驱动能力。

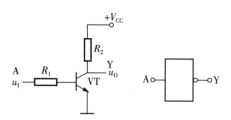

图 6 - 2　基于三极管的非门电路

6.1.3　与非门、或非门、与或非门、异或门

使用三极管搭建一个与门电路是比较困难的,而要搭建一个与非门就容易很多,因此在需要"与门"时,一般是利用一个"与非门"和一个"非门"搭建而成。与非门、或非门与或非门、异或门电路结构分别如图 6 - 4~图 6 - 6 所示。

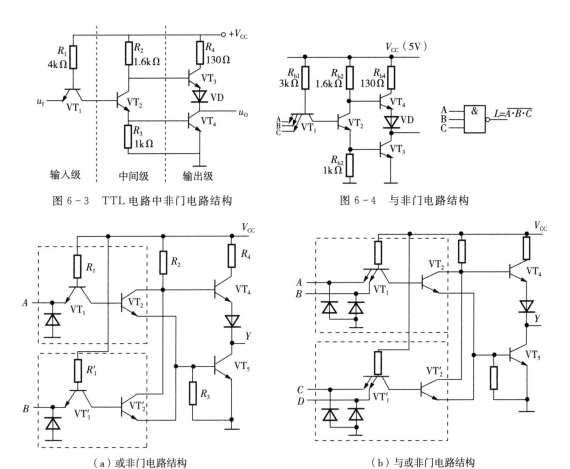

图 6 - 3　TTL 电路中非门电路结构

图 6 - 4　与非门电路结构

（a）或非门电路结构

（b）与或非门电路结构

图 6 - 5　或非门和与或非门电路结构

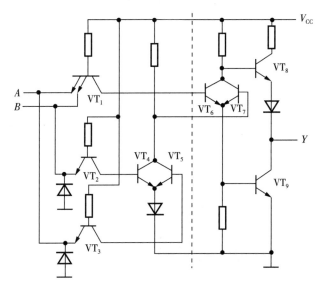

图 6 - 6　异或门电路结构

CM3 内核中的 ALU 由与门、与非门、或门等电路结构构成。

6.1.4 锁存器

锁存器(Latch)是一种对脉冲电平敏感的存储单元电路,可以在特定输入脉冲电平作用下更新状态。锁存就是把信号暂存以维持某种电平状态。锁存器的最主要作用是缓存。在数字电路中则可以记录二进制数字信号"0"和"1"。

R-S 锁存器的结构是最基本的锁存结构,如图 6-7 所示。在实际应用中一般会进行各种改进和扩展,至少会加一个输入端作为控制信号,如图 6-8 所示,C 为控制信号,只有当该信号有效时,锁存器才能持续地输入、输出数据,否则维持原态。

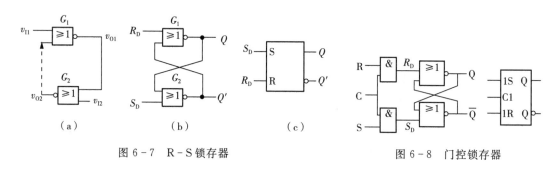

图 6-7 R-S 锁存器　　　　　图 6-8 门控锁存器

6.1.5 触发器

实际的数字系统中往往包含大量的存储单元,而且经常要求它们在同一时刻同步动作,为实现这个目的,在每个存储单元电路上引入一个时钟脉冲 CP(Clock Pulse)作为控制信号,只有当 CP 到来时电路才被"触发"而动作,并根据输入信号改变输出状态。把这种在时钟信号触发时才能动作的存储单元电路称为触发器,以区别没有时钟信号控制的锁存器。

在 R-S 锁存器的前面加一个由两个与门和一个非门构成 D 触发器,如图 6-9 所示。

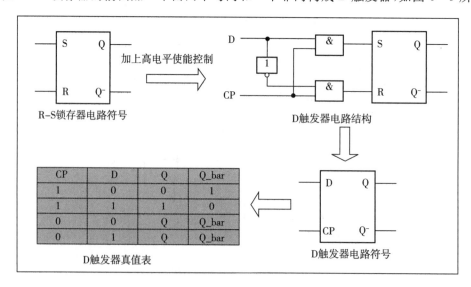

图 6-9 D 触发器

当时钟脉冲 CP 为 1 时,输入端 D 的数据传至输出端;当 CP 为 0 时,根据与门"只要有一个输入端为 0 则输出为 0"的特性,输入端 D 的数据被与门屏蔽了,无法到达输出端,不管输入 D 怎样变化,Q 端输出值都保持不变,只有等到下一个 CP 高电平到来时,才会把当前的 D 值送出。这样就实现了延迟输出,即暂时保存的功能。从电路的动作可以看出,时钟输入端起到控制的作用,CP 为 1 时,能触发后面的锁存器把 D 的值暂时锁存起来,这也正是触发器中"触发"的含义,这正是触发器与锁存器的联系与区别:触发器利用了锁存器的保存原理,但是加上了触发功能,可以控制保存的时刻。

6.1.6　寄存器

实际的数字系统中通常把能够用来存储一组二进制代码的同步时序逻辑电路称为寄存器。由于触发器有记忆功能,因此利用触发器可以方便地构成寄存器。由于一个触发器能够存储一位二进制码,因此把 n 个触发器的时钟端口连接起来就能构成一个存储 n 位二进制码的寄存器,图 6 - 10 为一个 4 位寄存器实现方法。

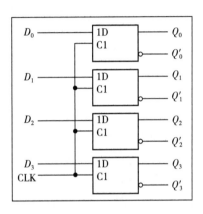

图 6 - 10　4 位寄存器实现方法

晶体管→基本门电路→R - S 锁存器→D 触发器→寄存器。寄存器是存贮容量有限的高速存贮部件,可用来暂存指令、数据和地址,因此微控制器包含许多晶体管。

中央处理器的控制部件中,包含的寄存器有指令寄存器(Instruction Register,IR)和程序计数器(Program Counter,PC)。在中央处理器的算术及逻辑部件中,寄存器有累加器(Accumulator,ACC)。

6.2　微控制器

微控制器是将微型计算机的主要部分集成在一个芯片上的单芯片微型计算机。微控制器诞生于 20 世纪 70 年代中期,经过 40 多年的发展,其成本越来越低,而性能越来越强大。它具有一个完整计算机所需要的大部分部件:CPU、内存、内部和外部总线系统,目前大部分还会具有外存;同时集成如通信接口、定时器、实时时钟等外围设备。目前最强大的单片机系统甚至可以将声音、图像、网络、复杂的输入输出系统集成在一块芯片上,实际上这就是通常所说的单片机。

STM32F103ZET6 就是 ST 公司研发的一款基于专为要求高性能、低成本、低功耗的嵌入式应用专门设计的基于 ARM Cortex - M3 内核的微控制器。

CM3 内核是 ARM 公司的产品,单片机的 CPU。它定义 CPU 设计方法,ARM 不生产芯片,依靠授权给其他公司获益。芯片制造商(例如 ST、NXP、TI、MicroChip、兆易创新等)得到 CM3 处理器内核的使用授权后,就可以把 CM3 内核用在自己的硅片设计中,添加存储器、外设、IO 及其他功能模块,如图 6 - 11 所示。不同厂家设计的单片机会有不同的配置,包括存储器容量、类型、外设等,各具特色。

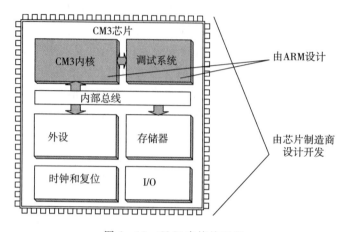

图 6-11　CM3 内核处理器

　　CM3 是一个 32 位处理器内核,内部的地址、寄存器、存储器接口都是 32 位的。CM3 采用了哈佛结构,哈佛结构是一种将程序指令存储和数据存储分开的存储器结构,指令总线和数据总线共享同一个存储器空间 4G。取指令和读数据可以同时进行。CM3 内部含有多条总线接口,每条都为自己的应用场合优化过,可以并行工作。指令总线和数据总线共享同一个存储器空间。图 6-12 是基于 CM3 内核的处理器架构。

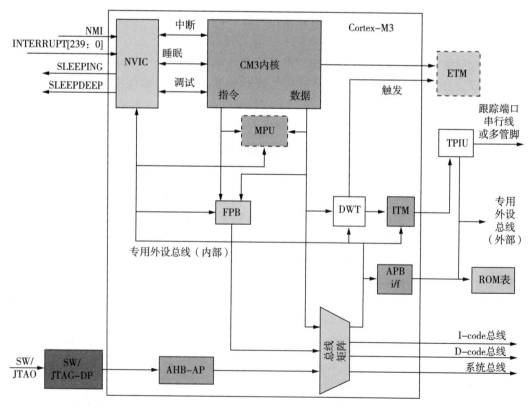

图 6-12　基于 CM3 内核的处理器架构

图 6 – 13 为 STM32F10X 系列芯片系统结构。

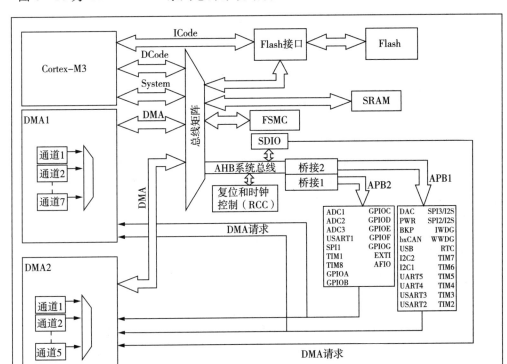

图 6 – 13　STM32F10X 系列芯片系统结构

图 6 – 13 中左上角是 CM3 内核,也就是 STM32 的 CPU;ICode、DCode、System 分别称为指令总线、数据总线和系统总线,CM3 是 32 位内核,所以这里总线实际上就是 32 根线,可以并行传输 32 位的数据。

ICode 通过 Flash 接口连接 CM3 内核及 Flash,这里 Flash 就是图 6 – 11 中存储器的一种,称为程序存储器,编写程序后下载程序一般就存储在 Flash 上。

DCode、System、DMA(Direct Memory Access 直接存储器存取)、Flash 接口、SRAM、FSMC 和 AHB 系统总线连接至总线矩阵,SRAM 相当于计算机的内存,属于图 6 – 11 中存储器的一种,称为数据存储器。另外,通过 FSMC 可以连接扩展 SRAM 芯片,以增加 SRAM 的容量效果,相当于为计算机添加内存条。

总线矩阵仲裁利用轮换算法,协调内核系统总线和 DMA 主控总线之间的访问仲裁。一个时间只能有一个主动单元通过总线矩阵与一个被动单元连接。这里主动单元是总线矩阵左边的单元,就是 CM3 内核和 DMA 控制器,它们是控制端,有权限发出命令的主机,如果两个同时想要控制,就由总线矩阵判定当前给谁用;总线矩阵的右边属于被动单元,如Flash 接口、SRAM 就是用来存放数据的,相当于计算机硬盘和内存,完全是被动的,任由CPU 控制进行数据读写。

DMA 不需要经过 CPU 进行数据传输,就可以将一批数据从源地址搬运到目的地址去,这样 CPU 可以去处理更重要的事务。

6.3 存储器

6.3.1 存储器映射

CM3 内核是 32 位处理器,寻址空间 0x0000 0000~0xFFFF FFFF,共计 2^{32} = 4GB。ARM 公司把程序存储器、数据存储器、寄存器和输入输出端口组织在同一个 4GB 的线性地址空间内,可访问的存储器空间被分成 8 块,每块为 512MB,没有分配给片上存储器和外设的存储器空间都是保留的地址空间。ARM 公司实际上并没有详细地划分地址,只是"粗线条"地定义存储器映射,如图 6 - 14 所示,细节部分由半导体厂家自行定义。

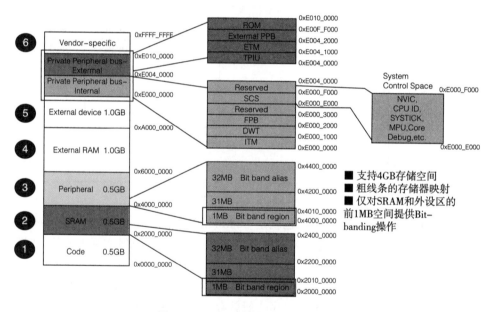

图 6 - 14 CM3 存储器映射预定义

STM32F10X 系列芯片存储器映射情况如图 6 - 15 所示。通过把片上外设的寄存器映射到外设区,就能以访问内存的方式来访问这些外设的寄存器,从而控制外设的工作。这样片上外设就可以使用 C 语言来操作。这种预定义的映射关系,可以高度优化访问速度,而且更易集成片上系统。

STM32 为芯片上的资源都分配了唯一地址,从 0 到 4GB,这些地址的存在使得编程变得简单且统一。比如把 0x4001 0800~0x4001 0BFF 总共 0x3FF 长度的地址空间分配给 PORTA 即端口 A,端口 A 可以实现 STM32 的最基本功:控制引脚输出高低电平。实际上端口 A 共有 16 个引脚,定义为 PA0~PA15,每个引脚都可以单独控制。当然端口 A 还可以设置为输入模式,最简单的功能是可以用来读取按键的状态,除此之外,还有很多功能,为实现这么多复杂的功能,显然就需要分配 0x3FF 长度空间给端口 A(实际上一般都是用不完的)。微控制器内部有很多存储单元,为方便区分它们,就顺序给它们定义地址,还可以进一

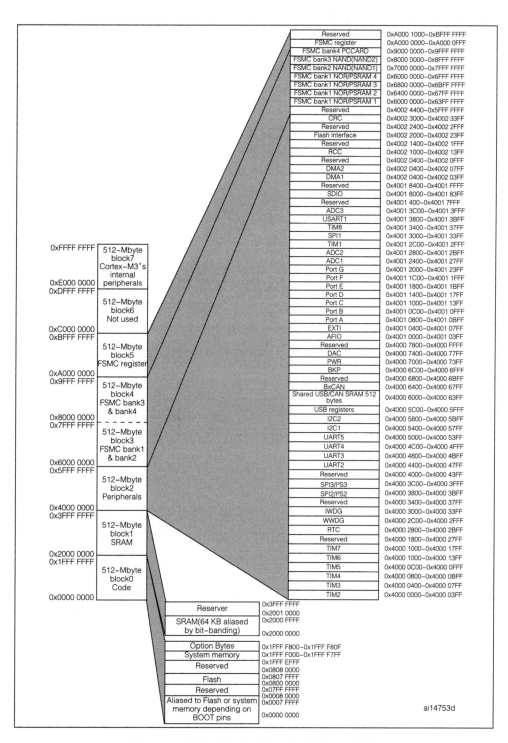

图 6 - 15 STM32F10X 系列芯片存储器映射情况

步为它们定义一个别名,比如定义可以控制端口 A 输出高电平功能名称为"基于 GPIOA 的 BSRR(GPIOA_BSRR)",它实际上就是 0x4001 0810 地址的别名,这在编写程序时是非常有用的。想象一下,如果编写程序时总须使用数据 0x4001 0810,就会显得很烦琐且易出错,而理解这个别名后,后面编写程序就简单多了。因此编写程序时可以这样:

```
GPIOA→BSRR = 0x0003;
```

6.3.2 位带操作

位操作是指可以单独地对一个比特位进行读或写操作,如~(按位取反)、&(按位与)、|(按位或)、^(按位异或)等。位操作在 MCS51 单片机中很常见,51 单片机中通过关键字 sbit 来实现位定义,程序如下。

```
01 #define      LED_ON        0
02 sbit         LED = P1^0;    //定义 LED 为 P1 口的第 0 位,即 LED = P1.0,以便进行位操作
03 LED = LED_ON;               //P1.0 = 0b0
```

STM32 中则是通过访问位带(Bit-band)别名区的地址来实现对某一位的操作,可以使用普通的加载/存储指令来对单一的位(比特)进行读写。在 CM3 中,有两个区可以实现位带。其中一个是 SRAM 区的最低 1MB 范围;另二个则是片内外设区的最低 1MB 范围,如图 6-14 中有"Bit-band region"字样的区域,这两个区中的地址除可以像普通的 RAM 一样使用外,它们还有自己的"位带别名区",位带别名区把每个比特膨胀成一个 32 位的字。位带操作示意图如图 6-16 所示。

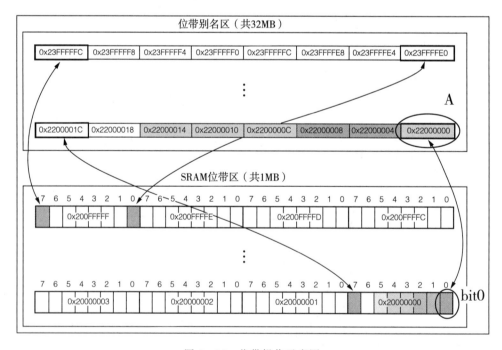

图 6-16 位带操作示意图

有了位带操作的支持后,向地址 0x2200 0000 写入数据 1,就可以实现对 0x2000 0000 地址上的第 0 位设置为 1,同样地,向 0x2200 0004 这个地址写入数据 1,就可以实现对 0x2000

0000 地址上的第 1 位设置为 1,以此类推。

位带操作的特点如下。

(1)位带别名区的每个字(只有 LSB 有效)对应位带区的一个比特位。

(2)对位带别名区每个字的操作最终都变换成对位带区对应比特位的操作。

(3)访问位带别名区必须字对齐,否则会产生不可预料的结果。

(4)对位带别名区的访问操作,将原有的"读－改－写"做成一个硬件级别支持的原子操作,不能被中断打断。

(5)在 C 语言中,使用位带功能时,要访问的变量必须用 volatile 来定义。因为 C 编译器并没有直接支持位带操作。

(6)计算位带区中某个比特位在位带别名区中的映射地址。

$$bit\_word\_addr = bit\_band\_base + (byte\_offset \times 32) + (bit\_number \times 4)$$

bit_band_base:位带别名区的起始地址;

byte_offset:包含目标比特位的字节在位带区的偏移值(字节数);

bit_number:目标比特位在字节中的位置(0~7)。

例如,在 SRAM 的 0x2000 4000 地址定义一个长度为 512 字节的数组:

```
#pragma location = 0x2000 4000
root_no_init u8 Buffer[512];    ·
```

数组首字节的 BIT0 对应的位带地址为

$$0x2200\ 0000 + (0x4000 \times 32) + (0 \times 4) = 0x2208\ 0000$$

数组第二个字节的 BIT3 对应的位带地址为

$$0x2200\ 0000 + (0x4001 \times 32) + (3 \times 4) = 0x2208\ 002C$$

GPIOA 端口输出的数据寄存器(ODR)地址 0x4001 080C,对于 PA0 来说控制其输出电平的比特位的位带操作地址为

$$0x4200\ 0000 + (0x1080C \times 32) + (0 \times 4) = 0x4221\ 0180$$

6.4　外设

外设(Peripheral Device)就是外部设备,对于微控制器而言,输入输出接口(GPIO)、SPI 模块、I2C 模块、A/D 模块、PWM 模块、CAN 模块、比较器模块、DMA 控制器、串行通信 (UART)、SD 卡通信标准 SDIO 等都属于外设设备,这些都在 CM3 内核之外。图 6－13 中 AHB 系统总线的右下部分内容都属于外设。

AHB(Advanced High performance Bus,高级高性能总线)系统总线用于连接 CPU 或 DMA 控制器与外设,STM32F103 芯片支持的 AHB 总线最高频率为 72MHz。图 6－13 中 SDIO 外设直接挂在 AHB 上,其他外设挂在 APB1 或 APB2 总线上。APB(Advanced

Peripheral Bus,高级外设总线)是一种外围总线,用于低速率的周边外设之间的连接。其中 STM32F103 支持的 APB1 最高频率为 36MHz,APB2 支持最高为 72MHz。AHB 的时钟一般时钟为 72MHz,如何得到 APB1 的 36MHz 频率呢? 中间就是用桥接器(Bridge)来实现,功能类似计算机主板上的南桥和北桥,桥接器另外一个重要功能是位数的转换,AHB 总线是 32 位的,但有些外设寄存器只有 8 位或 16 位,这时就通过桥接器自动转换访问。STM32F10X 芯片内部外设类型和资源参数如图 6-17 所示。

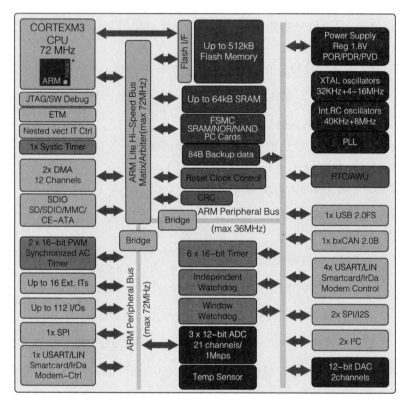

图 6-17 STM32F10X 芯片内部外设类型和资源参数

每个外设都拥有多个寄存器,每个寄存器对应不同的功能,因此每个寄存器的每一位都对应不同的功能。CM3 内核微控制器的寄存器是 32 位的,占用 4 个字节,不过很多寄存器并没有全部用完 32 位,部分位是被保留未用的。

6.5 输入输出

输入/输出接口也称通用输入/输出 GPIO(General-Purpose Input/Output),简称I/O,与芯片的外部引脚直接相连。

I/O 是与外设紧密联系的一个模块,很多外设有对应的功能通道引脚,比如最简单的 GPIO 外设,STM32F103ZET6 包含 GPIOA、GPIOB~GPIOG 总共 7 个 GPIO 模块,每个对应 16 个 I/O,该芯片有 144 个引脚,除电源部分、时钟部分引脚外,大部分引脚是 GPIO 的。芯片功能强大,拥有众多外设,因此需要把一个引脚复用为多种外设通道引脚。例如:PA9/USART1_TX/TIM1_CH2,对应 PA9 引脚,它既可以作为普通的 GPIO,也可以作为串口 1 的数据输出引脚,还可以作为定时器 1 的通道 2 功能引脚,具体什么功能,可以通过编程设置相应寄存器来实现。

6.6　时钟和复位

6.1 节中已经叙述了寄存器由触发器构成,需要时钟控制。而单片机包含大量的寄存器,所以时钟是单片机运行的基础。时钟信号推动单片机内各部分执行相应的指令。

STM32 本身十分复杂,外设非常多,实际使用时可能只会用到有限的几个外设。使用任何外设都需要时钟才能启动,但并不是所有的外设都需要系统时钟那么高的频率。为了兼容不同速度的设备。(有些高速,有些低速,如果都用高速时钟,势必造成浪费,并且同一个电路,时钟越快,功耗越快,同时抗电磁干扰能力也就越弱),较为复杂的微控制器都是采用多时钟源的方法来解决这些问题。

STM32 有一个复位与时钟控制寄存器(RCC),决定开启或关闭哪些功能的时钟源,并设定开启的时钟源频率。

6.6.1　复位

除时钟控制器的 RCC_CSR 寄存器中的复位标志位和备份区域中的寄存器外,系统复位将复位全部寄存器至它们的复位状态。

当发生以下任一事件时,将会产生一个系统复位。

(1) NRST 引脚上的低电平(外部复位)。

(2)窗口看门狗计数终止(WWDG 复位)。

(3)独立看门狗计数终止(IWDG 复位)。

(4)软件复位(SW 复位)。

(5)低功耗管理复位。

复位之后会涉及启动模式问题,可以通过 BOOT[1∶0]引脚选择 3 种不同的启动模式,具体见表 6 - 2。

表 6 - 2　启动模式

启动模式选择引脚		启动模式	说明
BOOT1	BOOT0		
X	0	主闪存存储器	主闪存存储器被选为启动区域
0	1	系统存储器	系统存储器被选为启动区域
1	1	内置 SRAM	内置 SRAM 被选为启动区域

在系统复位后,SYSCLK 的第 4 个上升沿,BOOT 引脚的值将被锁存。用户可以通过设置 BOOT1 和 BOOT0 引脚的状态,来选择在复位后的启动模式。因为固定的存储器映像,代码区始终从地址 0x0000 0000 开始(通过 ICode 和 DCode 总线访问),而数据区(SRAM)始终从地址 0x2000 0000 开始(通过系统总线访问)。CM3 的 CPU 始终从 ICode 总线获取复位向量,即启动仅适合于从代码区开始(典型地从 Flash 启动)。STM32F10xx 微控制器实现了一个特殊的机制,系统不仅可以从 Flash 存储器或系统存储器启动,还可以从内置 SRAM 启动。

根据选定的启动模式,主闪存存储器、系统存储器或 SRAM 可以按照以下方式访问:

(1)从主闪存存储器启动:主闪存存储器被映射到启动空间(0x0000 0000),但仍然能够在它原有的地址(0x0800 0000)访问它,即闪存存储器的内容可以在两个地址区域访问,0x0000 0000 或 0x0800 0000。

(2)从系统存储器启动:系统存储器被映射到启动空间(0x0000 0000),但仍然能够在它原有的地址(0x1FFF F000)访问它。

(3)从内置 SRAM 启动:只能在 0x2000 0000 开始的地址区访问 SRAM。

实验板将 BOOT1 经电阻拉高至 3.3V,仅对 BOOT0 跳线设置。

6.6.2 时钟树

时钟是微控制器的心跳,把微控制器各部件时钟关系绘制成一个网络图像,就是时钟树。每个外设在使用之前都必须开启外设时钟,如果没有了心跳,自然就无法运转了;每个外设的时钟都可以单独控制,可以把没有用到的外设时钟关闭以最大可能地减少干扰和降低功耗。使用 STM32CubeMX 软件可以简单地配置需要的时钟频率,如图 6-18 所示,也可参见更清晰的图 4-35。

1. 时钟的生成

图 6-18 中左边部分是时钟的生成功能选择,包括生成 RTC(实时时间)时钟、IWDG(独立看门狗)、FLITFCLK(闪存存储器接口)时钟、SYSCLK(系统时钟)和 USB 时钟。其中只有系统时钟是必须设置的,其他的是与外设相关的,只有用到外设时才需要设置该外设时钟。

RTC 时钟可以从 3 个时钟来源中选择一种。为了得到精准的实时时间,一般需要使用 LSE(低速时钟),该时钟一般需要外接的 32768Hz 晶体。

TWDG 只能使用芯片内的低速 40kHz 时钟源 LSI RC。FLITFCLK 只能使用芯片内部的 8MHz 时钟源 HSI RC。

SYSCLK 是微控制器运行速度快慢的直观指标。STM32F1 芯片支持最大的系统时钟是 72MHz(支持长时间正常运行)。SYSCLK 有 3 个可选来源,具体如下。

第 1 个是直接使用芯片内部的 8MHz 时钟源 HSI RC,因为是电阻电容定时,易受温度影响,所以一般不使用这种方法。

第 2 个是将外接的时钟源作为系统时钟。为得到 72MHz 的系统时钟,需要外接 72MHz 的有源晶体,出于成本考虑,一般也不使用这种方法。

第 3 个是把外接时钟源或内部 8MHz 时钟源的倍频得到 PLLCLK,然后得到系统时

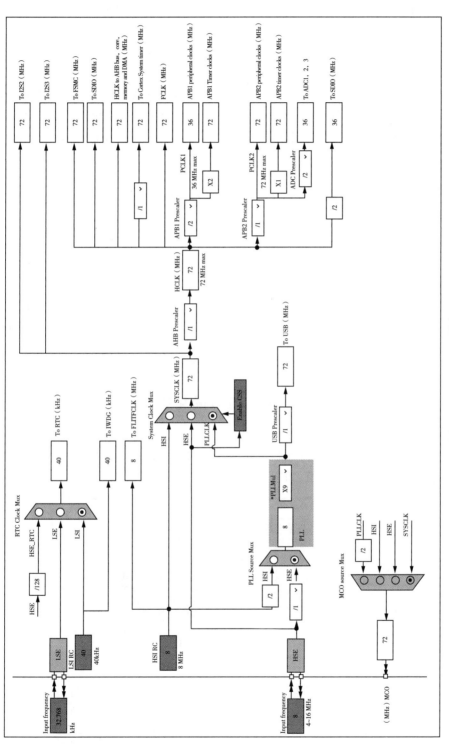

图6-18　STM32F10X时钟树

钟，实际应用中一般使用这种方法，只要外接一个 8MHz 晶体就可以得到 72MHz 的系统时钟。

USB 时钟由 PLLCLK 时钟 1 分频或者 1.5 分频得到,USB 时钟要求为 48MHz,所以要求 PLLCLK 时钟为 48MHz 或 72MHz。

6.6.3 主时钟输出

STM32F10X 控制器有一个主时钟输出引脚 MCO,可以选择使能输出时钟脉冲。有 4 个时钟源可以选择:PLLCLK 的 2 分频;HSI(内部高速时钟源);HSE(外部高速时钟源);SYSCLK(系统时钟源),最高不能超过 50MHz,因为引脚最高频率不能超过 50MHz。

6.6.4 外设时钟的配置

AHB 总线频率(HCLK)是通过 SYSCLK 分频得到的,最高支持 72MHz,所以一般选择 1 分频。I2S2、I2S3、FSMC 和 SDIO 直接使用 HCLK 时钟作为时钟源。

APB1 和 APB2 总线的时钟都是由 HCLK 分频得到,其中 PCLK1(APB1 总线频率)最大只能是 36MHz,而 PCLK2(APB2 总线频率)可以达到 72MHz。从图 6-18 中可以看到,挂在 APB1 总线上的外设有 DAC、I2C、USART2、USART3、SPI2/I2S、TIM2 和 TIM3 等等,挂在 APB2 总线上的外设有 ADC、USART1、TIM1、TIM8、GPIOA～GPIOG、EXTI 和 AFIO 等。注意:ADC 外设虽然挂在 APB2 上,但 ADC 支持的最高时钟频率为 14MHz。

6.7 CM3 内核简化模型

CM3 内核虽然没有通用计算机的 CPU 那么强大,但其运行机制与通用计算机的 CPU 基本一样。CM3 内核的简化模型,如图 6-19 所示。

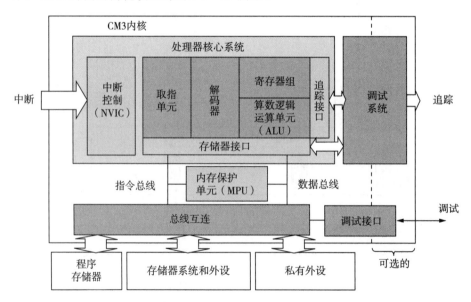

图 6-19 CM3 内核简化模型

图 6 - 19 中内部大框就是 CM3 内核的组成结构。它由处理器核心系统、调试系统、总线系统组成,其中最重要也最复杂的部分是处理器核心系统;调试系统用于监控跟踪系统当前运行状态;总线系统用于程序、数据传输,其中只有部分芯片型号才有微处理器。

6.7.1　取指单元

指令是指示计算机执行某种操作(如加、减、乘、除、移位和传送等)的命令,由一串二进制数码组成。指令系统指的是一个 CPU 所能够处理的全部指令的集合,也称为指令集,是一个 CPU 的根本属性,指令系统决定了 CPU 全部的控制信息和"逻辑判断"能力。指令集的一个重要性质是字节编码必须有唯一的解释。任意一个字节序列是一个唯一的指令序列的编码,否则就不是一个合法的字节序列。因为每条指令的第一个字节有唯一的代码和功能组合,给定这个字节就可以决定其他所有附加字节的长度和含义。

取指阶段从存储器读取指令字节,放到指令存储器(CPU 中)中,地址为程序计数器(PC)的值。

一般利用 Keil MDK 或 IAR EWARM 软件,使用 C 语言编写可以实现项目要求的程序,在检查程序无误后,编译工程,生成"可执行文件",然后再把"可执行文件"内容下载到STM32 芯片内 Flash 中运行。这里的"可执行文件"就是完成项目目的指令及数据的集合。Keil MDK 软件或 IAR EWARM 软件可以将 C 语言文件(* . c 和 * . h)及部分必要的汇编文件(* . asm)编译生成 STM32 可以识别的语言文件,再把该文件下载到 STM32 内就可以正确地运行,工作流程模型如图 6 - 20 所示。

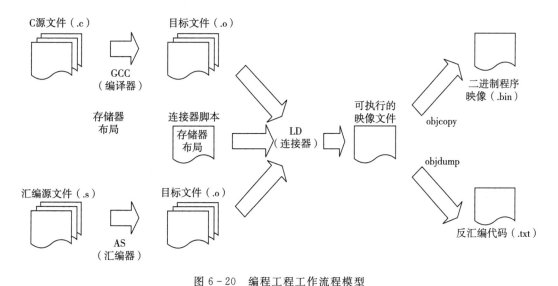

图 6 - 20　编程工程工作流程模型

6.7.2　解码器

CPU 根据存储器提取到的指令来决定其执行行为。在解码阶段,指令被拆解为有意义的片段。根据 CPU 的指令集架构定义将数值解译为指令。一部分的指令数值为运算码

(OPcode),其指示要进行哪些运算。其他的数值通常供给指令必要的信息,如一个加法(Addition)运算的运算目标。

6.7.3 寄存器部件

寄存器部件,包括通用寄存器组和特殊功能寄存器。通用寄存器用来保存指令执行过程中临时存放的寄存器操作数和中间(或最终)的操作结果。

CM3 处理器拥有 R0～R15 的寄存器组,如图 6-21 所示。

R0-R12 都是 32 位通用寄存器,用于数据操作。

R13 作为堆栈指针 SP(Stack Pointer)。CM3 有两个 SP,然而它们是备份的,因此任一时刻只能使用其中的一个,这就是所谓的备份(Banked)寄存器。对堆栈指针 SP(R13)的操作是对当前有效的堆栈指针的操作。两个堆栈分别为:主堆栈指针 MSP(Main-SP)和进程堆栈指针 PSP(Process-SP),CONTROL[1]决定选择哪个堆栈,当 CONTROL[1]=0 时,使用 MSP;当 CONTROL[1]=1 时,使用 PSP。复位后默认使用的堆栈指针 MSP,用于操作系统内核及异常处理例程(包括中断服务例程)。进程堆栈指针(PSP)由用户的应用程序代码使用。堆栈指针的最低两位总是 0,这意味着堆栈总是 4 字节对齐的。

R14:连接寄存器,当调用一个子程序时,由 R14 存储返回地址。

R15:程序计数寄存器,在汇编代码中称为"PC(Program Counter)指针",指向当前的程序地址。

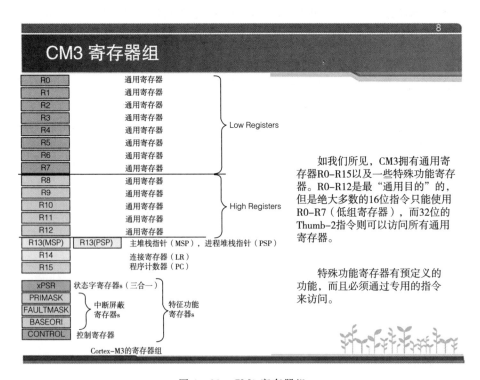

图 6-21 CM3 寄存器组

CM3 在内核水平上集成了若干特殊功能寄存器,见表 6-3。

表 6-3　CM3 的特殊功能寄存器

寄存器	功能
xPSR	记录 ALU 标志(0 标志、进位标志、负数标志、溢出标志)、执行状态及当前正服务的中断号
PRIMASK	屏蔽除 NMI 和 HardFalut 外的所有异常和中断
FAULTMASK	屏蔽全部的 fault,而 NMI 依然不受影响
BASEPRI	屏蔽全部优先级不高于某个具体数值的中断
CONTROL	定义特权状态,并且决定使用哪一个堆栈指针

6.7.4　算术逻辑运算单元

算术逻辑单元(Arithmetic and Logic Unit,ALU)是专门实现多组算术运算和逻辑运算的组合逻辑电路,是 CPU 的执行单元和核心组成部分。ALU 是由"And Gate"(与门)和"Or Gate"(或门)等构成的算术逻辑单元,主要功能是进行二进制的算术运算,如加、减、乘(不包括除法)。

CM3 内核中的 ALU 是计算机中执行各种算术和逻辑运算操作的部件,运算器的基本操作包括加、减、乘、除四则运算,与、或、非、异或等逻辑操作,以及移位、比较和传送等操作,都称为算术逻辑部件。ALU 内部存在一些非常重要的暂存器,其中最为大家所熟知的是累加器(ACC),它用来储存计算过程中所产生的中间结果。

6.7.5　存储器接口

存储器总线用于传输指令或数据,CM3 采用哈佛结构,拥有独立的指令总线和数据总线,可以让取指与数据访问并行不悖。CM3 内部有好几条总线接口,每条总线都对自己的应用场合进行了优化,并且它们可以并行工作,指令总线和数据总线共享同一个存储器空间。

CPU 的工作流程大概可以分为 4 个步骤:取指、解码、执行、写回。其中取指和写回阶段均涉及存储器接口。

6.7.6　中断控制(NVIC)

在 ARM 编程领域中,程序执行不外乎正常和异常两种情况,凡是打断程序顺序执行的事件都可称为异常(Exception)。中断理论上也是异常。除外部中断外,如果有指令执行了"非法操作",或者访问被禁的内存区间,因各种错误产生的 fault,以及不可屏蔽中断发生时,都会打断程序的正常执行,这些情况统称为异常。在不严格区分的情况,异常与中断也可以混用。另外,程序代码是可以主动请求进入异常状态的(常用于系统调用)。

CM3 在内核水平上搭载了一颗嵌套向量中断控制器(Nested Vectored Interrupt Controller,NVIC),用来调控 CPU 对中断的响应。特别是当同时有多个中断时,NVIC 可决定该如何去处理。

NVIC 具有以下特性。

(1)可嵌套中断支持。当一个异常发生时,硬件会自动比较该异常的优先级是否比当前的异常优先级更高。如果发现来了更高优先级的异常,处理器就会中断当前的中断服务例程(或者是普通程序),而服务新来的异常,即立即抢占。

(2)向量中断支持。当开始响应一个中断后,CM3 会自动定位一张向量表,并且根据中断号从表中找出 ISR(Interrupt Service Routine,中断服务程序)的入口地址,然后跳转过去执行。

(3)动态优先级调整支持:软件可以在运行时期更改中断的优先级。

(4)中断延迟大大缩短。

(5)中断可屏蔽。既可以屏蔽优先级低于某个阈值的中断/异常(设置 BASEPRI 寄存器),也可以全体禁止(设置 PRIMASK 和 FAULTMASK 寄存器)。

6.7.7 流水线

流水线(Pipeline)技术是指在程序执行时多条指令重叠进行操作的一种准并行处理实现技术,可以加快程序运行。CM3 处理器使用的是 3 级流水线。流水线的 3 级分别是取指、译码和执行,如图 6-22 所示。

CPU 流水线具有以下特征。

(1)执行一条分支指令或直接修改 PC 而发生跳转时,ARM 内核有可能会清空流水线,而需要重新读取指令。

(2)即使产生了一个中断,一条处于"执行"阶段的指令也将会完成。流水线里其他指令将会被放弃,而处理器将从向量表的适当入口开始填充流水线。

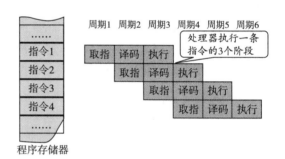

图 6-22　3 级流水线

(3)不论是执行 16 位指令还是 32 位指令,读取 PC 时,会返回当前指令地址+4 的值。

6.7.8 调试系统

单片机系统的调试包括硬件及软件两部分,主要是通过调试发现硬件及软件中存在的问题,查看其运行结果是否符合设计要求。单片机应用系统的硬件调试和软件调试是分不开的。使用仿真器配合软件可以设置断点、观察寄存器和内存及监视变量等。

6.8　STM32 的寄存器

前面已经介绍了寄存器的构成和作用,本节介绍 STM32 系列微控制器中的寄存器,以及寄存器在微控制器中的两种不同应用。

（1）内部寄存器。作为 CPU 计算的缓存区,如通用寄存器 R0～R12。

（2）接口寄存器。对微控制器来说,它与外设紧密联系,STM32Fxxx 为每个外设模块分配了一个存储映射空间,并分配了对应的地址,如为 GPIOA 分配了 0x4001 0800～0x4001 0BFF 总共 0x3FF 长度的地址空间。

地址空间的意义是由微控制器芯片决定的。下面以 STM32F103ZET6 芯片对 0x4001 0800～0x4001 0BFF 这段空间的使用为例（表 6-4）说明。表 6-4 中第 1 列是地址偏移,对于 GPIOA 来说基地址为 0x4001 0800,对于 GPIOB 来说基地址为 0x4001 0C00,这与图 6-15 不同外设的存储器映射地址是相对应的。使用地址偏移表示的优势是不用重复写,STM32F103ZET6 芯片有 GPIOA～GPIOG,7 个 GPIO 外设,每个 GPIO 都有 16 个引脚,作为普通 I/O 接口它们的功能都是相同的,所以使用表 6-4 的表示方法可以通用这 7 个 GPIO,而不用为每个 GPIO 建立一个表。对 GPIOA 来说,地址偏移 0x04,即 0x4001 0804,定义为 GPIOA_CRH 寄存器,该寄存器共有 32 位（STM32 的寄存器都是 32 位的）,每一位都有特定的功能用途（有些其他寄存器位是保留设置）,即每一位被设置为"0"或"1"且都有不同的输出效果,例如,来第 0 位和第 1 位这两位组合决定着 PA8 这个引脚的模式,具体见表 6-5。

表 6-4　GPIO 寄存器地址映像和复位值模式位

偏移	寄存器	31	30	29	28	27	26	25	24	23	22	21	20	19	18	17	16	15	14	13	12	11	10	9	8	7	6	5	4	3	2	1	0
000h	GPIOx_CRL	CNF7[1:0]		MODE7[1:0]		CNF6[1:0]		MODE6[1:0]		CNF5[1:0]		MODE5[1:0]		CNF4[1:0]		MODE4[1:0]		CNF3[1:0]		MODE3[1:0]		CNF2[1:0]		MODE2[1:0]		CNF1[1:0]		MODE1[1:0]		CNF0[1:0]		MODE0[1:0]	
	复位值	0	1	0	1	0	1	0	1	0	1	0	1	0	1	0	1	0	1	0	1	0	1	0	1	0	1	0	1	0	1	0	1
004h	GPIOx_CRH	CNF15[1:0]		MODE15[1:0]		CNF14[1:0]		MODE14[1:0]		CNF13[1:0]		MODE13[1:0]		CNF12[1:0]		MODE12[1:0]		CNF11[1:0]		MODE11[1:0]		CNF10[1:0]		MODE10[1:0]		CNF9[1:0]		MODE9[1:0]		CNF8[1:0]		MODE8[1:0]	
	复位值	0	1	0	1	0	1	0	1	0	1	0	1	0	1	0	1	0	1	0	1	0	1	0	1	0	1	0	1	0	1	0	1
008h	GPIOx_IDR	保留																IDR[15:0]															
	复位值																	0	0	0	0	0	0	0	0	0	0	0	0	0	0	0	0
00Ch	GPIOx_ODR	保留																ODR[15:0]															
	复位值																	0	0	0	0	0	0	0	0	0	0	0	0	0	0	0	0
010h	GPIOx_BSRR	BR[15:0]																BSR[15:0]															
	复位值	0	0	0	0	0	0	0	0	0	0	0	0	0	0	0	0	0	0	0	0	0	0	0	0	0	0	0	0	0	0	0	0
014h	GPIOx_BRR	保留																BR[15:0]															
	复位值																	0	0	0	0	0	0	0	0	0	0	0	0	0	0	0	0
018h	GPIOx_LCKR	保留															LCKK	LCK[15:0]															
	复位值																0	0	0	0	0	0	0	0	0	0	0	0	0	0	0	0	0

表 6-5　引脚的模式位

MODEx[1:0]	意义
00	保留
01	最大输出速度为 2MHz
10	最大输出速度为 10MHz
11	最大输出速度为 50MHz

　　第 4 位和第 5 位决定 PA9 引脚的模式。对于第 2 位和第 3 位及其他位的理解方法都是一样的。这些位的具体功能定义是由 STM32F103ZET6 芯片决定的,出厂之前固化在芯片中,具体含义在《STM32F10xxx 编程参考手册 2010(中文)》可以查到。在用软件编程时可以直接给 0x4001 0804 地址赋值,从而实现配置引脚模式,参考代码 6-1。

代码 6-1　直接操作地址编程

```
01volatile uint32_t reg;//声明一个变量,用于保存原先寄存器值
02 //这里 0x40010804 是 GPIO_CRH 的地址,通过(uint32_t *)转换为一个指针(实际上,指针就是地址)
03 //通过指针运算符 *(即下面语句第一个"*")可以得到该地址实际存放的数据
04 reg = ( * ((uint32_t * )0x40010804));//读取寄存器值并保存在 reg 变量中
05 reg = reg|0x00000003;                 //将 reg 变量的最低 2 位都设置为 1,其他位保持不变
06( * ((uint32_t * )0x40010804)) = reg;//把新的 reg 值保存到地址 0x40010804 上
```

　　上述代码把 GPIOA_CRH 寄存器的第 0 位和第 1 位都设置为 1,此时 PA8 这个引脚允许的最大输出速度为 50MHz。

　　如果用上位带操作功能,上面代码可以更加简单,下面代码就可以实现相同效果:

```
01( * ((uint32_t * )0x42210080)) = 1;//使用位带操作实现与上面代码相同功能
02( * ((uint32_t * )0x42210084)) = 1;
```

　　通过上面这两个代码,可以很清晰地知道代码与之前的分析都是恰好吻合的。只是上面的编程晦涩难读,如直接给出语句:

```
01reg = ( * ((uint32_t * )0x40010808));
```

则根本不知道其具体意义,因为不知道地址 0x4001 0808 具体对应的寄存器,此时需要对照芯片技术手册查找它的含义,因此上面语句可读性较差。而 C 语言提供了宏定义工具:

```
01 # define GPIOA_IDR   0x40010808
02 reg = ( * ((uint32_t * )GPIOA_IDR));
```

　　上面的代码相比之前的代码可读性要好,可以通过 GPIOA_IDR 这个名称知道它是 GPIOA 的输入数据寄存器。

　　但直接宏定义寄存器地址的可用性不高,代码也显得有些烦琐。所以 ST 官方为推广芯片专门设计了一个软件函数库——HAL 库,以方便使用者编写程序。

　　下面列举并分析几处 HAL 库代码,帮助理解 HAL 库的基本构成方法。

　　首先,为外设寄存器定义一个结构体,从表 6-4 中可以看到 GPIO 共有 7 个寄存器,每个 GPIO 外设都拥有这些寄存器。也就是说,GPIOA,GPIOB,…,GPIOG 都独立拥有这 7个寄存器,每个寄存器的地址都是不同的。

代码 6-2　GPIO 类型结构体定义

```
01 # define __IO volatile
02 typedef struct{
03 __IO uint32_t CRL;           //GPIO 端口配置低寄存器,对应 0~7 引脚
```

```
04 __IO uint32_t CRH;          //GPIO端口配置高寄存器,对应8～15引脚
05 __IO uint32_t IDR;          //GPIO端口输入数据寄存器
06 __IO uint32_t ODR;          //GPIO端口输出数据寄存器
07 __IO uint32_t BSRR;         //GPIO端口位设置/清除寄存器
08 __IO uint32_t BRR;          //GPIO端口位清除寄存器
09 __IO uint32_t LCKR;         //GPIO端口配置锁定寄存器
10 }GPIO_TypeDef;
```

定义 GPIO 结构体后,就可以轻松使用这个结构体了。

代码 6－3　GPIO 结构体指针定义

```
01 #define PERIPH_BASE       ((uint32_t)0x40000000)      //外设基地址
02 #define APB2PERIPH_BASE (PERIPH_BASE + 0x10000)       //APB2总线外设基地址:0x4001 0000
03 #define GPIOA_BASE        (APB2PERIPH_BASE + 0x0800)   //GPIOA基地址:0x4001 0800
04 #define GPIOB_BASE        (APB2PERIPH_BASE + 0x0C00)   //GPIOB基地址:0x4001 0C00
05 #define GPIOC_BASE        (APB2PERIPH_BASE + 0x1000)   //GPIOC基地址:0x4001 1000
06 #define GPIOD_BASE        (APB2PERIPH_BASE + 0x1400)   //GPIOD基地址:0x4001 1400
07 #define GPIOE_BASE        (APB2PERIPH_BASE + 0x1800)   //GPIOE基地址:0x4001 1800
08 #define GPIOF_BASE        (APB2PERIPH_BASE + 0x1C00)   //GPIOF基地址:0x4001 1C00
09 #define GPIOG_BASE        (APB2PERIPH_BASE + 0x2000)   //GPIOG基地址:0x4001 2000
10 #define GPIOA             ((GPIO_TypeDef *)GPIOA_BASE) //强制转换成 GPIO_TypeDef 类型
11 #define GPIOB             ((GPIO_TypeDef *)GPIOB_BASE) //强制转换成 GPIO_TypeDef 类型
12 #define GPIOC             ((GPIO_TypeDef *)GPIOC_BASE) //强制转换成 GPIO_TypeDef 类型
13 #define GPIOD             ((GPIO_TypeDef *)GPIOD_BASE) //强制转换成 GPIO_TypeDef 类型
14 #define GPIOE             ((GPIO_TypeDef *)GPIOE_BASE) //强制转换成 GPIO_TypeDef 类型
15 #define GPIOF             ((GPIO_TypeDef *)GPIOF_BASE) //强制转换成 GPIO_TypeDef 类型
16 #define GPIOG             ((GPIO_TypeDef *)GPIOG_BASE) //强制转换成 GPIO_TypeDef 类型
```

把 GPIOA 定义为 GPIOA_BASE,GPIOA_BASE 就是端口 A 的基地址,具体参见图 6－15的存储器映射;如果只把 GPIOA 定义为端口 A 的基地址无法展示宏定义的特殊之处,关键是前缀(GPIO_TypeDef *)的作用,能把 GPIOx 强制定义为 GPIO_TypeDef 类型指针,GPIOx_BASE 就是这个指针的基地址,这样就可把 GPIO_TypeDef 结构体成员与寄存器地址一一对应起来,例如,语句 GPIOA→CRH 实际等效于(*((uint32_t *)0x40010804))。有了这些定义就可以实现最基本的寄存器方法编写程序了。例如,GPIOA→BSRR＝0x0004 可以很方便地控制 PA2 引脚输出高电平。下面是 GPIO 引脚的宏定义。

代码 6－4　引脚编号定义

```
01 #define GPIO_PIN_0        ((uint16_t)0x0001)/ * Pin 0 selected * /
02 #define GPIO_PIN_1        ((uint16_t)0x0002)/ * Pin 1 selected * /
03 #define GPIO_PIN_2        ((uint16_t)0x0004)/ * Pin 2 selected * /
04 #define GPIO_PIN_3        ((uint16_t)0x0008)/ * Pin 3 selected * /
05 #define GPIO_PIN_4        ((uint16_t)0x0010)/ * Pin 4 selected * /
06 #define GPIO_PIN_5        ((uint16_t)0x0020)/ * Pin 5 selected * /
07 #define GPIO_PIN_6        ((uint16_t)0x0040)/ * Pin 6 selected * /
```

```
08 #define GPIO_PIN_7          ((uint16_t)0x0080)/* Pin 7 selected */
09 #define GPIO_PIN_8          ((uint16_t)0x0100)/* Pin 8 selected */
10 #define GPIO_PIN_9          ((uint16_t)0x0200)/* Pin 9 selected */
11 #define GPIO_PIN_10         ((uint16_t)0x0400)/* Pin 10 selected */
12 #define GPIO_PIN_11         ((uint16_t)0x0800)/* Pin 11 selected */
13 #define GPIO_PIN_12         ((uint16_t)0x1000)/* Pin 12 selected */
14 #define GPIO_PIN_13         ((uint16_t)0x2000)/* Pin 13 selected */
15 #define GPIO_PIN_14         ((uint16_t)0x4000)/* Pin 14 selected */
16 #define GPIO_PIN_15         ((uint16_t)0x8000)/* Pin 15 selected */
17 #define GPIO_PIN_All        ((uint16_t)0xFFFF)/* All pins selected */
18 #define GPIO_PIN_MASK       ((uint32_t)0x0000FFFF)/* PIN mask for assert test */
```

利用宏定义改写前面的代码:GPIOA→BSRR=GPIO_PIN_2,比之前使用的地址操作方法更易看易懂。下面是 HAL 库方式。

代码 6-5 HAL 库函数实现

```
01//引脚状态枚举
02typedef enum {
03        GPIO_PIN_RESET = 0,        //清零
04        GPIO_PIN_SET               //置位
05}GPIO_PinState;
06 /* 函数功能:为端口引脚写入新状态
07 * 输入参数:GPIOx:x 可选(A..G),选择 GPIO 外设
08 * 输入参数:GPIO_Pin:GPIO_PIN_x,x 可选 0~15,端口引脚选择
09 * 输入参数:PinState:新写入引脚的状态。GPIO_BIT_RESET = 清零;GPIO_BIT_SET = 置位
10 * 返 回 值:无                          */
11 void HAL_GPIO_WritePin(GPIO_TypeDef * GPIOx,uint16_t GPIO_Pin,GPIO_PinState PinState)
12 {
13 if(PinState ! = GPIO_PIN_RESET)
14 {
15 GPIOx - >BSRR = GPIO_Pin;
16 }
17 else
18 {
19 GPIOx - >BSRR = (uint32_t)GPIO_Pin<<16;
20 }
21 }
```

HAL_GPIO_WritePin()函数有 3 个形参。

第一个形参 GPIO_TypeDef 为类型指针参数,一般用 GPIOA、GPIOB 等赋值。

第二个形参 GPIO_Pin 用于指定端口引脚,一般用 GPIO_PIN_0、GPIO_PIN_1 等赋值。

第三个形参为引脚新状态,可选 GPIO_PIN_SET 输出高电平,或 GPIO_PIN_RESET

输出低电平。

利用这个函数可以更加直观简单地改变引脚输出。HAL_GPIO_WritePin()只是 HAL 库中最简单的函数,HAL 库还包括有许多形形色色的函数,以供给编程者调用,使得编写程序非常简单,这体现了 HAL 库的优越性如下面两行语句就是 HAL 库函数的应用,简洁明了。

```
01 HAL_GPIO_WritePin(GPIOA,GPIO_PIN_2,GPIO_PIN_SET);   //引脚 PA2 置 1
02 HAL_GPIO_WritePin(GPIOC,GPIO_PIN_4,GPIO_PIN_RESET);//引脚 PC4 清 0
```

思考题

1. 简述寄存器的构成、特点和用途。
2. 实验板保留了简化启动模式选择,主要用来处理什么问题?
3. 流水线对处理器的运行有什么作用?

第7章 GPIO - 交通灯

驱动 LED 是学习微控制器最简单的例子,体现了微控制器最基本的引脚控制功能。

7.1 GPIO 介绍

GPIO(General Purpose Input Output,通用输入/输出),可简记为 I/O 或 IO,是 STM32 的一种外设,与芯片引脚直接相连。STM32F103ZET6 芯片共有 7 个 GPIO 外设,定义为 GPIOA~GPIOG,每个 GPIO 外设均有 16 个引脚,分别定义为 PA0~PA15、PB0~PB15、…、PG0~PG15,共有 $16×7=112$ 个 GPIO 引脚。

GPIO 最简单的功能是输出高低电平,GPIO 还可以被设置为输入功能,用于读取按键等输入信号。很多高级外设也有功能引脚,并且是与 GPIO 共用的,具体引脚功能可以通过软件编程设置对应的寄存器实现。STM32F10X 芯片 GPIO 的基本结构如图 7-1 所示。

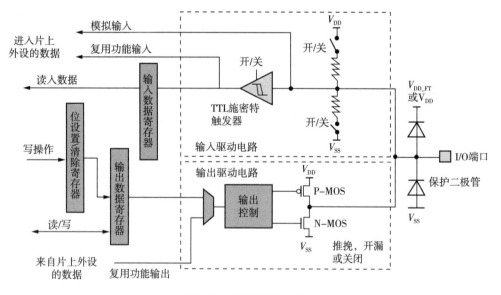

图 7-1 GPIO 的基本结构

图 7-1 中最右边为"IO"外部引脚。内部二极管可防止外部输入电压过高或过低烧坏芯片。

图 7-1 中上半部分属于引脚输入功能,通过一个电阻和一个开关(可以通过寄存器控制开关状态)可以把输入"引脚"拉高或拉低,这个电阻值为 30k~50kΩ。作为普通的输入引脚,引脚电压经过触发器整形后保存在输入数据寄存器内。

　　图 7-1 中下半部分具有引脚输出功能,通过一个 P－MOS 管和一个 N－MOS 管组合成一个反相器驱动输出。对于普通的引脚电平控制,根据需要置位或复位寄存器的值,这两个寄存器的值会改变输出数据寄存器值,通过输出控制电路驱动反相器从而改变引脚的状态。

　　每个 GPIO 外设有 7 个独立的寄存器,详见表 6-4。

　　通过配置 GPIOx_CRL 或 GPIOx_CRH 寄存器来控制 GPIO 的 8 种工作模式,具体见表 7-1。

表 7-1　GPIO 模式配置

模式	GPIOx_CRL、GPIOx_CRH)寄存器		GPIOx_ODR 寄存器
	CNF[1：0]	MODE[1：0]	
模拟输入	00	00	不使用
输入浮空	01		不使用
输入上拉	10		1
输入下拉	10		0
推挽通用输出	00	01:最高 10MHz 10:最高 2MHz 11:最高 50MHz	0 或 1
开漏通用输出	01		0 或 1
推挽复用功能输出	10		不使用
开漏复用功能输出	11		不使用

7.1.1　输入浮空

　　当 GPIOx_CRL 或 GPIOx_CRH 寄存器的 CNF[1：0]位设置为 01,且 MODE[1：0]位设置为 00 时,对应引脚被设置为浮空输入模式。输入浮空是 STM32 复位之后的默认模式,引脚既不上拉也不下拉,信号沿①②③④路径传输,如图 7-2 所示。

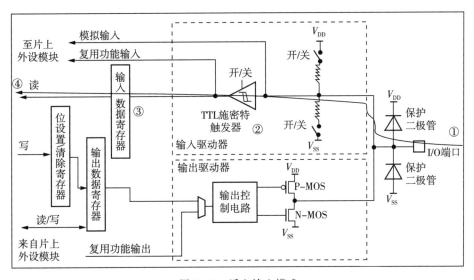

图 7-2　浮空输入模式

I/O 引脚信号接入施密特触发器的输入端,每来一个 APB2 时钟脉冲就把输入端的信号传输到触发器的输入端,施密特触发器的输出端又与输入数据寄存器(GPIOx_IDR)连通的,被该数据被保存在输入数据寄存器内,所以输入数据寄存器保存着 IO 引脚电平。CPU 随时都可以读取寄存器数据,从而得知引脚当前状态。

7.1.2 输入上拉模式

当 GPIOx_CRL 或 GPIOx_CRH 寄存器的 CNF[1∶0]位设置为 10,且 MODE[1∶0]位设置为 00 时,且 GPIOx_ODR 寄存器对应位设置为 1 时输入上拉模式,就是在浮空输入模式的基础上使能输入电路中的上拉开关,结构如图 7-3 所示。

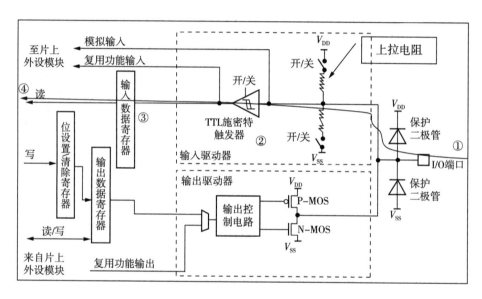

图 7-3 输入上拉模式

7.1.3 输入下拉模式

输入下拉模式也是在浮空输入模式的基础上使能输入电路中的下拉开关,该开关由输出数据寄存器 GPIOx_ODR 引脚对应位设置为 0 来使能。输入下拉模式下 GPIO 结构中信号流向如图 7-4 所示。

7.1.4 模拟输入模式

进行 A/D(模数)转换时,需要把引脚设置为模拟输入模式,该模式需要配合 ADC 外设使用,否则没有意义。模拟输入模式下 GPIO 结构中信号沿①②路径传输,流向如图 7-5 所示。

7.1.5 开漏通用输出模式

通用输出模式即作为普通用途的输出模式,比如简单地控制引脚输出高低电平。GPIO

的输出是由一个 P - MOS 管和一个 N - MOS 管组合形成的反相器。开漏电路中的"漏"是指 MOS 管的漏极(D)。开漏即指 N 管断开漏极,P 管关断,类似于晶体管的开集电极,便于形成"线与"逻辑关系。信号沿①②③④路径传输,如图 7 - 6 所示。

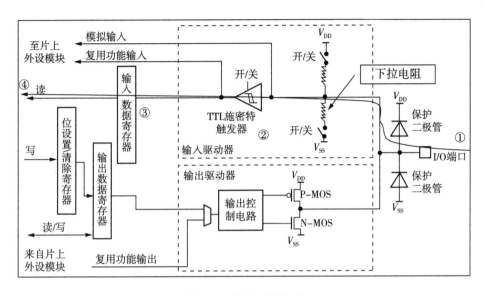

图 7 - 4　输入下拉模式

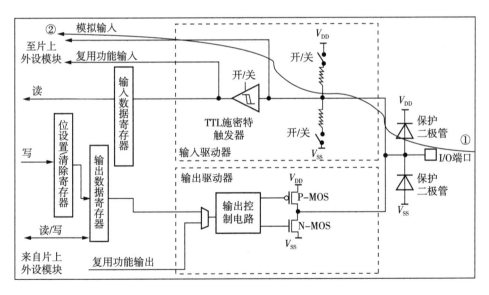

图 7 - 5　模拟输入模式

7.1.6　推挽通用输出模式

推挽输出与开漏输出的区别在于推挽输出将 P - MOS 管和 N - MOS 管都用上了。在推挽输出模式下,可以从端口输入数据寄存器读取到当前 I/O 引脚状态,如图 7 - 7 所示。

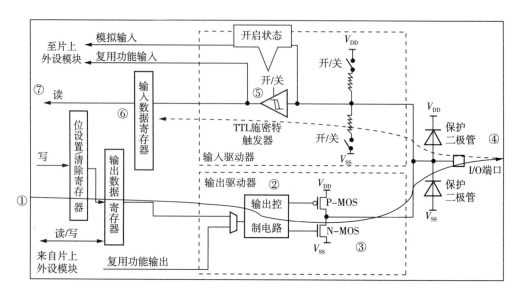

图 7-6　开漏通用输出模式

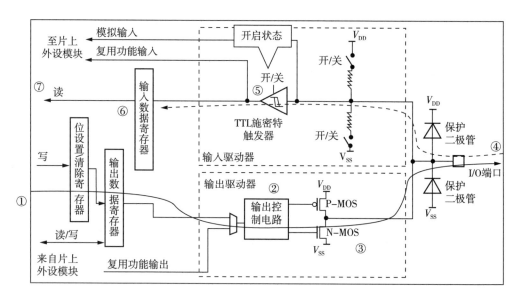

图 7-7　推挽通用输出模式

7.1.7　推挽复用功能输出模式

一个 I/O 引脚既可以作为普通的 I/O 接口,也可以作为其他外设的特殊功能引脚,有些引脚可能有 2~5 种不同功能,这种现象称为复用。引脚复用为特殊功能引脚,引脚状态就由该外设决定,在推挽复用功能输出模式下引脚信号流向具体如图 7-8 所示。

7.1.8　开漏复用功能输出模式

开漏复用输出模式,与开漏输出模式类似。但是有两点不同:①输出的信号不是源于

CPU 的输出数据寄存器,而是源于片上外设模块的复用功能输出;②开漏复用输出模式的引脚开漏状态无须 CPU 控制。信号流向具体也如图 7-8 所示,但是图中的 P-MOS 是关闭的。

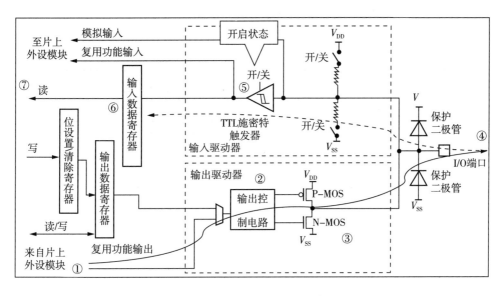

图 7-8　推挽复用功能输出模式

在 STM32 中 I/O 模式规律如下。

(1)浮空输入_IN_FLOATING:浮空输入,可以作 KEY 识别,RX1。

(2)带上拉输入_IPU:内部上拉电阻输入。

(3)带下拉输入_IPD:内部下拉电阻输入。

(4)模拟输入_AIN:应用 ADC 模拟输入,或者低功耗下省电。

(5)开漏输出_OUT_OD:输出 0 或输出 1,由外部电路决定。

(6)推挽输出_OUT_PP:明确输出 0 或输出 1。

(7)复用推挽输出_AF_PP:片内外设功能(I2C 的 SCL 和 SDA)。

(8)开漏复用输出_AF_OD:片内外设功能(TX1、MOSI、MISO、SCK 和 SS)。

7.2　GPIO 相关寄存器

7.2.1　寄存器分析

GPIO 相关寄存器有很多,如 GPIOx_BSRR、GPIOx_ODR、GPIOx_IDR 等,这些寄存器每一位的意义请参阅《STM32F10xxx 编程参考手册(中文)》,如图 7-9 所示。

7.2.2　GPIO 锁定机制

端口配置锁定寄存器(GPIOx_LCKR)用于设置 GPIO 锁定功能。锁定机制允许冻结

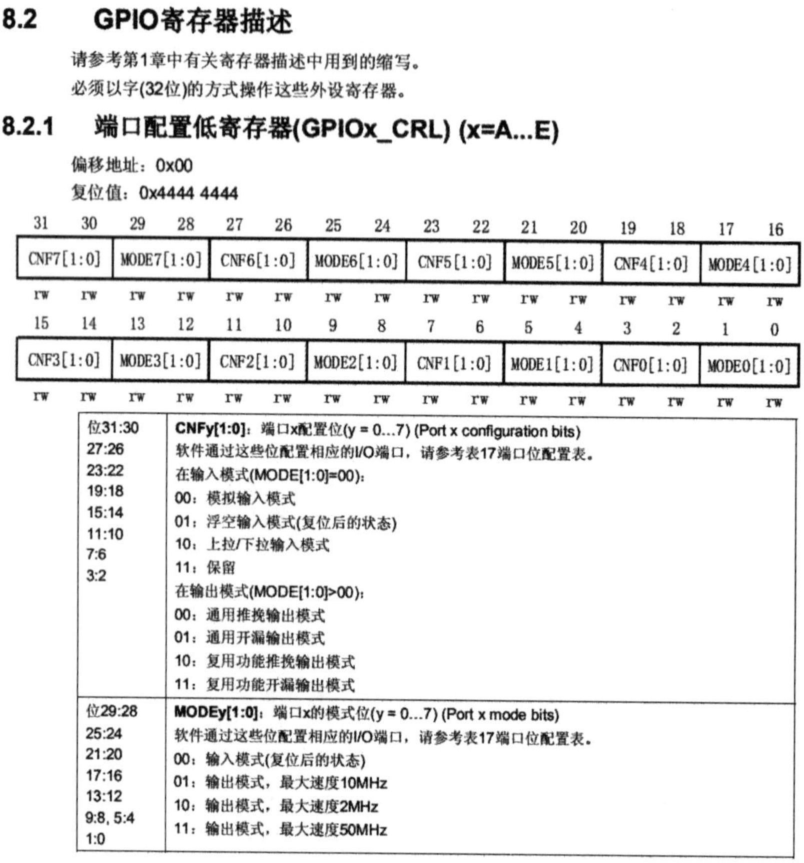

8.2　GPIO寄存器描述

请参考第1章中有关寄存器描述中用到的缩写。

必须以字(32位)的方式操作这些外设寄存器。

8.2.1　端口配置低寄存器(GPIOx_CRL) (x=A...E)

偏移地址：0x00

复位值：0x4444 4444

31	30	29	28	27	26	25	24	23	22	21	20	19	18	17	16
CNF7[1:0]		MODE7[1:0]		CNF6[1:0]		MODE6[1:0]		CNF5[1:0]		MODE5[1:0]		CNF4[1:0]		MODE4[1:0]	
rw	rw	rw	rw	rw	rw	rw	rw	rw	rw	rw	rw	rw	rw	rw	rw

15	14	13	12	11	10	9	8	7	6	5	4	3	2	1	0
CNF3[1:0]		MODE3[1:0]		CNF2[1:0]		MODE2[1:0]		CNF1[1:0]		MODE1[1:0]		CNF0[1:0]		MODE0[1:0]	
rw	rw	rw	rw	rw	rw	rw	rw	rw	rw	rw	rw	rw	rw	rw	rw

位31:30 27:26 23:22 19:18 15:14 11:10 7:6 3:2	**CNFy[1:0]:** 端口x配置位(y = 0...7) (Port x configuration bits) 软件通过这些位配置相应的I/O端口，请参考表17端口位配置表。 在输入模式(MODE[1:0]=00)： 00：模拟输入模式 01：浮空输入模式(复位后的状态) 10：上拉/下拉输入模式 11：保留 在输出模式(MODE[1:0]>00)： 00：通用推挽输出模式 01：通用开漏输出模式 10：复用功能推挽输出模式 11：复用功能开漏输出模式
位29:28 25:24 21:20 17:16 13:12 9:8, 5:4 1:0	**MODEy[1:0]:** 端口x的模式位(y = 0...7) (Port x mode bits) 软件通过这些位配置相应的I/O端口，请参考表17端口位配置表。 00：输入模式(复位后的状态) 01：输出模式，最大速度10MHz 10：输出模式，最大速度2MHz 11：输出模式，最大速度50MHz

图 7-9　寄存器查看

I/O 配置。当在一个端口位被锁定后,在下一次复位之前,将不能更改端口位的配置。

7.2.3　引脚复用和重映射功能

1. 引脚复用

STM32 有很多内置外设,如 ADC、USART 等,然而这些外设的功能引脚也是 GPIO 口,即 GPIO 口除了可以做普通的 I/O 口,还可以复用为内置外设的功能引脚。例如,PA9、PA10 除了可以做正常的 I/O 口,还可以分别复用为 USART1 的 TX、RX 引脚。

查询 STM32 的数据手册,可以具体了解 I/O 口可以复用的功能。

2. 重映射

为了使不同封装的器件外设 I/O 功能数量达到最优,同时也让设计工程师可以更好地安排引脚的走向和功能,ST 公司在设计芯片时引入了"外设引脚重映射"的概念,即一个外设的引脚除具有默认的脚位外,还可以通过设置重映射寄存器的方式,把这个外设的引脚映射到其他的脚位。这个设置过程是通过软件控制相关寄存器实现的。

STM32F103xx 芯片（100 脚）GPIO 重映射如图 7-10 所示。例如,原来系统默认 USART1_TX 和 USART1_RX 这两个功能引脚分别对应 PA9 和 PA10,通过 GPIO 重映射后可以被设置为 PB6 和 PB7 这两个引脚。关于 STM32F103ZET6 具有可重映射 GPIO 引脚分配的内容可以参考《STM32F10xxx 编程参考手册（中文）》中的 7.3 小节的内容。例如，USART1～USART3 的功能引脚映射分别见表 7－2～表 7－4。

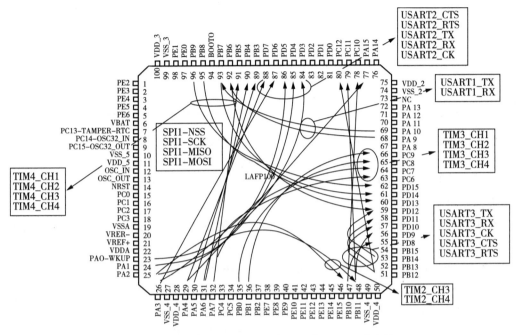

图 7－10　STM32F103xx 芯片（100 脚）GPIO 重映射

表 7－2　串口 USART1 引脚重映射

复用功能	USART1_REMAP=0 （没有重映射）	USART1_REMAP=1 （重映射）
USART1_TX	PA9	PB6
USART1_RX	PA10	PB7

表 7－3　串口 USART2 引脚重映射

复用功能	USART2_REMAP=0 （没有重映射）	USART2_REMAP=1 （重映射）
USART2_CTS	PA0	PD3
USART2_RTS	PA1	PD4
USART2_TX	PA2	PD5
USART2_RX	PA3	PD6
USART2_CK	PA4	PD7

表 7-4 串口 USART3 引脚重映射

复用功能	USART3_REMAP[1:0] =00(没有重映射)	USART3_REMAP[1:0] =01(部分重映射)	USART3_REMA[1:0] =11(完全重映射)
USART3_TX	PB10	PC10	PD8
USART3_RX	PB11	PC11	PD9
USART3_CK	PB12	PC12	PD10
USART3_CTS	PB13		PD11
USART3_RTS	PB14		PD12

模块的功能引脚不管是从默认的脚位引出还是从重映射的脚位引出,都要通过 GPIO 端口模块实现,相应的 GPIO 端口必须配置为输入(对应模块的输入功能,如 USART 的 RX)或复用输出(对应模块的输出功能,如 USART 的 TX),对于输出引脚,可以按照需要配置为推挽复用输出或开漏复用输出。

在使用引脚的复用功能时,需要注意在软件上只能使能一个外设模块,否则在引出脚上可能产生信号冲突。例如,如果使能了 USART3 模块,同时没有对 USART3 进行重映射配置,则不可以使能 I2C2 模块;同理,如果需要使能 I2C2 模块,则不可以再使能 USART3 模块。但是如果配置了 USART3 的引脚重映射,USART3 的 TX 和 RX 信号将从 PC10 和 PC11 或 PD8 和 PD9 引出,避开了 I2C2 使能的 PB10 和 PB11,这时可以同时使能 I2C2 模块和 USART3 模块。

使用 GPIO 重映射功能,编程时要特别注意开启端口复用功能(AFIO)时钟。

7.3 LED 驱动应用电路设计

用 LED 的亮灭指示 GPIO 输出状态是最直观的方法,因此几乎全部的实验板都布设了 LED 电路。本实验板上设计了 6 个超高亮的 LED 电路,对应十字路口交通灯,见图 7-11 所示。

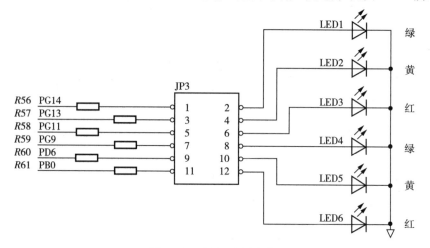

图 7-11 LED 应用电路

JP3 为跳线帽接口，驱动 LED 时需要接入。当 PG14、PG13、PG11、PG9、PD6 和 PB0 的引脚输出高电平时，对应的 LED 亮；输出低电平时对应的 LED 灭。PG14、PG13、PG11、PG9、PD6 和 PB0 需要设置为推挽输出模式。

7.4　使用 STM32CubeMX 生成工程

STM32CubeMX 可以提供很大的便利，配合 HAL 库使用可以提高工作效率。

（1）配置时钟，如图 7－12 和图 7－13 所示。

（2）配置 GPIO，如图 7－14 所示。

（3）生成工程。单击"生成代码"按钮，生成工程文件。

STM32CubeMX 软件提供 PB0、PD6、PG9、PG11、PG13 和 PG14 共 6 个引脚的初始化配置。点亮 LED 实现交通灯的效果则是用户应用程序的任务，交通灯工程界面如图 7－15 所示。

　新建一个名为"bsp"的组件，专门用来存放板载外设的驱动文件，比如图中的 bsp_led.c 就是实验板上 6 个 LED 的驱动文件。bsp 是 board support package 板级支持包的缩写。bsp_led.c、bsp_key.h、bsp_debug_usart.c、bsp_EEPROM.h 等文件都是自主创建的，与 STM32CubeMX 软件生成的 gpio.c、gpio.h、usart.c、usart.h 等文件存在差别，自编的驱动文件以实验板模块功能为基础，而 STM32CubeMX 软件是根据外设分类的。全部驱动文件都是在 STM32CubeMX 软件生成的 ∗.c 和 ∗.h 文件基础上再次编辑而成的，使用驱动文件便于移植。

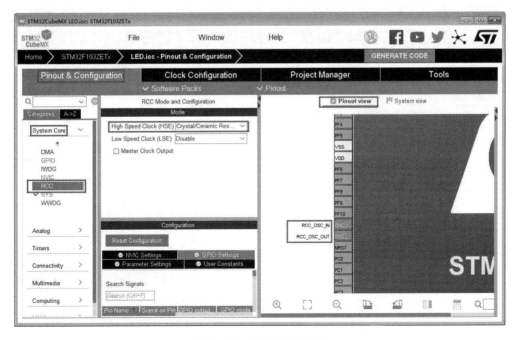

图 7－12　选择外部时钟源

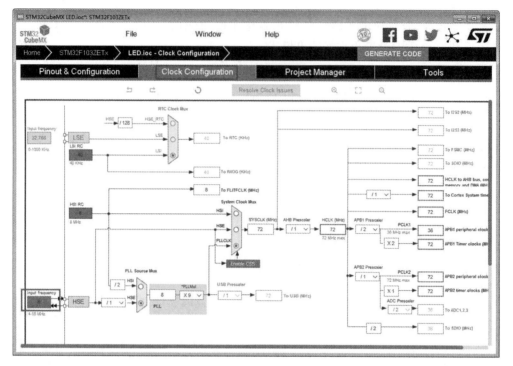

图 7-13　配置时钟

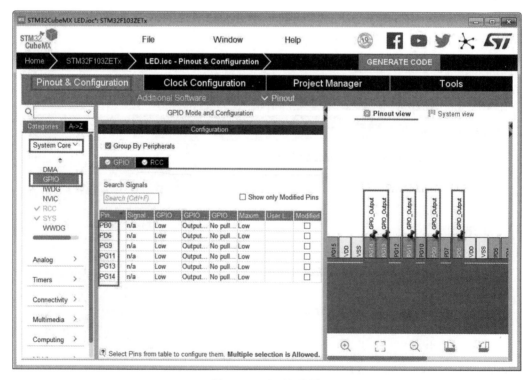

图 7-14　GPIO 配置

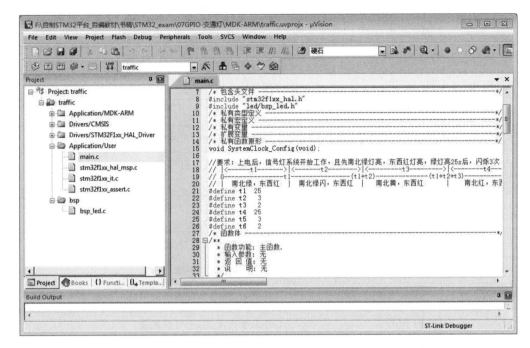

图 7-15　交通灯工程界面

7.5　GPIO 外设结构体分析

HAL 库为每个外设(GPIO 除外)创建了两个结构体,一个是外设初始化结构体,一个是外设结构体,其中 GPIO 只有初始化结构体。这两个结构体均定义在外设对应的驱动头文件中,如 STM32f1xx_hal_usart.h 文件。初始化结构一般是作为结构体的一个成员通过指针被引用,而结构体则在外设 HAL 函数库实现被使用,如在 STM32f1xx_hal_usart.c 文件中。这两个结构体内容包括外设的全部可选属性。

GPIO 外设只有一个初始化结构体,GPIO 初始化结构体直接在 STM32f1xx_hal_gpio.c 文件中与相关初始化函数配合使用,完成 GPIO 外设初始化配置。GPIO 引脚工作模式选择见表 7-6。

代码 7-1　GPIO 初始化结构体

```
01typedef struct{
02    uint32_t Pin;     //引脚编号,可选 GPIO_PIN_0、…、GPIO_PIN_15 和 GPIO_PIN_ALL,可以使用
                         或运算选择多个 GPIO:GPIO_PIN_0|GPIO_PIN_4
03    uint32_t Mode;    //引脚工作模式,见表 7-6 GPIO 引脚工作模式选择
04    uint32_t Pull;    //引脚上下拉配置:GPIO_NOPULL,GPIO_PULLUP,GPIO_PULLDOWN
05    uint32_t Speed;   //引脚最大输出速度,可选 2MHz、10MHz 和 50MHz
06}GPI_InitTypeDef;
```

表 7-6　GPIO 引脚工作模式选择

引脚工作模式	功能说明
GPIO_MODE_INPUT	浮空输入模式
GPIO_MODE_OUTPUT_PP	推挽输出模式
GPIO_MODE_OUTPUT_OD	开漏输出模式
GPIO_MODE_AF_PP	推挽复用功能输出模式
GPIO_MODE_AF_OD	开漏复用功能输出模式
GPIO_MODE_AF_INPUT	复用功能输入模式
GPIO_MODE_ANALOG	模拟输入模式
GPIO_MODE_IT_RISING	外部中断模式:上升沿触发
GPIO_MODE_IT_FALLING	外部中断模式:下降沿触发
GPIO_MODE_IT_RISING_FALLING	外部中断模式:上升沿和下降沿都触发
GPIO_MODE_EVT_RISING	外部事件模式:上升沿触发
GPIO_MODE_EVT_FALLING	外部事件模式:下降沿触发
GPIO_MODE_EVT_RISING_FALLING	外部事件模式:上升沿和下降沿都触发

7.6　GPIO 编程关键步骤

GPIO 编程有以下几个关键步骤。

(1)使能 GPIO 端口时钟。

(2)初始化 GPIO 引脚,即为 GPIO 初始化结构体成员赋值,并调用 HAL_GPIO_Init() 完成初始化配置。

(3)根据实际要求控制引脚输出高低电平。

7.7　交通灯代码分析

7.7.1　bsp_led.h 文件内容

代码 7-2　LED 类型定义和宏定义

```
01//定义枚举类型
02typedef enum {
```

```
03    LED_OFF = 0
04    LED_ON = 1
05    LED_TOGGLE = 2
06 }LEDState_TypeDef
07 #define IS_LED_STATE(STATE)      (((STATE)= = LED_OFF)||((STATE)= = LED_ON)||((STATE)= =
                                    LED_TOGGLE))

08 //LED 宏定义
09 #define LED1              (uint8_t)0x01
10 #define LED2              (uint8_t)0x02
11 #define LED3              (uint8_t)0x04
12 #define LED4              (uint8_t)0x08
13 #define LED5              (uint8_t)0x10
14 #define LED6              (uint8_t)0x20
15 #define IS_LED_TYPEDEF(LED)   (((LED)= = LED1)||((LED)= = LED2)||((LED)= = LED3)||
                                 ((LED)= = LED4)||
                                     ((LED)= = LED5)||((LED)= = LED6))
```

LEDState_TypeDef 是一个 LED 状态枚举类型,列出了 LED 的 3 种可能状态:

LED_OFF:灯灭;

LED_ON:灯亮;

LED_TOGGLE:灯状态反转。

宏定义 IS_LED_STATE(STATE)用于判断参数 STATE 是否属于 LEDState_TypeDef 其中的一个,如果 STATE 不等于其中的任意一个,则该宏定义运算结果为 0,等于其中一个则为 1。这个语句一般用于函数开头判断输入的形参值是否有效,进而可实现断言机制。断言机制可以检查函数调用实参的值是否合法,以便于调试,也使得代码具有更好的稳健性。

分别定义 LED1、LED2、LED3、LED4、LED5、LED6 共 6 个 LED。IS_LED_TYPEDEF 宏定义作用与 IS_LED_STATE 均用于输入参数的检查。

代码 7-3　LED 引脚定义

```
01 /*
02 宏定义内容与实际电路密切相关,需要根据实际电路原理编写。
03 例如 LED1 灯接在 stm32f103ZET6 芯片的 PG14 引脚上,所有有关 LED1 的宏定义都
04 是与 GPIOG、GPIO_Pin_14 相关的,专门把这些与实际硬件相关的内容定义为宏,
05 以便于修改或移植程序。
06 */
07 #define LED1_RCC_CLK_ENABLE()      __HAL_RCC_GPIOG_CLK_ENABLE()    //端口时钟使能
08 #define LED1_GPIO_PIN              GPIO_PIN_14                     //引脚编号
09 #define LED1_GPIO                  GPIOG                          //端口编号
10 #define LED2_RCC_CLK_ENABLE()      __HAL_RCC_GPIOG_CLK_ENABLE()
11 #define LED2_GPIO_PIN              GPIO_PIN_13
12 #define LED2_GPIO                  GPIOG
```

```
13 # define LED3_RCC_CLK_ENABLE()        __HAL_RCC_GPIOG_CLK_ENABLE()
14 # define LED3_GPIO_PIN                GPIO_PIN_11
15 # define LED3_GPIO                    GPIOG
16 # define LED4_RCC_CLK_ENABLE()        __HAL_RCC_GPIOG_CLK_ENABLE()
17 # define LED4_GPIO_PIN                GPIO_PIN_9
18 # define LED4_GPIO                    GPIOG
19 # define LED5_RCC_CLK_ENABLE()        __HAL_RCC_GPIOD_CLK_ENABLE()
20 # define LED5_GPIO_PIN                GPIO_PIN_6
21 # define LED5_GPIO                    GPIOD
22 # define LED6_RCC_CLK_ENABLE()        __HAL_RCC_GPIOB_CLK_ENABLE()
23 # define LED6_GPIO_PIN                GPIO_PIN_0
24 # define LED6_GPIO                    GPIOB
25 # define LED1_ON       HAL_GPIO_WritePin(LED1_GPIO,LED1_GPIO_PIN,GPIO_PIN_SET)      //输出高电平
26 # define LED1_OFF      HAL_GPIO_WritePin(LED1_GPIO,LED1_GPIO_PIN,GPIO_PIN_RESET)    //输出低电平
27 # define LED1_TOGGLE   HAL_GPIO_TogglePin(LED1_GPIO,LED1_GPIO_PIN)                  //输出反转
28 # define LED2_ON       HAL_GPIO_WritePin(LED2_GPIO,LED2_GPIO_PIN,GPIO_PIN_SET)
29 # define LED2_OFF      HAL_GPIO_WritePin(LED2_GPIO,LED2_GPIO_PIN,GPIO_PIN_RESET)
30 # define LED2_TOGGLE   HAL_GPIO_TogglePin(LED2_GPIO,LED2_GPIO_PIN)
31 # define LED3_ON       HAL_GPIO_WritePin(LED3_GPIO,LED3_GPIO_PIN,GPIO_PIN_SET)
32 # define LED3_OFF      HAL_GPIO_WritePin(LED3_GPIO,LED3_GPIO_PIN,GPIO_PIN_RESET)
33 # define LED3_TOGGLE   HAL_GPIO_TogglePin(LED3_GPIO,LED3_GPIO_PIN)
34 # define LED4_ON       HAL_GPIO_WritePin(LED4_GPIO,LED4_GPIO_PIN,GPIO_PIN_SET)
35 # define LED4_OFF      HAL_GPIO_WritePin(LED4_GPIO,LED4_GPIO_PIN,GPIO_PIN_RESET)
36 # define LED4_TOGGLE   HAL_GPIO_TogglePin(LED4_GPIO,LED4_GPIO_PIN)
37 # define LED5_ON       HAL_GPIO_WritePin(LED5_GPIO,LED5_GPIO_PIN,GPIO_PIN_SET)
38 # define LED5_OFF      HAL_GPIO_WritePin(LED5_GPIO,LED5_GPIO_PIN,GPIO_PIN_RESET)
39 # define LED5_TOGGLE   HAL_GPIO_TogglePin(LED5_GPIO,LED5_GPIO_PIN)
40 # define LED6_ON       HAL_GPIO_WritePin(LED6_GPIO,LED6_GPIO_PIN,GPIO_PIN_SET)
41 # define LED6_OFF      HAL_GPIO_WritePin(LED6_GPIO,LED6_GPIO_PIN,GPIO_PIN_RESET)
42 # define LED6_TOGGLE   HAL_GPIO_TogglePin(LED6_GPIO,LED6_GPIO_PIN)
```

实验板有 6 个 LED,宏定义清楚地指明了 LED 的具体引脚,如果 LED 改用了其他引脚,只需修改宏定义即可。

LED1_ON 和 LED1_OFF 通过使用 HAL 库内部的函数 HAL_GPIO_WritePin()实现,HAL_GPIO_WritePin()定义在 stm32f1xx_hal_gpio.c 文件中。

代码 7-4   HAL_GPIO_WritePin 函数定义

```
01 void HAL_GPIO_WritePin(GPIO_TypeDef * GPIOx,uint16_t GPIO_Pin,GPIO_PinState PinState)
02 {
03      /* Check the parameters */
04      assert_param(IS_GPIO_PIN(GPIO_Pin));              //判断 GPIO_Pin 的合法性
05      assert_param(IS_GPIO_PIN_ACTION(PinState));       //判断 PinState 的合法性
06      if(PinState ! = GPIO_PIN_RESET)//判断,然后操作端口位设置/清除寄存器
```

```
07      {
08          GPIOx->BSRR = (uint32_t)GPIO_Pin;//如果是 GPIO_PIN_SET,则将 GPIO 的 BSRR 寄存器
                                                低 16 位置为 GPIO_Pin
09      }
10      else
11      {
12          GPIOx->BSRR = (uint32_t)GPIO_Pin << 16;//如果是 GPIO_PIN_RESET,则将 GPIO 的
                                                BSRR 寄存器高 16 位置为 GPIO_Pin
13      }
14 }
```

HAL_GPIO_WritePin 函数有 3 个形参。

(1)第一个为 GPIO_TypeDef 类型指针变量,用于指定端口,一般用 GPIOA,GPIOB,…GPIOG 赋值。

(2)第二个为 GPIO_Pin,指定引脚编号,可用 GPIO_PIN_0,…GPIO_PIN_15 赋值。

(3)第三个为引脚状态,可用 GPIO_PIN_SET 或 GPIO_PIN_RESET 赋值,分别对应指定引脚输出高判断和低电平。

宏定义 IS_GPIO_PIN 和 IS_GPIO_PIN_ACTION 分别用来判断 GPIO_Pin 和 PinState 这两个参数输入是否合法,如果不合法,则该宏定义运行结果为 0。

assert_param 是定义在 stm32f1xx_hal_conf.h 的一个宏定义,实现断言,用于判断传递给函数的参数是否是有效的参数。

代码 7-5　断言

```
01 #ifdef USE_FULL_ASSERT
02 /* @brief The assert_param macro is used for functions parameters check.
03     * @param expr:If expr is false,it calls assert_failed function
04     * which reports the name of the source file and the source
05     * line number of the call that failed.
06     * If expr is true,it returns no value.
07     * @retval None        */
08     #define assert_param(expr)((expr)? (void)0:assert_failed((uint8_t *)__FILE__,__LINE__))
09     /* Exported functions ------------------------------------------------- */
10     void assert_failed(uint8_t * file,uint32_t line);
11 #else
12     #define assert_param(expr)((void)0)
13 #endif /* USE_FULL_ASSERT */
```

这里有用到一个宏条件编译语句:

#ifdef 宏

程序段 1:

#else

程序段 2：

#endif

当宏有定义时，程序段 1 有效，程序段 2 无效，即编译器（如 Keil、IAR）只编译程序段 1，不编译程序段 2。相反地，当宏没有定义时，程序段 1 无效，程序段 2 有效。

宏条件编译是条件编译的一种形式，常规的条件编译是下面这种形式：

#ifdef 条件

程序段 1

#else

程序段 2

#endif

当条件运算结果为 1(真)时，程序段 1 有效，程序段 2 无效。相反地，当条件运算结果为 0(假)时，程序段 1 无效，程序段 2 有效。熟练使用条件编译可以方便调试，这里要看 USE_FULL_ASSERT 有没有定义 USE_FULL_ASSERT。HAL 库函数默认是不定义 USE_FULL_ASSERT 的。

代码 7-6　USE_FULL_ASSERT 宏定义

```
139 /* ################### Assert Selection ################### */
140 **
141 * @brief Uncomment the line below to expanse the "assert_param" macro in the HAL drivers code */
142 *        Hal drivers code
143 */
144 /* #define USE_FULL_ASSERT 1 */
```

实际上，一般不使用 USE_FULL_ASSERT 宏定义，因为使能它会拖慢代码编译速度。

如果不定义 USE_FULL_ASSERT 宏，assert_param 直接被定义为((void)0)，不运行任何程序，相当于关闭了断言。

如果定义了 USE_FULL_ASSERT 宏，assert_param 为

```
10 #define assert_param(expr)((expr)? (void)0:assert_failed((uint8_t *)__FILE__,__LINE__))
```

这里使用到三元运算符($a? b:c$)，当 a 为 1 时，执行 b；当 a 为 0 时，执行 c。当 expr 为 1 时，表示函数形参赋值正确，不用执行任何任务。当 expr 为 0 时，说明用户为函数参数赋了一个不合法的值，这时会运行错误警报函数 assert_failed，技术人员就在这个函数中实现解决错误的方法。可以专门为该函数创建了一个文件 stm32f1xx_assert.c 存放。

代码 7-7　assert_failed 函数

```
01 #ifdef USE_FULL_ASSERT
02 /* 函数功能:断言失败服务函数
03 * 输入参数:file:源代码文件名称。关键字__FILE__表示源代码文件名
04 * line:代码行号。关键字__LINE__表示源代码行号
```

```
05 * 返 回 值:无
06 * 说 明:无                      * /
07 void assert_failed(uint8_t * file,uint32_t line)
08 {
09/ * 用户可以添加自己的代码报告源代码文件名和代码行号,如将错误文件和行号打印到串口
10  * printf("Wrong parameters value:file % s on line % d\r\n",file,line) * /
11 while(1){;}//这是一个无限循环,断言失败时程序会在此处死机,以便于查错
12 }
13 ♯endif
```

此处进入死循环(通过 while(1)实现),可以自行发挥,如给出提示信息。继续看代码
"7-4 HAL_GPIO_WritePin 函数定义"的内容。运行了两个形参的断言后,就直接使用 if
语句电平需要设置的状态,并通过为 GPIOx_BSRR 寄存器赋值完成函数功能。

LED1_TOGGLE 宏定义通过调用 HAL_GPIO_TogglePin()实现,每执行一次 LED1_
TOGGLE 语句,LED1 的状态就取反一次,从亮变灭,或者从灭变亮。HAL_GPIO_
TogglePin()也是定义在 stm32f1xx_hal_gpio.c 文件中的,它是通过直接修改 GPIOx_ODR
寄存器值实现的。

7.7.2　bsp_led.c 文件内容

bsp_led.c 文件内容是针对实验板上 6 个 LED 而编写的驱动函数集合,一般是调用
HAL 库函数实现的。

代码 7-8　LED_GPIO_Init()

```
01 //函数功能:LED_GPIO 引脚初始化
02 void LED_GPIO_Init(void)
03 {
04     GPIO_InitTypeDef GPIO_InitStruct;//定义 I/O 硬件初始化结构体变量
05     //使能 LEDx 引脚对应 I/O 端口时钟
06     LED1_RCC_CLK_ENABLE();LED2_RCC_CLK_ENABLE();LED3_RCC_CLK_ENABLE();
        LED4_RCC_CLK_ENABLE();LED5_RCC_CLK_ENABLE();LED6_RCC_CLK_ENABLE();
07     HAL_GPIO_WritePin(LED1_GPIO,LED1_GPIO_PIN,GPIO_PIN_RESET);//关闭 LEDx
08     HAL_GPIO_WritePin(LED2_GPIO,LED2_GPIO_PIN,GPIO_PIN_RESET);
09     HAL_GPIO_WritePin(LED3_GPIO,LED3_GPIO_PIN,GPIO_PIN_RESET);
10     HAL_GPIO_WritePin(LED4_GPIO,LED4_GPIO_PIN,GPIO_PIN_RESET);
11     HAL_GPIO_WritePin(LED5_GPIO,LED5_GPIO_PIN,GPIO_PIN_RESET);
12     HAL_GPIO_WritePin(LED6_GPIO,LED6_GPIO_PIN,GPIO_PIN_RESET);
13     GPIO_InitStruct.Pin = LED1_GPIO_PIN;              //设定 LEDx 对应引脚 I/O 编号
14     GPIO_InitStruct.Mode = GPIO_MODE_OUTPUT_PP;       //设定 LEDx 对应引脚 I/O 为输出模式
15     GPIO_InitStruct.Speed = GPIO_SPEED_FREQ_LOW;      //设定 LEDx 对应引脚 I/O 操作速度
16     HAL_GPIO_Init(LED1_GPIO,&GPIO_InitStruct);        //初始化 LEDx 对应引脚 I/O
17     GPIO_InitStruct.Pin = LED2_GPIO_PIN;
18     GPIO_InitStruct.Mode = GPIO_MODE_OUTPUT_PP;
```

```
19        GPIO_InitStruct.Speed = GPIO_SPEED_FREQ_LOW;
20        HAL_GPIO_Init(LED2_GPIO,&GPIO_InitStruct);
21        GPIO_InitStruct.Pin = LED3_GPIO_PIN;
22        GPIO_InitStruct.Mode = GPIO_MODE_OUTPUT_PP;
23        GPIO_InitStruct.Speed = GPIO_SPEED_FREQ_LOW;
24        HAL_GPIO_Init(LED3_GPIO,&GPIO_InitStruct);
25        GPIO_InitStruct.Pin = LED4_GPIO_PIN;
26        GPIO_InitStruct.Mode = GPIO_MODE_OUTPUT_PP;
27        GPIO_InitStruct.Speed = GPIO_SPEED_FREQ_LOW;
28        HAL_GPIO_Init(LED4_GPIO,&GPIO_InitStruct);
29        GPIO_InitStruct.Pin = LED5_GPIO_PIN;
30        GPIO_InitStruct.Mode = GPIO_MODE_OUTPUT_PP;
31        GPIO_InitStruct.Speed = GPIO_SPEED_FREQ_LOW;
32        HAL_GPIO_Init(LED5_GPIO,&GPIO_InitStruct);
33        GPIO_InitStruct.Pin = LED6_GPIO_PIN;
34        GPIO_InitStruct.Mode = GPIO_MODE_OUTPUT_PP;
35        GPIO_InitStruct.Speed = GPIO_SPEED_FREQ_LOW;
36        HAL_GPIO_Init(LED6_GPIO,&GPIO_InitStruct);
37 }
```

用 GPIO_InitTypeDef 类型定义一个 I/O 硬件初始化结构体变量 GPIO_InitStruct,用来初始化引脚。在使用外设之前必须开启对应的时钟。这里开启 6 个 LED 对应的引脚时钟。使用 HAL_GPIO_WritePin()为 6 个 LED 时钟初始化一个状态,设置为低电平,所以初始化状态 6 个 LED 都不亮。然后为 GPIO_InitStruct 结构体成员赋值配置对应 LED 引脚属性,并调用 HAL_GPIO_Init()完成引脚初始化配置。HAL_GPIO_Init()也定义在stm32f1xx_hal_gpio.c 文件中,有两个形参:第一个是 GPIO_TypeDef 类型指针,第二个是GPIO_InitTypeDef 类型指针。

代码 7-9 LEDx_StateSet()

```
01 /* 函数功能:设置 LED 的状态
02    * 输入参数:LEDx:其中 x 可选为(1,2,3)用来选择对应的 LED
03    * 输入参数:state:设置 LED 的输出状态
04    * 可选值:        LED_OFF:        LED 灭
05    *                LED_ON:         LED 亮
06    *                LED_TOGGLE:     反转 LED
07    * 返回值:无                                    */
08 void LEDx_StateSet(uint8_t LEDx,LEDState_TypeDef state)
09 {
10        assert_param(IS_LED_TYPEDEF(LEDx));        //检查输入参数是否合法
11        assert_param(IS_LED_STATE(state));
12        if(state = = LED_OFF)                      //判断设置的 LED 状态
13        {
```

```
14                 if(LEDx & LED1)LED1_OFF;           //LEDx 灭
15                 if(LEDx & LED2)LED2_OFF;
16                 if(LEDx & LED3)LED3_OFF;
17                 if(LEDx & LED4)LED4_OFF;
18                 if(LEDx & LED5)LED5_OFF;
19                 if(LEDx & LED6)LED6_OFF;
20             }
21         else if(state = = LED_ON)
22             {
23                 if(LEDx & LED1)LED1_ON;            //LEDx 亮
24                 if(LEDx & LED2)LED2_ON;
25                 if(LEDx & LED3)LED3_ON;
26                 if(LEDx & LED4)LED4_ON;
27                 if(LEDx & LED5)LED5_ON;
28                 if(LEDx & LED6)LED6_ON;
29             }
30         else
31             {
32                 if(LEDx & LED1)LED1_TOGGLE;        //引脚输出反转
33                 if(LEDx & LED2)LED2_TOGGLE;
34                 if(LEDx & LED3)LED3_TOGGLE;
35                 if(LEDx & LED4)LED4_TOGGLE;
36                 if(LEDx & LED5)LED5_TOGGLE;
37                 if(LEDx & LED6)LED6_TOGGLE;
38             }
39 }
```

LEDx_StateSet()是模仿 HAL 库编程方法而写的一个实现 6 个 LED 状态设置的函数。首先是输入参数断言,然后通过简单的 if 语句实现六个 LED 状态的设置。

7.7.3　main.c 文件内容

main.c 存放了 main()。上电之后 stm32 先执行汇编程序 startup_stm32xxxx.s,然后执行 main()。

代码 7 - 10　主函数 main()

/ * 要求:上电后,信号灯系统开始工作,且先南北红灯亮,后东西绿灯亮。工作时绿灯亮 25s 后,闪烁 3 次(即 3s),黄灯亮 2s,红灯亮 30s。 * /

```
01 # define       t1        25
02 # define       t2        3
03 # define       t3        2
04 # define       t4        25
05 # define       t5        2
06 # define       t6        3
```

```
07  int main(void)
08  {
09      uint8_t count = 0;
10      HAL_Init();                    //复位所有外设,初始化 Flash 接口和系统滴答定时器
11      SystemClock_Config();          //配置系统时钟
12      LED_GPIO_Init();               //LED 相关引脚初始化
13  //测试 LED
14  LED1_ON;LED2_ON;LED3_ON;LED4_ON;LED5_ON;LED6_ON;
15  HAL_Delay(1000);
16  LED1_OFF;LED2_OFF;LED3_OFF;LED4_OFF;LED5_OFF;LED6_OFF;
17  HAL_Delay(1000);
18  LED1_ON;LED2_ON;LED3_ON;LED4_ON;LED5_ON;LED6_ON;
19  HAL_Delay(1000);
20  LED1_OFF;LED2_OFF;LED3_OFF;LED4_OFF;LED5_OFF;LED6_OFF;
21  for(;;)                            //无限循环,时间分段,冗余控制
22  {
23      if(count<2 * t1)
24      {
25              LED1_ON;       //开本向绿灯 25s
26              LED2_OFF;      //关本向黄灯
27              LED3_OFF;      //关本向红灯
28              LED4_OFF;      //关对向绿灯
29              LED5_OFF;      //关对向黄灯
30              LED6_ON;       //开对向红灯
31      }
32      else if(count<2 * (t1 + t2))
33      {
34              LED1_TOGGLE;   //本向绿灯闪烁 3s
35              LED2_OFF;      //关本向黄灯
36              LED3_OFF;      //关本向红灯
37              LED4_OFF;      //关对向绿灯
38              LED5_OFF;      //关对向黄灯
39              LED6_ON;       //开对向红灯
40      }
41      else if(count<2 * (t1 + t2 + t3))
42      {
43              LED1_OFF;      //关本向黄灯
44              LED2_ON;       //开本向黄灯 2s
45              LED3_OFF;      //关本向红灯
46              LED4_OFF;      //关对向绿灯
47              LED5_OFF;      //关对向黄灯
48              LED6_ON;       //开对向红灯
```

```
49              }
50          else if(count<2 * (t1 + t2 + t3 + t4))
51          {
52                      LED1_OFF;        //关本向黄灯
53                      LED2_OFF;        //关本向黄灯
54                      LED3_ON;         //开本向红灯
55                      LED4_ON;         //开对向绿灯 25s
56                      LED5_OFF;        //关对向黄灯
57                      LED6_OFF;        //关对向红灯
58          }
59          else if(count<2 * (t1 + t2 + t3 + t4 + t5))
60          {
61                      LED1_OFF;        //关本向黄灯
62                      LED2_OFF;        //关本向黄灯
63                      LED3_ON;         //开本向红灯
64                      LED4_TOGGLE;     //对向绿灯闪烁 3s
65                      LED5_OFF;        //关对向黄灯
66                      LED6_OFF;        //关对向红灯
67          }
68          else if(count<2 * (t1 + t2 + t3 + t4 + t5 + t6))
69          {
70                      LED1_OFF;        //关本向黄灯
71                      LED2_OFF;        //关本向黄灯
72                      LED3_ON;         //开本向红灯
73                      LED4_OFF;        //关对向绿灯
74                      LED5_ON;         //开对向黄灯 2s
75                      LED6_OFF;        //关对向红灯
76          }
77      HAL_Delay(500);                  //0.5s 时间片
78      count + + ;
79      if(count>2 * (t1 + t2 + t3 + t4 + t5 + t6))count = 0;//重新开始计数
80  }
81}
```

函数首先调用 HAL_Init(),系统初始化:复位所有外设、初始化 Flash 接口和系统滴答定时器。定义在 stm32f1xx_hal.c 文件中,不用去修改该函数内容,一般在 main()开始处调用即可。

SystemClock_Config()配置系统时钟,使能配置了系统时钟。一般配置系统时钟为72MHz,并启动滴答定时器功能。

LED_GPIO_Init()完成 6 个 LED 的初始化配置。主程序中先间断点亮、熄灭 6 个LED,简单检查 LED 相关电路,然后就在无限循环中运行了。通过 if 语句实现交通灯效果;count 变量值会在每次循环加 1,用于计时;HAL_Delay()是 HAL 库的一个延时函数,延时单位为 1ms,HAL_Delay(500)就是延时 0.5s。

代码 7 – 11　SystemClock_Config()

```
01void SystemClock_Config(void)
02{
03    RCC_OscInitTypeDef        RCC_OscInitStruct;
04    RCC_ClkInitTypeDef        RCC_ClkInitStruct;
05    RCC_OscInitStruct. OscillatorType = RCC_OSCILLATORTYPE_HSE;//外部 8MHz 晶体
06    RCC_OscInitStruct. HSEState = RCC_HSE_ON;
07    RCC_OscInitStruct. HSEPredivValue = RCC_HSE_PREDIV_DIV1;
08    RCC_OscInitStruct. PLL. PLLState = RCC_PLL_ON;
09    RCC_OscInitStruct. PLL. PLLSource = RCC_PLLSOURCE_HSE;
10    RCC_OscInitStruct. PLL. PLLMUL = RCC_PLL_MUL9;            //9 倍频得到 72MHz 主时钟
11    HAL_RCC_OscConfig(&RCC_OscInitStruct);
12    RCC_ClkInitStruct. ClockType = RCC_CLOCKTYPE_HCLK|RCC_CLOCKTYPE_SYSCLK
                              |RCC_CLOCKTYPE_PCLK1|RCC_CLOCKTYPE_PCLK2;
13    RCC_ClkInitStruct. SYSCLKSource = RCC_SYSCLKSOURCE_PLLCLK;  //系统时钟:72MHz
14    RCC_ClkInitStruct. AHBCLKDivider = RCC_SYSCLK_DIV1;        //AHB 时钟:72MHz
15    RCC_ClkInitStruct. APB1CLKDivider = RCC_HCLK_DIV2;         //APB1 时钟:36MHz
16    RCC_ClkInitStruct. APB2CLKDivider = RCC_HCLK_DIV1;         //APB2 时钟:72MHz
17    HAL_RCC_ClockConfig(&RCC_ClkInitStruct,Flash_LATENCY_2);
18    //HAL_RCC_GetHCLKFreq()/1000 1ms 中断一次
19    //HAL_RCC_GetHCLKFreq()/100000 10μs 中断一次
20    //HAL_RCC_GetHCLKFreq()/1000000 1μs 中断一次
21    HAL_SYSTICK_Config(HAL_RCC_GetHCLKFreq()/1000);           //配置并启动系统滴答定时器
22    HAL_SYSTICK_CLKSourceConfig(SYSTICK_CLKSOURCE_HCLK);      //系统滴答定时器时钟源
23    HAL_NVIC_SetPriority(SysTick_IRQn,0,0);                   //系统滴答定时器中断优先级配置
24}
```

SystemClock_Config() 是系统时钟配置函数。函数内容与 STM32CubeMX 软件中时钟选项配置是对应的,如图 7 – 13 所示。

RCC_OscInitTypeDef 结构体类型定义时钟来源和系统时钟生成配置。使用实验板上 8MHz 的外部晶体,通过 PLL 锁相环 9 倍频后得到 72MHz 的系统时钟。

RCC_ClkInitTypeDef 结构体类型定义总线时钟配置。一般都选择使能系统时钟、AHB、APB1 和 APB2 总线时钟,其中只有 APB1 总线时钟为 36MHz,其他的为 72MHz。

HAL_SYSTICK_Config() 是 HAL 定义的一个系统滴答定时器初始化配置函数,它有一个形参,一般使用 HAL_RCC_GetHCLKFreq()/1000 赋值,可以得到一个 1ms 的中断,可以实现以整数 ms 为单位的延时。

7.8　运行验证

使用合适的 USB 线连接到实验板标识"调试串口"字样的 USB 口,为实验板供电,将程

序下载至实验板运行,可以观察到实验板上两组绿、黄、红 LED 先后亮灭,模拟了十字路口交通灯的控制。

思考题

1. 简述 STM32 GPIO 的特点。
2. 如何实现 GPIO 驱动 LED?
3. 将例程扩展到左转右转控制的交通灯控制,硬件、软件分别如何完善?

第 8 章　GPIO 按键扫描

许多设备上按键是必不可少的部分。利用 GPIO 的输入功能可以非常方便地读取到当前按键状态，当按键状态发生改变时会要求微控制器做出对应的处理。

实验板上布置了两个独立按键，当检测到按键被按下时，就改变 LED 的状态。为了获取按键状态，需要读取按键所连接的 STM32 引脚电平，并且这个过程是需要在无限循环中进行的，即程序一直在查询按键状态。

8.1　按键应用电路设计

常用的按键所用开关为机械弹性开关，当机械触点断开或闭合时，由于机械触点的弹性作用，一个按键开关在闭合时不会马上稳定地接通，在断开时也可能不会立刻断开，因而在闭合及断开的瞬间均伴有一连串的抖动。抖动时间的长短由按键的机械特性决定，一般为 5～10ms，如图 8-1 所示。这是一个很重要的时间参数，在很多场合都要用到。按键稳定闭合时间的长短则是由操作人员的按键动作决定的，一般为零点几秒至数秒。按键抖动会引起一次按键被误读多次。为确保 CPU 对按键的一次闭合仅做一次处理，必须去除按键抖动。在键闭合稳定时读取键的状态，并且必须判别到键释放稳定后再做处理。

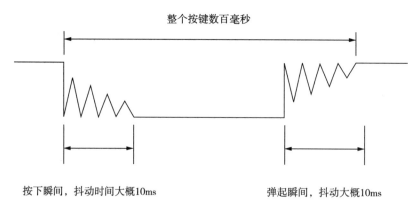

图 8-1　按键抖动

抖动是固有的，就需要消抖，否则很容易造成误动作。消抖方法可分为硬件消抖和软件消抖。软件消抖即通过程序控制实现消抖，一般有两种方法，一种是简单的延时读取。另一种是用程序实现比较复杂的按键状态机。硬件消抖即通过硬件电路来消除抖动，不同的硬件设计效果有所不同。

实验板的右下角处有两个独立按键,其应用电路如图 8-2 所示。

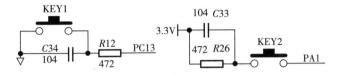

图 8-2　独立按键电路图

KEY1 通过电阻 $R12$ 接至 PC13 引脚上,低电平有效,所以 PC13 需要设置为上拉输入,当循环扫描到 PC13 持续低电平时表示 KEY1 被按下。KEY1 采用电容 $C34$ 和电阻 $R12$ 组成的硬件消抖。KEY2 采用电容 $C33$ 和电阻 $R26$ 组成的硬件消抖。KEY2 接在 PA1 引脚上,高电平有效,所以 PA1 需要设置为下拉输入,当循环扫描到 PA1 持续高电平时表示 KEY2 被按下。

8.2　使用 STM32CubeMX 生成工程

本节对 STM32CubeMX 软件进行引脚设置。PC13 引脚设置为上拉输入,PA1 设置为下拉输入模式,同时 6 个 LED 和蜂鸣器的对应引脚设置为推挽输出模式。配置引脚的具体模式如图 8-3 所示,单击"生成代码"按钮生成工程文件。

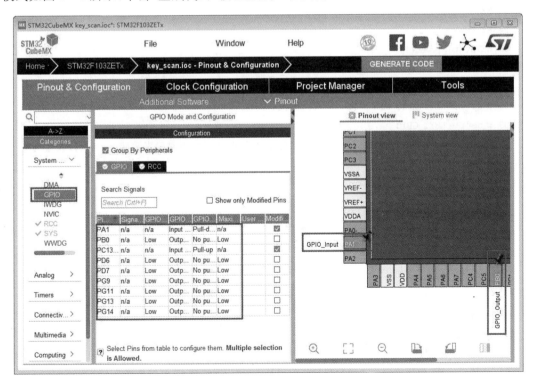

图 8-3　配置引脚的具体模式

8.3　按键扫描编程关键步骤

按键扫描编程关键步骤如下。

(1)使能按键引脚端口时钟,使能 GPIOC 和 GPIOA 端口时钟。

(2)初始化按键引脚,调用 HAL_GPIO_Init() 为 GPIO 初始化结构体成员赋值,设置为输入模式并调用。

(3)轮询方式,在无限循环中调用 HAL_GPIO_ReadPin() 读取按键引脚电平,从而判断按键是否被按下。

(4)当读取到按键按下电平后,进行软件消抖处理,再次读取按键引脚电平,最终确定按键状态。判断到按键被按下时,进行应用处理。

8.4　按键输入扫描代码分析

代码 8-1　bsp_key.h:按键类型定义和宏定义

```
01//类型定义
02 typedef enum {
03KEY_UP = 0,
04KEY_DOWN = 1,
05}KEYState_TypeDef;
06//宏定义
07 #define KEY1_RCC_CLK_ENABLE      __HAL_RCC_GPIOC_CLK_ENABLE
08 #define KEY1_GPIO_PIN            GPIO_PIN_13
09 #define KEY1_GPIO                GPIOC
10 #define KEY1_DOWN_LEVEL          0//实际电路中 KEY1 被按下时引脚为低电平,所以设置为 0
11 #define KEY2_RCC_CLK_ENABLE      __HAL_RCC_GPIOA_CLK_ENABLE
12 #define KEY2_GPIO_PIN            GPIO_PIN_1
13 #define KEY2_GPIO                GPIOA
14 #define KEY2_DOWN_LEVEL          1//实际电路中 KEY2 被按下时引脚为高电平,所以设置为 1
```

KEYState_TypeDef 定义按键的两种状态:按下和弹开。KEY1_DOWN_LEVEL 和 KEY2_DOWN_LEVEL 的定义是由实际硬件电路决定的。

代码 8-2　bsp_key.c:按键初始化

```
01/* 函数功能:按键 I/O 引脚初始化
02 * 输入参数:无
03 * 返 回 值:无
04 * 说      明:使用宏定义方法代替具体引脚号,方便程序移植,只要简单修改 bsp_key.h
05 *          文件中相关宏定义即可方便地修改引脚
```

```
06 */
07 void KEY_GPIO_Init(void)
08 {
09        GPIO_InitTypeDef GPIO_InitStruct;//声明 I/O 硬件初始化结构体变量
10        KEY1_RCC_CLK_ENABLE();//开启 KEY 引脚对应 I/O 端口时钟
11        KEY2_RCC_CLK_ENABLE();
12        //配置 KEY1 GPIO
13        GPIO_InitStruct.Pin = KEY1_GPIO_PIN;
14        GPIO_InitStruct.Mode = GPIO_MODE_INPUT;
15        GPIO_InitStruct.Pull = GPIO_PULLUP;//输入上拉模式
16        HAL_GPIO_Init(KEY1_GPIO,&GPIO_InitStruct);
17        //配置 KEY2 GPIO
18        GPIO_InitStruct.Pin = KEY2_GPIO_PIN;
19        GPIO_InitStruct.Mode = GPIO_MODE_INPUT;
20        GPIO_InitStruct.Pull = GPIO_PULLDOWN;//输入下拉模式
21        HAL_GPIO_Init(KEY2_GPIO,&GPIO_InitStruct);
22 }
```

首先声明一个 GPIO_InitTypeDef 结构体类型变量 GPIO_InitStruct,用于初始化配置引脚。使用外设之前都必须使能对应的外设时钟,再设置引脚作为输入模式,最后调用 HAL_GPIO_Init()为 GPIO 初始化。

代码 8-3　按键扫描函数

```
01 /* 函数功能:读取按键 KEY1 的状态
02  * 输入参数:无
03  * 返 回 值:KEY_DOWN:按键被按下
04  *          KEY_UP:按键没被按下
05  * 说    明:无                        */
06 KEYState_TypeDef KEY1_StateRead(void)
07 {
08 //读取此时按键值并判断是否被按下,如果被按下再延时读取一次
09 if(HAL_GPIO_ReadPin(KEY1_GPIO,KEY1_GPIO_PIN) == KEY1_DOWN_LEVEL)
10 {
11      BEEP_ON;
12      HAL_Delay(8);//延时一小段时间,实现发声兼消除抖动
13      BEEP_OFF;
14      //延时时间后再来判断按键状态,如果还是按下状态说明按键确实被按下
15      if(HAL_GPIO_ReadPin(KEY1_GPIO,KEY1_GPIO_PIN) == KEY1_DOWN_LEVEL)
16      {
17            //等待按键释放后返回按键被按下状态
18            while(HAL_GPIO_ReadPin(KEY1_GPIO,EY1_GPIO_PIN) == KEY1_DOWN_LEVEL){;}
19            return KEY_DOWN;
20      }
```

```
21   }
22   return KEY_UP;//按键没被按下,返回没被按下状态
23}
01 KEYState_TypeDef KEY2_StateRead(void)
02 {
03       //读取此时按键值并判断是否被按下,如果被按下再延时读取一次
04       if(HAL_GPIO_ReadPin(KEY2_GPIO,KEY2_GPIO_PIN) = = KEY2_DOWN_LEVEL)
04       {
05           BEEP_ON;
06           HAL_Delay(8);//延时一小段时间,实现发声兼消除抖动
07           BEEP_OFF;
08           //延时时间后再来判断按键状态,如果还是按下状态说明按键确实被按下
09           if(HAL_GPIO_ReadPin(KEY2_GPIO,KEY2_GPIO_PIN) = = KEY2_DOWN_LEVEL)
10           {
11             //等待按键释放后返回按键被按下状态
12             while(HAL_GPIO_ReadPin(KEY2_GPIO,KEY2_GPIO_PIN) = = KEY2_DOWN_LEVEL){;}
13             return KEY_DOWN;
14           }
15       }
16       return KEY_UP;//按键没被按下,返回没被按下状态
17}
```

无限循环中调用 KEY1_StateRead() 和 KEY2_StateRead(),扫描按键状态,按键被按下时返回 KEY_DOWN;如果按键没被按下,则返回 KEY_UP。按键扫描函数先调用 HAL_GPIO_ReadPin() 读取按键引脚电平,并与按键按下时电平做比较,如果不相等则直接返回 KEY_UP。如果相等,则说明按键可能被按下(也有可能是外部干扰或抖动),所以接下来调用 HAL_Delay() 延时一短暂时间,然后再次调用 HAL_GPIO_ReadPin() 读取按键引脚电平,如果还是与按键被按下时电平相等,就可以断定按键确实被按下。使用 while 语句等待按键弹开,在按键被按下阶段,while 语句的判断条件总是为 1,这里 while 语句为空循环,所以在按键被按下阶段总是停留在 while 语句,直到当按键弹开时 while 语句的判断条件变为 0,此时跳出 while 语句,执行 return 语句。

以下是 main.c 文件内容

代码 8-4　主函数 main()

```
01int main(void)
02{
03       HAL_Init();                     //复位所有外设,初始化 Flash 接口和系统滴答定时器
04       SystemClock_Config();           //配置系统时钟
05       LED_GPIO_Init();                //LED 初始化
06       BEEP_GPIO_Init();               //蜂鸣器初始化
07       KEY_GPIO_Init();                //按键初始化
08       for(;;)//无限循环,轮询
```

```
09              {
10                          if(KEY1_StateRead() = = KEY_DOWN)|(KEY2_StateRead() = = KEY_DOWN))
11                          {
12                                    LED1_TOGGLE;
13                                    LED2_TOGGLE;
14                                    LED3_TOGGLE;
15                                    LED4_TOGGLE;
16                                    LED5_TOGGLE;
17                                    LED6_TOGGLE;
18                          }
19              }
20 }
```

KEY_GPIO_Init()按键初始化。在无限循环中,调用 KEY1_StateRead()和 KEY2_StateRead()不断地读取按键的状态。按键时,蜂鸣器发出提示音。在确认按键被按下后改变 6 个 LED 的状态。

8.5　运行验证

使用合适的 USB 线连接至标识有"调试串口"的 USB 接口;将 ST‐link 正确接至标识有"SWD 调试器"字样的 4 针接口,下载程序至实验板并运行,6 个 LED 全灭状态,按下 KEY1 或 KEY2 时蜂鸣器发声提示,对应的 LED 状态发生改变。

思考题

1. 简述按键抖动的原因、影响及对策。

2. 编写程序,实现:按下 KEY1,变量 COUNTER 加 1;按下 KEY2,变量 COUNTER 减 1。如果采用例程的方式能否实现长按 KEY1 或 KEY2,COUNTER 快速变化?

3. 设计一个具有 4 路开关量输入、4 路开关量输出的测控系统。要求:(1)分析系统功能;(2)采用实验板现有资源;(3)画出电路原理图;(4)编程实现功能。

第9章 中 断

9.1 中断概述

在计算机科学中,中断是指计算机 CPU 获知某个事件发生时,暂停正在执行的程序,转而去执行处理该事件的中断服务程序(Interrupt Service Routine,ISR),中断服务程序执行完毕后再继续执行之前的程序。整个过程称为中断处理,简称中断。引起这一过程的事件称为中断事件,也称中断源。

采用轮询方式读取按键状态,STM32 必须周期性地运行按键扫描函数,检测 GPIO 引脚电平。通常还可以采用中断检测的方法检测按键。

STM32 的每个 GPIO 引脚都可以配置成一个外部中断触发源。外部引脚中断可设置为多种触发模式,如上升沿触发、下降沿触发、电平触发等。

按下按键时,按键所连 GPIO 引脚电平会发生变化,这可以作为中断触发源。如果已经把按键对应引脚配置为中断输入触发,就会触发中断,并且可以认为按键状态改变,比扫描式按键检测具有更快的反应速度。

STM32F103ZET6 共有 70 个中断源,所以有时会有两个或两个以上的中断一起来临,或者正在处理一个中断服务函数时突然又有一个中断发生,所以微控制器要有一个处理中断的机制。STM32 系列芯片使用的机制是 NVIC(Nested Vectored Interrupt Controller,嵌套向量中断控制器)。

9.2 NVIC 嵌套向量中断控制器

STM32 有一个强大而方便的 NVIC,它属于 CM3 内核的一个外设器件,控制着整个芯片中断相关的功能,具体可查阅 ARM 公司的 *Cortex - M3 Technical Reference Manual*《Cortex - M3 技术参考手册》。各芯片厂商在设计芯片时会对 CM3 内核里面的 NVIC 进行裁剪,把不需要的部分去掉,因此 STM32 的 NVIC 是 CM3 的 NVIC 的一个子集。

9.2.1 NVIC 寄存器

NVIC 寄存器定义在 core_cm3.h 文件中,CM3 内核共支持 256 个中断,其中包含 16 个内核中断和 240 个外部中断,并且具有 256 级的可编程中断设置。但 STM32 并没有使用

CM3 内核的全部中断,只用了它的一部分。例如,STM32F103ZET6 有 70 个中断,包括 10
个内核中断和 60 个可屏蔽中断,具有 16 级可编程的中断优先级,常用的是 60 个可屏蔽中
断,表 9 - 1 列举了 STM32F103ZET6 中断源。关于 NVIC 寄存器位的具体定义可以参考
《STM32F10xxx 编程参考手册 2010(中文)》和 $STM32F10xxx/20xxx/21xxx/L1xxx$
$Cortex^{®}-M3\ programming\ manual$。

表 9 - 1 STM32F103ZET6 中断源

号	优先级	优先级类型	名称	说明	地址
—	—	—	—	保留	0x0000_0000
	−3	固定	Reset	复位	0x0000_0004
	−2	固定	NMI	不可屏蔽中断 RCC 时钟安全系统 (CSS,Clock Security System) 连接到 NMI 向量	0x0000_0008
	−1	固定	硬件失效(HardFault)	全部类型的失效	0x0000_000C
	0	可设置	存储管理(MemManage)	存储器管理	0x0000_0010
	1	可设置	总线错误(BusFault)	预取指失败,存储器访问失败	0x0000_0014
	2	可设置	错误应用(UsageFault)	未定义的指令或非法状态	0x0000_0018
—	—	—	—	保留	0x0000_001C ～0x0000_002B
	3	可设置	SVCall	通过 SWI 指令的系统服务调用	0x0000_002C
	4	可设置	调试监控(DebugMonitor)	调试监控器	0x0000_0030
—	—	—	—	保留	0x0000_0034
	5	可设置	PendSV	可挂起的系统服务	0x0000_0038
	6	可设置	SysTick	系统嘀嗒定时器	0x0000_003C
0	7	可设置	WWDG	窗口定时器中断	0x0000_0040
1	8	可设置	PVD	连到 EXTI 的电源 电压检测(PVD,Programmable Voltage Detector)中断	0x0000_0044
2	9	可设置	TAMPER	侵入检测中断	0x0000_0048
3	10	可设置	RTC	实时时钟(RTC, Real Time Clock)全局中断	0x0000_004C
4	11	可设置	FLASH	闪存全局中断	0x0000_0050
5	12	可设置	RCC	复位和时钟控制(RCC, Reset Clock Control)中断	0x0000_0054

（续表）

号	优先级	优先级类型	名称	说明	地址
6	13	可设置	EXTI0	EXTI 线 0 中断	0x0000_0058
7	14	可设置	EXTI1	EXTI 线 1 中断	0x0000_005C
8	15	可设置	EXTI2	EXTI 线 2 中断	0x0000_0060
9	16	可设置	EXTI3	EXTI 线 3 中断	0x0000_0064
10	17	可设置	EXTI4	EXTI 线 4 中断	0x0000_0068
11	18	可设置	DMA1 通道 1	DMA1 通道 1 全局中断	0x0000_006C
12	19	可设置	DMA1 通道 2	DMA1 通道 2 全局中断	0x0000_0070
13	20	可设置	DMA1 通道 3	DMA1 通道 3 全局中断	0x0000_0074
14	21	可设置	DMA1 通道 4	DMA1 通道 4 全局中断	0x0000_0078
15	22	可设置	DMA1 通道 5	DMA1 通道 5 全局中断	0x0000_007C
16	23	可设置	DMA1 通道 6	DMA1 通道 6 全局中断	0x0000_0080
17	24	可设置	DMA1 通道 7	DMA1 通道 7 全局中断	0x0000_0084
18	25	可设置	ADC1_2	ADC1 和 ADC2 的全局中断	0x0000_0088
19	26	可设置	USB_HP_CAN_TX	USB 高优先级或 CAN 发送中断	0x0000_008C
20	27	可设置	USB_LP_CAN_RX0	USB 低优先级或 CAN 接收中断	0x0000_0090
21	28	可设置	CAN1_RX1	CAN1 接收中断	0x0000_0094
22	29	可设置	CAN1_SCE	CAN1 SCE 中断	0x0000_0098
23	30	可设置	EXTI9_5	EXTI 线[9：5]中断	0x0000_009C
24	31	可设置	TIM1_BRK	TIM1 制动中断	0x0000_00A0
25	32	可设置	TIM1_UP	TIM1 更新中断	0x0000_00A4
26	33	可设置	TIM1_TRG_COM	TIM1 触发和通信中断	0x0000_00A8
27	34	可设置	TIM1_CC	TIM1 捕获比较中断	0x0000_00AC
28	35	可设置	TIM2	TIM2 全局中断	0x0000_00B0
29	36	可设置	TIM3	TIM3 全局中断	0x0000_00B4
30	37	可设置	TIM4	TIM4 全局中断	0x0000_00B8
31	38	可设置	I2C1_EV	I2C1 事件中断	0x0000_00BC
32	39	可设置	I2C1_ER	I2C1 错误中断	0x0000_00C0
33	40	可设置	I2C2_EV	I2C2 事件中断	0x0000_00C4
34	41	可设置	I2C2_ER	I2C2 错误中断	0x0000_00C8
35	42	可设置	SPI1	SPI1 全局中断	0x0000_00CC

（续表）

号	优先级	优先级类型	名称	说明	地址
36	43	可设置	SPI2	SPI2 全局中断	0x0000_00D0
37	44	可设置	USART1	USART1 全局中断	0x0000_00D4
38	45	可设置	USART2	USART2 全局中断	0x0000_00D8
39	46	可设置	USART3	USART3 全局中断	0x0000_00DC
40	47	可设置	EXTI15_10	EXTI 线[15：10]中断	0x0000_00E0
41	48	可设置	RTCAlarm	连到 EXTI 的 RTC 闹钟中断	0x0000_00E4
42	49	可设置	USB 唤醒	连到 EXTI 的从 USB 待机唤醒中断	0x0000_00E8
43	50	可设置	TIM8_BRK	TIM8 制动中断	0x0000_00EC
44	51	可设置	TIM8_UP	TIM8 更新中断	0x0000_00F0
45	52	可设置	TIM8_TRG_COM	TIM8 触发和通信中断	0x0000_00F4
46	53	可设置	TIM8_CC	TIM8 捕获比较中断	0x0000_00F8
47	54	可设置	ADC3	ADC3 全局中断	0x0000_00FC
48	55	可设置	FSMC	FSMC 全局中断	0x0000_0100
49	56	可设置	SDIO	SDIO 全局中断	0x0000_0104
50	57	可设置	TIM5	TIM5 全局中断	0x0000_0108
51	58	可设置	SPI3	SPI3 全局中断	0x0000_010C
52	59	可设置	UART4	UART4 全局中断	0x0000_0110
53	60	可设置	UART5	UART5 全局中断	0x0000_0114
54	61	可设置	TIM6	TIM6 全局中断	0x0000_0118
55	62	可设置	TIM7	TIM7 全局中断	0x0000_011C
56	63	可设置	DMA2 通道 1	DMA2 通道 1 全局中断	0x0000_0120
57	64	可设置	DMA2 通道 2	DMA2 通道 2 全局中断	0x0000_0124
58	65	可设置	DMA2 通道 3	DMA2 通道 3 全局中断	0x0000_0128
59	66	可设置	DMA2 通道 4_5	DMA2 通道 4 和 DMA2 通道 5 全局中断	0x0000_012C

代码 9-1　NVIC 寄存器定义

```
01typedef struct{
02  __IOM uint32_t ISER[8U];  //Offset:0x000(R/W)Interrupt Set Enable Register 中断使能寄存器
03  uint32_t RESERVED0[24U];
```

```
04   __IOM uint32_t ICER[8U];      //Offset:0x080(R/W)Interrupt Clear Enable Register 中断清除寄
存器
05   uint32_t RSERVED1[24U];
06   __IOM uint32_t ISPR[8U];      //Offset:0x100(R/W)Interrupt Set Pending Register 中断挂起使能寄
存器
07   uint32_t RESERVED2[24U];
08   __IOM uint32_t ICPR[8U];      //Offset:0x180(R/W)Interrupt Clear Pending Register 中断挂起清除寄
存器
09   uint32_t RESERVED3[24U];
10   __IOM uint32_tIABR[8U];       //Offset:0x200(R/W)Interrupt Active bit Register 中断标志位激活位
寄存器
11   uint32_t RESERVED4[56U];
12   __IOM uint8_t IP[240U];       //Offset:0x300(R/W)Interrupt Priority Register(8Bit wide)中断
     优先级寄存器(8 位宽)
13   uint32_t RESERVED5[644U];
14   __OM uint32_t STIR;           //Offset:0xE00(/W)Software Trigger Interrupt Register 软件触发中
断寄存器
15}NVIC_Type;
```

配置中断时一般只用到 ISER(中断使能)、ICER(中断失能)和 IP(设置中断优先级)这 3 个寄存器。

ISER[8U]:Interrupt Set-Enable Registers,中断使能寄存器组。由于 CM3 内核支持 256 个中断,所以这里用 8 个 32 位寄存器来控制,每个位控制一个中断,共计 256 个中断。但是 STM32F103ZET6 只用到 ISER[0]和 ISER[1]共 64 位中的 60 位,可屏蔽中断只有 60 个,ISER [0]的 bit0~bit31 分别对应中断 0~31。ISER[1]的 bit0~bit27 对应中断 32~59。要使能某个中断,必须设置相应的 ISER 位为 1,当然还要配合中断分组、屏蔽和 I/O 口映射等设置。

ICER[8U]:Interrupt Clear-Enable Registers,中断屏蔽寄存器组。该寄存器组与 ISER 的作用恰好相反,是用来清除某个中断的使能的。

ISPR[8U]:Interrupt Set-Pending Registers,中断挂起控制寄存器组。每个位对应的中断和 ISER 是一样的。置 1 可以将正在进行的中断挂起,而执行同级或更高级别的中断。写 0 是无效的。

ICPR[8U]:Interrupt Clear-Pending Registers,中断解挂控制寄存器组。其作用与 ISPR 相反,对应位和 ISER 也是一样的。置 1 可以将挂起的中断解挂,写 0 无效。

IABR[8U]:Interrupt Active Bit Registers,中断激活标志位寄存器组。对应位所代表的中断和 ISER 一样,置 1 则表示该位所对应的中断正在被执行。这是只读寄存器,通过它可以知道当前在执行的中断是哪一个;在中断执行完成后由硬件自动清零。

IP[240U]:Interrupt Priority Registers,中断优先级控制的寄存器组。这个寄存器组非常重要。STM32F103ZET6 的中断分组与 IP 寄存器组密切相关。IP 寄存器组由 240 个 8 位的寄存器组成,每个可屏蔽中断占用 8 位,这样共可以表示 240 个可屏蔽中断。而 STM32F103ZET6 只用到了其中的前 60 个。IP[0]~IP[59]分别对应中断 0~59。而每个可屏蔽中断占用的 8 位并没有被全部使用,而是只用了高 4 位,见表 9-2。这 4 位又分为抢占优先级和响应优先级。抢占优先级在前,响应优先级在后。而这两个优先级各占几个位由 SCB→AIRCR 中的中断分组设置来决定。

表 9-2　NVIC_IPRx 寄存器定义

bit7	bit6	bit5	bit4	bit3	bit2	bit1	bit0
用于表达优先级				未用			

9.2.2　中断优先级

STM32 中有两个优先级的概念,即抢占式优先级和响应优先级,每一个中断源都必须被给定这两种优先级。

抢占式优先级和响应优先级之间的关系是:具有高抢占式优先级的中断源可以在具有低抢占式优先级的中断源处理过程中被响应,即中断嵌套。

当两个中断源的抢占式优先级相同时,这两个中断源将没有嵌套关系,当一个中断源到来后,如果正在处理另一个中断源,这个后到来的中断源就要等前一个中断源处理完成之后才能被处理。如果两个抢占式优先级相同的中断源同时到达,则中断控制器根据两个中断源的响应优先级高低来决定先处理哪一个;如果它们的抢占式优先级和响应优先级都相等,则根据它们在中断表中的排位顺序决定先处理哪一个。

需要注意以下几点。

(1)如果指定的抢占式优先级别或响应优先级别超出了选定的优先级分组所限定的范围,将可能得到意想不到的结果。

(2)抢占式优先级别相同的中断源之间没有嵌套关系。

(3)如果某个中断源被指定为某个抢占式优先级别,又没有其他中断源处于同一个抢占式优先级别,则可以为这个中断源指定任意有效的响应优先级别。

9.2.3　优先级分组

优先级的分组由内核外设 SCB(应用程序中断及复位控制寄存器)的 AIRCR 的 PRIGROUP[10:8]位决定,STM32F103 系列有 5 个可选分组,见表 9-3。

表 9-3　STM32F103 系列中断优先级分组

组	SCB_AIRCR 寄存器 [10:8]	NVIC_IPRx 寄存器 bit[7:4]			级数范围	
		二进制位数分配	抢占式优先级	响应优先级	抢占式优先级	响应优先级
0	0b:111	0:4	None	[7:4]	0 位:0	4 位:0~15
1	0b:110	1:3	[7]	[6:4]	1 位:0~1	3 位:0~7
2	0b:101	2:2	[7:6]	[5:4]	2 位:0~3	2 位:0~3
3	0b:100	3:1	[7:5]	[4]	3 位:0~7	1 位:0~1
4	0b:011	4:0	[7:4]	None	4 位:0~15	0 位:0

表 9-3 显示组号对应抢占式优先级占用的位数,优先级组 0~4 对应的配置关系如下。

(1)组 0,所有 4 位用于指定响应优先级,$2^4 = 16$ 个响应优先级。

(2)组 1,最高 1 位用于指定抢占式优先级,后面 3 位用于指定响应优先级。对应 $2^1 = 2$ 个抢占式优先级,$2^3 = 8$ 个响应优先级。

(3)组 2,最高 2 位用于指定抢占式优先级,后面 2 位用于指定响应优先级。对应 $2^2 = 4$ 个抢占式优先级,$2^2 = 4$ 个响应优先级。

(4)组 3,最高 3 位用于指定抢占式优先级,后面 1 位用于指定响应优先级。对应 $2^3 = 8$ 个抢占式优先级,$2^1 = 2$ 个响应优先级。

(5)组 4,所有 4 位用于指定抢占式优先级,$2^4 = 16$ 个抢占式先级。

抢占式优先级的级别高于响应优先级。数值越小,所代表的优先级越高。

如果优先级组设置为 2,那么对于 STM32F103ZET6 的全部 60 个中断,每个中断的中断优先寄存器的高 4 位中的最高 2 位是抢占式优先级,低 2 位是响应优先级。每个中断都可以设置抢占式优先级取值范围为 0~3,响应优先级取值范围也可设置为 0~3。

9.2.4　NVIC 相关函数

HAL 库提供了 5 个函数用于设置 NVIC。

1. 设置中断优先级组

代码 9-2　HAL_NVIC_SetPriorityGrouping()

```
01void HAL_NVIC_SetPriorityGrouping(uint32_t PriorityGroup)
02{
03    assert_param(IS_NVIC_PRIORITY_GROUP(PriorityGroup));     //判断参数合理性
04    NVIC_SetPriorityGrouping(PriorityGroup);                //设定优先级组
05 }
```

代码 9-3　内联 NVIC_SetPriorityGrouping()

```
01__STATIC_INLINE void NVIC_SetPriorityGrouping(uint32_t PriorityGroup)
02 {
03    uint32_t reg_value;
04    uint32_t PriorityGroupTmp = (PriorityGroup&(uint32_t)0x07UL);//only values 0..7 are used
05    reg_value = SCB->AIRCR;//read old register configuration,读取原来寄存器配置
06    //清除寄存器相关位
07    reg_value&= ~((uint32_t)(SCB_AIRCR_VECTKEY_Msk|SCB_AIRCR_PRIGROUP_Msk));
08    //写使能和优先级组参数
09    reg_value = (reg_value|((uint32_t)0x5FAUL<<SCB_AIRCR_VECTKEY_Pos)|
                            (PriorityGroupTmp<<8U));
10    SCB->AIRCR = reg_value;//设置 AIRCR 寄存器值
11 }
```

HAL_NVIC_SetPriorityGrouping()用于设置 NVIC 优先级组,有一个形参 PriorityGroup,对应表 9-3 的中断优先级组,具体如下。

(1) NVIC_PRIORITYGROUP_0:0 位抢占式优先级,4 位响应优先级。

(2) NVIC_PRIORITYGROUP_1:1 位抢占式优先级,3 位响应优先级。

(3) NVIC_PRIORITYGROUP_2:2 位抢占式优先级,2 位响应优先级。

(4) NVIC_PRIORITYGROUP_3:3 位抢占式优先级,1 位响应优先级。

(5) NVIC_PRIORITYGROUP_4:4 位抢占式优先级,0 位响应优先级。

HAL_NVIC_SetPriorityGrouping 实际是通过调用 NVIC_SetPriorityGrouping()实现功能的,NVIC_SetPriorityGrouping()定义在 core_cm3.h 文件中,最后通过给 SCB_AIRCR 寄存器赋值而实现优先级组配置。

2. 设置中断优先级

代码 9 - 4　HAL_NVIC_SetPriority()与 NVIC - SetPriority()

```
01void HAL_NVIC_SetPriority(IRQn_Type IRQn,uint32_t PreemptPriority,uint32_t SubPriority)
02{
03     uint32_t prioritygroup = 0x00;
04     assert_param(IS_NVIC_SUB_PRIORITY(SubPriority));//检查参数合法性
05     assert_param(IS_NVIC_PREEMPTION_PRIORITY(PreemptPriority));
06     prioritygroup = NVIC_GetPriorityGrouping();        //获取中断优先级组
07     NVIC_SetPriority(IRQn,NVIC_EncodePriority(prioritygroup,PreemptPriority,SubPriority));
                                                          //优先级
08 }
01__STATIC_INLINE void NVIC_SetPriority(IRQn_Type IRQn,uint32_t priority)
02 {
03     if((int32_t)(IRQn)<0)
04     {
05            SCB->SHP[(((uint32_t)(int32_t)IRQn)& 0xFUL) - 4UL] =
                (uint8_t)((priority<<(8U - __NVIC_PRIO_BITS))&(uint32_t)0xFFUL);
06     }
07     else
08     {
09            NVIC->IP[((uint32_t)(int32_t)IRQn)] =
                (uint8_t)((priority<<(8U - __NVIC_PRIO_BITS))&(uint32_t)0xFFUL);
10     }
11 }
```

HAL_NVIC_SetPriority()用于设置一个中断的优先级,有以下 3 个形参。

(1) IRQn:中断号,定义在 STM32F103xe.h 文件中,见代码 9-5,中文说明参考表 9-1。

(2) PreemptPriority 中断的抢占式优先级。

(3) SubPriority 中断的响应优先级。

后两个参数的设置要与中断组配合使用,参考表 9-3。

HAL_NVIC_SetPriority()实际是调用定义在 core_cm3.h 文件中的 NVIC_SetPriority()实现功能的,该函数通过设置 SCB_SHP 寄存器或 NVIC_IPRx 寄存器实现功能。

代码 9 - 5 IRQn_Type 类型

```
/*! < Interrupt Number Definition */
01 typedef enum{
02     /****** Cortex - M3 Processor Exceptions Numbers ******/
03     NonMaskableInt_IRQn     = - 14,    /*! < 2 Non Maskable Interrupt */
04     HardFault_IRQn          = - 13,    /*! < 3 Cortex - M3 Hard Fault Interrupt */
05     MemoryManagement_IRQn   = - 12,    /*! < 4 Cortex - M3 Memory Management Interrupt */
06     BusFault_IRQn           = - 11,    /*! < 5 Cortex - M3 Bus Fault Interrupt */
07     UsageFault_IRQn         = - 10,    /*! < 6 Cortex - M3 Usage Fault Interrupt */
08     SVCall_IRQn             = - 5,     /*! < 11 Cortex - M3 SV Call Interrupt */
09     DebugMonitor_IRQn       = - 4,     /*! < 12 Cortex - M3 Debug Monitor Interrupt */
10     PendSV_IRQn             = - 2,     /*! < 14 Cortex - M3 Pend SV Interrupt */
11     SysTick_IRQn            = - 1,     /*! < 15 Cortex - M3 System Tick Interrupt */
12     /****** STM32 specific Interrupt Numbers ******/
13     WWDG_IRQn               = 0,       /*! < Window WatchDog Interrupt */
14     PVD_IRQn                = 1,       /*! < PVD through EXTI Line detection Interrupt */
15     TAMPER_IRQn             = 2,       /*! < Tamper Interrupt */
16     RTC_IRQn                = 3,       /*! < RTC global Interrupt */
17     FLASH_IRQn              = 4,       /*! < FLASH global Interrupt */
18     RCC_IRQn                = 5,       /*! < RCC global Interrupt */
19     EXTI0_IRQn              = 6,       /*! < EXTI Line0 Interrupt */
20     EXTI1_IRQn              = 7,       /*! < EXTI Line1 Interrupt */
21     EXTI2_IRQn              = 8,       /*! < EXTI Line2 Interrupt */
22     EXTI3_IRQn              = 9,       /*! < EXTI Line3 Interrupt */
23     EXTI4_IRQn              = 10,      /*! < EXTI Line4 Interrupt */
24     DMA1_Channel1_IRQn      = 11,      /*! < DMA1 Channel 1 global Interrupt */
25     DMA1_Channel2_IRQn      = 12,      /*! < DMA1 Channel 2 global Interrupt */
26     DMA1_Channel3_IRQn      = 13,      /*! < DMA1 Channel 3 global Interrupt */
27     DMA1_Channel4_IRQn      = 14,      /*! < DMA1 Channel 4 global Interrupt */
28     DMA1_Channel5_IRQn      = 15,      /*! < DMA1 Channel 5 global Interrupt */
29     DMA1_Channel6_IRQn      = 16,      /*! < DMA1 Channel 6 global Interrupt */
30     DMA1_Channel7_IRQn      = 17,      /*! < DMA1 Channel 7 global Interrupt */
31     ADC1_2_IRQn             = 18,      /*! < ADC1 and ADC2 global Interrupt */
32     USB_HP_CAN1_TX_IRQn     = 19,      /*! < USB Device High Priority or CAN1 TX Interrupts */
33     USB_LP_CAN1_RX0_IRQn    = 20,      /*! < USB Device Low Priority or CAN1 RX0 Interrupts */
34     CAN1_RX1_IRQn           = 21,      /*! < CAN1 RX1 Interrupt */
35     CAN1_SCE_IRQn           = 22,      /*! < CAN1 SCE Interrupt */
36     EXTI9_5_IRQn            = 23,      /*! < External Line[9:5] Interrupts */
37     TIM1_BRK_IRQn           = 24,      /*! < TIM1 Break Interrupt */
38     TIM1_UP_IRQn            = 25,      /*! < TIM1 Update Interrupt */
39     TIM1_TRG_COM_IRQn       = 26,      /*! < TIM1 Trigger and Commutation Interrupt */
```

```
40    TIM1_CC_IRQn          = 27,      /*! < TIM1 Capture Compare Interrupt */
41    TIM2_IRQn             = 28,      /*! < TIM2 global Interrupt */
42    TIM3_IRQn             = 29,      /*! < TIM3 global Interrupt */
43    TIM4_IRQn             = 30,      /*! < TIM4 global Interrupt */
44    I2C1_EV_IRQn          = 31,      /*! < I2C1 Event Interrupt */
45    I2C1_ER_IRQn          = 32,      /*! < I2C1 Error Interrupt */
46    I2C2_EV_IRQn          = 33,      /*! < I2C2 Event Interrupt */
47    I2C2_ER_IRQn          = 34,      /*! < I2C2 Error Interrupt */
48    SPI1_IRQn             = 35,      /*! < SPI1 global Interrupt */
49    SPI2_IRQn             = 36,      /*! < SPI2 global Interrupt */
50    USART1_IRQn           = 37,      /*! < USART1 global Interrupt */
51    USART2_IRQn           = 38,      /*! < USART2 global Interrupt */
52    USART3_IRQn           = 39,      /*! < USART3 global Interrupt */
53    EXTI15_10_IRQn        = 40,      /*! < External Line[15:10] Interrupts */
54    RTC_Alarm_IRQn        = 41,      /*! < RTC Alarm through EXTI Line Interrupt */
55    USBWakeUp_IRQn        = 42,      /*! < USB Device WakeUp from suspend through EXTI
                                           Line Interrupt */
56    TIM8_BRK_IRQn         = 43,      /*! < TIM8 Break Interrupt */
57    TIM8_UP_IRQn          = 44,      /*! < TIM8 Update Interrupt */
58    TIM8_TRG_COM_IRQn     = 45,      /*! < TIM8 Trigger and Commutation Interrupt */
59    TIM8_CC_IRQn          = 46,      /*! < TIM8 Capture Compare Interrupt */
60    ADC3_IRQn             = 47,      /*! < ADC3 global Interrupt */
61    FSMC_IRQn             = 48,      /*! < FSMC global Interrupt */
62    SDIO_IRQn             = 49,      /*! < SDIO global Interrupt */
63    TIM5_IRQn             = 50,      /*! < TIM5 global Interrupt */
64    SPI3_IRQn             = 51,      /*! < SPI3 global Interrupt */
65    UART4_IRQn            = 52,      /*! < UART4 global Interrupt */
66    UART5_IRQn            = 53,      < UART5 global Interrupt */
67    TIM6_IRQn             = 54,      /*! < TIM6 global Interrupt */
68    TIM7_IRQn             = 55,      /*! < TIM7 global Interrupt */
69    DMA2_Channel1_IRQn    = 56,      /*! < DMA2 Channel 1 global Interrupt */
70    DMA2_Channel2_IRQn    = 57,      /*! < DMA2 Channel 2 global Interrupt */
71    DMA2_Channel3_IRQn    = 58,      /*! < DMA2 Channel 3 global Interrupt */
72    DMA2_Channel4_5_IRQn  = 59,      /*! < DMA2 Channel 4 and Channel 5 global Interrupt */
73}IRQn_Type;
```

3. 中断使能

代码 9 - 6　HAL_NVIC_EnableIRQ( )

```
01void HAL_NVIC_EnableIRQ(IRQn_Type IRQn)
02{
03    assert_param(IS_NVIC_DEVICE_IRQ(IRQn));//检查参数合法性
04    NVIC_EnableIRQ(IRQn);                 //使能中断
```

```
05 }
06 __STATIC_INLINE void NVIC_EnableIRQ(IRQn_Type IRQn)
07 {
08     NVIC->ISER[(((uint32_t)(int32_t)IRQn)>>5UL)] = (uint32_t)(1UL<<(((uint32_t)
               (int32_t)IRQn)& 0x1FUL));
09 }
```

HAL_NVIC_EnableIRQ()使能指定中断,有一个形参:IRQn_Type 类型参数。HAL_NVIC_EnableIRQ()实际是通过调用定义在 core_cm3.h 文件中的 NVIC_EnableIRQ()来设置 NVIC_ISER 寄存器实现的。

4. 中断禁用(失能)

代码 9-7　HAL_NVIC_DisableIRQ()

```
01 void HAL_NVIC_DisableIRQ(IRQn_Type IRQn)
02 {
03     assert_param(IS_NVIC_DEVICE_IRQ(IRQn));//检查参数合法性
04     NVIC_DisableIRQ(IRQn);                //禁用中断
05 }
06 __STATIC_INLINE void NVIC_DisableIRQ(IRQn_Type IRQn)
07 {
08     NVIC->ICER[(((uint32_t)(int32_t)IRQn)>>5UL)] = (uint32_t)(1UL<<(((uint32_t)
               (int32_t)IRQn)&0x1FUL));
09 }
```

HAL_NVIC_DisableIRQ()禁用指定中断,用法与 HAL_NVIC_EnableIRQ()相同,通过设置 NVIC_ICER 寄存器实现功能。

5. 系统中断复位

代码 9-8　HAL_NVIC_SystemReset()

```
01 void HAL_NVIC_SystemReset(void)
02 {
03     NVIC_SystemReset();//NVIC 系统复位
04 }
05 __STATIC_INLINE void NVIC_SystemReset(void)
06 {
07     __DSB();//复位之前确保完成所有的内存访问,包括缓冲区写入完整
08                 //保持优先级组不被改变
09     SCB->AIRCR = (int32_t)((0x5FAUL<<SCB_AIRCR_VECTKEY_Pos)|
         (SCB->AIRCR & SCB_AIRCR_PRIGROUP_Msk)|SCB_AIRCR_SYSRESETREQ_Msk);
10     __DSB();        //确保完成内存访问
11     while(1){;}      //等待复位
12 }
```

HAL_NVIC_SystemReset()用于初始化一个微控制器复位要求,通过调用 NVIC_SystemReset()来实现。

9.2.5 中断配置实例

下面以串口通信(USART1)为例说明中断具体的配置过程。中断方式的串口通信一般启用两个中断:串口接收中断、串口发送中断。常用串口接收中断监测到有外部设备对本机通过串口发送数据时,立即进入中断服务函数,在服务函数中接收数据。配置中断的步骤如下。

1. 设置优先级组

```
01HAL_NVIC_SetPriorityGrouping(NVIC_PRIORITYGROUP_2);//设置优先级组
```

设置为 NVIC_PRIORITYGROUP_2,即有 2 位抢占式优先级和 2 位响应优先级。该函数在 tm32f1xx_hal.c 文件中的 HAL_Init()中被调用。

2. 设置外设中断

```
01HAL_NVIC_SetPriority(USART1_IRQn,1,0);//设置 USART1 中断优先级
02HAL_NVIC_EnableIRQ(USART1_IRQn);        //使能 USART1 中断
```

这里设置 USART1 的抢占式优先级为 1,响应优先级为 0。这两个函数在 bsp_usartx.c 文件中的 MX_USARTx_Init()被调用,实际上就是在初始化 USART1 配置时被调用。

3. 编写中断服务函数

以 USART1 为例:

```
01 void USART1_IRQHANDLER(void)                              //USART1 中断服务函数
02 {
03     HAL_UART_IRQHandler(&husartx);
04 }
01 void HAL_UART_RxCpltCallback(UART_HandleTypeDef * UartHandle)    //串口接收中断回调函数
02 {
03     HAL_UART_Transmit(&husart1,&aRxBuffer,1,0);
04     HAL_UART_Receive_IT(&husart1,&aRxBuffer,1);
05 }
```

USART1_IRQHANDLER()在 STM32f1xx_it.c 文件中,是 USART1 的中断服务函数。只要产生 USART1 相关的中断,就会自动跳转到 USART1_IRQHANDLER();USART1_IRQHANDLER()中调用了 HAL_UART_IRQHandler()。USART1_IRQHANDLER()是 HAL 库函数,定义在 STM32f1xx_hal_uart.c 文件中,该函数会判断串口产生的中断是串口接收中断还是串口发送中断或是串口发送完成中断,等等,当接收到串口数据并且数据数目达到设定值时就会调用接收完成回调函数 HAL_UART_RxCpltCallback(),这样就可以在回调函数中实现应用程序。

4. 启动接收中断

HAL_UART_Receive_IT()是启动串口接收并且是中断接收函数,与普通串口接收函数 HAL_UART_Receive()不同。HAL_UART_Receive_IT()有 3 个形参,第一个是 USART 结构体类型变量,第二个是接收缓冲区,第三个是接收字节数目。

在使能了 USART 接收中断之后,STM32 在每次接收到一个字节数据之后,就会自动

运行 USART1_IRQHANDLER()一次,但不会每次都运行 HAL_UART_RxCpltCallback()。只有当接收到数据字节数与在 HAL_UART_Receive_IT()设定的接收数目相等时才会运行一次接收完成回调函数 HAL_UART_RxCpltCallback()。

9.3 EXTI 外部中断/事件控制器

EXTI(External interrupt/event controller,外部中断/事件控制器)可管理控制器的多个中断/事件线。每个中断/事件线对应一个边沿检测器,可以实现输入信号的上升沿检测和下降沿检测。EXTI 可以将每个中断/事件线进行单独配置为中断或者事件,以及配置触发事件的属性。

对于互联型产品,外部中断/事件控制器由 20 个产生事件/中断请求的边沿检测器组成,对于其他产品,则有 19 个能产生事件/中断请求的边沿检测器。

STM32F103ZET6 有 7 个 GPIO 外设,共有 $16 \times 7 = 112$ 个 GPIO 引脚,每条引脚都可以设置为外部中断输入线。STM32F103ZET6 芯片集成了一个外部中断/事件控制器 EXTI,由 19 个能产生事件/中断请求的边沿检测器组成。每条输入线可以独立地配置输入类型(脉冲或挂起)和对应的触发事件(上升沿或下降沿或双边沿都触发)。每条输入线都可以独立地被屏蔽。挂起寄存器保持着状态线的中断请求。19 个中断/事件请求包括:

1)112 个 I/O 可以作为 EXTI 线(0~15);

2)EXTI 线 16 连接到 PVD 输出;

3)EXTI 线 17 连接到 RTC 警告事件;

4)EXTI 线 18 连接到 USB 唤醒事件。

后 3 个属于事件请求。使用外部中断需要开启 AFIO 中对应的中断功能。

9.3.1 EXTI 功能框图分析

EXTI 功能框图如图 9-1 所示。从图 9-1 中可以看到,很多在信号线上打一个斜杠并标注"19"字样,这表示在控制器内部类似的信号线路有 19 条,与 EXTI 共有 19 个中断/事件线是一致的。

EXTI 可分为两大部分功能,一个是产生中断,另一个是产生事件。这两个功能在硬件上也有所不同。

图 9-1 中上面的虚线指示信号流程,它是一条产生中断的线路,最终信号流入 NVIC 控制器内。

编号 1 是输入线,EXTI 控制器有 19 个中断/事件输入线,这些输入线可以通过寄存器设置为一个 GPIO,也可以是一些外设的事件。输入线一般是存在电平变化的信号。

编号 2 是一个边沿检测电路,它会根据上升沿触发选择寄存器(EXTI_RTSR)和下降沿触发选择寄存器(EXTI_FTSR)对应位的设置来控制信号触发。边沿检测电路以输入线作为信号输入端,如果检测到有边沿跳变就输出有效信号 1 给编号 3 电路,否则输出无效信号 0。而 EXTI_RTSR 和 EXTI_FTSR 两个寄存器可以由控制器设置实现需要检测电平跳变过程的类型,可以是只有上升沿触发、只有下降沿触发或者上升沿和下降沿都触发。

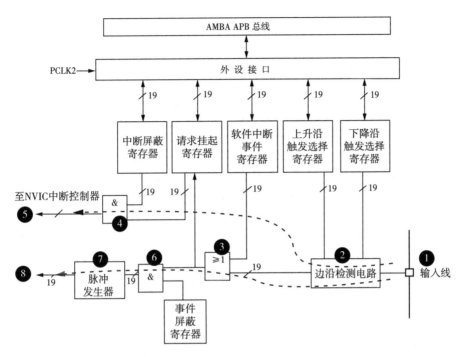

图 9-1　EXTI 功能框图

　　编号 3 电路是一个"或门"电路,它的一个输入来自编号 2 电路,另外一个输入来自软件中断/事件寄存器(EXTI_SWIER)。EXTI_SWIER 允许通过程序控制就可以启动中断/事件线,这在某些情况下非常有用。"或门"的特点是有"1"就为 1,所以这两个输入中任何一个有效信号 1,编号 3 电路就可以输出 1 给挂起寄存器(EXTI_PR)和编号 4 电路。编号 3 电路输出的信号在进入挂起寄存器 EXTI_PR 之后,就会把状态值保存在 EXTI_PR 对应位上,EXTI_PR 实际上就是中断信号的缓冲区。在编号 3 电路输出为 1 时,EXTI_PR 寄存器对应位也自动置 1,说明有中断发生。在中断事件处理完成后必须对该寄存器位写入"1",清除 EXTI_PR 寄存器,使得对应位为 0,否则总会产生中断请求。

　　EXTI_PR 寄存器数据始终会输入到编号 4 的电路。编号 4 电路是一个"与门"电路,另外一个输入源是中断屏蔽寄存器(EXTI_IMR)。因为是一个"与门"电路,所以当 EXTI_IMR 对应位设置为 0 时,不管 EXTI_PR 寄存器数据是 1 还是 0,编号 4 电路最终输出的信号都为 0;当 EXTI_IMR 设置为 1 时,最终编号 4 电路输出的信号才由 EXTI_PR 寄存器数据决定,这样可以简单地控制 EXTI_IMR,实现是否产生中断的目的。

　　编号 4 电路的输出接入 NVIC 控制器内,由 NVIC 控制器控制,从而进行中断事件处理。

　　图 9-1 中下面的虚线指示的电路流程是一个产生事件的线路,最终输出一个脉冲信号。

　　产生事件线路是在编号 3 电路之后,与中断线路有所不同,编号 3 之前电路都是共用的。编号 6 电路是一个"与门"电路,它的一个输入来自编号 3 电路,另外一个输入来自事件屏蔽寄存器(EXTI_EMR)。当 EXTI_EMR 设置为 0 时,不管编号 3 电路的输出信号是 1 还是 0,编号 5 电路最终输出的信号都为 0;当 EXTI_EMR 设置为 1 时,编号 5 电路最终输出的信号才由编号 3 电路的输出信号决定,这样可以简单地控制 EXTI_EMR,实现是否产生事件的目的。

编号 7 是一个脉冲发生器电路,当它的输入端,即编号 6 电路的输出端,是一个有效信号 1 时就会产生一个脉冲;如果输入端是无效信号就不会输出脉冲。脉冲信号,就是产生事件线路的最终产物,这个脉冲信号可以被其他外设电路使用,如定时器 TIM、模拟数字转换器 ADC 等。

产生中断线路的目的是把输入信号输入到 NVIC,进一步会运行中断服务函数,实现功能,这是软件级的。而产生事件线路的目的是传输一个脉冲信号给其他外设使用,并且是电路级别的信号传输,属于硬件级的。

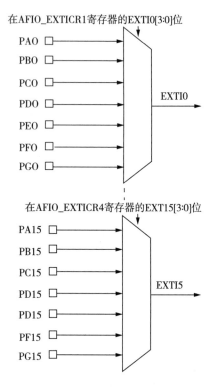

图 9-2 外部中断通用 I/O 映像

9.3.2 外部中断/事件线路映像

STM32F103ZET6 芯片的 112 个通用 I/O 端口连接到 16 个外部中断/事件线上,连接方式如图 9-2 所示,EXTI0 线的输入源可以通过外部中断配置寄存器 AFIO_EXTICR1 的 EXTI0 [3:0] 4 个位的值选择 PA0、PB0、PC0、PD0、PE0、PF0 或者 PG0 中的一个,无法同时选择两个,这样最简单的结果就是 PA0 和 PB0 不能同时使用外部中断。其余外部中断线 EXTIx 线路情况与 EXTI0 原理相同,参考理解即可。

9.4 使用 STM32CubeMX 生成工程

运行 STM32CubeMX 软件,配置时钟同前。因为实验板上的两个独立按键分别接在 PC13 和 PA1 引脚上,现在使用 STM32CubeMX 软件设置这两个引脚为外部中断功能。

(1)引脚功能设置如图 9-3 所示。

(2)系统时钟一般默认使用 72MHz 的配置。

(3) PC13 设置为上拉输入,引脚模式设置为下降沿触发的外部中断模式;PA1 设置为下拉输入,引脚模式设置为上升沿触发的外部中断模式,如图 9-3 所示。

(4) NVIC 配置如图 9-4 所示。

NVIC 选项用于设置中断的优先级。先设置优先级组为 2 位抢占式优先级和 2 位响应优先级。然后设置 EXTI1(即 PA1 引脚中断)的抢占式优先级为 1,响应优先级为 0;EXTI [15:10](包括 EXTI13,即 PC13 引脚中断)的抢占式优先级为 1,响应优先级为 1,如图 9-4 所示。EXTI10～EXTI15 中断线在中断向量表中占用同一个优先级,所以 EXTI10～EXTI15 中断线优先级都是一样的,统一配置。EXTI5～EXTI9 的情况也是一样的。

5）生成工程。各个外设功能设置好后就可以单击"生成代码"按钮生成工程文件。

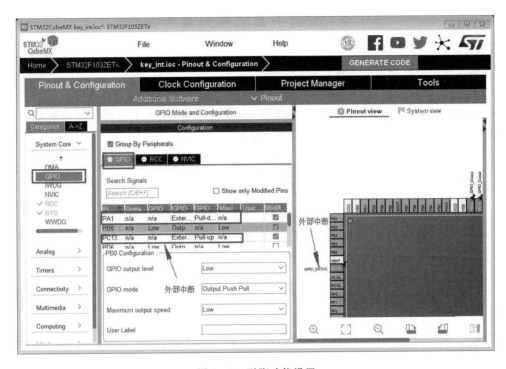

图 9 - 3 引脚功能设置

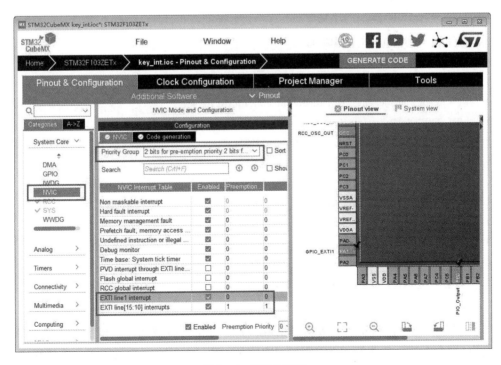

图 9 - 4 NVIC 配置

9.5 按键中断编程关键步骤

下面是按键中断编程的关键步骤。

(1)使能 AFIO 时钟,设置 NVIC 优先级组为 NVIC_PRIORITYGROUP_2。

(2)使能按键引脚端口 GPIOA 和 GPIOC 时钟,配置 PA1 为上升沿触发中断模式并使能下拉,配置 PC13 为下降沿触发中断模式并使能上拉。

(3)配置按键引脚中断优先级并使能中断。

(4)编写外部中断回调函数,对引脚进行消抖处理,确保按键按下后执行应用功能。

9.6 按键中断代码分析

LED 和蜂鸣器相关引脚代码参考第 7 章、第 8 章相关内容。下面分析按键中断部分代码。

9.6.1 STM32f1xx_hal_msp.c 文件内容

代码 9-9 HAL_MspInit()

```
01void HAL_MspInit(void)
02{
03    __HAL_RCC_AFIO_CLK_ENABLE();
04    HAL_NVIC_SetPriorityGrouping(NVIC_PRIORITYGROUP_2);//参见表9-3
05    /* System interrupt init */
06    /* MemoryManagement_IRQn interrupt configuration */
07    HAL_NVIC_SetPriority(MemoryManagement_IRQn,0,0);
08    /* BusFault_IRQn interrupt configuration */
09    HAL_NVIC_SetPriority(BusFault_IRQn,0,0);
10    /* UsageFault_IRQn interrupt configuration */
11    HAL_NVIC_SetPriority(UsageFault_IRQn,0,0);
12    /* DebugMonitor_IRQn interrupt configuration */
13    HAL_NVIC_SetPriority(DebugMonitor_IRQn,0,0);
14    /* SysTick_IRQn interrupt configuration */
15    HAL_NVIC_SetPriority(SysTick_IRQn,0,0);
16 }
```

HAL_MspInit()控制器系统级初始化,在 HAL_Init()中被调用。函数首先使能 AFIO 接口复用,设置 NVIC 优先级组为 NVIC_PRIORITYGROUP_2,再设置部分系统级中断的优先级。

代码 9 - 10 bsp_key. h 文件内容

```
01 #define KEY1_RCC_CLK_ENABLE      __HAL_RCC_GPIOC_CLK_ENABLE
02 #define KEY1_GPIO_PIN            GPIO_PIN_13
03 #define KEY1_GPIO               GPIOC
04 #define KEY1_DOWN_LEVEL          0 /* KEY1 按下时引脚为低电平,故设置为 0 */
05 #define KEY1_EXTI_IRQHandler     EXTI15_10_IRQHandler
06 #define KEY1_EXTI_IRQn           EXTI15_10_IRQn
07 #define KEY2_RCC_CLK_ENABLE      __HAL_RCC_GPIOA_CLK_ENABLE
08 #define KEY2_GPIO_PIN            GPIO_PIN_1
09 #define KEY2_GPIO               GPIOA
10 #define KEY2_DOWN_LEVEL          1 /* KEY1 按下时引脚为高电平,故设置为 1 */
11 #define KEY2_EXTI_IRQn           EXTI1_IRQn
12 #define KEY2_EXTI_IRQHandler     EXTI1_IRQHandler
```

宏定义 KEY1 的中断为 EXTI0_IRQn，中断处理函数为 KEY1_EXTI_IRQHandler，KEY2 做类似处理。

9.6.2 bsp_key. c 文件内容

bsp_key. c 文件有 KEY_GPIO_Init()、KEY1_StateRead() 和 KEY2_StateRead() 共 3 个函数。

代码 9 - 11 KEY_GPIO_Init( )

```
01 void KEY_GPIO_Init(void)
02 {
03     GPIO_InitTypeDef GPIO_InitStruct;              //声明 I/O 硬件初始化结构体变量
04     KEY1_RCC_CLK_ENABLE();                         //使能引脚对应 I/O 端口时钟
05     KEY2_RCC_CLK_ENABLE();                         //使能引脚对应 I/O 端口时钟
06     //配置 KEY1 GPIO
07     GPIO_InitStruct.Pin = KEY1_GPIO_PIN;
08     GPIO_InitStruct.Mode = GPIO_MODE_IT_FALLING;   //外部中断,上升沿触发
09     GPIO_InitStruct.Pull = GPIO_PULLUP;            //输入下拉模式
10     HAL_GPIO_Init(KEY1_GPIO,&GPIO_InitStruct);
11     //配置 KEY2 GPIO
12     GPIO_InitStruct.Pin = KEY2_GPIO_PIN;
13     GPIO_InitStruct.Mode = GPIO_MODE_IT_RISING;    //外部中断,下降沿触发
14     GPIO_InitStruct.Pull = GPIO_PULLDOWN;          //输入上拉模式
15     HAL_GPIO_Init(KEY2_GPIO,&GPIO_InitStruct);
16     /* EXTI interrupt init */
17     HAL_NVIC_SetPriority(KEY1_EXTI_IRQn,1,0);      //抢占式优先级和响应式先级设置
18     HAL_NVIC_EnableIRQ(KEY1_EXTI_IRQn);            //中断使能
19     HAL_NVIC_SetPriority(KEY2_EXTI_IRQn,1,1);      //抢占式优先级和响应优先级设置
20 HAL_NVIC_EnableIRQ(KEY2_EXTI_IRQn);                //中断使能
21 }
```

KEY_GPIO_Init()首先使能按键引脚端口时钟,接着配置 KEY1 为上升沿触发的中断模式,使能下拉功能;配置 KEY2 为下降沿触发的中断模式,使能上拉功能。调用 HAL_GPIO_Ini()完成 KEY1 和 KEY2 配置。

HAL_NVIC_SetPriority()设置中断的优先级,KEY1 中断的优先级设置为抢占式优先级为 1,响应优先级为 0;KEY2 中断的优先级设置为抢占式优先级为 1,响应优先级为 1。根据以上优先级配置,在正常情况下,产生中断的按键开始执行中断服务内容。但有以下两种特殊情况。特殊情况 1:两个按键中断同时来临,KEY1 具有优先执行权,因为抢占式优先级相同时就看响应优先级,数值越小优先级越高;特殊情况 2:有一个按键成功地触发了中断,因为两个按键的抢占式优先级是相同的,当前正在执行中断服务函数,这时另一个按键也触发了中断,所以这时继续执行原来的中断服务函数内容,等执行完成退出后才响应另一个按键的中断。

9.6.3 STM32f1xx_it.c 文件内容

STM32f1xx_it.c 文件用于存放两个按键的中断服务函数

代码 9-12 中断服务函数

```
01 /**
02  * @brief This function handles EXTI line1 interrupt.
03  */
04 void KEY2_EXTI_IRQHandler(void)
05 {
06    /* USER CODE BEGIN EXTI1_IRQn 1 */
07    HAL_GPIO_EXTI_IRQHandler(KEY2_GPIO_PIN);
08    /* USER CODE END EXTI1_IRQn 1 */
09 }
10 /**
11  * @brief This function handles EXTI line[15:10]interrupts.
12  */
13 void KEY1_EXTI_IRQHandler(void)
14 {
15    /* USER CODE BEGIN EXTI15_10_IRQn 1 */
16    HAL_GPIO_EXTI_IRQHandler(KEY1_GPIO_PIN);
17    /* USER CODE END EXTI15_10_IRQn 1 */
18 }
```

KEY1_EXTI_IRQHandler()和 KEY2_EXTI_IRQHandler()分别对应 KEY1 和 KEY2 的中断服务函数。HAL_GPIO_EXTI_IRQHandler()是 HAL 库内部函数,经过一系列处理之后会执行中断回调函数。一般在回调函数中实现应用任务,回调函数存放在 main.c 文件中。

9.6.4 main.c 文件内容

代码 9-13 主函数 main()

```
01 int main(void)
```

```
02{
03    HAL_Init();              //复位所有外设
04    SystemClock_Config();   //配置系统时钟
05    LED_GPIO_Init();         //LED 初始化
06    BEEP_GPIO_Init();        //蜂鸣器初始化
07    KEY_GPIO_Init();         //按键引脚初始化
08    for(;;){;}              //无限循环
09}
```

KEY_GPIO_Init()初始化两个按键为中断模式,并设置中断优先级。使用按键中断,按键的应用程序在中断回调函数中实现,无限循环中无须查询按键状态。

代码 9-14　HAL_GPIO_EXTI_Callback()回调函数

```
01void HAL_GPIO_EXTI_Callback(uint16_t GPIO_Pin)
02{
03    if(GPIO_Pin = = KEY1_GPIO_PIN)
04    {
05            BEEP_ON;
06            HAL_Delay(8);//延时一小段时间,实现发声兼消除抖动
07            BEEP_OFF;
08            if(HAL_GPIO_ReadPin(KEY1_GPIO,KEY1_GPIO_PIN) = = KEY1_DOWN_LEVEL)
09            {
10                    BEEP_TOGGLE;
11                    LED1_ON;LED2_ON;LED3_ON;LED4_ON;LED5_ON;LED6_ON;
12            }
13            __HAL_GPIO_EXTI_CLEAR_IT(KEY1_GPIO_PIN);//清中断
14    }else if(GPIO_Pin = = KEY2_GPIO_PIN)
15    {
16            BEEP_ON;
17            HAL_Delay(8);//延时一小段时间,实现发声兼消除抖动
18            BEEP_OFF;
19            if(HAL_GPIO_ReadPin(KEY2_GPIO,KEY2_GPIO_PIN) = = KEY2_DOWN_LEVEL)
20            {
21                    BEEP_TOGGLE;
22                    LED1_OFF;LED2_OFF;LED3_OFF;LED4_OFF;LED5_OFF;LED6_OFF;
23            }
24            __HAL_GPIO_EXTI_CLEAR_IT(KEY2_GPIO_PIN);//清中断
25    }
26}
```

HAL_GPIO_EXTI_Callback()是外部中断回调函数,在成功触发外部中断后即运行该函数,该函数有一个形参,用于说明中断引脚编号,通过这个参数可以知道哪个引脚发生了中断。

通过 if 语句判断：如果是 KEY1 引脚触发中断，则蜂鸣器鸣叫，再执行 HAL_Delay()延时函数（按键消抖），蜂鸣器关闭，然后使用 HAL_GPIO_ReadPin()再次读取引脚电平；如果是按键按下电平就执行应用代码，则让蜂鸣器状态反转，6 个 LED 全亮。KEY2 的处理与KEY1 类似。

9.7 运行验证

使用合适的 USB 线连接至标识有"调试串口"的 USB 接口；将 ST－link 正确接至标识有"SWD 调试器"字样的 4 针接口，下载程序至实验板并运行，板上 6 个 LED 处于全灭状态，蜂鸣器处于不响状态，按下 KEY1 或 KEY2，对应 LED 和蜂鸣器状态发生改变。

思考题

1. 简述 STM32F103ZET6 中断的特点。
2. PA0 与 PB0 能否同时作为外部中断引脚？为什么？

第 10 章　RS232 通信

10.1　串口通信协议

串口通信(Serial Communications)是一种设备间很常用的串行通信方式,串口按位(bit)发送和接收字节,尽管比按字节(byte)的并行通信慢,但串口可以在使用一根线发送数据的同时,用另一根线接收数据。串口通信协议需要通信的双方达成一种约定,该约定对包括数据格式、同步方式、传送速度、传送步骤、检纠错方式及控制字符定义等方面做出统一规定,通信双方必须共同遵守。串口通信协议分为物理层和协议层。物理层规定通信系统中具有机械、电子功能部分的特性,确保原始数据在物理媒体的传输。协议层主要规定通信逻辑,统一收发双方的数据打包、解包标准。简单来说,物理层规定用嘴巴还是肢体来交流,协议层则规定用中文还是英文来交流。

10.1.1　物理层

物理层决定表达的方式,对于串口通信,有不同的标准,如 RS232、RS485。常见 RS232的串口通信结构如图 10-1 所示,两个设备通过"DB9 接口"建立连接,信号线中使用"RS232标准"传输数据信号。RS232 电平标准的信号不能直接被控制器识别,必须经过电平转换电路转换成能识别的"TTL 标准"的电平信号。

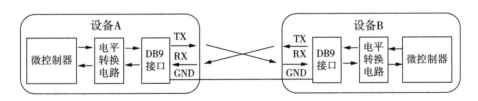

图 10-1　常见 RS232 的串口通信结构

根据通信使用的电平标准不同,串口通信常见的电平标准有 TTL 标准、RS232 标准及RS485 标准,具体见表 10-1。常见的电子电路中常使用 TTL 标准,在理想状态下,使用 5V表示二进制逻辑 1,使用 0V 表示逻辑 0。

表 10-1　TTL、RS232 和 RS485 电平标准对照

通信标准	电平标准
5V TTL	逻辑 1:2.4~5V 逻辑 0:0~0.4V

(续表)

通信标准	电平标准
RS232	逻辑 1：－15～－3V 逻辑 0：＋3～＋15V
RS485（压差 V_A-V_B）	逻辑 1：＋2～6V 逻辑 0：－6～－2V

RS232 串口标准常用于计算机、路由器与调制解调器（MODEM）之间的通信，全名是"数据终端设备（DTE）和数据通信设备（DCE）直接串行二进制数据交换接口技术标准"，一般只使用 RXD、TXD、GND3 条线。RS485 通信将在第 14 章进行介绍。"DB9"串口线如图 10－2 所示，接线口以针式引出的信号线称为公头，以孔式引出信号线的称为母头。DB9 接口中公头及母头的各引脚的标准信号定义如图 10－3 所示。标准公头及母头引脚定义见表 10－2。公座与母座针脚定义与对应头一致。

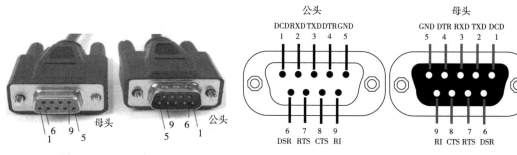

图 10－2　DB9 串口线　　　　　　图 10－3　标准公头及母头引脚的标准信号定义

表 10－2　标准公头及母头引脚定义

序号	名称	符号	数据方向	说明
1	载波检测	DCD	DTE→DCE	Date Carrier Detect，数据载波检测，用于 DTE 告知对方本机是否收到对方的载波信号
2	接收数据	RXD	DTE←DCE	Receive Date，数据接收信号（输入）
3	发送数据	TXD	DTE→DCE	Transmit Date，数据发送信号（输出）。两个设备之间的 TXD 与 RXD 应交叉相连
4	数据终端 （DTE 就绪）	DTR	DTE→DCE	Date Terminal Ready，数据终端就绪，用于 DTE 告知对方本机是否已准备好
5	信号地	GND		地线，两个通信设备之间的地电位可能不同，进而影响收发双方的电平信号，所以两个设备需共地
6	数据设备 （DCE）就绪	DSR	DTE←DCE	Data Set Ready，数据发送就绪，用于 DCE 告知对方本机是否处于待命状态
7	请求发送	RTS	DTE→DCE	Request To Send，请求发送，DTE 请求 DCE 本设备向 DCE 端发送数据

（续表）

序号	名称	符号	数据方向	说明
8	允许发送	CTS	DTE←DCE	Clear To Send,允许发送,DCE 回应对方 RTS 发送请求,告知对方是否可以发送数据
9	响铃提示	RI	DTE←DCE	Ring Indicator,响铃指示,表示 DCE 端与线路已接通

10.1.2　协议层

串口通信的数据包由发送设备通过自身的 TXD 接口传输到接收设备的 RXD 接口。在串口通信的协议层中,规定了数据包的内容,它由起始位、主体数据、检验位及停止位组成,如图 10-4 所示,位 8 是可选的齐偶校验位。通信双方的数据包格式要约定一致才能正常发送和接收数据。

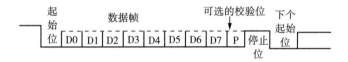

图 10-4　串口通信数据格式

（1）波特率:就是通信的速率。在异步通信中由于没有时钟信号,所以两个通信设备双方需要约定波特率,只有在波特率一致的情况下,才能保证接收方和发送方获取同样的数据。波特率,可以理解为一个设备在一秒内发送或接收的数据位数。常用的波特率为 9600、19200、115200。

（2）通信的起始和停止信号。数据包的起始信号由一个逻辑 0 的数据位表示,而数据包的停止位可由 0.5、1、1.5、2 个逻辑 1 的数据位表示,通信双方需约定保持一致。

（3）有效数据。处于起始位和校验位之间,传输的主体数据,即有效数据,其长度常被约定为 5 位、6 位、7 位或 8 位。

（4）数据校验。在有效数据之后,有一个可选的数据校验位。数据校验位的作用是校验通信过程中是否出错。奇校验要求有效数据和校验位中"1"的个数为奇数,例如,一个 8 位长的有效数据为 10101001,此时共有 4 个"1",为达到奇校验效果,校验位置"1",此时传输的数据有 9 位;偶检验则正好相反,在上述例子中校验位置"0",即可达到偶校验的效果;0 校验是指不管数据中的内容是什么,校验位总为"0";1 校验是总为"1";无校验情况下,数据包中不含校验位。

10.2　STM32 的 USART 简介

STM32F103ZE6 内置 3 个 USART 和 2 个 UART,共 5 个串口外设。USART（Universal Synchronous/Asynchronous Receiver/Transmitter）功能非常强大,它不仅支持最基本通用串口的同步、异步通信,还有 LIN（Local Interconnect Network,局域互联网总线）、IRDA 功能

（Infrared Data Association，红外通信）、SmartCard 功能。利用串口输出调试信息，是常用的调试手段。同步通信中的传输方和接收方使用同步时钟。无同步时钟的串口通信称为通用异步串口通信，也就是 UART（Universal Asynchronous Receiver/Transmitter）。

USART 满足外部设备对工业标准 NRZ 异步串行数据格式的要求，并且使用了小数波特率发生器，可以提供多种波特率，使它的应用更加广泛。USART 发送接收有 3 种基本方式，即轮询、中断和 DMA。USART 功能框如图 10-5 所示。

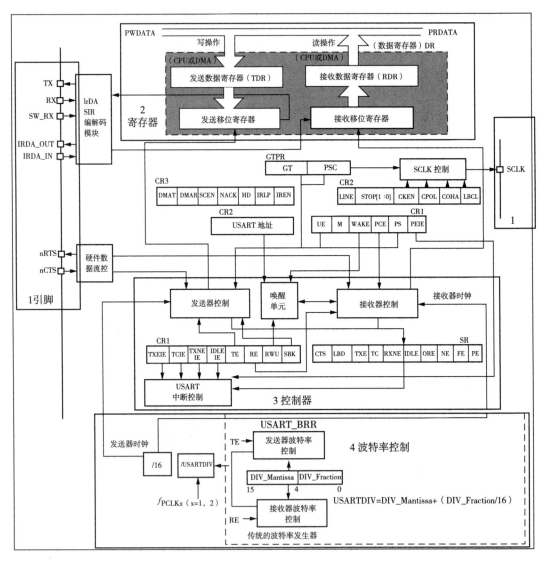

图 10-5 USART 功能框

10.2.1 引脚

（1）TX：发送数据的引脚。

（2）RX：接收数据的引脚。

（3）SW_RX：数据接收引脚，只用于单线和智能卡模式，属于内部引脚，没有具体外部引脚。

（4）nRTS：发送请求，若是低电平，表明 USART 准备好接收数据。该引脚只适用于硬件流控制。

（5）nCTS：清除发送，若是高电平，在当前数据传输结束时阻断下一次的数据发送。该引脚只适用于硬件流控制。

（6）IRDA_OUT/IRDA_IN：用于红外传输数据。

（7）SCLK：同步时钟输出引脚。这个引脚仅适用于同步模式。

10.2.2　寄存器

USART 数据寄存器（USART_DR）只有低 9 位有效，并且第 9 位数据是否有效取决于 USART 控制寄存器 1（USART_CR1）的 M 位设置，当 M 位为 0 时表示 8 位数据字长，当 M 位为 1 时表示 9 位数据字长，一般使用 8 位数据字长。USART_DR 包含了已发送的数据或接收到的数据。USART_DR 实际包含两个寄存器，一个专门用于发送可写的 TDR，另一个专门用于接收可读的 RDR。当需要发送数据时，内核或 DMA 外设会把数据从内存写入发送数据寄存器 TDR。TDR 和 RDR 均介于系统总线和移位寄存器之间，因此发送时，TDR 的数据转移到发送移位寄存器，然后从移位寄存器一位一位地发送出去；接收数据就是一个逆过程，数据一位一位地移入接收移位寄存器，然后转移到 RDR，最后使用内核指令或 DMA 读取到内存中。

10.2.3　控制器

USART 有专门控制发送的发送器、控制接收的接收器，还有唤醒单元、中断控制等。使用 USART 之前需要向 USART_CR1 寄存器中的 UE 位置 1 使能 USART。

1. 发送器

当发送使能位（TE）置 1 时，发送移位寄存器中的数据在 TX 脚上输出，如果是同步模式，在 SCLK 引脚也输出时钟脉冲。每个字符前都有一个低电平的起始位；之后跟着停止位，停止位数目可通过 USART 控制寄存器 2（USART_CR2）的 STOP[1：0] 位控制，可选 0.5 个、1 个、1.5 个和 2 停止位，默认使用 1 个停止位。2 个停止位可用于常规 USART 模式、单线模式及调制解调器模式；0.5 个和 1.5 个停止位用于智能卡模式。8 位字长发送时序如图 10-6 所示。

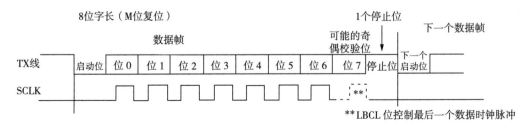

图 10-6　8 位字长发送时序

在发送数据时,发送器对 TE 位置 1,发送一个空闲帧作为第一次数据发送,把要发送的数据写进 USART_DR 寄存器,在写入最后一个数据字后,等待 TC=1,表示最后一个数据帧传输结束。如果 USART_CR1 寄存器中的 TCIE 位被置 1,则会产生中断。

2. 接收器

设置 USART_CR1 的 RE 位,激活接收器,使它开始寻找起始位。在确定起始位后就根据 RX 线电平状态把数据存放在接收移位寄存器内。接收完成后将移位寄存器数据移到 RDR 内,并把 USART_SR 寄存器的 RXNE 置 1,则表明数据已经被接收并且可以被读出。如果 USART_SR 中的 RXNEIE 位被置 1,表示产生中断。

10.2.4 波特率控制

波特率,即每秒传输的二进制位数,用 bit/s 表示。波特率寄存器如图 10-7 所示。

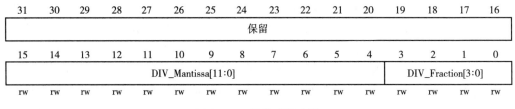

图 10-7 波特率寄存器

波特率寄存器的有效位数为 16 位,低 4 位 DIV_Fraction 用于存放小数部分,高 12 位 DIV_Mantissa 用于存放整数部分。设置波特率时的误差计算见表 10-3。波特率 $= \dfrac{f_{ck}}{16 \times \text{USARTDIV}}$,$f_{ck}$ 是外设时钟频率(PCLK1 用于 USART2~USART5,PCLK2 用于 USART1)。以 115200 为例,计算如下:

$$\text{USARTDIV} = 72 \times 1000000/(16 \times 115200) = 38.0625$$

$$\text{DIV\_Fraction} = 0.0625 \times 16 = 1 = 0x01$$

$$\text{DIV\_Mantissa} = 39 = 0x27$$

$$\text{USART\_BRR} = 0x0271$$

表 10-3 设置波特率时的误差计算

波特率		$f_{PCLK} = 36\text{MHz}$			$f_{PCLK} = 72\text{MHz}$		
序号	bit/s	实际	USART_BRR	误差	实际	USART_BRR	误差
1	2400	2400	937.5	0%	2400	1875	0%
2	9600	9600	234.375	0%	9600	467.75	0%
3	19200	19200	116.1875	0%	19200	234.375	0%
4	57600	57600	38.0625	0%	57600	77.125	0%
5	115200	115384	19.5	0.16%	115200	38.0625	0%
6	230400	230769	8.75	0.16%	230769	19.5	0.16%

（续表）

波特率		$f_{PCLK}=36MHz$			$f_{PCLK}=72MHz$		
序号	bit/s	实际	USART_BRR	误差	实际	USART_BRR	误差
7	460800	461538	4.875	0.16%	461538	8.75	0.16%
8	921600	923076	2.4375	0.16%	923076	4.875	0.16%
9	2250000	2250000	1	0%	2250000	2	0%
10	4500000	不支持	不支持	不支持	4500000	1	0%

只有 USART1 使用 PCLK2（最高 72MHz），其他 USART 使用 PCLK1（最高 36MHz）。

10.3 串口通信应用电路设计

CH340G 是 USB 转串口芯片，USB 转串口电路如图 10－8 所示。CH340G 芯片中的 TXD 和 RXD 分别与 STM32F103ZET6 的 USART1_RXD 和 USART1_TXD 相连接。CH340G 芯片的 VD＋和 VD－分别连到 USB 总线的 D＋和 D－。XI 与 XO 为晶体振荡的输入端与反向输出端，外接 12MHz 晶体与晶体电容。CH340C 是内置晶体的版本。

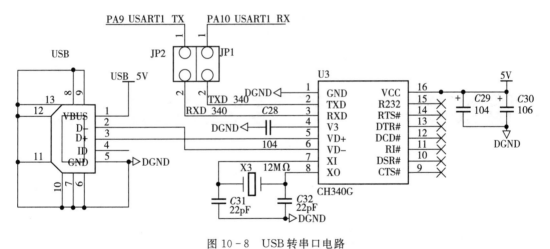

图 10－8　USB 转串口电路

10.4 使用 STM32CubeMX 生成工程

（1）选好芯片后，在 STM32CubeMX 外设窗口中，可以看到 USART 的选择、参数配置，如图 10－9 所示。

（2）USART1 时钟配置如图 10－10 所示。串口 USART1 挂载在 APB2。

（3）开启全局中断，如图 10－11 所示，选中 NVIC Settings 窗口，选中 Enabled 复选框。

(4)设置 STM32CubeMX 软件生成代码的各项选择,单击"GENERTATE CODE"按钮生成工程代码。

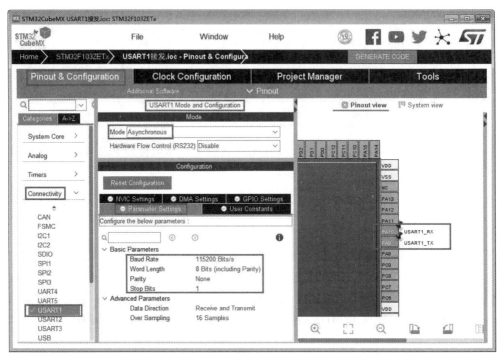

图 10 - 9　USART 的选择、参数配置

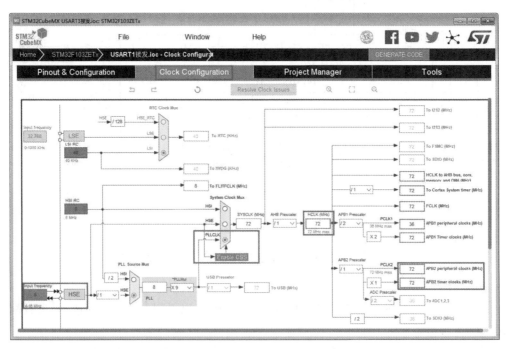

图 10 - 10　USART 1 时钟树配置

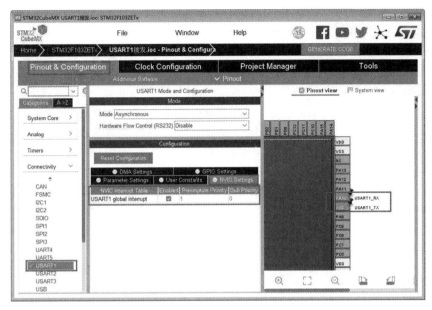

图 10-11 开启 USART 全局中断

10.5 USART 结构体分析

（1）HAL 库函数对每个外设都构建了特定外设总接口的结构体，并将其作为 HAL API 的函数参数。在使用 HAL 库配置工程时，务必掌握每个结构体成员的含义。bsp_usartx.c 的私有变量中声明了一个串口结构体。单击"魔术棒"按钮，在弹出的对话框中单击"Output"选项卡，选中"Browse Information"复选框，如图 10-12 所示，工程编译之后，按快捷键 F12 或右击，在弹出的快捷键中选择"Go To Defintion'husartx'"命令，转到结构体定义，见代码 10-1。

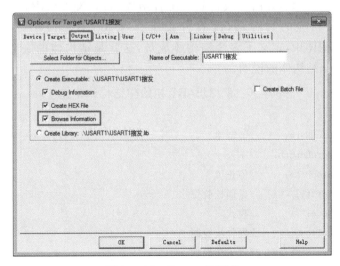

图 10-12 Output 选项卡

代码 10 - 1　　UART 操作结构体定义

```
01typedef struct{
02    USART_TypeDef              * Instance;      //UART 寄存器基地址
03    UART_InitTypeDef           Init;           //UART 初始化(通信参数)
04    uint8_t                    * pTxBuffPtr;    //指向 UART 发送缓冲区
05    uint16_t                   TxXferSize;      //UART 发送数据大小
06    uint16_t                   TxXferCount;     //UART 发送计数器
07    uint8_t                    * pRxBuffPtr;    //指向 UART 接收缓冲区
08    uint16_t                   RxXferSize;      //UART 接收数据大小
09    uint16_t                   RxXferCount;     //UART 发送计数器
10    DMA_HandleTypeDef          * hdmatx;        //UART 发送参数设置(DMA 模式)
11    DMA_HandleTypeDef          * hdmarx;        //UART 接收参数设置(DMA 模式)
12    HAL_LockTypeDef            Lock;           //锁保护
13    __IO HAL_UART_StateTypeDef State;          //UART 通信状态
14    __IO uint32_t              ErrorCode;      //UART 错误代码
15}UART_HandleTypeDef;
```

① Instance：UART 寄存器基地址。

② Init：UART 初始化(通信参数)。

③中间的 6 个变量定义,服务于 HAL 库内封装函数对于数据接收和发送的处理。

④ hdmatx/hdmarx：使用 DMA,发送数据或接收数据的配置。

⑤ Lock：保护锁。

⑥ State：UART 通信状态。有 RESET、READY、BUSY、BUSY_TX、BUSY_RX、BUSY_TX_RX、TIMEOUT、ERROR。根据不同的状态,控制 UART 的发送和接收。

⑦ ErrorCode：UART 错误代码。

(2) UART 参数配置。UART_InitTypeDef 是 UART_HandleTypeDef 结构体成员之一,用于设置外设工作参数,并由外设初始化配置函数,如 MX_USARTx_Init()调用,这些参数将会设置外设相应的寄存器,配置外设工作参数。代码 10 - 1 说明在 UART_HandleTypeDef 结构体中,定义了多个结构体成员,这就是结构体的嵌套。代码 10 - 2 是 UART_InitTypeDef 结构体的说明。

代码 10 - 2　　USART 初始化结构体定义

```
01typedef struct{
02    uint32_t BaudRate;       //波特率
03    uint32_t WordLength;     //字长
04    uint32_t StopBits;       //停止位
05    uint32_t Parity;         //奇偶校验位
06    uint32_t Mode;           //模式
07    uint32_t HwFlowCtl;      //硬件流控制
08    uint32_t OverSampling;   //过采样次数
09}UART_InitTypeDef;
```

① BaudRate：波特率，常选 9600、19200 或 115200。利用 HAL 库可以直接配置波特率。

② WordLength：数据帧字长，可选 8 位或 9 位，决定 USART_CR1 寄存器 M 位的值，一般使用 8 位。

③ StopBits：停止位设置，可选 0.5 个、1 个、1.5 和 2 个停止位，一般选择 1 个停止位。

④ Parity：奇偶校验位控制选择，一般选择无校验位。

⑤ Mode：UART_MODE_RX、UART_MODE_TX 或 UART_MODE_TX_RX。

⑥ HwFlowCtl：硬件流控制，只有在硬件流控制模式下才有效。

⑦ OverSampling：过采样次数，提高精度，只能设置为 16。

（3）为了方便程序移植，在 STM32CubeMX 软件的 generated files 卡中，选中对每一个外设生成初始化的 ∗.c 和 ∗.h 文件，存放 USART 驱动程序及相关宏定义，并将其重命名为 bsp_usartx.c 和 bsp_usart.h。

10.6　编程关键步骤

下面是编程关键步骤。

（1）复位外设、配置时钟。

（2）配置串口及中断优先级。

（3）调用 HAL 库函数实现发送。

（4）使能接收，等待中断。

（5）编写中断回调函数中的处理代码。

10.7　USART 代码分析

10.7.1　bsp_usartx.h 文件内容

bsp_usartx.h 文件给出了关于 USART 的宏定义。如代码 10-3 所示，选定 USART1，设定波特率为 115200，外设时钟控制，USART 的 TX 线对应引脚为 PA9，RX 线对应引脚为 PA10。

代码 10-3　USART 宏定义

```
01 #define USARTx                      USART1
02 #define USARTx_BAUDRATE             115200
03 #define USART_RCC_CLK_ENABLE()      __HAL_RCC_USART1_CLK_ENABLE()
04 #define USART_RCC_CLK_DISABLE()     __HAL_RCC_USART1_CLK_DISABLE()
05 #define USARTx_GPIO_ClK_ENABLE()    __HAL_RCC_GPIOA_CLK_ENABLE()
06 #define USARTx_Tx_GPIO_PIN          GPIO_PIN_9
```

```
07 #define USARTx_Tx_GPIO              GPIOA
08 #define USARTx_Rx_GPIO_PIN          GPIO_PIN_10
09 #define USARTx_Rx_GPIO              GPIOA
10 #define USARTx_IRQHANDLER           USART1_IRQHandler
11 #define USARTx_IRQn                 USART1_IRQn
```

10.7.2 bsp_usartx.c 文件内容

bsp_usartx.c 文件使用 HAL 库的相关函数定义串口引脚的初始化配置,以及中断的配置。

(1)串口硬件初始化配置。

GPIO_InitTypeDef 结构体定义一个 GPIO 初始化变量。代码 10-4 中的 huart 为结构体类型定义的指针,UART_HandleTypeDef 内 Instance 指向 USART_Typedef(UART 寄存器基地址)。TX、RX 引脚初始化。

代码 10-4 USART 引脚初始化

```
01void HAL_UART_MspInit(UART_HandleTypeDef   * huart)
02{
03     GPIO_InitTypeDef GPIO_InitStruct;
04     if(huart->Instance == USARTx)
05     {
06         USART_RCC_CLK_ENABLE();//串口外设时钟使能
07         //串口外设功能 GPIO 配置
08         GPIO_InitStruct.Pin = USARTx_Tx_GPIO_PIN;//TX
09         GPIO_InitStruct.Mode = GPIO_MODE_AF_PP;
10         GPIO_InitStruct.Speed = GPIO_SPEED_FREQ_HIGH;
11         HAL_GPIO_Init(USARTx_Tx_GPIO,&GPIO_InitStruct);
12         GPIO_InitStruct.Pin = USARTx_Rx_GPIO_PIN;//RX
13         GPIO_InitStruct.Mode = GPIO_MODE_INPUT;
14         GPIO_InitStruct.Pull = GPIO_NOPULL;
15         HAL_GPIO_Init(USARTx_Rx_GPIO,&GPIO_InitStruct);
16     }
17 }
```

(2)代码 10-5 配置 USART1 的中断。

代码 10-5 USART1 开启中断

```
01static void MX_NVIC_USARTx_Init(void)
02{
03     HAL_NVIC_SetPriority(USARTx_IRQn,1,0);/* USART1_IRQn interrupt configuration */
04     HAL_NVIC_EnableIRQ(USARTx_IRQn);
05}
```

(3)代码 10-6:串口参数配置。声明名字为 husartx 的结构体,原型由 UART_Handle-

TypeDef 定义。在 UART_HandleTypeDef 结构体中有不同的成员。对于结构体中成员变量的引用，就是对结构体中定义的另一个结构体类型变量的操作。"."是结构体变量访问结构体成员的操作符，而"－＞"是结构体指针变量访问结构体成员的操作符。下面是对 USART 初始化结构体成员进行操作，对应的内容可以查看代码 10－2。

代码 10－6　USART 初始化

```
01void MX_USARTx_Init(void)
02{
03      USARTx_GPIO_ClK_ENABLE();                        //使能串口功能引脚 GPIO 时钟
04      husartx. Instance = USARTx;
05      husartx. Init. BaudRate = USARTx_BAUDRATE;        //波特率
06      husartx. Init. WordLength = UART_WORDLENGTH_8B;   //8 位
07      husartx. Init. StopBits = UART_STOPBITS_1;        //停止位
08      husartx. Init. Parity = UART_PARITY_NONE;         //校验
09      husartx. Init. Mode = UART_MODE_TX_RX;            //
10      husartx. Init. HwFlowCtl = UART_HWCONTROL_NONE;   //硬件流
11      husartx. Init. OverSampling = UART_OVERSAMPLING_16;  //过采样次数
12      HAL_UART_Init(&husartx);
13      MX_NVIC_USARTx_Init();                            //配置串口中断并使能
14 }
```

10.7.3　main. c 文件内容

声明数组作为发送缓存、基本初始化、配置系统时钟、初始化 USART。使用内存复制函数 memcpy()发送字符到发送缓存。使能接收，进入中断回调函数，每接收一个数据，进行一次中断。

代码 10－7　主函数 main()

```
01int main(void)
02{
03      uint8_t TxBuffer[100];          //发送缓存,存放被发送的数据
04      HAL_Init();                     //复位所有外设,初始化 Flash 接口和系统滴答定时器
05      SystemClock_Config();           //配置系统时钟
06      MX_USARTx_Init();               //初始化串口并配置串口中断优先级
07      memcpy(TxBuffer,"\n****** 串口接收回显实验 ****** \n",100);
08      HAL_UART_Transmit(&husartx,TxBuffer,strlen((char *)TxBuffer),1000);
09      memcpy(TxBuffer," ****** 键盘输入并以键结束 ****** \n",100);
10      HAL_UART_Transmit(&husartx,TxBuffer,strlen((char *)TxBuffer),1000);
11      HAL_UART_Receive_IT(&husartx,&aRxBuffer,1);//使能接收,进入中断回调函数
12      for(;;){;}                      //无限循环
13}
```

回调是 HAL 库的特点。在中断回调函数中编写要实现的功能，如代码 10－8。

代码 10 - 8　中断回调函数

```
01void HAL_UART_RxCpltCallback(UART_HandleTypeDef  * UartHandle)
02{
03     HAL_UART_Transmit(&husartx,&aRxBuffer,1,0);
04     HAL_UART_Receive_IT(&husartx,&aRxBuffer,1);
05}
```

10.8　运行验证

使用合适的 USB 线连接至标识有"调试串口"的 USB 接口，打开串口调试助手，设置参数为 115200 - 8 - 1 - N - N；将 ST - link 正确接至标识有"SWD 调试器"字样的 4 针接口，下载程序至实验板并运行，此时串口助手便会接收到实验板发送过来的数据。在串口调试助手发送区输入任意字符，单击"发送"按钮，在串口助手接收区即可看到相应的字符，如图10 - 13所示。

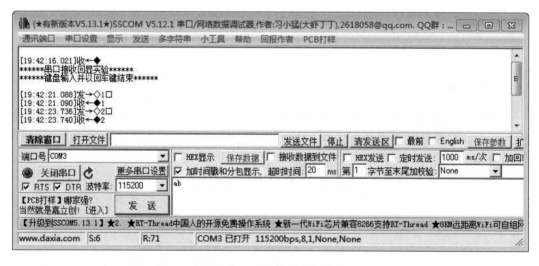

图 10 - 13　串口助手反馈信息

思考题

1. STM32F103ZET6 共有几个串口？分别对应哪些外部引脚？

2. 使用 STM32F103ZET6 的 USART1，如何初始化？

3. 修改例程，实现实验板将接收到的数据加 2 回送。

第11章 基于RS232的控制

在一些控制系统中,采用计算机与单片机构成主从控制系统,计算机作为主机(上位机),而单片机作为从机(下位机),由计算机发出控制命令或数据,单片机接收数据并进行相应的处理或显示,同时计算机也可以接收单片机采集到的数据,然后加以处理并显示,通常采用串口通信。

另外,单片机系统开发时常用以下两种调试方法。

(1)仿真器+计算机。此方式下在集成环境中可以设置断点、运行程序、查变量,进而分析单片机程序的运行状况。

(2)串口调试助手。在没有仿真器时最适合。在程序的某些位置直接使用串口输出信息,用于跟踪调试。

C语言提供了一些标准函数库输入输出函数,如 printf()、scanf()、getchar()、putchar()和 sprintf()等。为了让实验板支持这些函数,需要把 USART 发送和接收函数定向到这些函数的内部。

在串口调试助手输入约定的字符,也可以操控实验板执行任务,如控制 LED 的亮灭及蜂鸣器的鸣叫等。

11.1 使用 STM32CubeMX 生成工程

(1)选择相应的引脚并配置为输出模式,使能 RCC 时钟,LED 引脚初始化为输出低电平,如图 11-1 所示。

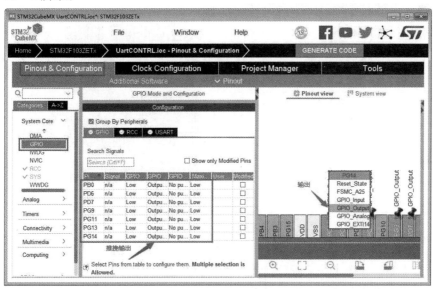

图 11-1 引脚配置

（2）时钟配置，如图 11 - 2 所示。

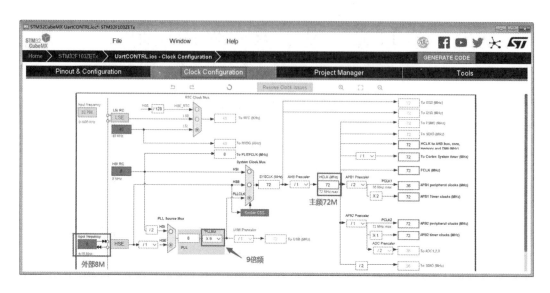

图 11 - 2 时钟配置

（3）设置 USART 参数。选择波特率为 115200 bits/s，字长为 8 位，无校验位，停止位置 1；数据方向为接收和发送，过采样为 16，如图 11 - 3 所示。

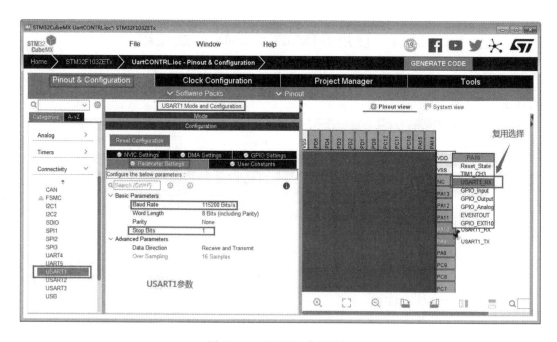

图 11 - 3 USART 参数设置

（4）开启中断。如图 11 - 4 所示，使能 USART1 全局中断。

（5）完成以上设置后，单击"生成代码"按钮生成工程文件。

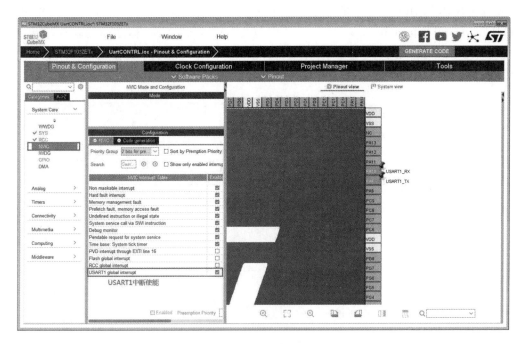

图 11 - 4　开启 USART 中断

11.2　编程关键步骤

下面是编程的关键步骤。

(1)复位外设、配置时钟。

(2)配置串口。

(3)配置 GPIO。

(4)编写重定向函数。

(5)字符判断,GPIO 输出。

11.3　USART 串口指令代码分析

11.3.1　bsp_usart.c 文件内容

用户可自主定义 C 语言库函数,连接器在连接时自动使用这些新的功能函数。这个过程称为重定向 C 语言库函数。对于 USART 串口,库函数 fputc()原本是把字符输出到调试器控制窗口的,但由于把输出设备改成了 USART 串口,基于 fputc()系列函数输出都被重定向到 USART 串口。在代码 11 - 1 中 fputc()的作用是重定向 C 库函数 printf()到

DEBUG_USARTx;int fgetc()的作用是重定向 C 库函数到 getchar()、scanf()到 DEBUG_
USARTx()。在 bsp_debug_usart. h 文件中包含"stdio. h"文件(标准库的输入输出头文
件)。还需要在单击"魔术棒"按钮弹出的对话框的"Target"选项卡选中"Use MicroLIB"复
选框,它默认是 C 库的备份库,如图 11 - 5 所示。

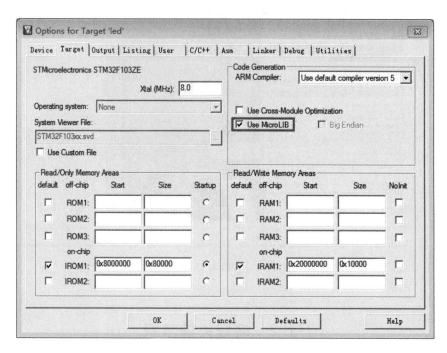

图 11 - 5 选中"Use MicroLIB"复选框

代码 11 - 1 USART 重定向函数

```
01 /* 函数功能:将一个字符写入文件中

02  * 输入参数:ch 要写入的字符,fp 指向 FILE 结构的指针

03  * 返回值:成功,返回该字符;遇到文件尾或读取错误时,返回 EOF( -1)

04  * 说      明:无                    */

05 int fputc(int ch,FILE * f)

06 {

07     HAL_UART_Transmit(&husart_debug,(uint8_t * )&ch,1,0xffff);

08     return ch;

09 }

01 /* 函数功能:从文件中读出一个字符

02  * 输入参数:fp 指向 FILE 结构的指针

03  * 返 回 值:成功,返回该字符;遇到文件尾或读取错误时,返回 EOF( -1)

04  * 说      明:无                    */

05 int fgetc(FILE * f)

06 {

07     uint8_t ch = 0;
```

```
08        HAL_UART_Receive(&husart_debug,&ch,1,0xffff);
09        return ch;
10 }
```

11.3.2　main. c 文件内容

打印指令输入提示信息,提示用户输入指令。

代码 11 - 2　串口打印信息函数

```
01 static void Show_Message(void)
02 {
03        printf("\r\n 串口通信指令控制 LED 或蜂鸣器实验\n");
04        printf("USART1 参数为:% d 8 - E - 1 \n",DEBUG_USARTx_BAUDRATE);
05        printf("指令对应如下:\n");
06        printf("指令 ------ 状态\n");
07        printf(" 1 ------ LED1 状态翻转\n");
08        printf(" 2 ------ LED2 状态翻转\n");
09        printf(" 3 ------ LED3 状态翻转\n");
10        printf(" 4 ------ LED4 状态翻转\n");
11        printf(" 5 ------ LED5 状态翻转\n");
12        printf(" 6 ------ LED6 状态翻转\n");
13        printf(" 7 ------ 蜂鸣器状态\n");
14        printf(" 其他 ------ 关闭 LED 和蜂鸣器\n");
15 }
```

代码 11 - 3　主函数 main( )

```
01 int main(void)
02 {
03        uint8_t ch;
04        HAL_Init();                 //复位所有外设,初始化 Flash 接口和系统滴答定时器
05        SystemClock_Config();       //配置系统时钟
06        MX_DEBUG_USART_Init();      //初始化串口并配置串口中断优先级
07        LED_GPIO_Init();            //LED 初始化
08        BEEP_GPIO_Init();           //蜂鸣器初始化
09        Show_Message();             //打印指令输入提示信息
10        //无限循环
11        for(;;)
12        {
13                ch = getchar();  //获取字符指令
14                printf("接收到字符:% c\n",ch);
15                //根据字符指令控制 LED 与蜂鸣器
16                switch(ch)
17                {
```

```
18              case 1：      //LED1 翻转
19                Show_Message();
20                LED1_TOGGLE；printf（"接收到字符：%c,实现 LED1",ch）；if（GPIOG->
                  IDR&GPIO_PIN_14）{printf("亮\n");}else printf("灭\n");
21                break；
22              case 2：      //LED2 翻转
23                  Show_Message();
24                LED2_TOGGLE；printf（"接收到字符：%c,实现 LED3",ch）；if（GPIOG->
                  IDR&GPIO_PIN_13）{printf("亮\n");}else printf("灭\n");
25                  break；
26              case 3：      //LED3 翻转
27                    Show_Message();
28                LED3_TOGGLE；printf（"接收到字符：%c,实现 LED3",ch）；if（GPIOG->
                  IDR&GPIO_PIN_11）{printf("亮\n");}else printf("灭\n");
29                break；
30              case 4：  //LED4 翻转
31                Show_Message();
32                LED4_TOGGLE；printf（"接收到字符：%c,实现 LED4",ch）；if（GPIOG->
                  IDR&GPIO_PIN_9）{printf("亮\n");}else printf("灭\n");
33                break；
34              case 5：      //LED5 翻转
35                Show_Message();
36                LED5_TOGGLE；printf（"接收到字符：%c,实现 LED5",ch）；if（GPIOD->
                  IDR&GPIO_PIN_6）{printf("亮\n");}else printf("灭\n");
37                break；
38              case 6：      //LED6 翻转
39                Show_Message();
40                LED6_TOGGLE；printf（"接收到字符：%c,实现 LED6",ch）；if（GPIOB->
                  IDR&GPIO_PIN_0）{printf("亮\n");}else printf("灭\n");
41                break；
42              case 7：      //蜂鸣器翻转
43                Show_Message();
44                BEEP_ON；printf（"接收到字符：%c,实现蜂鸣器",ch）；if（GPIOD->
                  IDR&128）{printf("鸣叫\n");}else printf("静音\n");
45                break；
46              default：
47                LED1_OFF；LED2_OFF；LED3_OFF；LED4_OFF；LED5_OFF；LED6_OFF；BEEP_OFF；
48                Show_Message();
49                break；    //关闭 LED 和蜂鸣器
50        }
51      }
52    }
```

　　主函数中定义了一个变量来存放接收到的字符；进行外设复位、配置系统时钟、USART 初始化、LED 和蜂鸣器 I/O 口初始化。Show_Message()用于打印串口指令指示信息。getchar()用于等待获取一个字符，并返回字符，使用 ch 变量保存返回的字符，根据 ch 的内容，使用 switch 语句判断 ch 变量值，并执行相对应的任务。

11.4　运行验证

　　使用合适的 USB 线连接至标识有"调试串口"的 USB 接口，打开串口助手软件，设置参数为 115200 - 8 - 1 - N - N；将 ST - link 正确接至标识有"SWD 调试器"字样的 4 针接口，下载程序至实验板并运行，打开串口调试助手，此时串口调试助手界面如图 11 - 6 所示，根据指示输入相关的指令，可以观察到实验板的 LED 或蜂鸣器改变状态。

图 11 - 6　串口调试助手界面

思考题

　　修改例程，实现 PC 控制实验板。当 PC 发送 1 时，实验板的 6 个 LED 模拟交通运行；当 PC 发送 1 时，实验板的 6 个 LED 模拟流水灯；当 PC 发送 2 时，实验板的 6 个 LED 全部点亮；当 PC 发送 3 时，实验板的 6 个 LED 全部熄灭。

第12章 直接存储器存取 DMA

12.1 DMA

CPU 有转移数据、计算、控制程序转移等功能,系统运作的核心是 CPU,CPU 时刻在处理大量的任务,但有些任务却没有那么重要,如复制数据和存储数据,如果把这部分占用的 CPU 资源拿出来,让 CPU 去处理其他的复杂计算任务,能够更好地利用 CPU 的资源。

DMA(Direct Memory Access,直接存储器访问)就是基于以上设想设计的,它的作用就是解决大量数据转移过度消耗 CPU 资源的问题。正因为有了 DMA,才能使 CPU 更专注于更加实用的操作−计算、控制等。

DMA 将数据从一个地址空间复制到另一个地址空间,提供在外设和存储器之间或者存储器和存储器之间的高速数据传输。当 CPU 初始化这个传输动作后,传输动作本身是由 DMA 控制器来实现和完成的。DMA 传输方式无须 CPU 直接控制传输,也没有中断处理方式那样保留现场和恢复现场的过程,而是通过硬件在存储器与外设间开辟了一条直接传输数据的通道,使得 CPU 的效率大大提高。DMA 最大的优点就是传输数据的过程完全不需要 CPU 参与。

12.2 STM32 的 DMA

DMA 功能框如图 12-1 所示。DMA 的主要特点如下。

(1) 12 个独立的可软件配置的通道(请求),DMA1 有 7 个通道,DMA2 有 5 个通道,如图 12-1 所示。且都直接连接专用的硬件 DMA 请求,每个通道都同样支持软件触发。

(2)在同一个 DMA 模块上,多个请求间的优先权可以通过软件编程设置为 4 级:最高、高、中等和低,优先权设置相等时由硬件决定(请求 0 优先于请求 1,以此类推)。

(3)独立数据源和目标数据区的传输宽度(字节、半字、全字),支持模拟打包和拆包。源和目标地址必须按数据传输宽度对齐。

(4)支持循环的缓冲器管理。

(5)每个通道都有 3 个事件标志(DMA 半传输、DMA 传输完成和 DMA 传输出错),这 3 个事件标志逻辑或成为一个单独的中断请求。

（6）支持存储器和存储器之间的传输、外设和存储器之间的传输。

（7）闪存、SRAM、外设的 SRAM、APB1、APB2 和 AHB 外设均可作为访问的源和目标。

（8）可编程的数据传输数目最大为 65535。

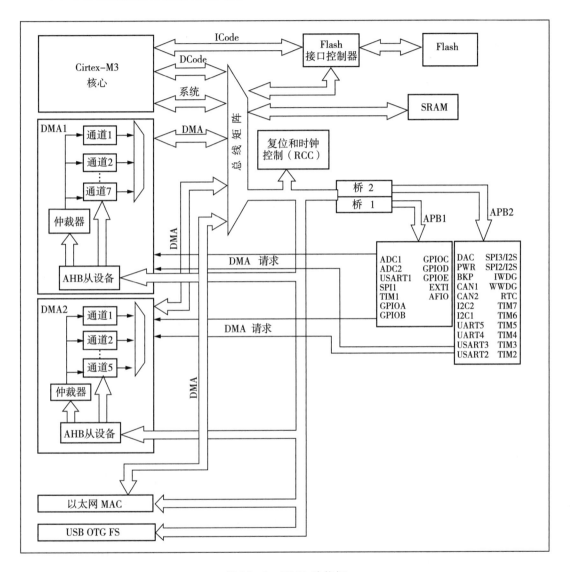

图 12-1　DMA 功能框

DMA 控制器和 Cortex - M3 核心共享系统数据总线，执行直接存储器数据传输。当 CPU 和 DMA 同时访问相同的目标（RAM 或外设）时，DMA 请求会暂停，CPU 访问系统总线若干个周期，总线仲裁器执行循环跳读，以保证 CPU 至少可以得到系统总线一半的带宽。

12.2.1　DMA1 controller（DMA1 控制器）

DMA1 请求映像如图 12-2 所示。

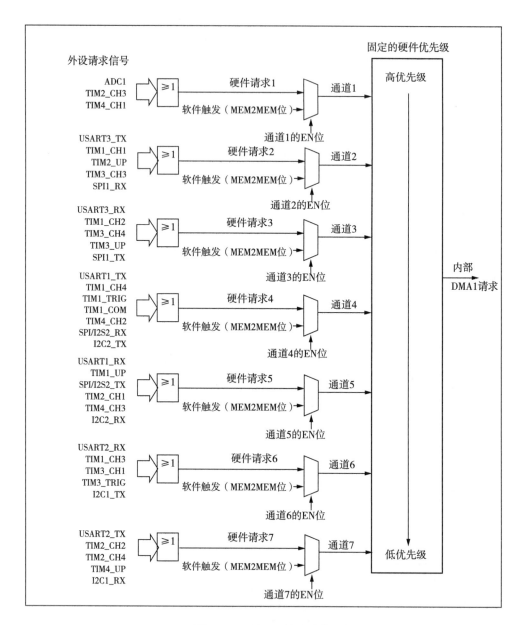

图 12-2 DMA1 请求映像

12.2.2 DMA2 controller(DMA2 控制器,图 12-2)

(1)DMA 处理。在发送一个事件后,外设向 DMA 发送一个请求信号,如图 12-1 中的箭头所示。DMA 控制器根据通道的优先权处理请求。当 DMA 需要开始处理发送请求的外设时,DMA 控制器立即发送给它一个应答信号。外设得到应答信号后,立即释放它的请求,同时 DMA 控制器撤销应答信号。

(2)仲裁器。一个 DMA 控制器对应 8 个数据流,数据流包含要传输数据的源地址、目

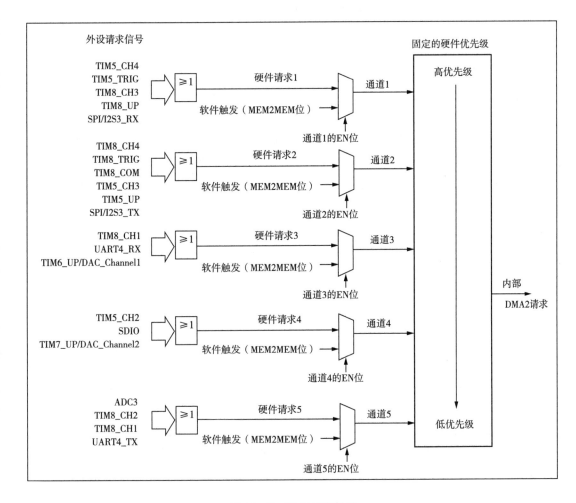

图 12-3　DMA2 控制器

标地址、数据等信息。当需要同时使用同一个 DMA 控制器处理多个外设请求时，必然需要同时使用多个数据流，其中哪个数据流优先，由仲裁器来选定。仲裁器管理数据流的方法分为两个阶段：第一阶段属于软件阶段，在配置数据流时可以通过寄存器设定它的优先级别，可以在 DMA_CCRx 寄存器中设置，有最高优先级、高优先级、中等优先级和低优先级 4 个等级；第二阶段是硬件阶段，如果两个请求有相同的软件优先级，则较低编号的通道比较高编号的通道有较高的优先权。例如，通道 2 优先于通道 4。

（3）DMA 通道。每个通道都可以在由固定地址的外设寄存器和存储器之间执行 DMA 传输，见表 12-1 和表 12-2。可以通过对 DMA_CCRx 寄存器中的 PSIZE 和 MSIZE 位编程设定 DMA 的传输数据量，最大为 65535。DMA 的外设繁多，例如，DMA1 控制器从外设产生 7 个请求，通过逻辑或（如通道 1 的 3 个 DMA 请求，这几个是通过逻辑或到通道 1 的，这样在同一时间，就只能使用其中的一个）输入 DMA1 控制器，此时只有一个请求有效。外设请求通过设置相应外设寄存器中的控制位，可以被独立地开启或关闭。

表 12-1 DMA1 请求一览表

外设	通道 1	通道 2	通道 3	通道 4	通道 5	通道 6	通道 7
ADC1	ADC1						
SPI/I^{2}S		SPI1_RX	SPI1_TX	SPI/I2S2_RX	SPI/I2S2_TX		
USART		USART3_TX	USART3_RX	USART1_TX	USART1_RX	USART2_RX	USART2_TX
I^{2}C				I^{2}C2_TX	I^{2}C2_RX	I^{2}C1_TX	I^{2}C1_RX
TIM1		TIM1_CH1	TIM1_CH2	TIM1_TX4 TIM1_TRIG TIM1_COM	TIM1_UP	TIM1_CH3	
TIM2	TIM2_CH3	TIM2_UP			TIM2_CH1		TIM2_CH2 TIM2_CH4
TIM3		TIM_CH3	TIM3_CH4 TIM3_UP			TIM3_CH1 TIM3_TRIG	
TIM4	TIM4_CH1			TIM4_CH2	TIM4_CH3		TIM4_UP

表 12-2 DMA2 请求一览表

外设	通道 1	通道 2	通道 3	通道 4	通道 5
ADC3[1]					ADC3
SPI/I2S3	SPI/I2S3_RX	SPI/I2S3_TX			
UART4			UART4_RX		UART4_TX
SDIO[1]				SDIO	
TIM5	TIM5_CH4 TIM5_TRIG	TIM5_CH3 TIM5_UP		TIM5_CH2	TIM5_CH1
TIM6/ DAC 通道 1			TIM6_UP/ DAC 通道 1		
TIM7/ DAC 通道 2				TIM7_UP/ DAC 通道 2	
TIM8[1]	TIM8_CH3 TIM8_UP	TIM8_CH4 TIM8_TRIG TIM8_COM	TIM8_CH1		TIM8_CH2

(4)DMA 通道配置过程如下。

① 在 DMA_CPARx 寄存器中设置外设寄存器的地址,作为外设数据传输的源地址或目标地址。

② 在 DMA_CMARx 寄存器中设置数据存储器的地址,当外设数据传输时,此地址用来存放存储器地址。

③ 在 DMA_CNDTRx 寄存器中设置要传输的数据流。在每个数据传输后,这个数值递减。

④ 在 DMA_CCRx 寄存器中的 PL[1∶0]位设置通道的优先级。

⑤ 在 DMA_CCRx 寄存器中设置数据传输的方向、循环模式、外设和存储器的增量模式、外设和存储器的数据宽度、传输一半产生中断或传输完成产生中断。

⑥ 设置 DMA_CCRx 寄存器的 ENABLE 位,启动通道。传输一半数据和传输数据完成后,相应的中断标志位被置 1。

(5)循环模式。这个模式用于处理循环缓冲区和连续的数据传输(如 ADC 的扫描模式)。开启循环模式,在传输完一次后就会自动按照相同配置重新传输,直到控制停止或发生传输错误。在 DMA_CCRx 寄存器中的 CIRC 位开启循环模式这一功能。

(6)存储器到存储器模式。这个模式是在没有外设的情况下进行的。当设置了 DMA_CCRx 寄存器中的 MEN2MEN 位之后,DMA_CCRx 寄存器中的 EN 位启动,DMA 传输马上就会开启。当 DMA_CNDTRx 寄存器变为 0 时,传输结束。此模式不能与循环模式同时使用。

(7)错误管理。当 DMA 发生读写错误时,DMA_IFR 寄存器中对应通道的传输中断标志位(TEIF)将被置 1,如果在 DMA_CCRx 寄存器中设置了传输错误中断允许位,则产生中断。

(8)中断。每个 DMA 都可以在表 12-3 中的中断事件中产生中断。

表 12-3　DMA 中断请求

中断事件	事件标志位	使能控制位
传输过半	HTIF	HTIE
传输完成	TCIF	TCIE
传输错误	TEIF	TEIE

12.3　使用 STM32CubeMX 生成工程

(1)引脚配置,如图 12-4 所示。在这里选 3 个 LED 作为 DMA 传输的提示,LED1～LED3 分别作为传输成功、传输出错、未进行传输 3 种状态的指示。

(2)时钟配置,如图 12-5 所示。

(3) DMA 配置,如图 12-6 所示。在"DMA1"选项中单击"Add"按钮,选择"MEMTOMEM"选项,即存储器到存储器的 DMA 传输。选择通道 1,优先权为高,单击"生成代码"生成工程文件。

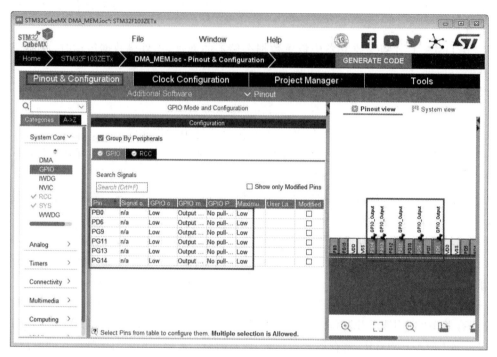

图 12-4　引脚配置

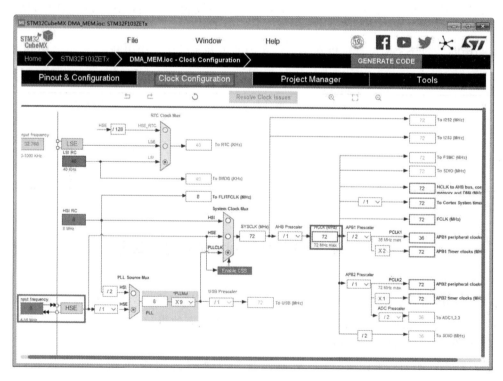

图 12-5　时钟配置

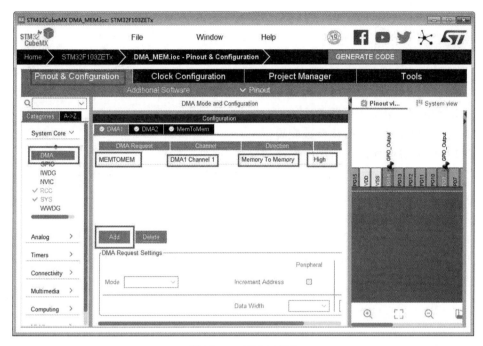

图 12 - 6　DMA 配置

12.4　编程关键步骤

下面是 DMA 编程关键步骤。

（1）复位外设、配置时钟。

（2）DMA 初始化。

（3）配置 DMA 数据流参数。

（4）开始传输。

（5）等待传输完成，并对源数据和目标地址数据进行比较。

12.5　DMA 外设结构体分析

HAL 库函数对每个 DMA 外设都建立了一个 DMA 结构体，包含这个外设的全部配置。

代码 12 - 1　DMA 结构体

```
01typedef struct__DMA_HandleTypeDef{
02      DMA_Channel_TypeDef      * Instance;
03      DMA_InitTypeDef          Init;
04      HAL_LockTypeDef          Lock;
05      HAL_DMA_StateTypeDef     State;
06      void * Parent;
```

```
07        void( * XferCpltCallback)(struct__DMA_HandleTypeDef * hdma);
08        void( * XferHalfCpltCallback)(struct__DMA_HandleTypeDef * hdma);
09        void( * XferErrorCallback)(struct__DMA_HandleTypeDef * hdma);
10        __IO uint32_t ErrorCode;
11 }DMA_HandleTypeDef;
```

（1）Instance：DMA 寄存器基地址。

（2）Init：DMA 通信初始化参数配置。

（3）Lock：对资源性操作增加操作锁的保护。

（4）State：DMA 传输状态，通过不同状态的设定，实现各种方式的传输。

（5）一些回调的指针和变量，用于实现回调函数。

（6）ErrorCode：错误代码。

初始化配置结构体，见代码 12-2，结构体 DMA_InitTypeDef 中各个成员用于设置工作参数，并在 MX_DMA_Init()调用这些设定参数进入设置外设相应的寄存器，达到配置外设工作环境的目的。

代码 12-2　DMA 参数配置

```
01typedef struct{
02        uint32_t Direction;                    //方向
03        uint32_t PeriphInc;                    //外设寄存器自增
04        uint32_t MemInc;                       //内存自增
05        uint32_t PeriphDataAlignment;          //寄存器数据对齐
06        uint32_t MemDataAlignment;             //内存数据对齐
07        uint32_t Mode;                         //模式
08        uint32_t Priority;                     //优先级
09}DMA_InitTypeDef;
```

（1）Direction：传输方向，分别由外设到存储器、存储器到外设和存储器到存储器 3 种传输方向，根据工程要求来选择传输方向。

（2）PeriphInc：配置外设地址寄存器是否要自动递增，这里配置为递增。

（3）MemInc：使能存储器地址自动递增功能。自定义的存储器一般存放多个数据，所以使能存储器地址自动递增功能。

（4）PeriphDataAlignment：外设数据长度调整，字节、字和半字有 3 种选择。

（5）MemDataAlignment：存储器数据字长调整。

（6）Mode：配置传输模式，配置为常规类型。

（7）Priority：优先权。

12.6　内存数据复制代码分析

12.6.1　DMA 相关变量定义

在代码 12-3 中，SRC_Const_Buffer[32]用来存放源数据，const 关键字使得变量存储在内部 Flash 空间。枚举分别定义传输成功和传输失败的状态。

代码 12 - 3　相关变量定义

```
01 typedefenum {
02      FAILED = 0,
03      PASSED = ！FAILED
04}TestStatus;
05 DMA_HandleTypeDef   hdma_memtomem_dma1_channel1;
06 static const uint32_t SRC_Const_Buffer[32] = {
07      0x11110304,0x05060708,0x0902330C,0x0D0ACD10,
08      0x11122545,0x15161718,0x191A1B1C,0x1F1E1F20,
09      0x21552324,0x25262728,0x292A2B2C,0x2D2E2AA0,
10      0x31778834,0x35363738,0x32234B3C,0x3D3E3F40,
11      0x41424344,0x45464748,0x494A4B4C,0x41234F50,
12      0x51345354,0x55512589,0x595AAB5C,0x5D5E5F60,
13      0x61628364,0x65666768,0xABCEDB6C,0x6D456F70,
14      0x71567374,0x75763458,0x797A7B7C,0x7D7AAF80
15 };
16 uint32_t DST_Buffer[32];
17__IO TestStatus TransferStatus = FAILED;
```

12.6.2　DMA 初始化函数

代码 12 - 3 对 DMA 的各成员进行了定义,代码 12 - 4 对各成员赋值,使能 DMA1 控制器的时钟,选择 DMA1 通道 1 的地址,对 DMA_InitTypeDef 结构体中的成员进行操作,配置相关寄存器,最后初始化 DMA。

代码 12 - 4　DMA 初始化

```
01void MX_DMA_Init(void)
02{
03      __HAL_RCC_DMA1_CLK_ENABLE();//使能 DMA 控制器时钟
04      //配置 DMA 通道工作方式
05      hdma_memtomem_dma1_channel1.Instance = DMA1_Channel1;
06      hdma_memtomem_dma1_channel1.Init.Direction = DMA_MEMORY_TO_MEMORY;
07      hdma_memtomem_dma1_channel1.Init.PeriphInc = DMA_PINC_ENABLE;
08      hdma_memtomem_dma1_channel1.Init.MemInc = DMA_MINC_ENABLE;
09      hdma_memtomem_dma1_channel1.Init.PeriphDataAlignment = DMA_PDATAALIGN_WORD;
10      hdma_memtomem_dma1_channel1.Init.MemDataAlignment = DMA_MDATAALIGN_WORD;
11      hdma_memtomem_dma1_channel1.Init.Mode = DMA_NORMAL;
12      hdma_memtomem_dma1_channel1.Init.Priority = DMA_PRIORITY_HIGH;
13      HAL_DMA_Init(&hdma_memtomem_dma1_channel1);
14 }
```

12.6.3 数据源比较函数

判断指定长度的两个数据源是否完全相等。

代码 12-5 两个数据源比较函数

```
01 TestStatus Buffercmp(const uint32_t  * pBuffer,uint32_t  * pBuffer1,uint16_t BufferLength)
02 {
03     while(BufferLength - - )//数据长度递减
04     {
05         if( * pBuffer！= * pBuffer1){return FAILED;}//判断两个数据是否相等
06         //递增两个数据源的地址指针
07         pBuffer + + ;
08         pBuffer1 + + ;
09     }
10     return PASSED;
11 }
```

12.6.4 主函数

根据 3 个 LED 的亮灭来判断传输的结果。为了判断不同的传输状态:首先声明一个结构体变量 hal_status;然后复位外设、初始化 Flash 接口和系统滴答定时;接着对 LED 初始化,从而配置时钟初始化 DMA 后,启动 DMA 并开始传输,将状态保存在 hal_status 中,最后判断状态是否传输完成,完成后检查发送和接收的数据是否相等,根据 3 个 LED 的状态判断 DMA 存储器到存储器的传输。

代码 12-6 主函数 main()

```
01 int main(void)
02 {
03     HAL_StatusTypeDef hal_status;
04     HAL_Init();                    //复位所有外设,初始化 Flash 接口和系统滴答定时器
05     SystemClock_Config();          //配置系统时钟
06     LED_GPIO_Init();               //LED 初始化
07     MX_DMA_Init();                 //DMA 初始化
08     hal_status = HAL_DMA_Start(&hdma_memtomem_dma1_channel1,
09     (uint32_t)&SRC_Const_Buffer,(uint32_t)&DST_Buffer,32);
10     if(hal_status = = HAL_OK)
11     {
12             TransferStatus = Buffercmp(SRC_Const_Buffer,DST_Buffer,32);//检查数据是否相等
13             if(TransferStatus = = PASSED)
14             {for(;;){LED1_ON;HAL_Delay(500);LED1_OFF;HAL_Delay(500);}}//如果相同的,则通过
15             else for(;;){LED2_ON;HAL_Delay(500);LED2_OFF;HAL_Delay(500);}}//如果不同,则
                传输出错
16     }
```

```
17    else for(;;){LED3_ON;HAL_Delay(500);LED3_OFF;HAL_Delay(500);}//未启动
18}
```

12.7　运行验证

使用合适的 USB 线连接至标识有"调试串口"的 USB 接口,打开串口助手软件,设置参数为 115200 - 8 - 1 - N - N;将 ST - link 正确接至标识有"SWD 调试器"字样的 4 针接口,下载程序至实验板并运行。可以观察到,如果 LED1 是闪烁的,说明传输通过;如果 LED2 是闪烁的,说明传输出错;如果 LED3 是闪烁的,说明 DMA 启动函数的返回值不对。

思考题

1. 简述 DMA 的特点。
2. 简述 DMA 通道配置的步骤。

第 13 章　使用 DMA 的 RS232 通信

USART 的数据收发通常可由微控制器控制 USART 的内部 FIFO 来完成。但不论是以中断还是以查询的形式，即使在其 FIFO 的最大有效利用时，运行过程中总是会占用微控制器的时间。在实际应用中，当串口数据包量较大时，USART 的发送过程会占用微控制器很长时间，其中大多数时间可能是在等待数据传输的完成。为了节省这段时间，提高微控制器的使用效率，以完成更多的数据处理，可以使用 DMA 控制器，不经过 CPU 而直接从内存中存取数据。当 USART 使用 DMA 控制器控制发送过程时，微控制器会将发送的控制权交给 DMA 硬件控制器，从而在数据发送的时间中去处理其他事务。

13.1　DMA 存储器到外设模式

利用 DMA 存储器到外设传输模式可以非常方便地把存储器中的数据传输到外设数据寄存器中。RS232 串口通信是常用的实验板与 PC 端通信的方法，可以使用 DMA 传输把指定存储器数据转移到 USART 寄存器内，并发送至 PC 端，由串口调试助手显示。DMA 控制器与片内外设关联关系参见 12.2 节的图 12-2 和图 12-3。

13.2　使用 STM32CubeMX 生成工程

（1）LED 驱动脚配置，如图 13-1 所示。

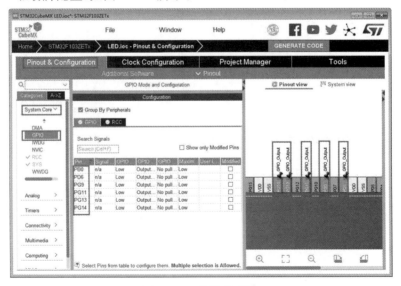

图 13-1　外设及引脚

（2）USART 配置，如图 13－2 所示。

图 13－2　USART 配置

（3）使能中断，使用回调完成串口数据的接收，如图 13－3 所示。

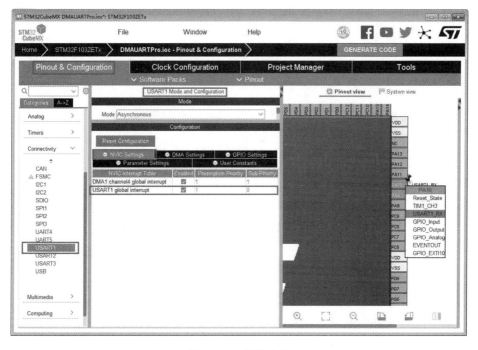

图 13－3　使能中断

（4）DMA 配置。根据 USART 发送端选择 DMA 通道。单击"Add"按钮，设置发送端启用 DMA 传输通道、方向及优先权，传输模式为循环模式，如图 13－4 所示，单击"生成代码"按钮生成工程文件。

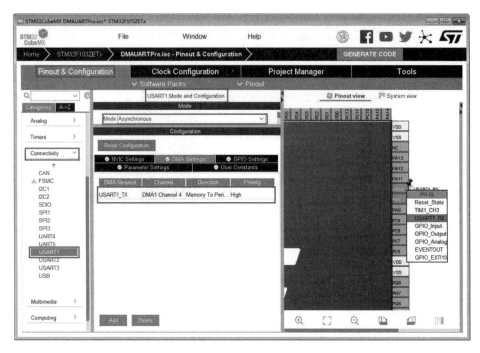

图 13－4　DMA 配置

13.3　编程关键步骤

下面是编程关键步骤。

（1）由内存到外设配置 DMA 传输数据。

（2）配置中断。

（3）填充并发送数据。

13.4　DMA 存储器到外设代码分析

13.4.1　bsp_usartx. h 文件内容

bsp_usartx. h 文件中主要是相关的宏定义及一些变量和函数的声明。宏定义见代码 13－1。查阅表 12－1 可知 USART1_TX 对应 DMA1 通道 4。

代码 13－1　宏定义

```
01 # define USARTx                                    USART1
```

```
02 #define USARTx_BAUDRATE                    115200
03 #define USART_RCC_CLK_ENABLE()             __HAL_RCC_USART1_CLK_ENABLE()
04 #define USART_RCC_CLK_DISABLE()            __HAL_RCC_USART1_CLK_DISABLE()
05 #define USARTx_GPIO_ClK_ENABLE()           __HAL_RCC_GPIOA_CLK_ENABLE()
06 #define USARTx_Tx_GPIO_PIN                 GPIO_PIN_9
07 #define USARTx_Tx_GPIO                     GPIOA
08 #define USARTx_Rx_GPIO_PIN                 GPIO_PIN_10
09 #define USARTx_Rx_GPIO                     GPIOA
10 #define USARTx_IRQHANDLER                  USART1_IRQHandle
11 #define USARTx_IRQn                        USART1_IRQn
12 //串口 DMA 相关
13 #define USARTx_DMAx_CHANNELn               DMA1_Channel4
14 #define USARTx_RCC_DMAx_CLK_ENABLE()       __HAL_RCC_DMA1_CLK_ENABLE()
15 #define USARTx_DMAx_CHANNELn_IRQn          MA1_Channel4_IRQn
16 #define USARTx_DMAx_CHANNELn_IRQHANDLER    DMA1_Channel4_IRQHandler
```

13.4.2　bsp_usartx.c 文件内容

代码 13 - 2　串口 DMA 传输初始化

```
01 void HAL_UART_MspInit(UART_HandleTypeDef  * huart)
02 {
03   GPIO_InitTypeDef GPIO_InitStruct;
04   if(huart - >Instance = = USARTx)
05   {
06     USART_RCC_CLK_ENABLE();//串口外设时钟使能
07     //串口外设功能 GPIO 配置
08     GPIO_InitStruct.Pin = USARTx_Tx_GPIO_PIN;
09     GPIO_InitStruct.Mode = GPIO_MODE_AF_PP;
10     GPIO_InitStruct.Speed = GPIO_SPEED_FREQ_HIGH;
11     HAL_GPIO_Init(USARTx_Tx_GPIO,&GPIO_InitStruct);
12     GPIO_InitStruct.Pin = USARTx_Rx_GPIO_PIN;
13     GPIO_InitStruct.Mode = GPIO_MODE_INPUT;
14     GPIO_InitStruct.Pull = GPIO_NOPULL;
15     HAL_GPIO_Init(USARTx_Rx_GPIO,&GPIO_InitStruct);
16     //初始化 DMA 外设
17     hdma_usartx_tx.Instance = USARTx_DMAx_CHANNELn;
18     hdma_usartx_tx.Init.Direction = DMA_MEMORY_TO_PERIPH;
19     hdma_usartx_tx.Init.PeriphInc = DMA_PINC_DISABLE;
20     hdma_usartx_tx.Init.MemInc = DMA_MINC_ENABLE;
21     hdma_usartx_tx.Init.PeriphDataAlignment = DMA_PDATAALIGN_BYTE;
22     hdma_usartx_tx.Init.MemDataAlignment = DMA_MDATAALIGN_BYTE;
23     hdma_usartx_tx.Init.Mode = DMA_CIRCULAR;
```

```
24          hdma_usartx_tx. Init. Priority = DMA_PRIORITY_HIGH;
25          HAL_DMA_Init(&hdma_usartx_tx);
26          __HAL_LINKDMA(huart,hdmatx,hdma_usartx_tx);
27 }
28}
```

（1）串口 DMA 传输配置

USART1_TX 线对应的引脚配置：将模式设置为复用推挽模式；引脚速度设定为高速；初始化引脚。

USART1_RX 线对应的引脚配置：浮空输入模式；无上下拉模式；初始化引脚。

DMA 外设各项参数的设定：传输方向设定为存储器到外设方向；外设地址自增不使能，这是因为 USART 有固定的 DMA 通道，USART 数据寄存器地址也是固定的；存储器地址使用自动递增，采用循环发送模式；调用 HAL_DMA_Init()完成 DMA 数据流初始化。

（2）中断初始化

代码 13-3 设定了中断优先级，然后使能中断。中断开启后，调用特定的函数即可进入中断，在主函数中会有说明。

代码 13-3　中断初始化

```
01static void MX_NVIC_USARTx_Init(void)
02{
03  HAL_NVIC_SetPriority(USARTx_IRQn,1,0);
04  HAL_NVIC_EnableIRQ(USARTx_IRQn);
05  HAL_NVIC_SetPriority(DMA1_Channel4_IRQn,1,1);
06  HAL_NVIC_EnableIRQ(DMA1_Channel4_IRQn);
07 }
```

（3）串口参数配置

代码 13-4 为开启串口功能引脚的时钟和串口 DMA 时钟，初始化 UART 及初始化中断。

代码 13-4　串口参数配置

```
01void MX_USARTx_Init(void)
02{
03  USARTx_GPIO_ClK_ENABLE();        //使能串口功能引脚 GPIO 时钟
04  USARTx_RCC_DMAx_CLK_ENABLE();   //使能串口 DMA 时钟
05  husartx. Instance = USARTx;
06  husartx. Init. BaudRate = USARTx_BAUDRATE;
07  husartx. Init. WordLength = UART_WORDLENGTH_8B;
08  husartx. Init. StopBits = UART_STOPBITS_1;
09  husartx. Init. Parity = UART_PARITY_NONE;
10  husartx. Init. Mode = UART_MODE_TX_RX;
11  husartx. Init. HwFlowCtl = UART_HWCONTROL_NONE;
12  husartx. Init. OverSampling = UART_OVERSAMPLING_16;
```

```
13  HAL_UART_Init(&husartx);
14  //配置串口中断并使能,需要放在 HAL_UART_Init()函数后执行修改才有效
15  MX_NVIC_USARTx_Init();
16 }
```

13.4.3　main.c 文件内容

代码 13-5 为主函数。首先进行一些基本配置和初始化函数的调用。使用 TxBuffer[]
来存放数据,调用 HAL_UART_Transmit_DMA()发送数据到计算机端。调用 HAL_
UART_Receive_IT()使能接收数据,由 HAL_UART_RxCpltCallback()回调函数实现中断
服务。

代码 13-5　main( )

```
01 #define SENDBUFF_SIZE                16              // 串口 DMA 发送缓冲区大小
02 uint8_t Buffer_Rx;                                  // 接收数据
03 uint8_t TxBuffer[SENDBUFF_SIZE];                    // 串口 DMA 发送缓冲区
04 int main(void)
05 {
06   uint16_t i;
07   HAL_Init();                    //复位所有外设,初始化 Flash 接口和系统滴答定时器
08   SystemClock_Config();          //配置系统时钟
09   BEEP_GPIO_Init();              //板载蜂鸣器初始化
10   LED_GPIO_Init();              //初始化 LED
11   MX_USARTx_Init();              //初始化串口并配置串口中断优先级
12   for(i=0;i<SENDBUFF_SIZE;i++){TxBuffer[i]='T';}    //填充将要发送的数据
13   HAL_UART_Receive_IT(&husartx,&RxBuffer,1);        //使能接收,进入中断回调函数
14   HAL_UART_Transmit_DMA(&husartx,TxBuffer,SENDBUFF_SIZE); //使用 DMA 传输数据到计算机端
15   for(;;)                        //无限循环,串口使用 DMA 传输数据不占用 CPU,可以正常运行其他
                                    函数
16   {
17       BEEP_ON;HAL_Delay(10);BEEP_OFF;              //延时一小段时间,实现发声
18       LED6_ON;HAL_Delay(500);
19       LED6_OFF;HAL_Delay(500);
20   }
21 }
```

代码 13-6　回调函数

```
01 void HAL_UART_RxCpltCallback(UART_HandleTypeDef * UartHandle)
02 {
03   HAL_UART_Transmit(&husartx,&RxBuffer,1,0);
04   HAL_UART_Receive_IT(&husartx,&RxBuffer,1);
05 }
```

13.5 运行验证

使用合适的 USB 线连接至标识有"调试串口"的 USB 接口,在计算机端打开串口助手软件,设置参数为 115200 - 8 - 1 - N - N,打开串口;将 ST - link 正确接至标识有"SWD 调试器"字样的 4 针接口,下载程序至实验板并运行;计算机端打开串口调试助手,可以观察到图 13 - 5 的串口调试助手界面,在数据接收区一直不停地接收"T",实验板给出声光提示。即使在 MDK 下暂停了程序,数据发送也没有停止,说明数据发送无须 CPU 参与。

图 13 - 5 串口调试助手界面

思考题

使用 DMA 的 RS232 通信,使用 STM32CubeMX 生成工程需要做哪些配置?其中,DMA 的作用是什么?

第 14 章　RS485 通信

14.1　RS485 通信简介

　　RS485 是一种半双工、全双工异步通信总线,是为弥补 RS232 通信距离短、速率低等缺点而产生的。1983 年美国电子工业协会(Electronic Industries Association,EIA)制定并发布 RS485 批准,后经通信工业协会(Telecommunication Industries Association,TIA)修订后命名为 TIA/EIA‐485‐A,习惯上仍称为 RS485 标准。RS485 标准只规定了平衡发送器和接收器的电气特性,而没有规定接插件、传输电缆和应用层通信协议。协议、时序、串行或并行数据及链路全部由设计者或更高层协议定义。RS485 标准信号采用差分传输方式(Differential Driver Mode)。差分传输方式也称为平衡传输方式,它具有较强的共模干扰抑制能力。RS485 最大的通信距离约为 1219m,最大传输速率为 10Mbit/s,传输速率与传输距离成反比,在 100Kbit/s 的传输速率下,能达到最大的通信距离。

　　RS485 与后续的 CAN 类似,也是一种工业控制环境中常用的通信协议,它由 RS232 协议改进而来,在通信距离为几十米到上千米时,广泛采用 RS485 串行总线标准。与 RS232 相比,RS485 更适用于多点互连时的情况,这样可以省掉许多信号线。结点数主要根据接收器输入阻抗而定。根据规定,标准 RS485 接口的输入阻抗不小于 12KΩ,终端匹配电阻位为 120Ω。RS485 通信网络图如图 14‐1 所示。

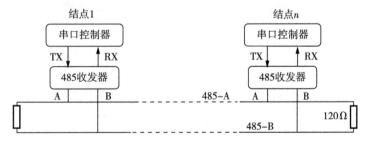

图 14‐1　RS485 通信网络图

　　RS485 与后续的 CAN 通信网络类似,每个结点都是由一个通信控制器和一个收发器组成,在 RS485 通信网络中,结点中的串口控制器使用 RX 和 TX 信号线连接到收发器上,而收发器通过差分线连接网络总线。串口控制器与收发器之间一般使用 TTL 信号传输,收发器与总线则是用差分信号来传输的。发送时,当 AB 两线间的电压差为 −6～−2V 时,表示逻辑"0";当两线间的电压差为 2～6V 时,表示逻辑"1"。接收时,当 AB 两线间的电压差小于 −0.2V 时表示逻辑"0";当 AB 两线间的电压差大于 0.2V 时,表示逻辑"1"。

14.2 RS485 通信应用电路设计

使用 MAX485 芯片实现与 STM32 接口兼容,同时还需要 PB2 口作为发送和接收使能线,当 PB2 为高电平时使能 RS485 发送功能,为低电平时允许接收数据。RS485 应用电路如图 14-2 所示,电路中 $R57$ 为终端匹配电阻,而 $R33$ 和 $R35$ 为两个偏置电阻,以保证非通信状态时,RS485 总线维持逻辑 1。

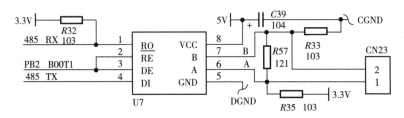

图 14-2 RS485 应用电路

实验板使用 USART3 连接 MAX485,因此需要配置 USART3。

14.3 使用 STM32CubeMX 生成工程

(1) USART3 配置,如图 14-3 所示。

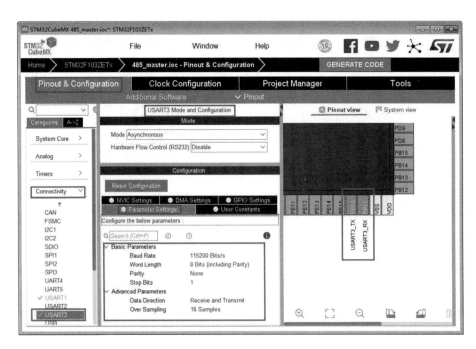

图 14-3 USART3 配置

（2）MAX485 的收发控制及 LED、KEY 和 BEEP 的引脚配置如图 14 - 4 所示。

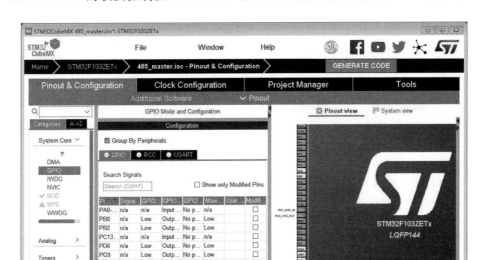

图 14 - 4　MAX485 的收发控制及 LED、KEY 和 BEEP 的引脚配置

双机 RS485 通信，双机均按上述配置，单击"生成代码"按钮生成工程文件。

14.4　RS485 通信编程关键步骤

下面是 RS485 通信编程关键步骤。

（1）配置 RS485、LED、KEY 和通信使用的 USART3 外设及使能线引脚 PB2。

（2）对使能发送和接收的引脚状态进行宏定义。

（3）在循环中进行数据的发送和接收。

14.5　RS485 通信代码分析

14.5.1　bsp_usartx_RS485.h 文件内容

代码 14 - 1　USART3 的相关宏定义

```
01 #ifndef__BSP_USARTX_RS485_H__
02 #define__BSP_USARTX_RS485_H__
/* 包含头文件-------------------------------------------------------- */
```

```
03 # include "stm32f1xx_hal.h"
/* 宏定义 ———————————————————————————————————— */
04 # define RS485_USARTx                    USART3
05 # define RS485_USARTx_BAUDRATE           115200
06 # define RS485_USART_RCC_CLK_ENABLE()    __HAL_RCC_USART3_CLK_ENABLE()
07 # define RS485_USART_RCC_CLK_DISABLE()   __HAL_RCC_USART3_CLK_DISABLE()
08 # define RS485_USARTx_GPIO_ClK_ENABLE()  __HAL_RCC_GPIOB_CLK_ENABLE()
09 # define RS485_USARTx_PORT               GPIOB
10 # define RS485_USARTx_Tx_PIN             GPIO_PIN_10
11 # define RS485_USARTx_Rx_PIN             GPIO_PIN_11
12 # define RS485_REDE_GPIO_ClK_ENABLE()    __HAL_RCC_GPIOB_CLK_ENABLE()
13 # define RS485_REDE_PORT                 GPIOB
14 # define RS485_REDE_PIN                  GPIO_PIN_2
15 # define RS485_RX_MODE()  HAL_GPIO_WritePin(RS485_REDE_PORT,RS485_REDE_PIN,GPIO_PIN_RESET)
16 # define RS485_TX_MODE()  HAL_GPIO_WritePin(RS485_REDE_PORT,RS485_REDE_PIN,GPIO_PIN_SET)
/* 扩展变量 ———————————————————————————————————— */
17 extern UART_HandleTypeDef husartx_rs485;
/* 函数声明 ———————————————————————————————————— */
18 # endif /* __BSP_USARTX_RS485_H__ */
```

14.5.2 bsp_usartx_RS485.c 文件内容

代码 14-2　RS485 通信功能引脚 GPIO 初始化

```
01 /* 函数功能:RS485 通信功能引脚 GPIO 初始化
02  * 输入参数:无
03  * 返回值:无
04  * 说明:无      */
05 UART_HandleTypeDef husartx_RS485;
06 void RS485_GPIO_Init(void)
07 {
08       GPIO_InitTypeDef GPIO_InitStruct;
09       RS485_USART_RCC_CLK_ENABLE();//串口外设时钟使能
10       RS485_USARTx_GPIO_ClK_ENABLE();//GPIO 外设时钟使能
11       RS485_REDE_GPIO_ClK_ENABLE();//控制引脚时钟使能
12       //串口外设功能 GPIO 配置
13       GPIO_InitStruct.Pin = RS485_USARTx_Tx_PIN;
14       GPIO_InitStruct.Mode = GPIO_MODE_AF_PP;
15       GPIO_InitStruct.Speed = GPIO_SPEED_FREQ_HIGH;
16       HAL_GPIO_Init(RS485_USARTx_PORT,&GPIO_InitStruct);
17       GPIO_InitStruct.Pin = RS485_USARTx_Rx_PIN;
18       GPIO_InitStruct.Mode = GPIO_MODE_INPUT;
19       GPIO_InitStruct.Pull = GPIO_NOPULL;
```

```
20      HAL_GPIO_Init(RS485_USARTx_PORT,&GPIO_InitStruct);
21      //MAX485E 发送数据使能控制引脚初始化
22      HAL_GPIO_WritePin(RS485_REDE_PORT,RS485_REDE_PIN,GPIO_PIN_RESET);
23      GPIO_InitStruct.Pin = RS485_REDE_PIN;
24      GPIO_InitStruct.Speed = GPIO_SPEED_FREQ_HIGH;
25      HAL_GPIO_Init(RS485_REDE_PORT,&GPIO_InitStruct);
26 }
```

代码 14-3　串口参数配置

```
01 /*  函数功能:串口参数配置
02  *  输入参数:无
03  *  返回值:无
04  *  说明:无         */
05 void RS485_USARTx_Init(void)
06 {
07      RS485_GPIO_Init();//RS485 通信功能引脚 GPIO 初始化
08      husartx_rs485.Instance = RS485_USARTx;
09      husartx_rs485.Init.BaudRate = RS485_USARTx_BAUDRATE;
10      husartx_rs485.Init.WordLength = UART_WORDLENGTH_8B;
11      husartx_rs485.Init.StopBits = UART_STOPBITS_1;
12      husartx_rs485.Init.Parity = UART_PARITY_NONE;
13      husartx_rs485.Init.Mode = UART_MODE_TX_RX;
14      husartx_rs485.Init.HwFlowCtl = UART_HWCONTROL_NONE;
15      husartx_rs485.Init.OverSampling = UART_OVERSAMPLING_16;
16      HAL_UART_Init(&husartx_rs485);
17 }
```

使用 USART3、PB2 控制 MAX485 芯片收发方向,设为推挽输出模式。

14.5.3　主机侧的 mian.c 文件内容

代码 14-4　主机侧主函数 main()

```
01 int main(void)
02 {
03      uint8_t temp = 0;
04      HAL_Init();                    //复位所有外设,初始化 Flash 接口和系统滴答定时器
05      SystemClock_Config();          //配置系统时钟
06      MX_DEBUG_USART_Init();         //初始化串口并配置串口中断优先级
07      RS485_USARTx_Init();           //串口功能初始化
08      LED_GPIO_Init();               //板载 LED 初始化
09      BEEP_GPIO_Init();              //板载蜂鸣器初始化
10      KEY_GPIO_Init();               //板载按键初始化
11      for(;;)                        //无限循环
```

```
12          {
13                          if(KEY1_StateRead()= =KEY_DOWN)
14                          {
15                              LED1_TOGGLE;
16                              LED2_TOGGLE;
17                              LED3_TOGGLE;
18                              LED4_TOGGLE;
19                              LED5_TOGGLE;
20                              LED6_TOGGLE;
21                              if(temp)temp=0;else temp=1;
22                              RS485_TX_MODE();  //进入发送模式
23                                      //发送数据,轮询直到发送数据完毕
24                              if(HAL_UART_Transmit(&husartx_rs485,&temp,1,0xFFFF)= =HAL_OK)
25                              {
26                                  while(__HAL_UART_GET_FLAG(&husartx_rs485,UART_FLAG_TC)! =1);
                                        //查询
27                              }
28                          }
29          }
30 }
```

14.5.4 从机侧的 mian.c 文件内容

代码 14-5 从机侧主函数 main()

```
01 int main(void)
02 {
03     uint8_t temp=0;
04     HAL_Init();                   //复位所有外设,初始化 Flash 接口和系统滴答定时器
05     SystemClock_Config();         //配置系统时钟
06     MX_DEBUG_USART_Init();        //初始化串口并配置串口中断优先级
07     RS485_USARTx_Init();          //串口功能初始化
08     LED_GPIO_Init();              //板载 LED 初始化
09     BEEP_GPIO_Init();             //板载蜂鸣器初始化
10     KEY_GPIO_Init();              //板载按键初始化
11     for(;;)
12     {
13         RS485_RX_MODE();          //进入接收模式
14         while(__HAL_UART_GET_FLAG(&husartx_rs485,USART_FLAG_RXNE)! =1);
                                      //轮询直到 RS485 接收到数据
15         HAL_UART_Receive(&husartx_rs485,&temp,1,0xFFFF);
16         if(temp)
17         {
```

```
18          LED1_ON;LED2_ON;LED3_ON;LED4_ON;LED5_ON;LED6_ON;
19          BEEP_ON;
20      }
21      else
22      {
23          LED1_OFF;LED2_OFF;LED3_OFF;LED4_OFF;LED5_OFF;LED6_OFF;
24          BEEP_OFF;
25      }
26   }
27 }
```

　　无限循环中,检测按键 1,如果按键 1 动作,翻转 LED1～LED6 和变量 temp,然后发送 temp 给从机,从机接收后做出响应。

14.6　运行验证

　　将两块实验板的标识有"RS485"两个端口同名端子连接;使用合适的 USB 线连接至标识有"调试串口"的 USB 接口,在计算机端打开串口助手软件,设置参数为 115200 - 8 - 1 - N - N,打开串口;将 ST - link 正确接至标识有"SWD 调试器"字样的 4 针接口,分别下载"主机端""从机端"程序至两块实验板,采用 USB 供电,触压主机的按键 1,观察从机的响应。

思考题

简述 RS485 与 RS232 的区别及联系。

第15章　CAN通信

15.1　CAN简介

CAN(Controller Area Network,控制器局域网)总线协议是由德国BOSCH(博世)公司于1986年成功开发的一种基于消息广播模式的串行通信总线。所谓总线,即它上面可以挂多个器件。CAN总线最初用于实现汽车内ECU(Electronic Control Uint,电子控制单元)之间可靠的通信,因其简单、实用、可靠等特点,被推广应用于工业自动化、船舶、医疗等其他领域。相比于其他网络类型,如局域网LAN(Local Area Network)、广域网WAN(Wide Area Network)和个人网PAN(Personal Area Network)等,CAN更适合应用于现场控制领域。

CAN总线是一种多主控(Multi-Master)的总线系统。它不同于USB或以太网等传统总线系统,能在总线控制器的协调下,实现A结点到B结点大量数据传输;CAN网络的消息是广播式的,即在同一时刻网络上所有结点侦测的数据是一致的,因此特别适合传输短消息(如控制、温度、转速等)。

CAN起初由BOSCH公司提出,后经ISO(International Organization for Standardization,国际标准化组织)确认为国际标准,根据特性差异又分为不同子标准。CAN国际标准只涉及OSI(Open System Interconnection Reference Model,开放式通信系统参考模型)的物理层和数据链路层,上层协议是在CAN标准基础上定义的应用层,市场上有不同的应用层标准。

15.1.1　发展历史

下面是CAN总线发展历史。

1983年,BOSCH公司开始着手开发CAN总线。

1986年,在SAE会议上,CAN总线正式发布。

1987年,Intel和Philips推出第一款CAN控制器芯片。

1991年,奔驰500E成为世界上第一款基于CAN总线系统的量产车型。

1991年,BOSCH发布CAN2.0标准,分为CAN2.0A(11位标识符)和CAN2.0B(29位标识符)。

1993年,ISO发布CAN总线标准(ISO 11898),该标准主要有以下三部分。

(1) ISO11898-1:数据链路层协议。

(2) ISO11898-2:高速CAN总线物理层协议。

（3）ISO11898 - 3：低速 CAN 总线物理层协议。

2012 年，BOSCH 公司发布 CAN FD1.0 标准（CAN with Flexible Data - Rate），CAN FD 定义了在仲裁后使用不同的数据帧结构，从而达到最高 12Mbit/s 的数据传输速率。CAN FD 与 CAN2.0 协议兼容，可以与传统的 CAN2.0 设备共存于同样的网络。

15.1.2　标准化

CAN 标准分为底层标准（物理层和数据链路层）和上层标准（应用层）两大类。CAN 底层标准主要是 ISO 11898 系列的国际标准，也就是说不同厂商在 CAN 总线的物理层和数据链路层定义基本相同；而上层标准，涉及如流控制、设备寻址和大数据块传输控制等，不同应用领域或制造商会有不同的做法，没有统一的国际标准。

CAN 总线的优点如下。

（1）自主逐位仲裁机制，多主结构，可随意添加 CAN 总线结点。网络中任一结点均可在任意时刻主动向网络中其他结点发送信息，不分主次。

（2）网络上结点按优先级分级，满足实时性要求。

（3）采用非破坏性仲裁机制，当多个结点同时向网络发送信息时，优先级低的结点主动停止发送信息，优先级高的结点不受影响，继续发送信息结点

（4）可以采用点对点、一点对多点，以及全局广播的方式发送数据。

（5）传输速度最高达 1Mbit/s，通信距离最远达 10km。

（6）只需两根线，布线成本低。

（7）结点数可高达 110 个。

（8）采用短帧结构，每帧有效字节数为 8。

（9）每帧信息均有 CRC 校验措施。

（10）采用差分信号传输具有优异的电磁兼容性能，是汽车控制系统的理想选择。

15.1.3　应用

BOSCH 公司最初研发 CAN 是为了满足日益增长的汽车内较长距离进行有效通信的设备的需求。随着协议的优化，CAN 仅用两根线路在多个结点或设备之间发送少量数据，而不需集中式主机。尽管早期的 CAN 总线只能支持最高 1Mbit/s 的信号传输速度，但这使总线可以跨越更长的距离并保持高可靠的抗电噪声性能。此外 CAN 单一的多路复用架构消除了多余的布线需求。由于 CAN 的各种优势（包括灵活性），因此其已逐渐被广泛应用于许多工业应用中，如图 15 - 1 所示。

对于包括乘用车、卡车、轮船和航天器在内的运输工具，CAN 是首选总线。CAN 还被广泛用于其他行业，包括工业、工厂自动化、医疗、采矿和实验室设备。这些行业的设备通常受益于 CAN 的故障少和电磁噪声容限大，以及在保持错误检查机制的情况下能够在更长距离上运行的能力。例如，病房内许多应用程序在许多设备（包括照相机和 X 射线机）中使用 CAN。正因如此，包括电梯在内的工业应用也经常使用 CAN。

15.1.4　CAN 物理层

CAN 是一种异步通信，只有 CAN_High 和 CAN_Low 两条信号线。它们共同构成一

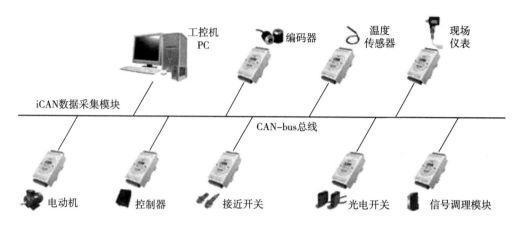

图 15-1 CAN 应用场景

对差分信号线,以差分信号的形式进行通信。

差分信号又称为差模信号,与传统的使用单根信号线电压表示逻辑的方式不同,使用差分信号传输时,需要两根信号线,这两根信号线的振幅相等,相位相反,如图 15-2 所示,下方是信号 V+与 V-信号的差值。通过两根信号线的电压差值来表示逻辑 0 和逻辑 1。

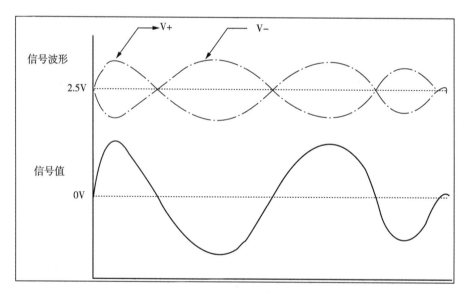

图 15-2 差分信号

相对于单信号线传输的方式,使用差分信号传输具有如下优点。

(1)抗干扰能力强。外界噪声干扰会同时耦合到两条信号线上,而接收端只关心两个信号的差值,所以外界的共模噪声可以被完全抵消。

(2)能有效抑制外部的电磁干扰。同样的道理,由于两根信号线的极性相反,因此对外辐射的电磁场可以相互抵消,耦合得越紧密,泄放到外界的电磁能量越少。

(3)时序定位精确。由于差分信号的开关变化位于两个信号的交点,而不像普通单端信号那样依靠高低两个阈值电压判断,因此 CAN 通信受工艺、温度等影响小,能降低时序上的误差,同时也更适合于低幅度信号的电路。

由于差分信号线具有上述优点,所以在 USB 协议、RS485 协议、以太网协议及 CAN 协议的物理层中都使用了差分信号传输。

15.2　CAN 总线标准

CAN 总线标准只规定了物理层和数据链路层,需要用户自定义应用层。不同的 CAN 总线标准仅物理层不同。CAN 总线标准有两个,即 IOS 11898 和 IOS 11519,两者差分电平特性不同,如表 15-1、图 15-3 和图 15-4 所示。

表 15-1　CAN 总线标准

物理层	ISO 11898		ISO 11519	
电平	显性	隐性	显性	隐性
CAN_High/V	3.50	3.00	4.00	1.75
CAN_Low/V	1.50	3.00	1.00	3.25
电位差/V	2.00	0	3.00	-1.50

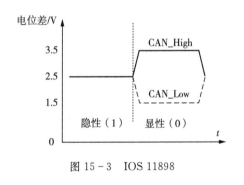

图 15-3　IOS 11898

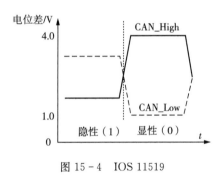

图 15-4　IOS 11519

15.2.1　CAN 总线拓扑

CAN 总线拓扑如图 15-5 所示。

15.2.2　CAN 报文

与 RS485 类似,CAN 用两条差分信号线表示一个信号。为了实现完整的信号传输功能,CAN 协议对数据、操作命令及同步信号进行打包,打包后的内容称为报文。

CAN 报文一共规定了 5 种类型的帧:数据帧、遥控帧、错误帧、过载帧、间隔帧,作用见表 15-2。另外,数据帧和遥控帧有标准格式和扩展格式两种格式,区别是标识符(ID)不同。

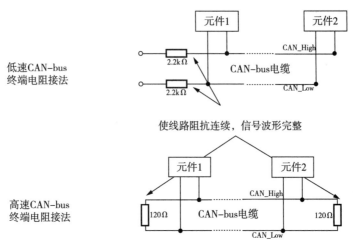

图 15 - 5　CAN 总线拓扑

表 15 - 2　帧类型以及作用

帧类型	帧用途
数据帧	发送单元通过此帧向接收单元发送信息
遥控帧	接收单元通过此帧向具有相同 ID 的发送单元请求数据
错误帧	当检测到错误时,向其他单元通知检测到错误
过载帧	接收单元通过此帧通知其还没有准备好接收帧
间隔帧	将数据帧或遥控帧同前面的帧隔开

1. 数据帧——标准帧

CAN 标准数据帧如图 15 - 6 所示。与其他帧一样,帧以起始帧(SOF)位开始,SOF 为显性状态,允许所有结点的硬同步。SOF 之后是仲裁字段,由 12 个位组成,分别为 11 个标识位和 1 个远程发送请求(Remote Transmission Request,RTR)位。RTR 位用于区分报文是数据帧(RTR 位为显性状态)还是远程帧(RTR 位为隐性状态)。仲裁字段之后是控制字段,由 6 个位组成。控制字段的第 1 位为标识扩展(Identifier Extension,IDE)位,该位应为显性状态以指定标准帧。标识扩展位的下一位为零保留位(RB0),CAN 协议将其定义为显性位。控制字段的其余 4 位为数据长度码(Data Length Code,DLC),用来指定报文中包含的数据字节数(0~8)。控制字段之后为数据字段,包含要发送的任何数据字节。数据字段长度由上述 DLC 定义(0~8)。数据字段之后为循环冗余校验(CRC)字段,用来检测报文传输错误。CRC 字段包含一个 15 位的 CRC 序列,之后是隐性的 CRC 定界位。最后一个字段是确认字段(ACK),由 2 个位组成。在确认时隙(ACK Slot)位执行期间,发送结点发出一个隐性位。任何收到无错误帧的结点都会发回一个显性位(无论该结点是否配置为接受该报文)来确认帧收到无误。确认字段以隐性确认定界符结束,该定界符可能不允许被改写为显性位。

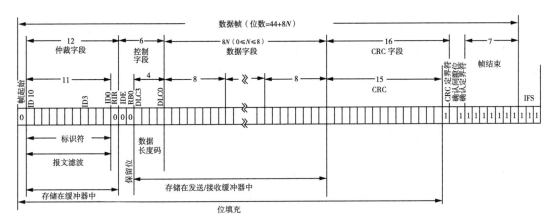

图 15-6 CAN 标准数据帧

2. 数据帧——扩展帧

在扩展 CAN 数据帧中(如图 15-7 所示),紧随 SOF 位的是 32 位的仲裁字段。仲裁字段的前 11 位为 29 位标识符的最高有效位(Most Significant bit,MSb)(基本 ID)。紧随这 11 位的是替代远程请求(Substitute Remote Request,SRR)位,定义为隐性状态。SRR 位之后是 IDE 位,该位为隐性状态时表示这是扩展的 CAN 帧。

需要注意的是,如果发送完扩展帧标识符的前 11 位后,总线仲裁无果,而此时其中一个等待仲裁的结点发出标准 CAN 数据帧(11 位标识符),则结点发出显性 IDE 位而使标准 CAN 帧赢得总线仲裁。另外,扩展 CAN 帧的 SRR 位应为隐性,以允许正在发送标准 CAN 远程帧的节点发出显性 RTR 位。

SRR 和 IDE 位之后是标识符的其余 18 位(扩展 ID)及 1 个远程发送请求位。

为使标准帧和扩展帧都能在共享网络上发送,应将 29 位扩展报文标识符拆成高 11 位和低 18 位两部分。拆分后可确保 IDE 位在标准数据帧和扩展数据帧中的位置保持一致。

仲裁字段之后是 6 位控制字段。控制字段前 2 位为保留位,必须定义为显性位。其余 4 位为 DLC,用来指定报文中包含的数据字节数。

扩展数据帧的其他部分(数据字段、CRC 字段、确认字段、帧结束和间断)与标准数据帧的结构相同。

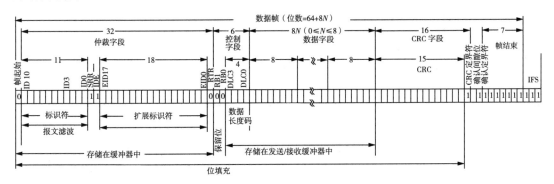

图 15-7 CAN 扩展数据帧

3. 远程帧

通常,数据传输是由数据源结点(如传感器发出数据帧)自主完成的。但也可能存在目标结点向源结点请求发送数据的情况。要做到这一点,目标结点需发送一个远程帧,其中的标识符应与所需数据帧的标识符相匹配。随后,相应的数据源结点会发送一个数据帧以响应远程帧请求。

远程帧与数据帧存在以下两点不同。

(1)远程帧的 RTR 位为隐性状态。

(2)远程帧没有数据字段。

当带有相同标识符的数据帧和远程帧同时发出时,数据帧将赢得仲裁,因为其标识符后面的 RTR 位为显性。这样,可使发送远程帧的结点立即收到所需数据。

CAN 远程帧如图 15-8 所示。

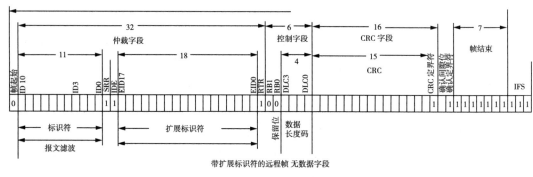

图 15-8 CAN 远程帧

4. 主动错误帧

当错误主动结点检测到一个总线错误时,这个结点将产生一个主动错误标志来中断当前的报文发送。主动错误标志由 6 个连续的显性位构成。这种位序列主动打破了位填充规则。所有其他结点在识别到所生成的位填充错误后,会自行产生错误帧,称为错误反射标志。CAN 主动错误帧如图 15-9 所示。

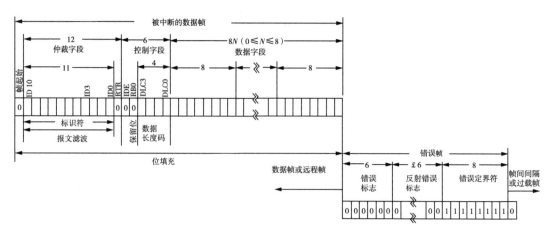

图 15-9 CAN 主动错误帧

错误标志字段包含 6 到 12 个连续显性位(由 1 个或多个结点产生)。错误定界字段(8 个隐性位)为错误帧画上句号。在错误帧发送完毕后,总线主动恢复正常状态,被中断的结点会尝试重新发送被中止的报文。

5. 过载帧

过载帧与主动错误帧具有相同的格式。只是,过载帧只能在帧间间隔产生,因此可通过这种方式区分过载帧和主动错误帧(主动错误帧是在帧传输时发出的)。过载帧由两个字段组成,即过载标志和随后的过载定界符。过载标志由 6 个显性位和紧随其后的其他结点产生的过载标志构成(而主动错误标志最多包含 12 个显性位)。过载定界符包含 8 个隐性位。CAN 过载帧如图 15-10 所示。结点在以下两种情况下会产生过载帧。

(1)节点在帧间间隔检测到非法显性位(在 IFS 的第三位期间检测到显性位除外)。这种情况下,接收器会把它看作一个 SOF 信号。

(2)由于内部原因,结点尚无法开始接收下一条报文。结点最多可产生两条连续的过载帧来延迟下一条报文的发送。

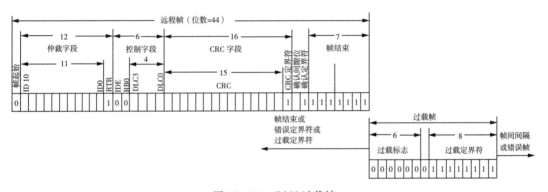

图 15-10　CAN 过载帧

15.3　STM32 的 CAN 外设简介

STM32 具有基本扩展 CAN(Basic Extended CAN,bxCAN),支持 CAN 协议 2.0A 和 2.0B,设计目标是以最小的 CPU 负荷来高效处理大量接收到的报文。支持报文发送的优先级要求。bxCAN 提供支持时间触发通信模式所需的全部硬件功能。CAN 控制器最高通信速率为 1Mbit/s;它可以自动接收和发送 CAN 报文,支持使用标准 ID 和扩展 ID 的报文;外设中具有 3 个发送邮箱;具有 2 个 3 级深度的接收 FIFO,可使用过滤功能,只接收或不接收某些 ID 号的报文。

STM32 有两组 CAN 控制器,其中 CAN1 为主设备,负责管理 bxCAN 和 512 字节的 SRAM 存储器之间的通信;CAN2 为从设备,它不能直接访问 SRAM 存储器。使用 CAN2 时必须先使能 CAN1 外设的时钟。图 15-11 为 STM32 的 CAN 框图,含 CAN 控制内核、发送邮箱、接收 FIFO 及接收滤波器。

图 15-11 中标号①处的 CAN 控制内核包含各种控制器及状态寄存器。通过这些寄存

器可以配置 CAN 的参数,如波特率;请求发送报文;处理报文的接收;管理相关中断、获取诊断信息等。

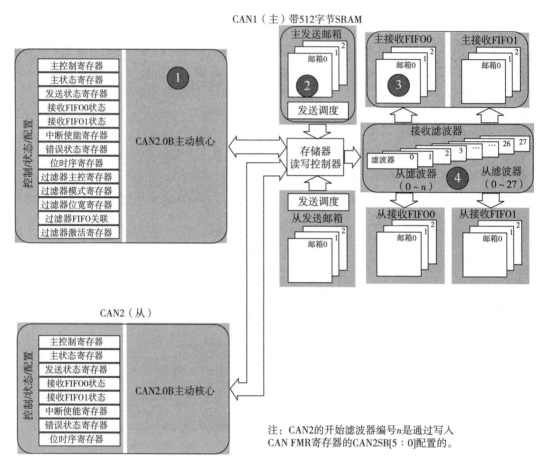

图 15-11　STM32 的 CAN 框图

15.4　CAN 通信应用电路设计

实验板使用 TJA1050 作为 CAN 驱动器。CAN 接口采用 5mm 的接线端子引出,如图 15-12 所示。

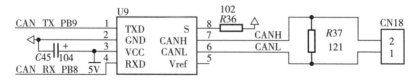

图 15-12　CAN 通信应用电路

　　CAN 总线上默认布置了 120Ω 的匹配电阻,如果将实验板作为 CAN 总线的一个中间结点使用,那么就需要去掉 120Ω 的匹配电阻。当第 8 脚为高电平时,TJA1050 关闭发送,只能接收。当第 8 脚的电压低于 1.2V 时,允许发送也可以接收。R36 电阻控制波形的斜率,阻值越小,波形的上升沿和下降沿越陡。

15.5　使用 STM32CubeMX 生成工程

15.5.1　主机端

(1)启用主动模式、配置 CAN 通信参数、引脚,各个项目的含义如图 15 - 13 所示。

(2)使能 CAN 接收中断,如图 15 - 14 所示。

(3) LED、按键和蜂鸣器控制脚配置,如图 15 - 15 所示,单击"生成代码"生成工程文件。

图 15 - 13　CAN 参数配置

图 15 - 14   使能 CAN 接收中断

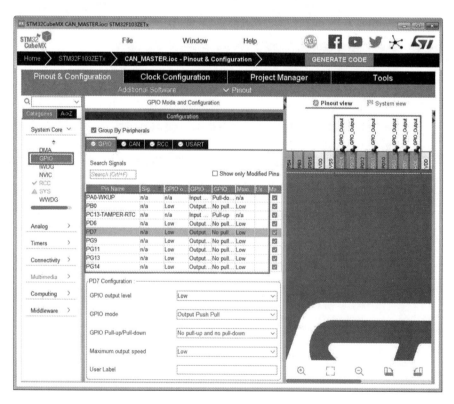

图 15 - 15   LED、按键和蜂鸣器控制脚配置

15.5.2　从机端

尽管 CAN 总线中的结点不分主次,但为方便描述和编制程序,两块相互通信的实验板分别命名为主机和从机。从机端与主机端配置相同。

15.6　CAN 双机通信测试外设结构体分析

代码 15－1　CAN 结构体

```
01typedef struct{
02      CAN_TypeDef                  * Instance;    //实例:CAN1 或 CAN2
03      CAN_InitTypeDef              Init;          //CAN 初始化结构体声明变量
04      CanTxMsgTypeDef             * pTxMsg;       //发送信息结构体指针
05      CanRxMsgTypeDef             * pRxMsg;       //接收信息结构体指针
06      HAL_LockTypeDef              Lock;
07      __IO HAL_CAN_StateTypeDef   State;
08      __IO uint32_t                ErrorCode;
09 }CAN_HandleTypeDef;
```

代码 15－2　CAN 过滤器配置

```
01typedef struct{
02      uint32_t FilterIdHigh;                      //过滤器 ID 的高寄存器
03      uint32_t FilterIdLow;                       //过滤器 ID 的低寄存器
04      uint32_t FilterMaskIdHigh;                  //掩码 Mask 的高寄存器
05      uint32_t FilterMaskIdLow;                   //掩码 Mask 的低寄存器
06      uint32_t FilterFIFOAssignment;
07      # if defined(STM32F105xC)||defined(STM32F107xC)
08          uint32_t FilterNumber;                  //between Min_Data = 0 and Max_Data = 27
09      # else
10          uint32_t FilterNumber;                  //between Min_Data = 0 and Max_Data = 13
11      # endif /* STM32F105xC || STM32F107xC */
12      uint32_t FilterMode;
13      uint32_t FilterScale;
14      uint32_t FilterActivation;
15      uint32_t BankNumber;
16 }CAN_FilterConfTypeDef;
```

相关参数说明如下。

(1) FilterFIFOAssignment:设置 FIFO 和过滤器的关联关系。

(2) FilterNumber:选择过滤器组。

(3) FilterMode:选择模式:列表模式和掩码模式。

（4）FilterScale：过滤器的位宽。

（5）FliterActivation：激活过滤器。

（6）BankNumber：CAN2 起始存储区，用于双 CAN 的 STM32 芯片，如 STM32F107 系列。

代码 15-3　发送及接收结构体

```
01typedef struct{
02    uint32_t StdId;
03    uint32_t ExtId;
04    uint32_t IDE;
05    uint32_t RTR;
06    uint32_t DLC;
07    uint8_t Data[8];
08}CanTxMsgTypeDef;
09 typedef struct{
10    uint32_t StdId;
11    uint32_t ExtId;
12    uint32_t IDE;
13    uint32_t RTR;
14    uint32_t DLC;
15    uint8_t Data[8];
16    uint32_t FMI;
17    uint32_t FIFONumber;
18 }CanRxMsgTypeDef;
```

在发送和接收报文时，需要向发送邮箱中写入报文信息或从接收 FIFO 中读取报文信息。这两个结构体是前面发送邮箱和接收 FIFO 对应的内容。两个结构体类似，只是接收结构体多了 FMI 和 FIFONumber 两个成员。相关参数说明如下。

（1）StdId：存储的是报文的 11 位标准标识符。范围是 0~0x7FF；

（2）ExtId：存储的是报文的 29 位标准扩展标识符，范围是 0~0x1FFFFFFF；

（3）IDE：区别标准帧和扩展帧。表示标准帧时，使用 StdId 成员存储报文 ID；当表示扩展帧时，使用 ExdId 成员存储报文 ID。

（4）RTR：存储的是报文类型标志 RTR 位，区分数据帧和遥控帧。

（5）DLC：设置数据帧数据长度，范围为 0~8。

（6）Data[8]：数据段的内容。

（7）FMI：过滤器的编号。

（8）FIFONumber：接收 FIFO 的编号。

15.7　CAN 双机通信测试编程关键步骤

CAN 双机通信测试编程关键步骤如下。

（1）先配置 CAN 使用的两个引脚并初始化，使能接收中断。

（2）CAN 单元初始化，设置波特率分频器、相关工作模式及两个时间段。

（3）过滤器初始化，选用过滤器组、位宽、要过滤的 ID 高位和低位。

（4）设置 CAN 通信报文内容，即发送邮箱。

（5）主机端将发送邮箱内容发送一遍，然后开启接收中断，在中断中处理接收数据。

15.8 CAN 双机通信测试代码分析

15.8.1 bsp_CAN.c 文件内容

代码 15-4 CAN 初始化

```
01 void MX_CAN_Init(void)
02 {
03   CAN_FilterConfTypeDef sFilterConfig;
04   //CAN 单元初始化
05   hCAN. Instance = CANx;                              //CAN 外设
06   hCAN. pTxMsg = &TxMessage;
07   hCAN. pRxMsg = &RxMessage;
08   hCAN. Init. Prescaler = 4;                          //BTR-BRP 波特率分频器定义了时间单元的时间长
                                                          度 36/(1+6+3)/4 = 0.9Mbit/s
09   hCAN. Init. Mode = CAN_MODE_NORMAL;                 //正常工作模式
10   hCAN. Init. SJW = CAN_SJW_2TQ;                      //BTR-SJW 重新同步跳跃宽度 2 个时间单元
11   hCAN. Init. BS1 = CAN_BS1_6TQ;                      //BTR-TS1 时间段 1 占用了 6 个时间单元
12   hCAN. Init. BS2 = CAN_BS2_3TQ;                      //BTR-TS 时间段 2 占用了 3 个时间单元
13   hCAN. Init. TTCM = DISABLE;                         //MCR-TTCM 关闭时间触发通信模式使能
14   hCAN. Init. ABOM = ENABLE;                          //MCR-ABOM 自动离线管理
15   hCAN. Init. AWUM = ENABLE;                          //MCR-AWUM 使用自动唤醒模式
16   hCAN. Init. NART = DISABLE;                         //MCR-NART 禁止报文自动重传 DISABLE-自动重传
17   hCAN. Init. RFLM = DISABLE;                         //MCR-RFLM 接收 FIFO 锁定模式 DISABLE-自动覆盖
18   //溢出时新报文会覆盖原有报文
19   hCAN. Init. TXFP = DISABLE;                         //MCR-TXFP 发送 FIFO 优先级 DISABLE-优先级取决
                                                          于报文标识符
20   HAL_CAN_Init(&hCAN);
21   //CAN 过滤器初始化
22   sFilterConfig. FilterNumber = 0;                    //过滤器组 0
23   sFilterConfig. FilterMode = CAN_FILTERMODE_IDMASK;  //工作在标识符屏蔽位模式
24   sFilterConfig. FilterScale = CAN_FILTERSCALE_32BIT; //过滤器位宽为单个 32 位。
25   /* 使能报文标识符过滤器按照标识符的内容进行对比过滤，若不是如下扩展 ID 就抛弃掉，
26   否则会存入 FIFO0 */
```

27 sFilterConfig. FilterIdHigh = (((uint32_t)0x1234<<3)&0xFFFF0000)>>16;//要过滤的 ID 高位

28 sFilterConfig. FilterIdLow = (((uint32_t)0x1234<<3)|CAN_ID_EXT|CAN_RTR_DATA)&0xFFFF;//
要过滤的 ID 低位

29 sFilterConfig. FilterMaskIdHigh = 0xFFFF; //过滤器高 16 位每位必须匹配

30 sFilterConfig. FilterMaskIdLow = 0xFFFF; //过滤器低 16 位每位必须匹配

31 sFilterConfig. FilterFIFOAssignment = 0; //过滤器被关联到 FIFO 0

32 sFilterConfig. FilterActivation = ENABLE; //使能过滤器

33 sFilterConfig. BankNumber = 14;

34 HAL_CAN_ConfigFilter(&hCAN,&sFilterConfig);

35 }

代码 15 - 4 设置了 CAN 工作模式、相关时序,并配置了过滤器,把过滤器组 0 设置为 32
位的掩码模式,并将其关联到 FIFO0。过滤器配置的重点是配置 ID 和掩码,FilterIdHigh
和 FilterIdLow 存储的是要筛选的 ID,而接下来两个变量(第 29 行和第 30 行)存储的是相
应的掩码。在进行赋值时(第 27 行和第 28 行),将 ID 左移了 3 位,因为第 0 位是保留位,第
1 位是 RTR 位,第 2 位是 IDE 标志,从第 3 位开始才是报文的 ID(扩展 ID)。可以看到,先
赋值高位,然后把扩展 ID"0x1234"、IDE 位标志和 RTR 位标志根据寄存器位映射组成一个
32 位的数据,与低位组合。在掩码部分,直接对全部位赋值为 1,表示上述全部标志都完全
一样的报文才能通过筛选。

代码 15 - 5 CAN 外设硬件初始化

```
01void HAL_CAN_MspInit(CAN_HandleTypeDef * hcan)
02{
03    GPIO_InitTypeDef GPIO_InitStruct;
04    if(hcan->Instance == CANx)
05    {
06        /* USER CODE BEGIN CAN1_MspInit 0 */
07        /* USER CODE END CAN1_MspInit 0 */
08        //外设时钟使能
09        CANx_CLK_ENABLE();
10        CANx_GPIO_CLK_ENABLE();
11        //CAN GPIO 配置:B8 ------>CAN_RX,PB9 ------>CAN_TX
12        GPIO_InitStruct. Pin = CANx_TX_PIN;
13        GPIO_InitStruct. Mode = GPIO_MODE_INPUT;
14        GPIO_InitStruct. Pull = GPIO_NOPULL;
15        HAL_GPIO_Init(CANx_GPIO_PORT,&GPIO_InitStruct);
16        GPIO_InitStruct. Pin = CANx_RX_PIN;
17        GPIO_InitStruct. Mode = GPIO_MODE_AF_PP;
18        GPIO_InitStruct. Speed = GPIO_SPEED_FREQ_HIGH;
19        HAL_GPIO_Init(CANx_GPIO_PORT,&GPIO_InitStruct);
20        CANx_AFIO_REMAP_CLK_ENABLE();
21        CANx_AFIO_REMAP_RX_TX_PIN();
```

```
22          //外设中断初始化
23          HAL_NVIC_SetPriority(CANx_RX_IRQn,0,0);
24          HAL_NVIC_EnableIRQ(CANx_RX_IRQn);
25          /* USER CODE BEGIN CAN1_MspInit 1 */
26          /* USER CODE END CAN1_MspInit 1 */
27      }
28 }
```

该函数开启 CAN 外设和相应引脚的时钟,对 CAN_TX 和 CAN_RX 进行配置,使能接收中断。

15.8.2　main.c 文件内容

代码 15-6　CAN 报文内容设置

```
01 /* 函数功能:CAN 通信报文内容设置
02  * 输入参数:无
03  * 返回值:无
04  * 说　明:无              */
05 void CAN_SetTxMsg(void)
06 {
07     hCAN.pTxMsg->ExtId = 0x1234;     //使用的扩展 ID
08     hCAN.pTxMsg->IDE = CAN_ID_EXT;   //扩展模式
09     hCAN.pTxMsg->RTR = CAN_RTR_DATA; //发送的是数据
10     hCAN.pTxMsg->DLC = 4;            //数据长度为 2 字节
11     hCAN.pTxMsg->Data[0] = 0x12;
12     hCAN.pTxMsg->Data[1] = 0x34;
13     hCAN.pTxMsg->Data[2] = 0x56;
14     hCAN.pTxMsg->Data[3] = 0x78;
15 }
```

代码 15-6 将报文设置成扩展模式的数据帧,ID 为 0x1234,数据段长度为 2。

代码 15-7　CAN 接收完成中断回调函数

```
01 void HAL_CAN_RxCpltCallback(CAN_HandleTypeDef * hcan)
02 {
03     HAL_CAN_Receive_IT(hcan,CAN_FIFO0);
04     Rx_flag = 0x55;
05 }
```

代码 15-7 将接收到的数据进行处理。

代码 15-8　主函数 main()

```
01 int main(void)
02 {
03     HAL_Init();//复位所有外设,初始化 Flash 接口和系统滴答定时器
```

```
04          SystemClock_Config();                    //配置系统时钟
05          MX_DEBUG_USART_Init();                   //初始化串口并配置串口中断优先级
06          LED_GPIO_Init();                         //板载 LED 初始化
07          BEEP_GPIO_Init();                        //板载蜂鸣器初始化
08          KEY_GPIO_Init();                         //板载按键初始化
09          MX_CAN_Init();                           //初始化
10          printf(" ***** 双 CAN 通信控制实验 ***** \n");
11          CAN_SetTxMsg();
12          HAL_CAN_Receive_IT(&hCAN,CAN_FIFO0);     //中断 CAN
13          for(;;)                                  //无限循环
14          {
15                  if(KEY1_StateRead() = = KEY_DOWN)
16                  {
17                          hCAN.pTxMsg->Data[0] = 1;hCAN.pTxMsg->Data[1] = 0;
18                          HAL_CAN_Transmit(&hCAN,10);
19                          printf("》主机发送的数据段内容:Data[0] = 0x % X ,Data[1] = 0x % X \
                    n + + + + + + + + + + + + + + + + + + + + + + + + + + + + + + + + + +
                    \n",hCAN.pTxMsg->Data[0],hCAN.pTxMsg->Data[1]);
20                  }
21                  if(KEY2_StateRead() = = KEY_DOWN)
22                  {
23                          hCAN.pTxMsg->Data[0] = 0;hCAN.pTxMsg->Data[1] = 1;
24                          HAL_CAN_Transmit(&hCAN,10);
25                          printf("》主机发送的数据段内容:Data[0] = 0x % X ,Data[1] = 0x % X \
                    n + + + + + + + + + + + + + + + + + + + + + + + + + + + + + + + + + +
                    \n",hCAN.pTxMsg->Data[0],hCAN.pTxMsg->Data[1]);
26                  }
27                  if(Rx_flag = = 0x55)
28                  {
29                          printf("《主机收到的数据段内容:Data[2] = 0x % X ,Data[3] = 0x % X \
                    n **************************** \n",hCAN.pRxMsg->Data[2],
                    hCAN.pRxMsg->Data[3]);
30                          if((hCAN.pRxMsg->Data[2] = = 0x01)&(hCAN.pRxMsg->Data[3] =
= 0x00))
31                          {
32                                  LED1_TOGGLE;
33                                  LED2_TOGGLE;
34                                  LED3_TOGGLE;
35                                  LED4_OFF;
36                                  LED5_OFF;
37                                  LED6_OFF;
38                          }
```

```
39                          if((hCAN.pRxMsg->Data[2] == 0x00)&(hCAN.pRxMsg->Data[3] =
= 0x01))
40                              {
41                                  LED1_OFF;
42                                  LED2_OFF;
43                                  LED3_OFF;
44                                  LED4_TOGGLE;
45                                  LED5_TOGGLE;
46                                  LED6_TOGGLE;
47                              }
48                          Rx_flag = 0;//响应后清除标志
49                      }
50      }
51  }
```

代码 15-8 将相关配置初始化,调用 CAN_SetTxMsg 完成报文内容设置,最后调用 HAL_CAN_Transmit 完成报文的发送。

将以上 mian()作为主机端的主程序,只需将其中的 DATA[0]改为 DATA[2]DATA[1]改为 DATA[3],DATA[2]改为 DATA[0],DATA[3]改为 DATA[1],即可成为从机端的 main()。其余程序完全一样。

15.9　运行验证

主机端发收和从机端收发数据如图 15-16 所示。

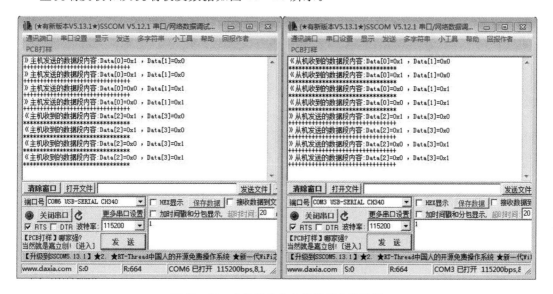

图 15-16　主机端发收和从机端收发数据

　　将两块实验板 CAN 的两个同名端口对应连接；将 ST‑link 正确接至标识有"SWD 调试器"字样的 4 针接口，分别将"主机端"程序和"从机端"程序下载到两块实验板；使用两根合适的 USB 线连接至标识有"调试串口"的 USB 接口，在计算机端打开串口调试助手，设置参数为 115200‑8‑1‑N‑N，打开串口，使两块板均通过串口与 PC 相连；复位两块实验板，然后任意按压两块实验板的 KEY1 或 KEY2，可从串口助手看到通信状况，同时实验板板载的 LED 也做出了响应。

思考题

1. 简述 CAN 总线的特点。
2. 比较 CAN 总线与 RS485 总线的异同。

第16章 系统滴答定时器

STM32F103 系列共有 11 个定时器，其中 TIM1 和 TIM8 是 2 个高级控制定时器，TIM2、TIM3、TIM4 和 TIM5 是 4 个通用定时器，TIM6 和 TIM7 是 2 个基本定时器，还有 2 个看门狗定时器和 1 个系统滴答定时器 SysTick。

16.1 SysTick 介绍

SysTick 是一个特殊的定时器，其主要任务是给操作系统产生一个硬件上的中断（习惯上称为滴答中断），类似于人类的"心跳"。"心跳"把时间划分成很多小的时间片，操作系统的每个任务每次只能运行一个"时间片"的时间长度就得退出，腾出时间运行其他任务，这样可以确保任何一个任务都不会独占整个系统。SysTick 定时器产生周期性的中断，以维持操作系统永不停息的"心跳"节律。

SysTick 是一个 24 位的系统节拍定时器（system tick timer），具有自动重载和溢出中断的功能，凡是基于 Cortex_M3 内核的微控制器都可以由这个定时器获得一定的时间间隔。SysTick 定时器最多可以计数 2^{24} 个时钟脉冲，这个脉冲计数值保存在当前计数值 STK_VAL(Systick current value register)中，采用倒计数。每接收到一个时钟脉冲，STK_VAL 的值就会向下减 1，当减到 0 时，硬件会自动将重装载寄存器 STK_LOAD 中保存的数值加载到 STK_VAL，并重新计数。当操作系统需要执行多任务管理时，用 SysTick 产生中断，确保单个任务不会锁定整个系统。同时，SysTick 还可用于闹钟定时、时间测量等。

16.2 SysTick 寄存器

SysTick 定时器的相关寄存器描述可查看《Cortex - M3 权威指南》。SysTick 寄存器汇总及相关寄存器的描述分别见表 16 - 1～表 16 - 5。

表 16 - 1 SysTick 寄存器汇总

寄存器名称	寄存器描述
CTRL	SysTick 控制及状态寄存器
LOAD	SysTick 重装载数值寄存器
VAL	SysTick 当前数值寄存器
CALIB	SysTick 标准数值寄存器

表 16－2　SysTick 控制及状态寄存器(地址:0xE000_E010)

位段	名称	类型	复位值	描述
16	COUNTFLAG	R	0	若上次读取本寄存器后,SysTick 已经数到 0,则该位为 1;如果读取该位,则该位将自动清零
2	CLKSOURCE	R/W	0	0:外部时钟源(STCLK);1:内核时钟源(FCLK)
1	TICKINT	R/W	0	1:SysTick 倒数到 0 时产生 SysTick 异常请求;0:SysTick 倒数到 0 时无动作
0	ENABLE	R/W	0	使能位

表 16－3　Sys 重装载数值寄存器(地址:0xE000_E014)

位段	名称	类型	复位值	描述
23:0	RELOAD	R/W	0	当倒数至 0 时,将被重装载的值

表 16－4　SysTick 当前数值寄存器(地址:0xE000_E018)

位段	名称	类型	复位值	描述
23:0	CURRENT	R/W	0	读取时返回当前倒计数的值,写它则使之清零,同时还会清除在 SysTick 控制及状态寄存器中的 COUNTFLAG 标志

表 16－5　SysTick 标准数值寄存器(地址:0xE000_E01C)

位段	名称	类型	复位值	描述
31	NOREF	R	—	1:没有外部参考时钟;0:外部参考时钟可用
30	SKEW	R	—	1:校准值不是准确的 10ms;0:校准值是准确的 10ms
23:0	TENMS	R/W	0	10ms 的时间内倒计数的格数。芯片设计者应该通过 Cortex－M3 的输入信号提供该数值。若该值读回 0,则表示无法使用校准功能

16.3　使用 STM32CubeMX 生成工程

(1)6 个 LED 及蜂鸣器的引脚设置,如图 16－1 所示。

(2)时钟配置,如图 16－2 所示,单击"生成代码"生成工程文件。

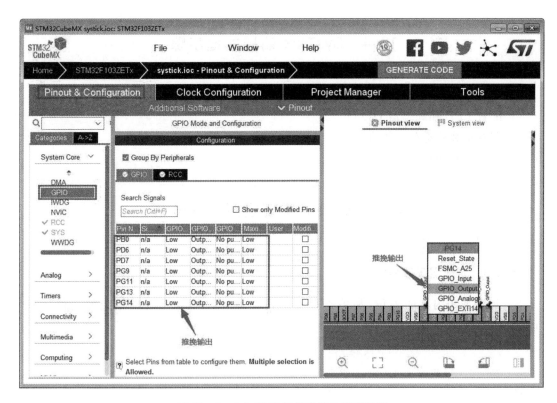

图 16-1　6 个 LED 及蜂鸣器的引脚配置

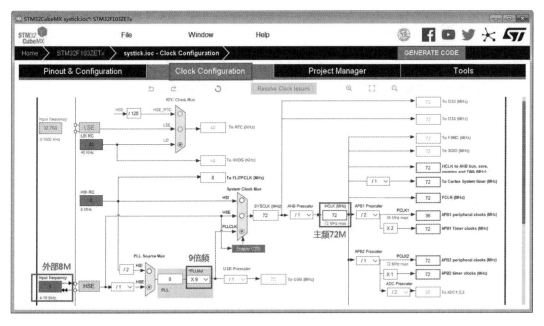

图 16-2　时钟配置

16.4 SysTick 编程关键步骤

SysTick 编程关键步骤如下。
(1)配置 LED 和蜂鸣器 I/O 口。
(2)配置重装载寄存器的值。
(3)通过延时函数实现定时。

16.5 SysTick 实现定时代码分析

16.5.1 定时器配置 HAL 库函数

SysTick 属于内核的外设,相关寄存器的定义和库函数都在内核相关的文件 core_cm3.h 中,见代码 16-1。

代码 16-1 SysTick_Config( )

```
01__STATIC_INLINE uint32_t SysTick_Config(uint32_t ticks)
02{
03    if((ticks-1UL)>SysTick_LOAD_RELOAD_Msk);//重装载值超出范围
04    {
05        return(1UL);
06    }
07    SysTick->LOAD = (uint32_t)(ticks-1UL);   //设置重装载寄存器
08    NVIC_SetPriority(SysTick_IRQn,(1UL<<__NVIC_PRIO_BITS)-1UL);//设置中断优先级
09    SysTick->VAL = 0UL;                       //设置当前数值寄存器
10    SysTick->CTRL = SysTick_CTRL_CLKSOURCE_Msk |SysTick_CTRL_TICKINT_Msk|
                      SysTick_CTRL_ENABLE_Msk; //使能定时器中断和定时器
11    return(0UL);                             //配置成功
12 }
```

16.5.2 系统时钟的配置

代码 16-2 由 STM32CubeMX 生成。SysTick 定时器的计数器是向下递减计数的,每次计数器减到 0,时间经过为:系统时钟周期 * 计数器初值。若系统时钟为 72MHz,则每次计数器减 1 所用的时间就是 1/72Ms。

代码 16-2 SystemClock_Config( )

```
01void SystemClock_Config(void)
02{
03    RCC_OscInitTypeDef    RCC_OscInitStruct;
```

```
04      RCC_ClkInitTypeDef      RCC_ClkInitStruct;
05      RCC_OscInitStruct.OscillatorType = RCC_OSCILLATORTYPE_HSE;//外部晶体,8MHz
06      RCC_OscInitStruct.HSEState = RCC_HSE_ON;
07      RCC_OscInitStruct.HSEPredivValue = RCC_HSE_PREDIV_DIV1;
08      RCC_OscInitStruct.PLL.PLLState = RCC_PLL_ON;
09      RCC_OscInitStruct.PLL.PLLSource = RCC_PLLSOURCE_HSE;
10      RCC_OscInitStruct.PLL.PLLMUL = RCC_PLL_MUL9;              //9 倍频,得到 72MHz 主时钟
11      HAL_RCC_OscConfig(&RCC_OscInitStruct);
12      RCC_ClkInitStruct.ClockType = RCC_CLOCKTYPE_HCLK|RCC_CLOCKTYPE_SYSCLK
13      |RCC_CLOCKTYPE_PCLK1|RCC_CLOCKTYPE_PCLK2;
14      RCC_ClkInitStruct.SYSCLKSource = RCC_SYSCLKSOURCE_PLLCLK; //系统时钟:72MHz
15      RCC_ClkInitStruct.AHBCLKDivider = RCC_SYSCLK_DIV1;        //AHB 时钟:72MHz
16      RCC_ClkInitStruct.APB1CLKDivider = RCC_HCLK_DIV2;         //APB1 时钟:36MHz
17      RCC_ClkInitStruct.APB2CLKDivider = RCC_HCLK_DIV1;         //APB2 时钟:72MHz
18      HAL_RCC_ClockConfig(&RCC_ClkInitStruct,Flash_LATENCY_2);
19      //HAL_RCC_GetHCLKFreq()/1000 1ms 中断一次,即 HAL_Delay 函数延时基准为 1ms
20      //HAL_RCC_GetHCLKFreq()/100000 10μs 中断一次,即 HAL_Delay 函数延时基准为 10μs
21      //HAL_RCC_GetHCLKFreq()/1000000 1μs 中断一次,即 HAL_Delay 函数延时基准为 1μs
22      HAL_SYSTICK_Config(HAL_RCC_GetHCLKFreq()/1000000);        //配置并启动系统滴答定时器
23      //系统滴答定时器时钟源
24      HAL_SYSTICK_CLKSourceConfig(SYSTICK_CLKSOURCE_HCLK);
25      //系统滴答定时器中断优先级配置
26      HAL_NVIC_SetPriority(SysTick_IRQn,0,0);
27 }
```

16.5.3　主函数

代码 16-3 首先初始化,接着在无限循环中调用系统延时函数 HAL_Delay()进行延时。

代码 16-3　main()函数

```
01int main(void)
02{
03      HAL_Init();              //复位所有外设,初始化Flash 接口和系统滴答定时器
04      SystemClock_Config();    //配置系统时钟
05      LED_GPIO_Init();         //LED 初始化
06      BEEP_GPIO_Init();        //蜂鸣器初始化
07      for(;;)                  //无限循环
08      {
09              LED1_TOGGLE;
10              BEEP_ON;HAL_Delay(500);BEEP_OFF;   //提示音
11              HAL_Delay(500 * 1000);             //延时一段时间
12              LED2_TOGGLE;
```

```
13              BEEP_ON;HAL_Delay(500);BEEP_OFF;
14              HAL_Delay(500 * 1000);
15              LED3_TOGGLE;
16              BEEP_ON;HAL_Delay(500);BEEP_OFF;
17              HAL_Delay(500 * 1000);
18              LED4_TOGGLE;
19              BEEP_ON;HAL_Delay(500);BEEP_OFF;
20              HAL_Delay(500 * 1000);
21              LED5_TOGGLE;
22              BEEP_ON;HAL_Delay(500);BEEP_OFF;
23              HAL_Delay(500 * 1000);
24              LED6_TOGGLE;
25              BEEP_ON;HAL_Delay(500);BEEP_OFF;
26              HAL_Delay(500 * 1000);
27      }
28 }
```

16.6　运行验证

连接 JP3 的 6 个 LED 跳线帽;将 ST - link 正确接至标识有"SWD 调试器"字样的 4 针接口,下载程序至实验板并运行;实验板上的 6 个 LED 逐个点亮,然后逐个熄灭,循环往复。

思考题

简述滴答定时器的特点以及主要应用。

第17章　基本定时器

狭义的定时是指对特定周期的脉冲计数的过程,专门实现定时功能的外设就是定时器。STM32定时器除具有定时功能外,还具有计数、输入、匹配输出、PWM脉冲输出的功能。

17.1　STM32F103定时器简介

STM32F103系列共有11个定时器,包括2个高级控制定时器TIM1和TIM8、4个通用定时器TIM2、TIM3、TIM4和TIM5、2个基本定时器TIM6和TIM7,还有2个看门狗定时器和1个系统滴答定时器SysTick。定时器的特性见表17-1。

表17-1　定时器的特性

定时器	计数器分辨率	计数模式	预分频系数	DMA请求	捕获/比较通道	互补输出	应用场景
基本定时器TIM6/7	16位	向上	1~65536	可以	0	没有	主要应用于驱动DAC
通用定时器TIM2/3/4/5	16位	向上、向下、向上/向下	1~65536	可以	4	没有	定时计数、PWM输出、输入捕获、输出比较
高级定时器TIM1/8	16位	向上、向下、向上/向下	1~65536	可以	4	有	死区控制、紧急制动、PWM电动机控制

2个高级控制定时器TIM1/8、4个通用定时器TIM2/3/4/5均有外部功能引脚见表17-2。

定时器有中心对齐和边缘对齐两种计数模式,如图17-1所示。

1. 中心对齐模式

向上/向下计数(递增/递减):计数器从0向上计数到自动装入的值(TIMx_ARR-1)时,产生一个计数器溢出事件,然后向下计数到1并产生一个计数器下溢事件;然后再从0开始重新计数。

2. 边缘对齐模式

(1)向上计数(递增):计数器从0向上计数到自动加载值TIMx_ARR时,然后重新从0开始计数并且产生一个计数器溢出事件。

(2)向下计数(递减):计数器从自动装入的值TIMx_ARR开始向下计数到0时,然后从自动装入的值重新开始,并产生一个计数器下溢事件。

表 17-2　定时器外部功能引脚分布

高级定时器				通用定时器				
TIM1	00:默认	01:部分重映射	11:完全重映射	TIM2	00:默认	01:部分重映射	10:部分重映射	11:完全重映射
ETR	PA12		PE7	CH1_ETR	PA0	PA15	PA0	PA15
CH1	PA8		PE9	CH2	PA1	PB13	PA1	PB13
CH2	PA9		PE11	CH3	PA2		PB10	
CH3	PA10		PE13	CH4	PA3		PB11	
CH4	PA11		PE14	TIM2 的 CH1 与 ETR 用引脚,只能选择一个功能				
BKIN	PB12	PA6	PE15	TIM3	00:默认	10:部分重映射		11:完全重映射
CH1N	PB13	PA7	PE8	ETR	PD2			
CH2N	PB14	PB0	PE10	CH1	PA6	PB4		PC6
CH3N	PB15	PB1	PE12	CH2	PA7	PB5		PC7
				CH3	PB0			PC8
TIM8	默认			CH4	PB1			PC9
ETR	PA0							
CH1	PC6							
CH2	PC7			TIM4	0:默认			1:重映射
CH3	PC8			ETR	PE0			
CH4	PC9			CH1	PB6			PD12
BKIN	PA6			CH2	PB7			PD13
CH1N	PA7			CH3	PB8			PD14
CH2N	PB0			CH4	PB9			PD15
CH3N	PB1							
				TIM5	0:默认			1:重映射
				CH1	PA0			
":"前的数字是 TIMx_REMAP 的二进制数值; 基本定时器 TIM6、TIM7 没有外部引脚				CH2	PA1			
				CH3	PA2			
				CH4	PA3			LSI 内部时钟连至 TIM5_CH4 的输入作为校准使用

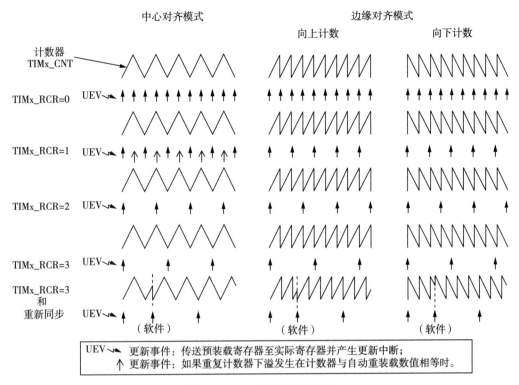

图 17-1 定时器的计数模式

17.2 基本定时器功能框图

TIM6 和 TIM7 是基本定时器。基本定时器框图如图 17-2 所示,表达了基本定时器最核心的内容,图中自动重装载寄存器 ARR、预分频器 PSC 下面均有一个阴影,此处阴影的含义是:根据控制位的设定,在定时器更新(Update)事件(U 事件)时传送预装载寄存器至实际

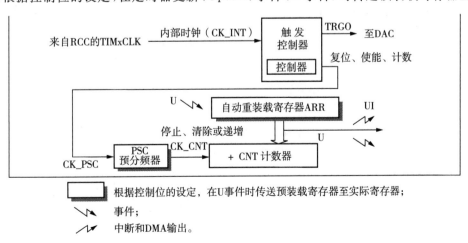

图 17-2 基本定时器框图

寄存器。这表示在物理上,这个寄存器对应 2 个寄存器:一个是可以写入或读出的寄存器,称为预装载寄存器;另一个是看不见的、无法真正对其读写操作的,但是在使用中真正起作用的寄存器,称为影子寄存器(图中的实际寄存器)。指向右下角的图标表示一个事件,指向右上角的图标表示中断和 DMA 输出。在图 17-2 中的自动重装载寄存器有影子寄存器,它的左边有一个带有"U"字母的事件图标,表示在更新事件生成时就把自动重装载寄存器内容复制到影子寄存器内。

1. 时钟源

基本定时器的内部时钟 CK_INT 来自输入为 APB1 的 TIMxCLK 经倍频后的输出,见图 17-3 的时钟树。如果倍频器的数值等于 1,则频率为 36MHz;如果倍频器的数值等于 2,

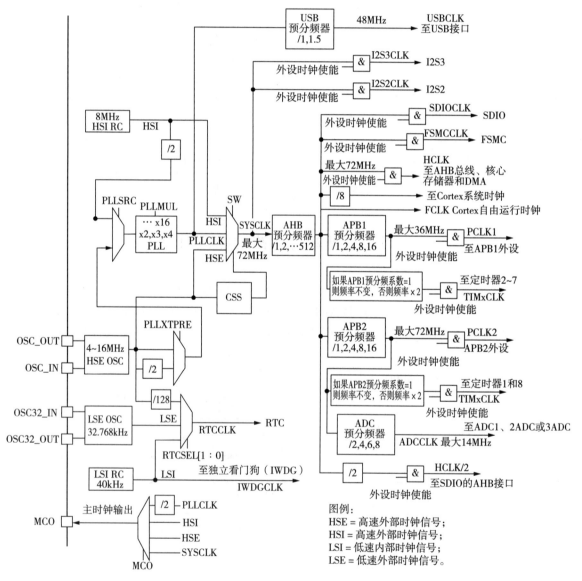

图 17-3　时钟树

则频率为 72MHz。

当 TIM6 和 TIM7 的控制寄存器 1(TIMx_CR1)的 CEN 位置 1 时,内部时钟即向预分频器提供时钟,也就是启动基本定时器。

2. 计数器时钟 CK_CNT

CK_PSC 经过 PSC 预分频器之后,就会驱动计数器 CK_CNT 计数。PSC 是一个 16 位的预分频器,可以对定时器时钟 TIMxCLK 进行 1～65536 的任何一个数进行分频,$CK\_CNT = f_{CK\_PSC}/(PSC[15:0]+1)$。

3. 自动重装载寄存器 ARR

自动重装载寄存器 ARR 是一个 16 位的寄存器,它里面装着计数器能计数的最大数值。当计数到最大数值时,如果使能了中断的话,定时器就产生溢出中断。

4. 控制器

控制器用于对基本定时器的复位、使能及对计数的控制,以及 DAC 转换触发。

5. 计数器 CNT

基本定时器的计数器 CNT 只能向上(UP)计数,在定时器使能(CEN 置 1)后,计数器 COUNTER 根据 CK_CNT 频率向上计数,即每过一个 CK_CNT 脉冲,TIMx_CNT 值就加 1,当 TIMx_CNT 值与 TIMx_ARR 的设定值相等时就自动生成事件(产生 DMA 请求、产生中断信号或触发 DAC 同步电路),并且 TIMx_CNT 自动清零,然后重新开始计数,不断重复上述过程。因此只要设定 CK_PSC 和 TIMx_ARR 这两个寄存器的值就可以决定事件生成的时间。

6. 定时时间计算

定时器的定时时间等于计数器的中断周期乘以中断的次数。计数器在 CK_CNT 的驱动下,计一个数的时间则是 CK_CLK 的倒数,即 $1/CK\_CLK = 1/(TIMxCLK/(PSC+1))$,产生一次中断的时间则为 $(1/CK\_CLK) * ARR$。如果在中断服务程序里面设置一个变量 time,用来记录中断的次数,那么就可以计算出定时时间,即 $(1/CK\_CLK) * (ARR+1) *$ time。

17.3　使用 STM32CubeMX 生成工程

(1)首先选择需要用到的基本定时器,将预分频值设置为 71,周期设置为 1000,触发事件选择为清零,如图 17-4 所示。

(2)定时器时钟的设置。基本定时器时钟经过 APB1 倍频为 72MHz,如图 17-5 所示。

(3)选择开启中断,如图 17-6 所示。

(4)LED 引脚配置,如图 17-7 所示。

图 17-4　引脚及定时器的选择

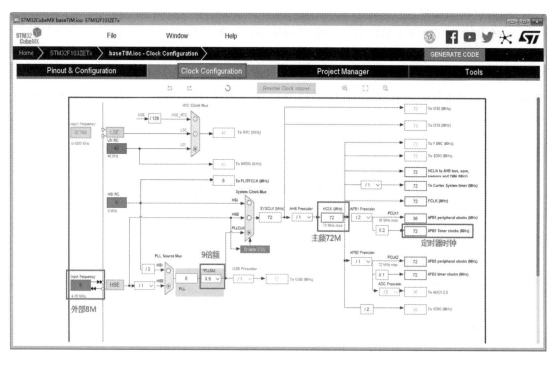

图 17-5　定时器时钟

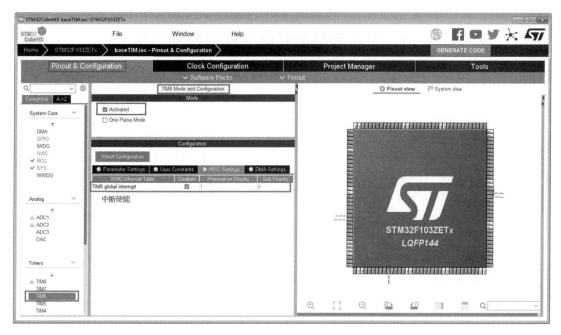

图 17 - 6　开启中断

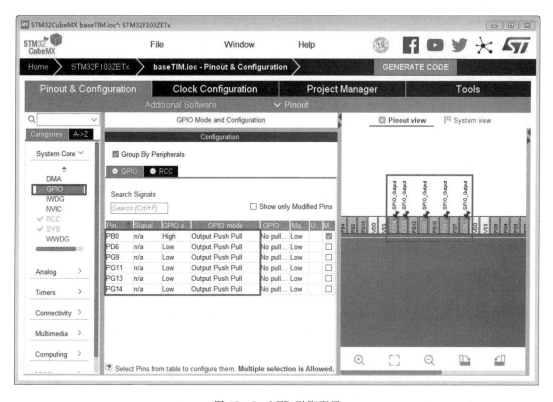

图 17 - 7　LED 引脚配置

17.4　TIM 基本定时器外设结构体分析

代码 17－1　基本定时器结构体

```
01 typedef struct{
02     TIM_TypeDef                    * Instance;      //寄存器基地址
03     TIM_Base_InitTypeDef           Init;            //基本定时器相关参数设置
04     HAL_TIM_ActiveChannel          Channel;         //使用通道
05     DMA_HandleTypeDef              * hdma[7];        //DMA 相关
06     HAL_LockTypeDef                Lock;            //锁定处理
07     __IO HAL_TIM_StateTypeDef      State;           //定时器运行相关状态
08 }TIM_HandleTypeDef;
```

相关参数说明如下。

(1)Instance:TIM 寄存器基地址。

(2)Init:基本定时器相关参数设置。

(3)Channel:定时器通道的选择。

(4)hdma[7]:定时器 DMA 相关数组。

(5)Lock:锁定机制。

(6)State:定时器操作的状态。

代码 17－1 用来设置定时器的基本参数,设置时将会对应于定时器相应的寄存器,以达到配置定时器工作环境的目的。

代码 17－2　基本定时器参数设定

```
01 typedef struct{
02     uint32_t Prescaler;
03     uint32_t CounterMode;
04     uint32_t Period;
05     uint32_t ClockDivision;
06     uint32_t RepetitionCounter;
07 }TIM_Base_InitTypeDef;
```

相关参数说明如下。

(1)Prescaler:定时器预分频系数。时钟源经过该分频器才是定时器时钟,它设定 TIMx_PSC 寄存器的值,可以实现 1~65536 分频,设置为 71,这样分频后的时钟为 1MHz。

(2)CouterMode:定时器计数方式。基本定时器只能向上计数,即 TIMx_CNT 只能从 0 开始递增,无须初始化。

(3)Period:定时器周期。经定时器预分频,得到分频后的时钟为 1MHz。Period 的值设置为 1000,这样定时器产生中断的频率为 1MHz/1000,即 1kHz,亦即 1ms 的定时周期。

(4)ClockDivision:时钟分频系数。设置定时器时钟 CK_INT 频率与数字滤波器采样时钟频率分频比,基本定时器没有这个功能。

(5)RepetitionCounter:重复计数器,属于高级控制寄存器专用寄存器位。利用它可以非常轻松地实现 PWM 控制。

17.5　TIM6 和 TIM7 编程关键步骤

TIM6 和 TIM7 编程关键步骤如下。

(1)初始化 6 个 LED 对应的 GPIO。

(2)设置定时器周期和预分频器。

(3)开启定时器中断。

(4)开启定时器,进入一次中断加一次数值。

(5)无限循环中达到固定值,循环点亮 LED。

17.6　TIM6 和 TIM7 基本定时代码分析

17.6.1　bsp_BasicTIM. h 文件内容

bap_BasicTIM. h 给出了两个定时器、时钟预分频系数和周期的宏定义。

代码 17－3　相关宏定义

```
01 # define USE_TIM6 //选择 TIM6 或 TIM7
02 # ifdef USE_TIM6 //使用基本定时器 TIM6
03     # define BASIC_TIMx                      TIM6
04     # define BASIC_TIM_RCC_CLK_ENABLE()      __HAL_RCC_TIM6_CLK_ENABLE()
05     # define BASIC_TIM_RCC_CLK_DISABLE()     __HAL_RCC_TIM6_CLK_DISABLE()
06     # define BASIC_TIM_IRQ                   TIM6_IRQn
07     # define BASIC_TIM_INT_FUN               TIM6_IRQHandler
08 # else //使用基本定时器 TIM7
09     # define BASIC_TIMx                      TIM7
10     # define BASIC_TIM_RCC_CLK_ENABLE()      __HAL_RCC_TIM7_CLK_ENABLE()
11     # define BASIC_TIM_RCC_CLK_DISABLE()     __HAL_RCC_TIM7_CLK_DISABLE()
12     # define BASIC_TIM_IRQ                   TIM7_IRQn
13     # define BASIC_TIM_INT_FUN               TIM7_IRQHandler
14 # endif
15 //宏定义定时器预分频,定时器实际时钟频率为 72MHz/(BASIC_TIMx_PRESCALER + 1)
16 # define BASIC_TIMx_PRESCALER                71
17 # define BASIC_TIMx_PERIOD                   1000
```

17.6.2 bsp_BasicTIM.c 文件内容

bap_BasicTIM.c 文件通过调用 HAL 库中的结构体成员进行 TIM 基本定时器相关参数的设置。

TIM 基本定时器初始化配置函数见代码 17-4。通过对引用的结构体成员进行赋值初始化定时器。STM32 的每个定时器可以通过外部信号触发而启动,又可以通过另一个定时器的某个条件被触发而启动,这里的"某个条件"可以是定时到时、定时超时、比较成功等多个条件之一。这种通过一个定时器触发另一个定时器的工作方式称为定时器的同步,发出触发信号的定时器工作于主模式,接受触发信号而启动的定时器工作于从模式,具体见代码 17-4 的第 09~第 11 行,这里设置定时器触发输出复位,不使能定时器从模式,只配置为主模式。

代码 17-4　基本定时器初始化

```
01 void BASIC_TIMx_Init(void)
02 {
03   TIM_MasterConfigTypeDef sMasterConfig;
04   htimx.Instance = BASIC_TIMx;
05   htimx.Init.Prescaler = BASIC_TIMx_PRESCALER;
06   htimx.Init.CounterMode = TIM_COUNTERMODE_UP;
07   htimx.Init.Period = BASIC_TIMx_PERIOD;
08   HAL_TIM_Base_Init(&htimx);
09   sMasterConfig.MasterOutputTrigger = TIM_TRGO_RESET;
10   sMasterConfig.MasterSlaveMode = TIM_MASTERSLAVEMODE_DISABLE;
11   HAL_TIMEx_MasterConfigSynchronization(&htimx&sMast,erConfig);
12 }
```

代码 17-5 和代码 17-6 为对定时器硬件初始化和去初始化配置。

代码 17-5　硬件初始化

```
01 void HAL_TIM_Base_MspInit(TIM_HandleTypeDef  * htim_base)
02 {
03   if(htim_base->Instance == BASIC_TIMx)
04   {
05       BASIC_TIM_RCC_CLK_ENABLE();         //基本定时器外设时钟使能
06       //外设中断配置
07       HAL_NVIC_SetPriority(BASIC_TIM_IRQ,1,0);
08       HAL_NVIC_EnableIRQ(BASIC_TIM_IRQ);  //使能外设中断
09   }
10 }
```

代码 17-6　硬件去初始化

```
01 void HAL_TIM_Base_MspDeInit(TIM_HandleTypeDef  * htim_base)
02 {
```

```
03  if(htim_base->Instance == BASIC_TIMx)
04  {
05      BASIC_TIM_RCC_CLK_DISABLE();        //基本定时器外设时钟禁用
06      HAL_NVIC_DisableIRQ(BASIC_TIM_IRQ);//关闭外设中断
07  }
08 }
```

17.6.3　main.c 文件内容

main.c 文件复位外设、配置系统时钟,初始化、启动定时器,进入中断回调函数,递增数值,在无限循环中检测计数值,当计数值达 1000 时(也就是 1s),计数值归 0,6 个 LED 翻转。

代码 17-7　主函数 main()

```
01 int main(void)
02 {
03  HAL_Init();//复位所有外设,初始化 Flash 接口和系统滴答定时器
04  SystemClock_Config();                   //配置系统时钟
05  LED_GPIO_Init();                        //初始化 LED 引脚
06  BASIC_TIMx_Init();                      //基本定时器初始化:1ms 中断一次
07  HAL_TIM_Base_Start_IT(&htimx);          //在中断模式下启动定时器
08  for(;;)                                 //无限循环
09  {
10      if(timer_count == 1000)
11      {
12          timer_count = 0;
13          LED1_TOGGLE;
14          LED2_TOGGLE;
15          LED3_TOGGLE;
16          LED4_TOGGLE;
17          LED5_TOGGLE;
18          LED6_TOGGLE;
19      }
20  }
21 }
```

代码 17-8　中断回调函数

```
01 void HAL_TIM_PeriodElapsedCallback(TIM_HandleTypeDef  * htim)
02 {
03  timer_count++;
04 }
```

17.7 运行验证

将 ST-link 正确接至标识有"SWD 调试器"字样的 4 针接口,下载程序至实验板并运行,6 个 LED 按照设定的周期翻转。

思考题

1. 简述微处理器实现定时与计数的区别与联系。

2. STM32F103ZET6 定时器有哪些?

3. 定时器中断配置主要完成哪些配置? 并描述各配置流程。

4. 设计一套开关信号采集系统,功能要求:1)能够扫描读取 16 路开关信号,可以采用实验板上引出的 PG6、PG7、PG8、PC6、PC7、PC8、PA8、PA11、PA12、PA15 和 PD13 等 GPIO 口;2)间隔 0.2S,通过 USART1 发送给计算机,波特率为 9600bit/s。

第18章 通用定时器

通用定时器 TIM2/3/4/5 在基本定时器基础上引入了外部引脚,除基本的定时器功能外,还实现了输入捕获、输出比较和 PWM 脉冲输出。通用定时器功能框图如图 18-1 所示。

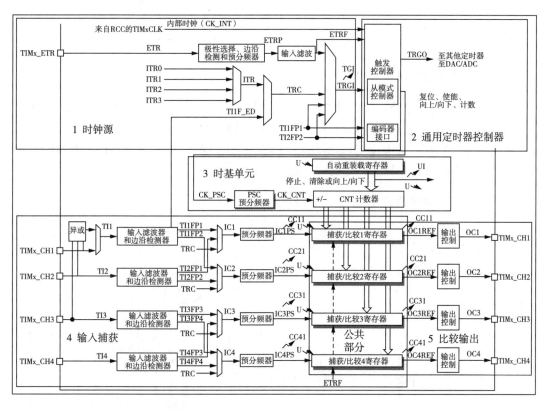

图 18-1 通用定时器功能框图

18.1 时钟源

通用定时器有以下 4 个时钟源,由 SMS@TIMx_SMCR、CEN@TIMx_CR 等来配置。

(1)内部时钟源(CK_INT)。

(2)外部时钟模式 1:外部输入引脚 TIMx_CH1/2/3/4($x=2,3,4,5$),由 CCxS@TIM_CCMx 配置。

（3）外部时钟模式 2：外部触发输入 ETR。

（4）内部触发输入(ITRx)：使用一个定时器作为另一个定时器的预分频器，详见表 18-1。

表 18-1 TIMx 内部触发连接

从定时器		ITR0(TS=000)	ITR1(TS=001)	ITR2(TS=010)	ITR3(TS=011)
高级定时器	TIM1	TIM5	TIM2	TIM3	TIM4
	TIM8	TIM1	TIM2	TIM4	TIM5
通用定时器	TIM2	TIM1	TIM8	TIM3	TIM4
	TIM3	TIM1	TIM2	TIM5	TIM4
	TIM4	TIM1	TIM2	TIM3	TIM8
	TIM5	TIM2	TIM3	TIM4	TIM8

18.1.1 内部时钟源(CK_INT)

如果 SMS=000@TIMx_SMCR，则 CEN、DIR@TIMx_CR1 和 UG@TIMx_EGR 是事实上的控制位，并且只能被软件修改（UG 位仍被自动清除）。只要 CEN 位被写成'1'，预分频器的时钟就由内部时钟 CK_INT 提供。TIM2/3/4/5 内部时钟 CK_INT 源于 APB1，最大时钟频率为 36MHz，见图 17-3 的时钟树。

18.1.2 外部时钟模式 1

当配置 SMS='111'@TIMx_SMCR 时，选择定时器外部时钟模式 1。TI2 外部时钟连接框图如图 18-2 所示。

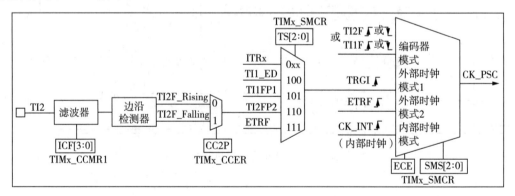

图 18-2 TI2 外部时钟连接框图

1. 时钟信号输入引脚

外部时钟模式 1，TI1/2/3/4(TIMx_CH1/2/3/4)共 4 个来自定时器输入通道的时钟信号，通过配置 TIM_CCMx 的位 CCxS[1：0]来选择。其中，CCM1 控制 TI1/2，CCM2 控制 TI3/4。

2. 滤波器

滤除输入信号上的高频干扰。

3. 边沿检测

检测上升沿有效还是下降沿有效，具体由 TIMx_CCER 的位 CCxP 和 CCxNP 配置。

4. 触发选择

若选择外部时钟模式 1，则此时有两个触发源，分别是滤波后的定时器输入 1(TI1FP1)和滤波后的定时器输入 2(TI2FP2)，具体由 TIMx_SMCR 的位 TS[2∶0]配置。

5. 从模式选择

选定触发源信号后，信号是接到 TRGO 引脚的，让触发信号成为外部时钟模式 1 的输入，即 CK_PSC。

例如，要配置向上计数器在 TI2 输入端的上升沿计数，需要下列步骤。

(1)配置 TIMx_SMCR 寄存器的 SMS＝'111'，选择定时器外部时钟模式 1。

(2)配置 TIMx_SMCR 寄存器的 TS＝'110'，选定 TI2 作为触发输入源。

(3)配置 TIMx_CCMR1 寄存器的 CC2S＝'01'，CC2 通道被配置为输入，IC2 映射在 TI2 上。

(4)配置 TIMx_CCMR1 寄存器的 IC2F[3∶0]，选择输入滤波器参数(如果不需要滤波器，保持 IC2F＝0000)。每个输入通道的滤波参数在捕获/比较模式寄存器 TIMx_CCSMR1、TIMx_CCSMR2 的 IC1F[3∶0]、IC2F[3∶0]、IC3F[3∶0]和 IC4F[3∶0]中配置。外部输入通道的滤波表配置如图 18-3 所示。

位7:4	**IC1F[3:0]**：输入捕获1滤波器 (Input capture 1 filter)
	这几位定义了TI1输入的采样频率及数字滤波器长度。数字滤波器由一个事件计数器组成，它记录到N个事件后会产生一个输出的跳变：

0000：无滤波器，以f_{DTS}采样	1000：采样频率$f_{SAMPLING}=f_{DTS}/8$, N=6
0001：采样频率$f_{SAMPLING}=f_{CK\_INT}$, N=2	1001：采样频率$f_{SAMPLING}=f_{DTS}/8$, N=8
0010：采样频率$f_{SAMPLING}=f_{CK\_INT}$, N=4	1010：采样频率$f_{SAMPLING}=f_{DTS}/16$, N=5
0011：采样频率$f_{SAMPLING}=f_{CK\_INT}$, N=8	1011：采样频率$f_{SAMPLING}=f_{DTS}/16$, N=6
0100：采样频率$f_{SAMPLING}=f_{DTS}/2$, N=6	1100：采样频率$f_{SAMPLING}=f_{DTS}/16$, N=8
0101：采样频率$f_{SAMPLING}=f_{DTS}/2$, N=8	1101：采样频率$f_{SAMPLING}=f_{DTS}/32$, N=5
0110：采样频率$f_{SAMPLING}=f_{DTS}/4$, N=6	1110：采样频率$f_{SAMPLING}=f_{DTS}/32$, N=6
0111：采样频率$f_{SAMPLING}=f_{DTS}/4$, N=8	1111：采样频率$f_{SAMPLING}=f_{DTS}/32$, N=8

注：在现在的芯片版本中，当ICxF[3:0]=1、2或3时，公式中的f_{DTS}由CK_INT替代。

图 18-3　外部输入通道的滤波参数配置

(5)配置 CC2P＝'0'@TIMx_CCER，选定上升沿极性。

(6)设置 TIMx_CR1 寄存器的 CEN＝'1'，启动计数器。

18.1.3　外部时钟模式 2

外部时钟模式 2 连接框图如图 18-4 所示。

1. 时钟信号输入引脚

使用外部时钟模式 2 时，时钟信号来自定时器特定输入通道 TIMx_ETR。

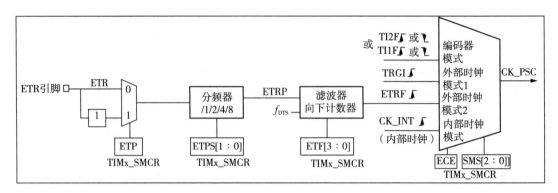

图 18-4 外部时钟模式 2

2. 外部触发极性

设置 ETP(External Trigger Polarity)@TIMx_SMCR,选择用 ETR 或 ETR 的反相来作为触发操作。

3. 分频器

当触发信号的频率很高时,必须使用分频器进行降频,有 1/2/4/8 可选择,由 TIMx_SMCR 寄存器中的 ETPS[1:0]配置。

4. 滤波器

如果 ETRP 的信号频率过高或混有高频干扰信号,就需要使用滤波器对 ETRP 信号重新采样,以达到降频或去除干扰的目的。由 TIMx_SMCR 的位 ETF[3:0]配置,其中 f_{DTS} 由内部时钟 CK_INT 分频得到,由 TIMx_CR1 的位 CKD[1:0]配置。外部触发输入通道的滤波参数配置如图 18-5 所示。

位11:8	**ETF[3:0]:外部触发滤波 (External trigger filter)**
	这些位定义了对ETRP信号采样的频率和对ETRP数字滤波的带宽。实际上,数字滤波器是一个事件计数器,它记录到N个事件后会产生一个输出的跳变。

0000:无滤波器,以f_{DTS}采样   1000:采样频率$f_{SAMPLING}=f_{DTS}/8$,N=6

0001:采样频率$f_{SAMPLING}=f_{CK\_INT}$,N=2   1001:采样频率$f_{SAMPLING}=f_{DTS}/8$,N=8

0010:采样频率$f_{SAMPLING}=f_{CK\_INT}$,N=4   1010:采样频率$f_{SAMPLING}=f_{DTS}/16$,N=5

0011:采样频率$f_{SAMPLING}=f_{CK\_INT}$,N=8   1011:采样频率$f_{SAMPLING}=f_{DTS}/16$,N=6

0100:采样频率$f_{SAMPLING}=f_{DTS}/2$,N=6   1100:采样频率$f_{SAMPLING}=f_{DTS}/16$,N=8

0101:采样频率$f_{SAMPLING}=f_{DTS}/2$,N=8   1101:采样频率$f_{SAMPLING}=f_{DTS}/32$,N=5

0110:采样频率$f_{SAMPLING}=f_{DTS}/4$,N=6   1110:采样频率$f_{SAMPLING}=f_{DTS}/32$,N=6

0111:采样频率$f_{SAMPLING}=f_{DTS}/4$,N=8   1111:采样频率$f_{SAMPLING}=f_{DTS}/32$,N=8

图 18-5 外部触发输入通道的滤波参数配置

5. 模式选择

经滤波后的信号连接至 ETRF 引脚,由 CK_PSC 输出,启动计数器。由 TIMx_SMCR 的位 ECE 置 1 即可配置为外部时钟模式 2。

完成上述过程后,设置 TIMx_CR1 寄存器的 CEN=1,启动计数器。

例如,要配置在 ETR 下每 2 个上升沿计数一次的向上计数器,需要下列步骤。

（1）本例不需要滤波器，置 TIMx_SMCR 寄存器中的 ETF[3：0]＝0000。

（2）设置预分频器，置 TIMx_SMCR 寄存器中的 ETPS[1：0]＝01。

（3）设置在 ETR 的上升沿检测，置 TIMx_SMCR 寄存器中的 ETP＝0。

（4）开启外部时钟模式 2，置 TIMx_SMCR 寄存器中的 ECE＝1。

（5）启动计数器，置 TIMx_CR1 寄存器中的 EN＝1。

计数器在每两个 ETR 上升沿计数一次。在 ETR 的上升沿和计数器实际时钟之间的延时取决于在 ETRP 信号端的重新同步电路。处部时钟模式 2 下的时序如图 18 - 6 所示。

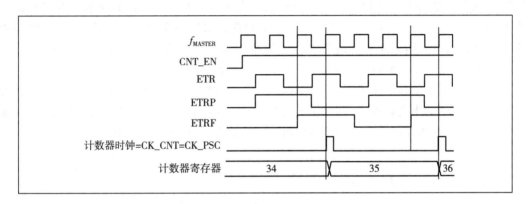

图 18 - 6　外部时钟模式 2 下的时序

（6）内部触发输入。

STM32 部分定时器可以由另一个定时器触发。主模式的定时器可以对从模式的定时器执行复位、启动、停止或提供时钟操作。例如，图 18 - 7 使用定时器 1 作为定时器 2 的预分频器。

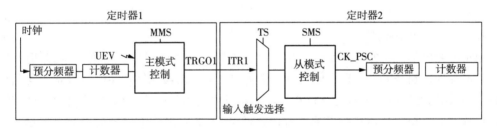

图 18 - 7　内部触发输入

18.2　通用定时器控制器

通用定时器控制器包括触发控制器、从模式控制器及编码器。触发控制器主要针对片内外设输出触发信号，如为其他定时器提供时钟和触发 DAC/ADC 转换。从模式控制器可以控制计数器复位、使能、向上/向下计数。编码器接口专门针对编码器计数而设计，用于伺服电动机控制。

18.2.1 编码器

编码器是将信号或数据进行编制并转换为可用于通信、传输和存储的数字信号的设备。运动控制系统中的编码器把角位移或直线位移等参数转换为数字量。按码盘的镂孔方法和信号输出形式,编码器可分为增量型、绝对值型和混合型。增量型编码器是将位移转换成周期性的电信号,再把这个电信号转变成计数脉冲,用脉冲的个数表示位移的大小;绝对值型编码器的每一个位置对应一个确定的数字码,因此它的示值只与测量的起始位置和终止位置有关,而与测量的中间过程无关;混合型编码器则同时兼具前两者的功能。根据检测原理,编码器又可分为光学式、电磁式、电容式、接触式。常用的光电式编码器原理:编码器内部有一个转动的码盘,带若干个透明和不透明的窗口,用光电接收器收集断续的光束,这样就把光脉冲转换成了电脉冲,然后由电子输出线路处理并输出。

光电编码器是集光电技术于一体的速度位移传感器,其原理如图 18-8 所示。当旋转光电编码器轴带动光栅盘旋转时,经发光元件发出的光被光栅盘狭缝切割成断续光线,并被接收元件接收,产生初始信号。该信号经后继电路处理后,输出脉冲或代码信号。

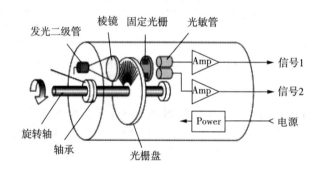

图 18-8 光电编码器原理图

1. 增量型光电编码器

增量型光电编码器的特点是每产生一个输出脉冲信号就对应一个增量位移,但是不能通过输出脉冲区别是哪个位置上的增量。增量型光电编码器能够产生与位移增量等值的脉冲信号,其作用是提供一种对连续位移量离散化或增量化及位移变化(速度)的传感方法,该量或位移变化是相对某个基准点的相对位置增量,不能直接检测出轴的绝对位置信息。一般来说,增量型光电编码器输出 A、B 两相互差 90°电度角的脉冲信号(即所谓的两组正交输出信号),从而可方便地判断出旋转方向。同时还有用作参考零位的 Z 相标志(指示)脉冲信号,码盘每旋转一周,只发出一个标志信号。标志脉冲通常用来指示机械位置或对积累量清零。增量型光电编码器主要由光源、码盘、检测光栅、光电检测器件和转换电路组成,如图 18-9(a) 所示。码盘上刻有节距相等的辐射状透光缝隙,两个相邻透光缝隙之间代表一个增量周期;检测光栅上刻有 A、B 两组与码盘相对应的透光缝隙,用以通过或阻挡光源和光电检测器件之间的光线。它们的节距和码盘上的节距相等,并且两组透光缝隙错开 1/4 节距,使得光电检测器件输出的信号在相位上相差 90°电度角。当码盘随着被测转轴转动时,检测光栅不动,光线透过码盘和检测光栅上的透光缝隙照射到光电检测器件上,光电检测器件就输出两组相位相差 90°电度角的近似于正弦波的电信号,电信号经过转换电路的信号处理,可以得到被测轴的转角或速度信息。增量型光电编码器输出信号波形如图 18－9(b)所示。增量型光电编码器的优点是:原理构造简单、易于实现;机械平均寿命长,可达到几万小时以上;分辨率高;抗干扰能力较强,信号传输距离较长,可靠性较高。其缺点是无法直接读出转动轴的绝对位置信息。

（a）增量型光电编码器的组成　　　　　　（b）增量型光电编码器的输出信号波形

图 18－9　增量型光电编码器结构与输出波形

2. 绝对值型光电编码器

绝对值型光电编码器的码盘与增量型的不同,每条码道由透光和不透光的扇形区间交叉构成,码道数就是其所在码盘的二进制数码位数,码盘的两侧分别是光源和光敏元件,码盘位置的不同会导致光敏元件受光情况不同进而输出不同的编码,常见的有二进制码和格雷码,如图 18－10 所示。通过接收到的编码就可以确定码盘位置。

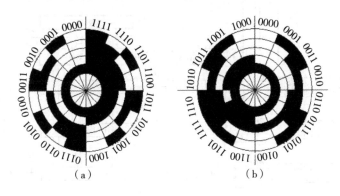

（a）　　　　　　　　　　（b）

图 18－10　二进制码盘和格雷码码盘

3. 混合型光电编码器

混合型光电编码器码盘(图 18－11)的最外层镂孔与增量型的相同,再向内是 8 位二进制编码的镂孔。混合型光电编码器输出的信息有两组:一组输出信息为 A、B、Z 三组方波脉冲,与增量型编码器的输出完全相同,用于检测速度和转向;另一组输出具有绝对位置信息的编码,主要用于检测磁极位置。

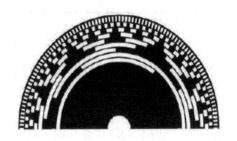

图 18－11　混合型码盘

18.2.2 编码器接口

一个外部的增量编码器可以直接与
STM32 处理器连接而不需要外部接口逻辑。但是,为了提高抗干扰能力,一般可以使用触发器对编码器的输出信号整形。

STM32 处理器支持增量型光电编码器。增量型光电编码器的 A、B 两相需要接到定时器的两个通道上。编码器输出的 Z 信号表示机械零点,可以把它连接到一个外部中断输入并触发一个计数器复位。对于 STM32 而言,只有 TIMx_CH1 和 TIMx_CH2 支持编码器模式。两个输入 TI1 和 TI2 被用来作为增量编码器的接口,如图 18-12 所示。

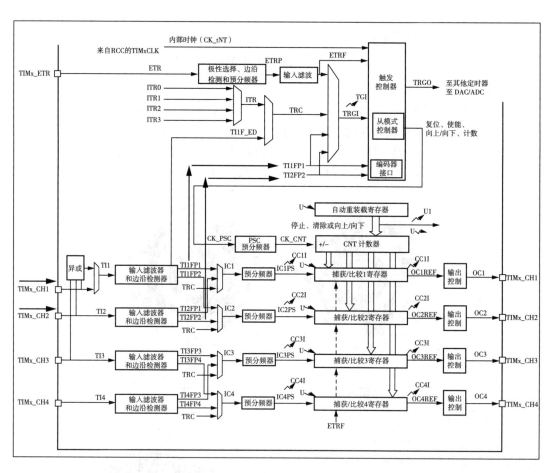

图 18-12 增量型光电编码器信号接入

选择编码器接口模式的方法:如果计数器只在 TI2 的边沿计数,则置 TIMx_SMCR 寄存器中的 SMS=001;如果只在 TI1 的边沿计数,则置 SMS=010;如果计数器同时在 TI1 和 TI2 边沿计数,则置 SMS=011。

通过设置 TIMx_CCER 寄存器中的 CC1P 和 CC2P 位,可以选择 TI1 和 TI2 极性;如果需要,还可以对输入滤波器编程。

计数方向与编码器的关系见表 18-2,表 18-2 中第二列是计数条件。假定计数器已经启动(TIMx_CR1 寄存器中的 CEN='1'),则计数器由每次在 TI1FP1 或 TI2FP2 上的有效跳变驱动。TI1FP1 和 TI2FP2 分别是 TI1 和 TI2 在通过输入滤波器和极性控制后的信号;如果没有滤波和变相,则 TI1FP1=TI1,TI2FP2=TI2。根据两个输入信号的跳变顺序,产生了计数脉冲和方向信号。依据两个输入信号的跳变顺序,计数器向上或向下计数,同时硬件对 TIMx_CR1 寄存器的 DIR 位进行相应的设置。无论计数器依靠 TI1 计数还是依靠 TI2 计数抑或同时依靠 TI1 和 TI2 计数,在任一输入端(TI1 或 TI2)的跳变都会重新计算 DIR 位。

表 18-2　计数方向与编码器的关系

有效边沿	相对信号的电平 (TI1FP1 对应 TI2, TI2FP2 对应 TI1)	TI1FP1 信号		TI2FP2 信号	
		上升	下降	上升	下降
仅在 TI1 计数	(TI2)高	向下计数	向上计数	不计数	不计数
	(TI2)低	向上计数	向下计数	不计数	不计数
仅在 TI2 计数	(TI1)高	不计数	不计数	向上计数	向下计数
	(TI1)低	不计数	不计数	向下计数	向上计数
在 TI1 和 TI2 上计数	高	向下计数	向上计数	向上计数	向下计数
	低	向上计数	向下计数	向下计数	向上计数

编码器接口模式相当于使用了一个带有方向选择的外部时钟。这意味着计数器只在 0 到 TIMx_ARR 寄存器的自动装载值之间连续计数(根据方向,或者从 0 到 TIMx_ARR 计数,或者从 TIMx_ARR 到 0 计数),因此在开始计数之前必须配置 TIMx_ARR;同样,捕获器、比较器、预分频器、触发输出特性等仍正常工作。

在这个模式下,计数器依照增量编码器的速度和方向被自动修改,因此计数器的内容始终指示着编码器的位置。计数方向与相连的传感器旋转的方向对应。表 18-2 列出了所有可能的组合,假设 TI1 和 TI2 不同时变换。

图 18-13 是一个编码器模式下的计数器操作的实例,该实例显示了计数信号的产生和方向控制。它还显示了当选择了双边沿时,输入抖动是如何被抑制的;抖动可能会在传感器的位置靠近一个转换点时产生。在这个实例中,我们假定配置如下。

(1)CC1S='01'(TIMx_CCMR1 寄存器,IC1FP1 映射到 TI1)。

(2)CC2S='01'(TIMx_CCMR2 寄存器,IC2FP2 映射到 TI2)。

(3)CC1P='0'(TIMx_CCER 寄存器,IC1FP1 不反相,IC1FP1=TI1)。

(4)CC2P='0'(TIMx_CCER 寄存器,IC2FP2 不反相,IC2FP2=TI2)。

(5)SMS='011'(TIMx_SMCR 寄存器,所有的输入均在上升沿和下降沿有效)。

(6)CEN='1'(TIMx_CR1 寄存器,计数器使能)。

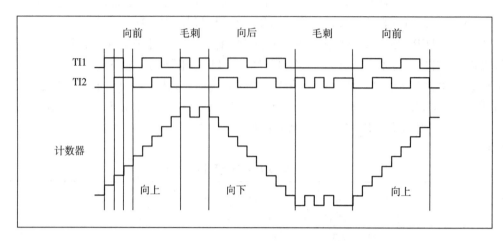

图 18 - 13　编码器模式下的计数器操作实例

18.3　时基单元

通用定时器包含一个 16 位向上、向下、向上/向下自动装载计数器,一个 16 位计数器,一个 16 位可编程(可以实时修改)预分频器。

时基单元包含 16 位计数器寄存器(TIMx_CNT)、16 位可编程预分频器寄存器(TIMx_PSC)、16 位可自动装载寄存器(TIMx_ARR)。

18.3.1　预分频器 PSC(Prescaler)

预分频器 PSC 可以将计数器的时钟频率按1~65536 的任意值分频,新的预分频系数在下一次更新事件到来时被采用。输出 CK_CNT 用于计数器 CNT 计数。

18.3.2　计数器 CNT

通用定时器的计数器有如下 3 种计数模式。

(1)向上计数模式。计数器从 0 开始计数到自动重装载值(TIMx_ARR 计数器数值)时,复位从 0 重新计数并且产生一个计数器溢出事件。

(2)向下计数模式,计数器从自动重装载值(TIMx_ARR 计数器内容)开始递减计数直到 0,然后重新从自动重装载值开始递减并生成计数器下溢事件,如此循环。

(3)在向上/向下计数模式下。计数器从 0 开始计数到自动重装载值减 1 的值(TIMx_ARR - 1)时,产生一个计数器溢出事件,然后向下计数到 1 并且产生一个计数器下溢事件;又从 0 开始重新计数,如此循环。每次计数器上溢和下溢都会生成更新事件。当发生更新事件时,全部的寄存器都将被更新。

18.3.3 自动重装载寄存器 TIMx_ARR

自动重装载寄存器的值是预先装载的,读写自动重装载寄存器将访问预装载寄存器。控制 TIMx_CR1 寄存器中的自动重装载预装载使能位(ARPE),如果置 1,预装载寄存器的内容在每次更新事件时传递给影子寄存器;如果清零,修改 TIMx_ARR 的值后立即生效。

18.4 捕获

捕获是用定时器来记录电平上升沿或下降沿变化的时间的。在边沿信号发生跳变(如上升沿/下降沿)时,将定时器的当前值(TIMx_CNT)存放到对应的通道的捕获/比较寄存器(TIMx_CCR)中,完成一次捕获。

除基本定时器 TIM6/7 外,定时器 TIM1/2/3/4/5/8 均具有输入捕获功能。STM32 支持两种捕获模式:输入捕获模式和 PWM 输入模式。

18.4.1 输入滤波

STM32 定时器的输入通道都有一个滤波单元,滤除输入信号上的高频干扰。滤波原理:在捕获到边沿信号时,以采样频率 $f_{SAMPLING}$ 连续采样 N 次来判断该引脚上电平是否稳定。$f_{SAMPLING}$ 与采样基准频率 F_{DTS} 有关。F_{DTS} 由对应定时器的控制寄存器 1(TIMx_CR1)的 CKD 位控制,而采集频率又受到 IC1F 位的控制,分别为 f_{CK_INT}、$f_{CK\_INT}/2$ 和 $f_{CK\_INT}/4$。F_{DTS} 配置如图 18-14 所示。

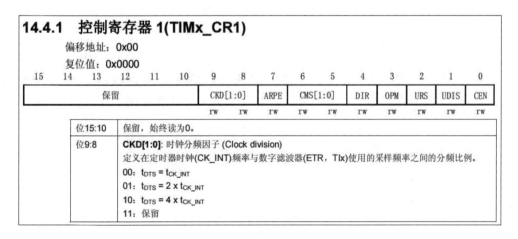

图 18-14 F_{DTS} 配置

实际的滤波参数采样频率 $f_{SAMPLING}$ 和采样次数 N 可以根据实际情况由程序配置。

外部触发输入通道的滤波参数从模式控制器 TIMx_SMCR 的 ETF[3:0]配置,如图 18-15所示。

位11:8	ETF[3:0]：外部触发滤波 (External trigger filter)
	这些位定义了对ETRP信号采样的频率和对ETRP数字滤波的带宽。实际上，数字滤波器是一个事件计数器，它记录到N个事件后会产生一个输出的跳变。

0000：无滤波器，以f_{DTS}采样	1000：采样频率$f_{SAMPLING}$=f_{DTS}/8，N=6
0001：采样频率$f_{SAMPLING}$=f_{CK_INT}，N=2	1001：采样频率$f_{SAMPLING}$=f_{DTS}/8，N=8
0010：采样频率$f_{SAMPLING}$=f_{CK_INT}，N=4	1010：采样频率$f_{SAMPLING}$=f_{DTS}/16，N=5
0011：采样频率$f_{SAMPLING}$=f_{CK_INT}，N=8	1011：采样频率$f_{SAMPLING}$=f_{DTS}/16，N=6
0100：采样频率$f_{SAMPLING}$=f_{DTS}/2，N=6	1100：采样频率$f_{SAMPLING}$=f_{DTS}/16，N=8
0101：采样频率$f_{SAMPLING}$=f_{DTS}/2，N=8	1101：采样频率$f_{SAMPLING}$=f_{DTS}/32，N=5
0110：采样频率$f_{SAMPLING}$=f_{DTS}/4，N=6	1110：采样频率$f_{SAMPLING}$=f_{DTS}/32，N=6
0111：采样频率$f_{SAMPLING}$=f_{DTS}/4，N=8	1111：采样频率$f_{SAMPLING}$=f_{DTS}/32，N=8

图 18-15　外部触发输入通道的滤波参数配置

外部输入通道的滤波参数在捕获/比较模式寄存器 TIMx_CCSMR1、TIMx_CCSMR2 的 IC1F[3:0]、IC2F[3:0]、IC3F[3:0]和 IC4F[3:0]中配置，如图 18-16 所示。

位7:4	IC1F[3:0]：输入捕获1滤波器 (Input capture 1 filter)
	这几位定义了TI1输入的采样频率及数字滤波器长度。数字滤波器由一个事件计数器组成，它记录到N个事件后会产生一个输出的跳变：

0000：无滤波器，以f_{DTS}采样	1000：采样频率$f_{SAMPLING}$=f_{DTS}/8，N=6
0001：采样频率$f_{SAMPLING}$=f_{CK_INT}，N=2	1001：采样频率$f_{SAMPLING}$=f_{DTS}/8，N=8
0010：采样频率$f_{SAMPLING}$=f_{CK_INT}，N=4	1010：采样频率$f_{SAMPLING}$=f_{DTS}/16，N=5
0011：采样频率$f_{SAMPLING}$=f_{CK_INT}，N=8	1011：采样频率$f_{SAMPLING}$=f_{DTS}/16，N=6
0100：采样频率$f_{SAMPLING}$=f_{DTS}/2，N=6	1100：采样频率$f_{SAMPLING}$=f_{DTS}/16，N=8
0101：采样频率$f_{SAMPLING}$=f_{DTS}/2，N=8	1101：采样频率$f_{SAMPLING}$=f_{DTS}/32，N=5
0110：采样频率$f_{SAMPLING}$=f_{DTS}/4，N=6	1110：采样频率$f_{SAMPLING}$=f_{DTS}/32，N=6
0111：采样频率$f_{SAMPLING}$=f_{DTS}/4，N=8	1111：采样频率$f_{SAMPLING}$=f_{DTS}/32，N=8
注：在现在的芯片版本中，当ICxF[3:0]=1、2或3时，公式中的f_{DTS}由CK_INT替代。	

图 18-16　外部输入通道的滤波参数配置

18.4.2　输入捕获模式

输入捕获模式是捕获的基本模式，可以用来测量脉冲宽度、频率或占空比。图 18-17 是输入捕获模式下测量高电平脉宽的一般原理，假设定时器工作在向上计数模式，图中 t_1～

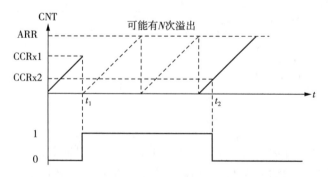

图 18-17　输入捕获模式下测量高电平脉宽的一般原理

t_2 时间就是需要测量的高电平时间,从而得到高电平脉宽。需要注意的是,相邻的沿变化之间,定时器可能发生溢出,需要做出相应的处理。

每一个捕获/比较通道都是围绕着一个捕获/比较寄存器(包含影子寄存器),包括捕获的输入部分(数字滤波、多路复用和预分频器),和输出部分(比较器和输出控制)。

图 18-18 所示是通道 1 的捕获/比较输入框图,输入部分对相应的 TIx 输入信号采样,并产生一个滤波后的信号 TIxF。然后,一个带极性选择的边缘检测器产生一个信号(TIxFPx),它可以作为从模式控制器的输入触发或者作为捕获控制。该信号通过预分频进入捕获寄存器(ICxPS)。

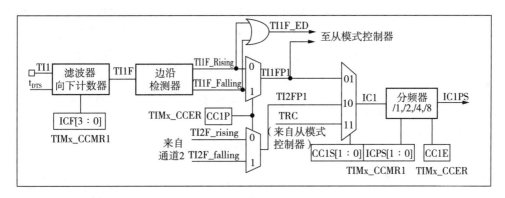

图 18-18　通道 1 的捕获/比较输入框图

图 18-19 是通道 1 的捕获/比较主电路框图。

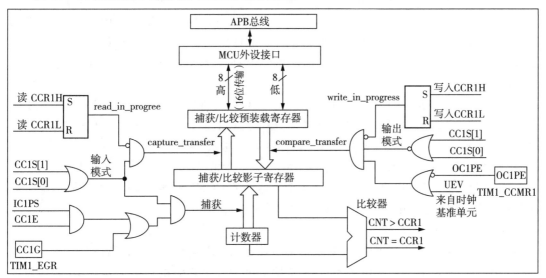

图 18-19　通道 1 的捕获/比较主电路框图

图 18-20 是通道 1 的捕获/比较通道的输出部分框图。输出部分产生一个中间波形 OCxRef(高有效)作为基准,最终输出信号的极性由捕获/比较使能寄存器 TIMx_CCER 中 CC1P 的值决定。

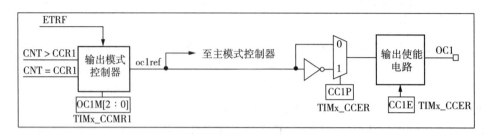

图 18-20　通道 1 的输出部分框图

在输入捕获模式下,当检测到 ICx 信号上相应的边沿后,计数器的当前值被锁存到捕获/比较寄存器(TIMx_CCRx)中。当捕获事件发生时,相应的 CCxIF 标志(TIMx_SR 寄存器)被置'1',如果使能了中断或 DMA 操作,则将产生中断或 DMA 操作。如果捕获事件发生时 CCxIF 标志已经为高,那么重复捕获标志 CCxOF(TIMx_SR 寄存器)被置'1'。写 CCxIF=0 可清除 CCxIF,或读取存储在 TIMx_CCRx 寄存器中的捕获数据也可清除 CCxIF。写 CCxOF=0 可清除 CCxOF。

以下实例说明如何在 TI1 输入上升沿时捕获计数器的值到 TIMx_CCR1 寄存器中,步骤如下。

(1)选择有效输入端。TIMx_CCR1 必须连接到 TI1 输入,所以写入 TIMx_CCR1 寄存器中的 CC1S=01,只要 CC1S 不为'00',通道就被配置为输入,并且 TM1_CCR1 寄存器变为只读。

(2)根据输入信号的特点,配置输入滤波器为所需的带宽(即输入为 TIx 时,输入滤波器控制位是 TIMx_CCMRx 寄存器中的 ICxF 位)。假设输入信号在最多 5 个内部时钟周期的时间内抖动,我们须配置滤波器的带宽长于 5 个时钟周期。因此我们可以(以 f_{DTS} 频率)连续采样 8 次,以确认在 TI1 上一次真实的边沿变换,即在 TIMx_CCMR1 寄存器中写入 IC1F =0011。

(3)选择 TI1 通道的有效转换边沿,在 TIMx_CCER 寄存器中写入 CC1P=0(上升沿)。

(4)配置输入预分频器。在本例中,我们希望捕获发生在每一个有效的电平转换时刻,因此预分频器被禁止(写 TIMx_CCMR1 寄存器中的 IC1PS=00)。

(5)设置 TIMx_CCER 寄存器中的 CC1E=1,允许捕获计数器的值到捕获寄存器中。

(6)如果需要,通过设置 TIMx_DIER 寄存器中的 CC1IE 位允许相关中断请求,通过设置 TIMx_DIER 寄存器中的 CC1DE 位允许 DMA 请求。

当发生一个输入捕获时:

(1)产生有效的电平转换时,计数器的值被传送到 TIMx_CCR1 寄存器。

(2)CC1IF 标志被设置(中断标志)。当发生至少 2 个连续的捕获时,CC1IF 未曾被清除,CC1OF 也被置'1'。

(3)若设置了 CC1IE 位,则会产生一个中断。

(4)若设置了 CC1DE 位,则还会产生一个 DMA 请求。

为了处理捕获溢出,建议在读出捕获溢出标志之前读取数据,以避免丢失在读出捕获溢出标志之后和读取数据之前可能产生的捕获溢出信息。

18.4.3　PWM 输入模式

PWM 输入模式是输入捕获模式的特例,既可以得到输入信号周期,又可以得到占空比。具体实现需要用到两个捕获寄存器,一个捕获脉宽,另一个捕获周期。采用 PWM 输入模式时,一路输入信号同时映射到两个引脚,而且只有第一通道和第二通道可以配置为这种模式,每个通用定时器只能测量一路输入信号。PWM 输入捕获信号框图如图 18 - 21 所示。

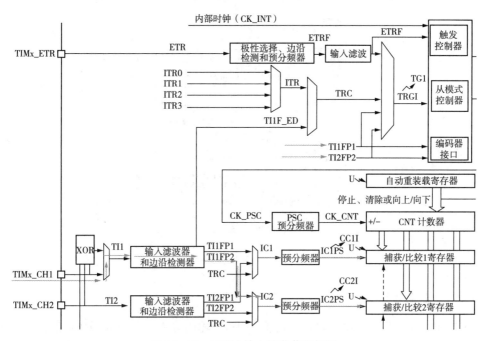

图 18 - 21　PWM 输入捕获信号框图

PWM 输入信号可以分为 TIxFP1 和 TIxFP2,分别和两个捕获寄存器联系起来,图 18 - 19 是 PWM 输入模式的时序图。在图 18 - 22 中,在第一上升沿时 IC1 和 IC2 均捕获,复位计数器;然后下降沿来时,IC2 捕获,这个值作为脉宽值(计算占空比的分子);在第二个上升沿来时,IC1 捕获,这个值就是周期值。

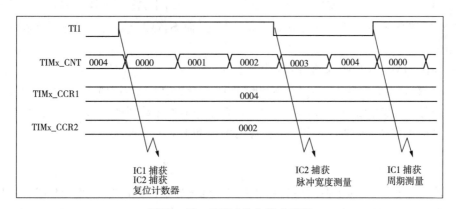

图 18 - 22　PWM 输入模式时序

18.5 输出比较

输出比较即通过定时器的外部引脚对外输出控制信号。可以通过寄存器 CCMRx 的位 OCxM[2：0]将输出比较设置成 8 种不同的模式,具体配置如图 18-23 所示。

通用定时器(TIMx) | STM32F10xxx参考手册

位7	OC1CE: 输出比较1清0使能 (Output compare 1 clear enable)
	0: OC1REF 不受ETRF输入的影响;
	1: 一旦检测到ETRF输入高电平,清除OC1REF=0。
位6:4	OC1M[2:0]: 输出比较1模式 (Output compare 1 enable)
	该3位定义了输出参考信号OC1REF的动作,而OC1REF决定了OC1的值。OC1REF是高电平有效,而OC1的有效电平取决于CC1P位。
	000: 冻结,输出比较寄存器TIMx_CCR1与计数器TIMx_CNT间的比较对OC1REF不起作用;
	001: 匹配时设置通道1为有效电平。 当计数器TIMx_CNT 的值与捕获/比较寄存器1 (TIMx_CCR1)相同时,强制OC1REF为高。
	010: 匹配时设置通道1为无效电平。 当计数器TIMx_CNT 的值与捕获/比较寄存器1 (TIMx_CCR1)相同时,强制OC1REF为低。
	011: 翻转。当TIMx_CCR1=TIMx_CNT时,翻转OC1REF的电平。
	100: 强制为无效电平。强制OC1REF为低。
	101: 强制为有效电平。强制OC1REF为高。
	110: PWM模式1— 在向上计数时,一旦TIMx_CNT<TIMx_CCR1时通道1为有效电平,否则为无效电平;在向下计数时,一旦TIMx_CNT>TIMx_CCR1时通道1为无效电平(OC1REF=0),否则为有效电平(OC1REF=1)。
	111: PWM模式2— 在向上计数时,一旦TIMx_CNT<TIMx_CCR1时通道1为无效电平,否则为有效电平;在向下计数时,一旦TIMx_CNT>TIMx_CCR1时通道1为有效电平,否则为无效电平。
	注1: 一旦LOCK级别设为3(TIMx_BDTR寄存器中的LOCK位)并且CC1S='00'(该通道配置成输出)则该位不能被修改。
	注2: 在PWM模式1或PWM模式2中,只有当比较结果改变了或在输出比较模式中从冻结模式切换到PWM模式时,OC1REF电平才改变。

图 18-23 输出模式配置

18.5.1 匹配输出

当定时器的 CNT 值与比较寄存器的值相等时,输出参考信号,OCxREF 的信号极性将会被改变,其中,OCxREF＝1 称为有效电平,OCxREF＝0 称为无效电平,并且会产生比较中断 CCxI,相应的标志位 CCxIF(SR 寄存器中)会置位,OCxREF 再经过一系列控制之后以 OCx/OCxN 信号输出。

18.5.2 强置输出模式

在输出模式(TIMx_CCMRx 寄存器中的 CCxS＝00)下,输出比较信号(OCxREF 和相应的 OCx)能够直接由软件强置为有效或无效状态,而不依赖于输出比较寄存器和计数器间的比较结果。

例如,置 TIMx_CCMRx 寄存器中相应的 OCxM＝101,即可强置输出比较信号 (OCxREF/OCx)为有效状态。这样 OCxREF 被强置为高电平,同时 OCx 得到与 CCxP 极性相反的信号。在该模式下,TIMx_CCRx 影子寄存器和计数器的直接比较仍然在进行,相应的标志也会被修改,因此仍然会产生相应的中断和 DMA 请求。

18.5.3 PWM 模式

根据冲量等效原理,对于惯性环节可以采用微处理器输出脉冲宽度变化的 PWM 波形,对模拟电路进行控制,例如,采用正弦等效的 SPWM 来控制交流电动机。利用此功能可以输出一个可调占空比的方波信号,由 TIMx_ARR 寄存器确定频率,由 TIMx_CCRx 确定占空比。

STM32 的 PWM 模式有两种,根据 TIMx_CCMRx 寄存器中的 OCxM 位来确定("110"为模式 1,"111"为模式 2)。其区别如下:

(1)110:PWM 模式 1,在向上计数时,TIMx_CNT<TIMx_CCR1 时通道 1 为有效电平,否则为无效电平;在向下计数时,TIMx_CNT>TIMx_CCR1 时通道 1 为无效电平,否则为有效电平。

(2)111:PWM 模式 2,在向上计数时,TIMx_CNT<TIMx_CCR1 时通道 1 为无效电平,否则为有效电平;在向下计数时,TIMx_CNT>TIMx_CCR1 时通道 1 为有效电平,否则为无效电平。

上面两个模式看起来复杂,其实是两个互补。正好相反的 PWM 模式。

根据 TIMx_CR1 寄存器中 CMS 位的状态,定时器能够产生边沿对齐的 PWM 信号或中央对齐的 PWM 信号。一般的电机控制采用边沿对齐模式,FOC(Field Oriented Control,磁场定向控制)电机采用中央对齐模式。

1.PWM 边沿对齐模式

在边沿对齐模式下,计数器 CNT 只工作在递增或递减其中一种模式下。以递增为例子,如图 18-24 所示是 PWM 模式 1 的边沿对齐波形,ARR=8,CCR=4,计数器从 0 开始计数,当 CNT<CRR 时,OCxREF 为有效的高电平,此时比较中断寄存器 TIMx_SR 的 CCxIF 置位。当 CCR≤CNT≤ARR 时,OCxREF 为有效低电平。然后,计数器 CNT 又从 0 开始计数,并生成上溢事件,以此不断循环。

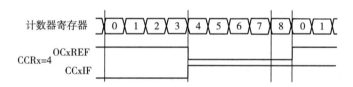

图 18-24　PWM 模式 1 的边沿对齐波形

2.PWM 中央对齐模式

在中央对齐模式下(ARR=8),计数器 CNT 工作在递增/递减模式下。

如图 18-25 所示是 PWM 模式 1 的中央对齐波形,计数器 CNT 从 0 开始计数到自动重装载值减 1(ARR-1),生成计数器上溢事件,然后从自动重装载值开始向下计数到 1,生成计数器下溢事件。之后又从 0 开始,如此循环。

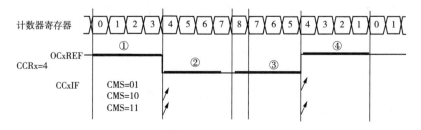

图 18-25　PWM 模式 1 的中央对齐波形

在第一阶段(包含①②),计数器 CNT 在递增模式下,从 0 开始计数,当 CNT<CCR 值时,OCxREF 为有效高电平;当 CCR≤CNT≤ARR 时,OCxREF 为无效低电平。

在第二阶段(包含③④),计数器 CNT 在递减模式,从 ARR 值开始递减,当 CNT>CCR 时,OCxREF 为无效低电平,当 CCR≥CNT≥1 时,OCxREF 为有效高电平。

中央对齐模式可以分为 3 种,根据 CMS 位的不同,比较中断的中断标志可以在向上计数时被置 1、在计数器向下计数时被置 1、或在计数器向上和向下计数时被置 1。

3. 单脉冲模式

单脉冲模式类似于单稳态触发器的工作模式。通过一个激励启动计数器,在一个程序可控的延时之后产生一个脉宽可控的脉冲。从模式启动计数器,在输出比较模式和 PWM 模式下产生波形。设置 TIMx_CR1 寄存器中的 OPM 位将选择单脉冲模式,此时计数器在产生下一个更新事件 UEV 时自动停止。

如图 18-26 所示为一个单脉冲模式图例,在 TI2 输入引脚检测到一个上升沿,延迟 t_{DELAY} 之后,在 OC1 上产生一个长度为 t_{PULSE} 的正脉冲。

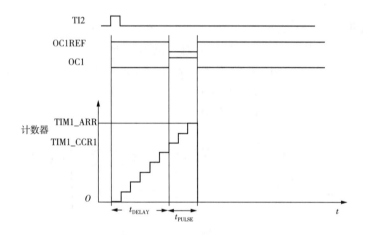

图 18-26 单脉冲模式图例

18.6 呼吸特性和时间参数

使用定时器可以实现与时间有关的控制,如呼吸灯。呼吸灯的亮度周期性地逐渐由弱变强,再由强变弱,犹如人的呼吸。呼吸灯被广泛地应用在各类高档数码产品上。

呼吸分为两个过程:

(1)吸气:指数曲线上升,该过程需要 1.5s。

(2)呼气:指数曲线下降,该过程需要 1.5s。

LED 亮度随时间由暗到亮逐渐增强,再由亮到暗逐渐变弱,有节奏地起伏,就像人在呼吸一样。通用定时器和高级控制定时器都有 PWM 模式,利用此模式可实现 LED 呼吸灯效果的功能。

18.7 呼吸灯功能实现

LED 亮度随着时间逐渐变强再衰减,可以用近似指数曲线变化来表示,如图 18 - 27 所示。

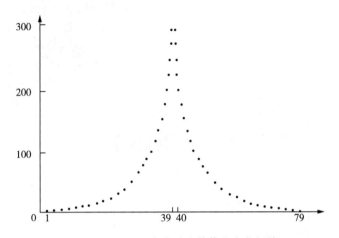

图 18 - 27 LED 亮度对应数值的变化规律

利用 PWM 模式输出图 18 - 27 所示类型的信号,可实现呼吸灯效果功能。将制订好的数值存放在一维数组 indexWave[80] 中,从图 18 - 27 就可以看到这些数值正好对应呼吸的一个控制周期,数字范围是 0~255。

将定时器的脉冲计数器 TIMx_CNT 上限设置为 255,每次中断时,按序将 indexWave 数组中的数值一个一个地装载到定时器的比较寄存器 TIMx_CRR 中,那么在每个 PWM 周期中,当 TIMx_CNT 计数值小于比较寄存器 TIMx_CCR 的值时,会不断输出有效值,使 LED 呈现呼吸灯变化。

实质上是使 PWM 的占空比按指数规律增大,当增大到 1 时,再按指数规律减小,当减小到 0 后,再逐渐增大,如此循环往复。如果要求不高,也可以采用线性规律变化,使程序有所简化。

18.8 使用 STM32CubeMX 生成工程

(1)图 18 - 28 所示,选择通用定时器 TIM3 的第三通道 PB0,与 LED6 相连接;定时器的参数设定选用 TIM3_CH3 的 PWM 生成功能。配合应用程序,实现呼吸灯效果。

(2)如图 18 - 29 所示,使能定时器 TIM3 中断,在中断回调中逐次修改 TIMx_CRR 的值。

(3)配置 PB0 为复用推挽输出模式,如图 18 - 30 所示,单击"生成代码"生成工程文件。

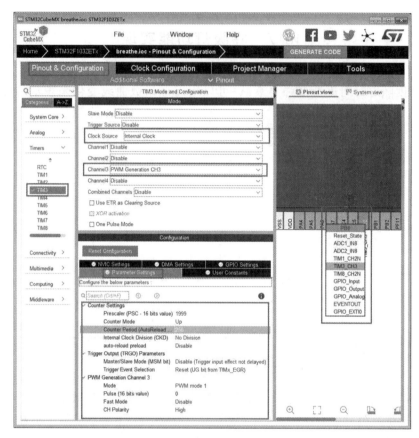

图 18-28 定时器的选择

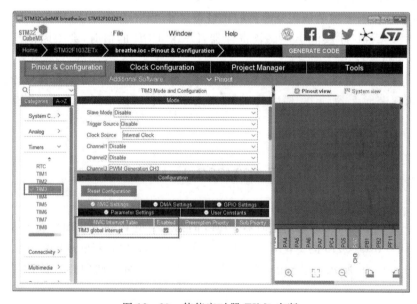

图 18-29 使能定时器 TIM3 中断

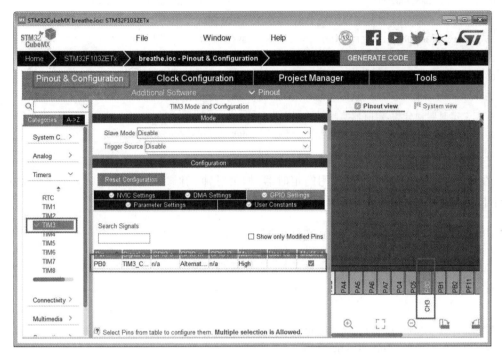

图 18 - 30　引脚输出模式的选择

18.9　呼吸灯编程关键步骤

下面是呼吸灯编程关键步骤。

(1)初始化定时器 I/O 口,设置 PB0 为复用推挽输出模式。

(2)初始化定时器,设置 PWM 输出模式。

(3)在主函数调用函数启动定时器。

(4)在中断回调函数中读表,将值赋予 TIMx_CCR 寄存器。

(5)启动定时器输出 PWM。

18.10　呼吸灯代码分析

18.10.1　bsp_GenneralTIM. h 文件内容

代码 18 - 1　相关宏定义

```
01 #define GENERAL_TIMx                TIM3
02 #define GENERAL_TIM_RCC_CLK_ENABLE()    __HAL_RCC_TIM3_CLK_ENABLE()
```

```
03 #define GENERAL_TIM_RCC_CLK_DISABLE()    __HAL_RCC_TIM3_CLK_DISABLE()
04 #define GENERAL_TIM_GPIO_RCC_CLK_ENABLE()__HAL_RCC_GPIOB_CLK_ENABLE();
05 #define GENERAL_TIM_CH3_PORT                GPIOB
06 #define GENERAL_TIM_CH3_PIN                 GPIO_PIN_0
07 #define GENERAL_TIM_IRQn                    TIM3_IRQn
08 #define GENERAL_TIM_IRQHANDLER              TIM3_IRQHandler
```
//定义定时器预分频,定时器实际时钟频率为:72MHz/(GENERAL_TIMx_PRESCALER + 1)
```
09 #define GENERAL_TIM_PRESCALER               999 //72M ÷ 1000 = 72kHz
10 #define GENERAL_TIM_PERIOD                  255
```

在代码 18-1 中主要是对选用的定时器、相关时钟、引脚、中断、预分频系数和计数周期进行了宏定义,以方便修改和移植程序。

18.10.2 bsp_GenneralTIM.c 文件内容

代码 18-2 定时器硬件初始化
```
01 void HAL_TIM_MspPostInit(TIM_HandleTypeDef  * htim)
02 {
03   GPIO_InitTypeDef GPIO_InitStruct;
04   if(htim->Instance == GENERAL_TIMx)
05   {
06     GENERAL_TIM_GPIO_RCC_CLK_ENABLE();//定时器通道功能引脚端口时钟使能
07     //定时器通道 3 功能引脚 IO 初始化
08     GPIO_InitStruct.Pin = GENERAL_TIM_CH3_PIN;
09     GPIO_InitStruct.Mode = GPIO_MODE_AF_PP;
10     GPIO_InitStruct.Speed = GPIO_SPEED_FREQ_HIGH;
11     HAL_GPIO_Init(GENERAL_TIM_CH3_PORT,&GPIO_InitStruct);
12   }
13 }
```

该函数首先对定时器功能引脚的端口时钟进行使能,然后对引脚的模式进行配置。

代码 18-3 LED 点亮维持时间长度值表
```
01 uint8_t indexWave[] = {0,0,1,1,2,2,2,2,3,3,3,4,4,5,6,8,10,12,14,16,
             18,22,25,27,31,35,40,46,53,60,69,80,95,107,122,143,163,200,250,255,
             255,250,200,163,143,122,107,95,80,69,60,53,46,40,35,31,27,25,22,18,
             16,14,12,10,8,6,5,4,4,3,3,3,2,2,2,2,1,1,0,0};
```

代码 18-4 通用定时器初始化
```
01 void GENERAL_TIMx_Init(void)
02 {
03     TIM_ClockConfigTypeDef sClockSourceConfig;
04     TIM_MasterConfigTypeDef sMasterConfig;
05     TIM_OC_InitTypeDef sConfigOC;
```

```
06    htimx. Instance = GENERAL_TIMx;
07    htimx. Init. Prescaler = GENERAL_TIM_PRESCALER;
08    htimx. Init. CounterMode = TIM_COUNTERMODE_UP;
09    htimx. Init. Period = GENERAL_TIM_PERIOD;
10    htimx. Init. ClockDivision = TIM_CLOCKDIVISION_DIV1;
11    HAL_TIM_Base_Init(&htimx);
12    sClockSourceConfig. ClockSource = TIM_CLOCKSOURCE_INTERNAL;
13    HAL_TIM_ConfigClockSource(&htimx,&sClockSourceConfig);
14    sMasterConfig. MasterOutputTrigger = TIM_TRGO_RESET;
15    sMasterConfig. MasterSlaveMode = TIM_MASTERSLAVEMODE_DISABLE;
16    HAL_TIMEx_MasterConfigSynchronization(&htimx,&sMasterConfig);
17    sConfigOC. OCMode = TIM_OCMODE_PWM1;
18    sConfigOC. OCPolarity = TIM_OCPOLARITY_HIGH;
19    sConfigOC. OCFastMode = TIM_OCFAST_DISABLE;
20    sConfigOC. Pulse = indexWave[0];
21    HAL_TIM_PWM_ConfigChannel(&htimx,&sConfigOC,TIM_CHANNEL_3);
22    HAL_TIM_MspPostInit(&htimx);
23 }
```

该函数对通用定时器的基本参数进行设置,如预分频、计数值等,然后设置输出 PWM,尤其是 Pulse 的值,由于使用 HAL 库可以在中断回调中改变 TIMx_CCR 的值,因此将其设置为 0。

18.10.3 main.c 文件内容

代码 18-5 主函数 main()

```
01 int main(void)
02 {
03     HAL_Init();                          //复位所有外设,初始化 Flash 接口和系统滴答定时器
04     SystemClock_Config();                //配置系统时钟
05     LED_GPIO_Init();                     //板载 LED 初始化
06     GENERAL_TIMx_Init();                 //通用定时器初始化并配置 PWM 输出功能
07     //启动通道 PWM 输出
08     HAL_TIM_Base_Start_IT(&htimx);              //启动定时器
09     HAL_TIM_PWM_Start(&htimx,TIM_CHANNEL_3);    //第三通道
10     for(;;){;}//无限循环
11 }
```

主函数中调用 HAL 库的定时器启动函数,用以启动定时器,接着启动定时器的 PWM 输出。

代码 18-6 中断回调函数

```
01 void HAL_TIM_PeriodElapsedCallback(TIM_HandleTypeDef * htim)
02 {
```

```
03        static uint8_t pwm_index = 0;      //用于 PWM 查表
04        static uint8_t period_num = 0;     //用于计算周期数
05        period_num + + ;
06         if(period_num>25);                      //若输出的周期数大于 25,则输出下一种脉冲宽的
PWM 波
07        {
08            //根据 PWM 表修改定时器的比较寄存器值
09            htimx. Instance - >CCR3 = indexWave[pwm_index];
10            pwm_index + + ;              //自加,指向下一个元素
11            if(pwm_index>79);            //80 个元素,完整的呼吸周期
12            {
13                pwm_index = 0;           //重新指向表头
14            }
15            period_num = 0;              //重置周期计数标志
16        }
17 }
```

该函数首先定义了两个变量,第一个变量 pwm_index 是索引,用于 PWM 查表,也就是调用数组 indexWave 内的数据时,从第一个开始,当达到 80 时,脉冲表已经输出完成一遍,然后将其置 0;第二个变量 period_num 用于调整周期,此值的大小可自主调整。

18.11 运行验证

将 ST - link 正确接至标识有"SWD 调试器"字样的 4 针接口,下载程序至实验板并运行,可以观察到 LED6 的亮灭呈现呼吸规律。

思考题

TIM2 的 CH2 为 PA1(通过 510Ω 电阻接至实验板 CN14 的最顶端第三脚),利用杜邦线将 LED1 与 PA1 相连,修改例程使 LED1 呈现呼吸灯效果。

第19章　高级控制定时器

　　高级控制定时器 TIM1/8 和通用定时器 TIM2/3/4/5 是在基本定时器的基础上引入外部引脚,用以实现输入捕获和输出比较功能。高级控制定时器除包含基本定时器和通用定时器的全部功能外,相比通用定时器又增加了可编程死区、互补输出、重复计数器、断路(制动)功能,这些增加的功能主要应用于电机控制。其功能框图如图 19-1 所示。

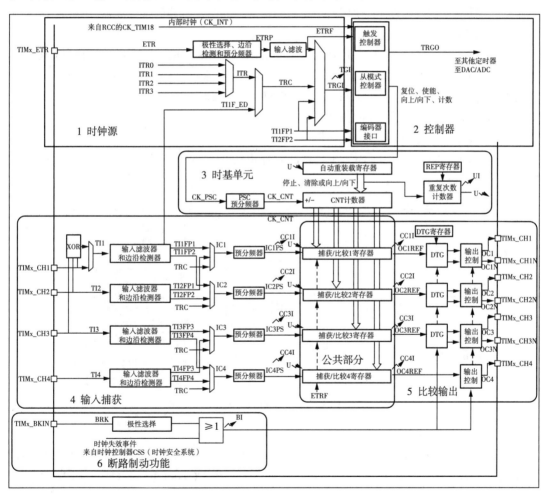

图 19-1　高级控制定时器功能框图

　　高级控制定时器 TIM1/8 既可以被看成是分配到 6 个通道的三相 PWM 发生器,它具有带死区插入的互补 PWM 输出,又可以被当成完整的通用定时器。高级控制定时器 4 个独立的通道可以用于输入捕获、输出比较、产生 PWM(边缘或中心对齐模式)、单脉冲输出。

19.1 时钟源

高级控制定时器有以下 4 个时钟源，由 SMS@TIMx_SMCR、CEN@TIMx_CR 等来配置。

（1）内部时钟源（CK_INT）。

（2）外部时钟模式 1：外部输入引脚 TIMx_CH1/2/3/4（$x=1,8$），由 CCxS@TIM_CCMx 来配置。

（3）外部时钟模式 2：外部触发输入 ETR。

（4）内部触发输入（ITRx）：使用一个定时器作为另一个定时器的预分频器，详见表 18-1。

1. 内部时钟源（CK_INT）

如果 SMS＝000@TIMx_SMCR，则 CEN、DIR@TIMx_CR1 和 UG@TIMx_EGR 是事实上的控制位，并且只能被软件修改（UG 位仍被自动清除）。只要 CEN 位被写成'1'，预分频器的时钟就由内部时钟 CK_INT 提供。TIM1/8 内部时钟 CK_INT 源于 APB2，最高时钟频率为 72MHz，见图 17-3 时钟树。

2. 外部时钟模式 1（图 19-2）

当 SMS＝111@TIMx_SMCR 时，外部时钟模式 1 被选中。计数器可以在选定输入端的每个上升沿或下降沿计数。

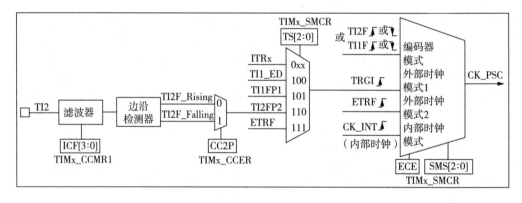

图 19-2 外部时钟模式 1

（1）时钟信号输入引脚

外部时钟模式 1，TI1/2/3/4（TIMx_CH1/2/3/4）共 4 个来自于定时器输入通道的时钟信号，配置 TIMx_CCMRx 的位 CCxS[1：0]来选择，其中，CCMR1 控制 TI1/2，CCMR2 控制 TI3/4。

（2）滤波器

滤除输入信号上的高频干扰。

（3）边沿检测

检测上升沿有效还是下降沿有效，具体由 TIMx_CCER 的位 CCxP 和 CCxNP 配置。

（4）触发选择

若选择外部时钟模式 1，此时有两个触发源，分别是滤波后的定时器输入 1(TI1FP1)和滤波后的定时器输入 2(TI2FP2)，具体的由 TIMx_SMCR 的位 TS[2：0]配置。

（5）从模式选择

选定触发源信号后，信号是接到 TRGO 引脚的，让触发信号成为外部时钟模式 1 的输入，即为 CK_PSC。

完成上述过程后，设置 TIMx_CR1 寄存器的 CEN＝1，启动计数器。

3. 外部时钟模式 2(图 19-3)

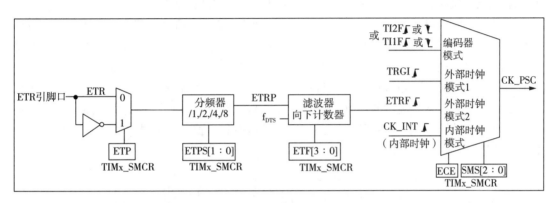

图 19-3　外部时钟模式 2

（1）时钟信号输入引脚

使用外部时钟模式 2 时，时钟信号来自定时器特定输入通道 TIMx_ETR。

（2）外部触发极性

设置 TIMx_SMCR(Slave Mode Control Register，从模式控制寄存器)寄存器中的 ETP，选择 ETR 或 ETR 的反相来作为触发操作。

（3）分频器

当触发信号的频率很高时，必须使用分频器进行降频，有 1/2/4/8 可选择，由 TIMx_SMCR 寄存器中的 ETPS[1：0]配置。

（4）滤波器

如果 ETRP 的信号频率过高或混有高频干扰信号，就需要使用滤波器对 ETRP 信号重新采样，以达到降频或去除干扰的目的。由 TIMx_SMCR 的位 ETF[3：0]配置，其中 f_{DTS} 是由内部时钟 CK_INT 分频得到的，由 TIMx_CR1 的位 CKD[1：0]配置。

（5）模式选择

经滤波后的信号连接至 ETRF 引脚，由 CK_PSC 输出，启动计数器。由 TIMx_SMCR 的位 ECE 置 1 即可配置为外部时钟模式 2。

完成上述过程后，设置 TIMx_CR1 寄存器的 CEN＝1，启动计数器。

4. 内部触发输入

STM32 部分定时器可以由另一个定时器而触发。主模式定时器可以对从模式定时器执行复位、启动、停止或提供时钟操作，详见图 18-7 和表 18-1。

19.2 高级控制定时器

高级控制定时器控制器部分包括触发控制器、从模式控制器及编码器接口。触发控制器主要针对片内外设输出触发信号，如为其他定时器提供时钟和触发 DAC/ADC 转换。从模式控制器可以控制计数器复位、使能、向上/向下计数。编码器接口专门针对编码器计数而设计，用于伺服电动机控制，参见 18.2 节通用定时器控制器部分。

使用高级控制定时器 TIM1 或 TIM8 产生 PWM 信号驱动电动机时，可以用一个通用定时器 TIMx(TIM2、TIM3、TIM4 或 TIM5)作为"接口定时器"来连接霍尔传感器，如图 19-4 所示。同一个通用定时器的 3 个输入引脚 TIMxCH1、TIMxCH2 和 TIMxCH3 通过一个异或门连接到 TI1 输入通道(通过设置 TIMx_CR2 寄存器中的 TI1S 位来选择)。接口定时器捕获霍尔传感器接口的信息(转向、转速等)，每次任一霍尔输入变化之后的一个指定的时刻，改变高级控制定时器 TIMx 的 PWM 配置，而高级控制定时器产生 PWM 信号驱动电动机，时序如图 19-5 所示。

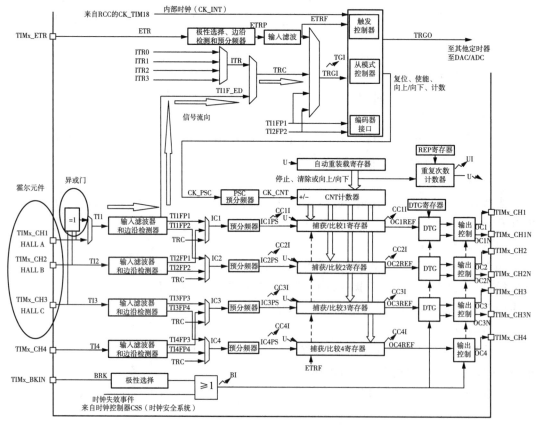

图 19-4 霍尔元件接口

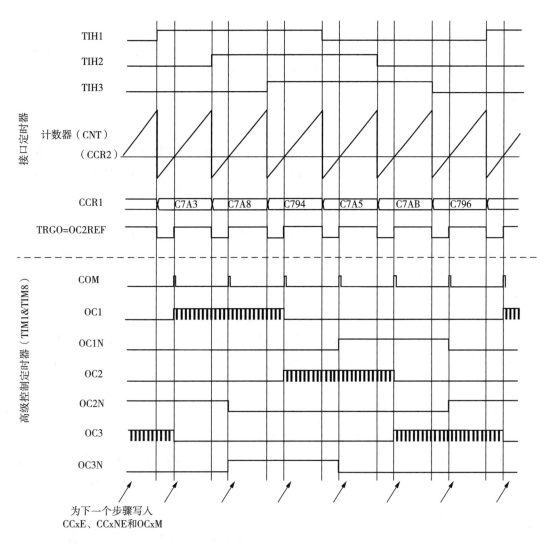

图 19-5 霍尔传感器接口时序

19.3 时基单元

高级控制定时器包含一个 16 位向上、向下、向上/向下自动装载计数器,一个 16 位计数器,一个 16 位可编程(可以实时修改)预分频器。

时基单元包含如下 4 个寄存器。

(1)16 位计数器寄存器(TIMx_CNT)。

(2)16 位可编程预分频器寄存器(TIMx_PSC)。

(3)16 位可自动装载寄存器(TIMx_ARR)。

(4)16 位重复次数寄存器(TIMx_RCR)。

19.3.1 预分频器 PSC(Prescaler)

预分频器 PSC 可以将计数器的时钟频率按 1~65536 的任意值分频;新的预分频系数在下一次更新事件到来时被采用;输出 CK_CNT 用于计数器 CNT 计数。

19.3.2 计数器 CNT

高级控制定时器的计数器有以下 3 种计数模式。

(1)向上计数模式。计数器从 0 开始计数到自动重装载值(TIMx_ARR 计数器数值)时,复位从 0 重新计数并产生一个计数器溢出事件。如果使用重复计数器功能,在向上计数达到设置的重复计数次数(TIMx_RCR)时,就会产生更新事件,相当于增加一级分频系数TIMx_RCR 的分频;否则每次计数器溢出时才产生更新事件。

(2)向下计数模式。计数器从自动重装载值(TIMx_ARR 计数器数值)开始递减计数直到 0,然后重新从自动重装载值开始递减并生成计数器下溢事件,如此循环。如果使用重复计数器功能,则在向下计数重复了重复计数寄存器(TIMx_RCR)中设定的次数后,将产生更新事件,否则每次计数器下溢时才产生更新事件。

(3)在向上/向下计数模式下。计数器从 0 开始计数到自动重装载值减 1 的值(TIMx_ARR-1),产生一个计数器溢出事件,然后向下计数到 1 并且产生一个计数器下溢事件;又从 0开始重新计数,如此循环。每次计数器上溢和下溢都会生成更新事件。当发生更新事件时,全部的寄存器都将被更新。

19.3.3 自动重装载寄存器 TIMx_ARR

自动重装载寄存器的值是预先装载的,读写自动重装载寄存器将访问预装载寄存。控制 TIMx_CR1 寄存器中的自动重装载预装载使能位(ARPE),如果置 1,预装载寄存的内容在每次更新事件时传递给影子寄存器;如果清零,修改 TIMx_ARR 的值后立即生效。

19.3.4 重复次数寄存器 TIMx_RCR

相比基本定时器和通用定时器,高级控制定时器多了重复计数器。高级控制定时器只能在重复次数达到 0 时产生更新事件,相当于增加一级分频系数为 TIMx_RCR 的分频。由于预分频、定时器和重复计数器均是 16 位,因此单一定时器可以实现最高 48 位的更新事件控制。重复计数器是自动加载的,当向上溢出、向下溢出和中央对齐模式下每次上溢或下溢时,重复计数器的值递减。

19.4 捕获

捕获是用定时器来记录电平上升沿或下降变化的时间。在边沿信号发生跳变(比如上升沿/下降沿)时,将定时器的当前值(TIMx_CNT)存放到对应的通道的捕获/比较寄存器(TIMx_CCR)中,完成一次捕获。

除基本定时器 TIM6/7 外,定时器 TIM1/2/3/4/5/8 均具有输入捕获功能,可参见 18.4部分。

19.5 输出比较

输出比较即通过定时器的外部引脚对外输出控制信号。可以通过寄存器 CCMRx 的位 OCxM[2：0]将输出比较设置成 8 种不同的模式,如图 19‐6 所示。

位6:4	**OC1M[2:0]**: 输出比较1模式 (Output compare 1 enable)
	该3位定义了输出参考信号OC1REF的动作,而OC1REF决定了OC1的值。OC1REF是高电平有效,而OC1的有效电平取决于CC1P位。
	000: 冻结。输出比较寄存器TIMx_CCR1与计数器TIMx_CNT间的比较对OC1REF不起作用;
	001: 匹配时设置通道1为有效电平。 当计数器TIMx_CNT的值与捕获/比较寄存器1(TIMx_CCR1)相同时,强制OC1REF为高。
	010: 匹配时设置通道1为无效电平。 当计数器TIMx_CNT的值与捕获/比较寄存器1(TIMx_CCR1)相同时,强制OC1REF为低。
	011: 翻转。当TIMx_CCR1=TIMx_CNT时,翻转OC1REF的电平。
	100: 强制为无效电平。强制OC1REF为低。
	101: 强制为有效电平。强制OC1REF为高。
	110: PWM模式1— 在向上计数时,一旦TIMx_CNT<TIMx_CCR1时通道1为有效电平,否则为无效电平;在向下计数时,一旦TIMx_CNT>TIMx_CCR1时通道1为无效电平(OC1REF=0),否则为有效电平(OC1REF=1)。
	111: PWM模式2— 在向上计数时,一旦TIMx_CNT<TIMx_CCR1时通道1为无效电平,否则为有效电平;在向下计数时,一旦TIMx_CNT>TIMx_CCR1时通道1为有效电平,否则为无效电平。
	注1: 一旦LOCK级别设为3(TIMx_BDTR寄存器中的LOCK位)并且CC1S='00'(该通道配置成输出)则该位不能被修改。
	注2: 在PWM模式1或PWM模式2中,只有当比较结果改变了或在输出比较模式中从冻结模式切换到PWM模式时,OC1REF电平才改变。

图 19‐6 输出模式配置

19.5.1 匹配输出

当定时器的 CNT 值与比较寄存器的值相等时,输出参考信号,OCxREF 的信号极性就会改变,其中 OCxREF=1 称为有效电平,OCxREF=0 称为无效电平,并且会产生比较中断 CCxI,相应的标志位 CCxIF(SR 寄存器中)会置位,OCxREF 再经过一系列的控制之后以信号 OCx/OCxN 输出。

图 19‐7 和图 19‐8 分别为通道 1～3 和通道 4 的连接框图。从图中可以看到,输出模式控制器参考信号 OCxREF 在经过死区发生器之后会产生两路带死区互补信号 OCx_DT 和 OCxN_DT(通道 4 没有),这两路带死区的互补信号进入输出控制电路,如果没有加入死区控制,那么进入输出控制电路的信号就直接是 OCxREF。死区可以理解为某个处于相对无效状态的时间间隔。在变频电源中使用,两路 PWM 分别控制开关管,同侧桥臂的开关管交替导通截止之间就是要插入一个死区,否则同侧上下两个开关管就可能短时间同时导通,导致短路炸管。图 19‐9 为半桥逆变电路,如果想让 MOS 管 NM1 截止 MOS 管 NM2 导通,要先让 MOS 管 NM1 截止一段时间之后,再让 MOS 管 NM2 导通,那么这段等待的时间

就称为死区时间。如果 MOS 管 NM1 关闭之后，立即驱动 MOS 管 NM2，由于 MOS 管关断需要一定的时间，这段时间内相当于 MOS 管 NM1 和 MOS 管 NM2 都导通了，导致电路短路。

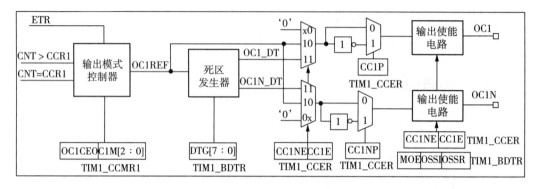

图 19-7　输出通道 1～3

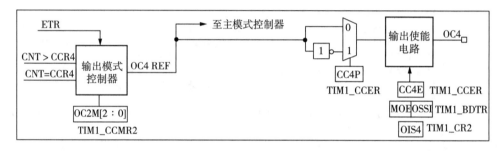

图 19-8　输出通道 4

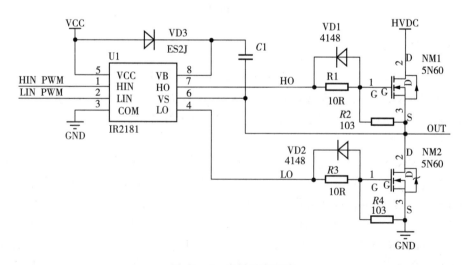

图 19-9　半桥逆变电路

带死区的信号进入控制电路会被分成两路，一路是原始信号，一路是被反向的信号，具体的由寄存器 CCER 的位 CCxP 和 CCxNP 控制。经过极性选择的信号是否由 OCx 引脚输出到外部引脚则由寄存器 CCER 的位 CxE/CxNE 配置。

如果加入断路(制动)功能,则断路和死区寄存器 BDTR 的 MOE、OSSI 和 OSSR 这 3 个位会共同影响输出的信号。

19.5.2　强置输出模式

在输出模式(TIMx_CCMRx 寄存器中的 CCxS＝00)下,输出比较信号(OCxREF 和相应的 OCx)能够直接由软件强置为有效或无效状态,而不依赖于输出比较寄存器和计数器间的比较结果。

例如,置 TIMx_CCMRx 寄存器中相应的 OCxM＝101,即可强置输出比较信号(OCxREF/OCx)为有效状态。这样 OCxREF 被强置为高电平,同时 OCx 得到 CCxP 极性相反的信号。在该模式下,TIMx_CCRx 影子寄存器和计数器的直接比较仍然在进行,相应的标志也会被修改,因此仍然会产生相应的中断和 DMA 请求。

19.5.3　PWM 模式

对于惯性环节,根据冲量等效原理,可以采用微处理器输出脉冲宽度变化的 PWM 波形,对模拟电路进行控制,例如,采用正弦等效的 SPWM 来控制交流电机。利用此功能可以输出一个可调占空比的方波信号,由 TIMx_ARR 寄存器确定频率,由 TIMx_CCRx 确定占空比。

STM32 的 PWM 模式有两种,根据 TIMx_CCMRx 寄存器中的 OCxM 位来确定("110 为模式 1","111"为模式 2)。其区别如下:

(1)110:PWM 模式 1,在向上计数时,TIMx_CNT＜TIMx_CCR1 时通道 1 为有效电平,否则为无效电平;在向下计数时,TIMx_CNT＞TIMx_CCR1 时通道 1 为无效电平,否则为有效电平;

(2)111:PWM 模式 2,在向上计数时,TIMx_CNT＜TIMx_CCR1 时通道 1 为无效电平,否则为有效电平;在向下计数时,TIMx_CNT＞TIMx_CCR1 时通道 1 为有效电平,否则为无效电平。

上面两个模式是互补的、正好是相反的 PWM 模式。

根据 TIMx_CR1 寄存器中 CMS 位的状态,定时器能够产生边沿对齐的 PWM 信号或者中央对齐的 PWM 信号。一般的电动机控制采用边沿对齐模式,FOC(Field Oriented Control,磁场定向控制)电机采用中央对齐模式。

1. PWM 边沿对齐模式

在边沿对齐模式下,计数器 CNT 只工作在递增或递减其中一种模式下。以递增为例,如图 19-10 所示,ARR＝8,CCR＝4,计数器从 0 开始计数,当 CNT＜CRR 时,OCxREF 为

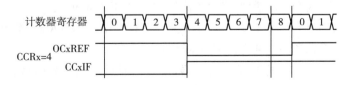

图 19-10　PWM 模式 1 的边沿对齐波形

有效的高电平,此时比较中断寄存器 TIMx_SR 的 CCxIF 置位。当 CCR≤CNT≤ARR 时,OCxREF 为有效的低电平。然后,计数器 CNT 又从 0 开始计数,并生成上溢事件,以此不断循环。

2. PWM 中央对齐模式

在中心对齐模式下(ARR=8),计数器 CNT 工作在递增/递减模式下。图 19-11 为 PWM 模式 1 的中央对齐波形。

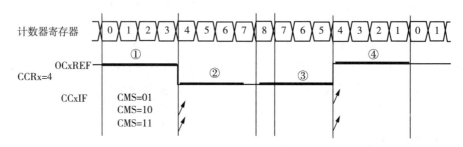

图 19-11 PWM 模式 1 的中央对齐波形

从图 19-11 可以看到,计数器 CNT 从 0 开始计数到自动重装载值 ARR-1,生成计数器上溢事件,然后从自动重装载值开始向下计数到 1,生成计数器下溢事件。之后又从 0 开始,如此循环。

在第一阶段(包含①②),计数器 CNT 在递增模式下,从 0 开始计数,当 CNT<CCR 时。OCxREF 为有效的高电平;当 CCR≤CNT≪ARR 时,OCxREF 为无效的低电平。

在第二阶段(包含③④),计数器 CNT 在递减模式,从 ARR 值开始递减,当 CNT>CCR 时,OCxREF 为无效的低电平;当 CCR≥CNT≥1 时,OCxREF 为有效的高电平。

中央对齐模式可以分为 3 种,根据 CMS 位的不同,比较中断的中断标志可以在向上计数时被置 1、在计数器向下计数时被置 1 或在计数器向上和向下计数时被置 1。

3. 互补输出和死区插入

高级控制定时器能够产生两路互补的信号输出,并且能够控制输出的瞬时关断和接通。这段时间通常被称为死区,可以根据连接的输出器件和它们的特性来调整死区时间。死区主要用来防止同一桥臂的上管和下管同时导通而引起短路事故,参见图 19-9 半桥逆变电路。

通过对 TIMx_CCER 寄存器中的 CCxP 和 CCxNP 位配置,可以独立地选择每一个输出极性(主输出 OCx 或互补输出 OCxN)。具体的寄存器控制可以参考《STM32F10xxx 编程参考手册 2010(中文)》。

图 19-12 为带死区插入的互补输出。假设图中各个寄存器已经配置好,显示出死区发生器的输出信号 OCx 或 OCxN 和当前参考信号 OCxREF 之间的关系。OCx 输出信号与参考信号相同,只是它的上升沿相对参考信号的上升沿有一个延迟;OCxN 输出信号与参考信号相反,只是它的上升沿相对参考信号的下降沿有一个延迟。

每一个通道都有一个 10 位的死区发生器,每一个通道额死区延时额都是相同的,是由 TIMx_BDTR 寄存器中的 DTG 位编程配置的。

通过给 ETRF 输入加高电平将一个给定通道的 OCxREF 信号拉低(相应的 TIMx_CCMRx

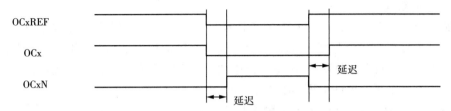

图 19 - 12　带死区插入的互补输出

寄存器中的 OCxCE 使能位被置为 1)。OCxREF 信号将一直为低,直到下一个更新事件 UEV 发生。此项功能只可在输出比较和 PWM 模式下使用,在强置模式下不起作用。

如图 19 - 13 所示,定时器 TIMx 被置于 PWM 模式,当 ETRF 输入变为高时,对应于不同 OCxCE 的值和 CxREF 信号的动作。

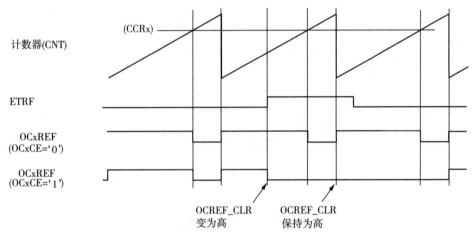

图 19 - 13　清除 TIMx 的 OCxREF

4. 六步 PWM 输出

STM32 高级控制定时器有互补输出的功能,可以利用定时器 TIM1 来产生 3 对 6 路的互补 PWM 输出。

COM 事件用于同时控制全部通道的输出转换。在电机控制中同时转换全部通道的输出(同步)是十分必要的,比如无刷电机转向时,一般是三相要同时转向的,但是在软件中设置换向时一次只能设置一相,这就达不到三相同时换向的目的。利用 STM32 的 COM 事件,先逐个设置好每相的换向,然后再调用 COM 事件,此时三相就可以同时的换向。COM 事件发生在 STM32 高级控制定时器的"六步 PWM 的产生",用于驱动三相电机,对应着直流无刷电机的六步换相。

六步 PWM 产生:当在一个通道上应用了互补输出时,OCxM、CCxE 和 CCxNE 位的预载位有效,这些预装载位被传送到影子寄存器,因此可以预先设置好下一步的配置,并在同一时间更改全部通道的配置。COM 事件可以通过硬件(在 TRGI 的上升沿)设置或软件修改 TIM1_EGR 寄存器的 COM 位来产生。当 COM 事件发生时会设置一个标志位(TIM1_SR 寄存器中的 COMIF 位),这时如果已设置了 TIM1_DIER 寄存器的 COMIE 位,则产生一个中断;如果已设置了 TIMx_DIER 寄存器的 COMDE 位,则产生一个 DMA 请求。

5. 单脉冲模式

单脉冲模式类似于单稳态触发器的工作模式。通过一个激励启动计数器,在一个程序可控的延时之后产生一个脉宽可控的脉冲。从模式启动计数器,在输出比较模式和 PWM 模式下产生波形。设置 TIMx_CR1 寄存器中的 OPM 位将选择单脉冲模式,这样可以让计数器在产生下一个更新事件 UEV 时自动停止。

如图 19-14 所示,在 TI2 输入引脚检测到一个上升沿,延迟 t_{DELAY} 之后,在 OC1 上产生一个长度为 t_{PULSE} 的正脉冲。

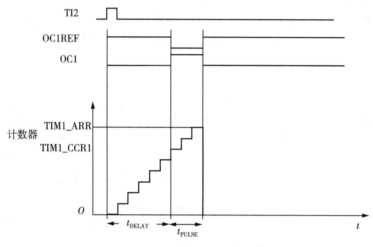

图 19-14 单脉冲模式例子

19.6 断路功能

断路功能即电动机的制动功能,使能相应的控制位(TIMx_BDTR 寄存器中的 MOE、OSSI 和 OSSR 位,TIMx_CR2 寄存器中的 OISx 和 OISxN 位),无论何时,OCx 和 OCxN 输出不能在同一时间同时处于有效电平上。制动源既可以是外部断路输入引脚,也可以是一个时钟失败事件(由复位时钟控制器中的时钟安全系统产生)。

系统复位默认禁止制动电路,MOE 位为低。设置 TIMx_BDTR 寄存器中的 BKE 位可以使能断路功能,制动输入信号的极性可以通过配置同一个寄存器中的 BKP 位选择。

19.7 高级控制定时器外设结构体分析

代码 19-1 定时器主从模式

```
01 typedef struct{
02      uint32_t MasterOutputTrigger;      //主模式选择。选择具体模式发送到 TRG0 上
03      uint32_t MasterSlaveMode;          //主定时器的从模式使能 TIM_MASTERSLAVEMODE_
                                            ENABLE 或失能 TIM_MASTERSLAVEMODE_DISABLE
04 }TIM_MasterConfigTypeDef;
```

在代码 19 - 1 中,第一个变量有 RESET、ENABLE、UPDATE、OC1、OC1REF、OC2REF、OC3REF、OC4REF 共 8 种选择,对应的是 TIMx_CR2 寄存器中的 MMS 位,设置为复位模式,发生触发输入事件时计数器和预分频器能重新初始化。这些位的组合如下。

(1)000:复位。TIMx_EGR 寄存器中的 UG 位用作触发输出(TRGO)。如果复位由触发输入生成(从模式控制器配置为复位模式),则 TRGO 上的信号相比实际复位会有所延迟;

(2)001:使能。计数器使能信号 CNT_EN,用作触发输出(TRGO)。该触发输出可用于同时启动多个定时器,或者控制在一段时间内使能从定时器。计数器使能信号可由 CEN 控制位产生。当配置为门控模式时,也可由触发输入产生。当计数器使能信号由触发输入控制时,TRGO 上会存在延迟,选择主/从模式时除外。

(3)010:更新。选择更新事件作为触发输出(TRGO)。例如,主定时器可用作从定时器的预分频器。

(4)011:比较脉冲。一旦发生输入捕获或比较匹配事件,当 CC1IF 被置 1 时(即使为高电平),触发输出将会发送一个正脉冲(TRGO)。

(5)100:比较-OC1REF 信号,用作触发输出(TRGO)。

(6)101:比较-OC2REF 信号,用作触发输出(TRGO)。

(7)110:比较-OC3REF 信号,用作触发输出(TRGO)。

(8)111:比较-OC4REF 信号,用作触发输出(TRGO)。

第二个变量是设置是否使用主从模式,也就是定时器的被动触发。

代码 19 - 2　断路和死区时间配置结构体

```
01 typedef struct{
02      uint32_t OffStateRunMode;
03      uint32_t OffStateIDLEMode;
04      uint32_t LockLevel;
05      uint32_t DeadTime;
06      uint32_t BreakState;
07      uint32_t BreakPolarity;
08      uint32_t AutomaticOutput;
09      }TIM_BreakDeadTimeConfigTypeDef;
```

(1)OffStateRunMode:设置运行模式下非工作状态选项。这里有两种状态可选,即使能和失能 TIMx OSSR 状态。

(2)OffStateIDLEMode:设置在空转状态下非工作状态选项。有两种状态可选,即使能和失能 TIMx OSSI 状态。

(3)LockLevel:设置锁电平参数,有 4 个选项,这里选择不锁任何位。

(4)DeadTime:指定输出打开和关闭之间的延时,也就是死区时间设置。

(5)BreakState:使能或失能 TIMx 断路输入。

(6)BreakPolarity:设置 TIMx 断路输入引脚极性。

(7)AutomaticOutput:使能和失能自动输出功能。

代码 19 - 3　输出比较配置结构体

```
01 typedef struct{
02      uint32_t OCMode;
03      uint32_t Pulse;
04      uint32_t OCPolarity;
05      uint32_t OCNPolarity;
06      uint32_t OCFastMode;
07      uint32_t OCIdleState;
08      uint32_t OCNIdleState;
09 }TIM_OC_InitTypeDef;
```

（8）OCMode：输出比较模式的选择，可以参考《STM32F10xxx Cortex - M3 编程手册》高级控制定时器篇的寄存器介绍，对应的是 TIMx_CCMR1 寄存器的 OC1M 位。

（9）Pulse：设置电平跳变值，此值加载到捕获/比较寄存器中。

（10）OCPolarity：设置输出比较极性。

（11）OCNPolarity：设置互补输出比较极性。

（12）OCFastMode：输出比较快速使能和失能。

（13）OCIdleState：选择空闲状态下的非工作状态（OC1 输出）。

（14）OCNdleState：设置空闲状态下的非工作状态（OC1N 输出）。

19.8　TIMx 定时器和外部触发的同步

TIMx 定时器能够在多种模式下和一个外部的触发同步：复位模式、门控模式和触发模式，在这 3 个模式下，每个定时器都可以由外部触发而启动，此时受触发的定时器处于触发从模式。

19.8.1　复位模式

在发生触发输入事件时，计数器和它的预分频器复位。同时，如果 TIMx_CR1 寄存器的 URS 位为低，会产生一个更新事件 UEV，然后全部的预装载寄存器将被更新。

图 19 - 15 显示了在 TI1 输入端的上升沿导致向上计数器被清零，产生更新事件后，触发中断。

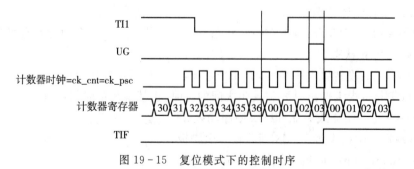

图 19 - 15　复位模式下的控制时序

19.8.2　门控模式

按照选中的输入端电平使能计数器。图 19-16 为门控模式下的控制时序。计数器只在 TI1 为低时向上计数。只要 TI1 为低,计数器就开始依据内部时钟计数,一旦 TI1 变高,则停止计数,当计数器开始或停止时都设置 TIMx_SR 中的 TIF(触发中断标志)标志。

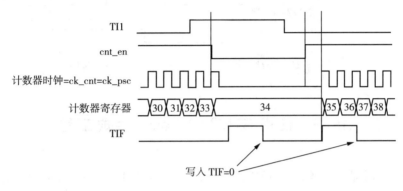

图 19-16　门控模式下的控制时序

19.8.3　触发模式

输入端上选中的事件使能计数器。图 19-17 为触发模式下的控制时序。计数器在 TI2 输入的上升沿开始向上计数,当 TI2 出现一个上升沿时,计数器开始在内部时钟驱动下计数,同时设置 TIF 标志。TI2 上升沿和计数器启动计数之间存在延时,延时时间取决于 TI2 输入端的重新同步电路。

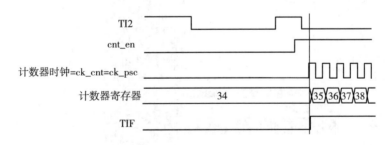

图 19-17　触发模式下的控制时序

19.8.4　外部时钟模式 2+触发模式

外部时钟模式 2 可以和另一种从模式(外部时钟模式 1 和编码器模式除外)一起使用。此时 TR 信号被用作外部时钟的输入,在复位模式、门控模式或触发模式中选择一个输入作为触发输入。图 19-18 为外部时钟模式 2+触发模式下的控制时序。在图 19-18 中,TI1 出现一个上升沿时,TIF 标志被设置,计数器开始在 ETR 的上升沿计数,每一个 ETR 的上升沿都会被计数器计数一次。

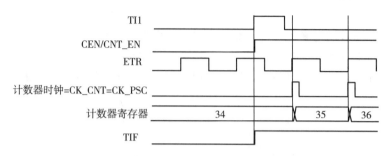

图 19-18 外部时钟模式 2＋触发模式下的控制时序

19.9 使用 STM32CubeMX 生成工程

高级控制定时器功能强大,应用广泛,下面是一个基于 HAL 库的 PWM 波输出例程。

(1)引脚和外设功能选择,如图 19-19 所示。选择定时器1的4个通道及3个互补输出通道(PWM 输出)。

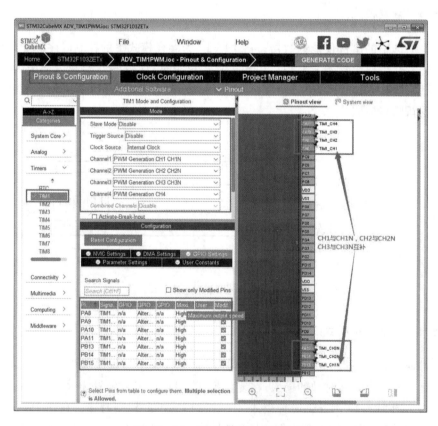

图 19-19 引脚和外设功能选择

(2)高级控制定时器 TIM1 的配置。如图 19 - 20 所示,将计数周期设为 1000,将电平跳变值"Pulse"的 4 个通道分别设置为不同的值,前 3 个通道是互补输出,极性相反。通道 1 的电平跳变值为 900,意味着它从 0～900 时是高电平,901～1000 时是低电平,这样周期循环,实现 PWM 的输出。

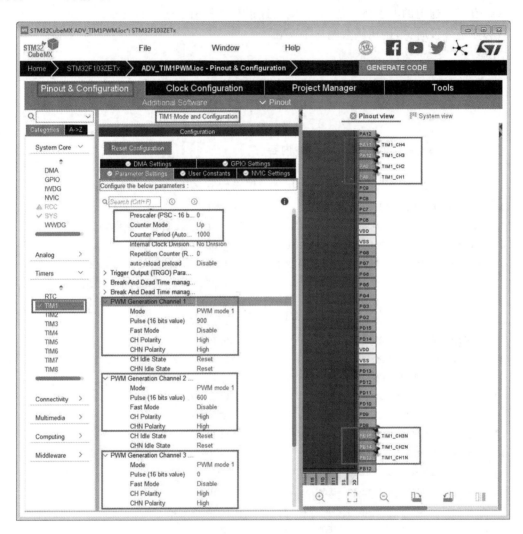

图 19 - 20　定时器 PWM 输出配置

以上配置完成后单击"生成代码"按钮,生成工程文件。

19.10　高级控制定时器生成 PWM 波编程关键步骤

高级控制定时器生成 PWM 波编程关键步骤如下。

（1）使能定时器通道各引脚端口时钟。

（2）对于高级控制定时器 TIM1 的各通道引脚进行初始化，配置好输出模式和输出速度。

（3）根据 HAL 库的函数进行定时器的配置，包括周期、计数方向、预分频等。

（4）设置各通道的电平跳变值，以及输出通道和互补输出通道的极性。

（5）使能外设时钟，调用函数输出 PWM。

19.11　高级控制定时器生成 PWM 波代码分析

19.11.1　bsp_AdvancedTIM.h 文件内容

代码 19-4　相关宏定义

01	#define ADVANCED_TIMx	TIM1
02	#define ADVANCED_TIM_RCC_CLK_ENABLE()	__HAL_RCC_TIM1_CLK_ENABLE()
03	#define ADVANCED_TIM_RCC_CLK_DISABLE()	__HAL_RCC_TIM1_CLK_DISABLE()
04	#define ADVANCED_TIM_GPIO_RCC_CLK_ENABLE()	{_HAL_RCC_GPIOA_CLK_ENABLE(); __HAL_RCC_GPIOB_CLK_ENABLE();}
05	#define ADVANCED_TIM_CH1_PORT	GPIOA
06	#define ADVANCED_TIM_CH1_PIN	GPIO_PIN_8
07	#define ADVANCED_TIM_CH2_PORT	GPIOA
08	#define ADVANCED_TIM_CH2_PIN	GPIO_PIN_9
09	#define ADVANCED_TIM_CH3_PORT	GPIOA
10	#define ADVANCED_TIM_CH3_PIN	GPIO_PIN_10
11	#define ADVANCED_TIM_CH4_PORT	GPIOA
12	#define ADVANCED_TIM_CH4_PIN	GPIO_PIN_11
13	#define ADVANCED_STIM_CH1N_PORT	GPIOB
14	#define ADVANCED_TIM_CH1N_PIN	GPIO_PIN_13
15	#define ADVANCED_TIM_CH2N_PORT	GPIOB
16	#define ADVANCED_TIM_CH2N_PIN	GPIO_PIN_14
17	#define ADVANCED_TIM_CH3N_PORT	GPIOB
18	#define ADVANCED_TIM_CH3N_PIN	GPIO_PIN_15

19 //定义定时器预分频,定时器实际时钟频率为 72MHz/(ADVANCED_TIMx_PRESCALER + 1)

20	#define ADVANCED_TIM_PRESCALER	0 //实际时钟频率为:72MHz

21 //定义定时器周期,当定时器开始计数到 ADVANCED_TIMx_PERIOD 值并且重复计数寄存器为 0 时,更新定时,并生成对应事件和中断

22 #define ADVANCED_TIM_PERIOD 1000 //定时器产生中断频率为 1MHz/1000 = 1kHz,定时 1ms 周期

23 #define ADVANCED_TIM_REPETITIONCOUNTER 0 //定义高级定时器重复计数寄存器值

代码 19-4 对高级控制定时器 TIM1 的各引脚进行了宏定义，方便对程序进行移植和修改，同时对预分频、周期和重复计数寄存器的值也进行了宏定义。

19.11.2　bsp_AdvancedTIM.c 文件内容

代码 19-5　定时器硬件初始化配置

```
01 void HAL_TIM_MspPostInit(TIM_HandleTypeDef  * htim)
02 {
03     GPIO_InitTypeDef GPIO_InitStruct;
04     if(htim->Instance = = ADVANCED_TIMx)
05     {
06         ADVANCED_TIM_GPIO_RCC_CLK_ENABLE();//定时器通道功能引脚端口时钟使能
07         //定时器通道 1 功能引脚 I/O 初始化
08         GPIO_InitStruct.Pin = ADVANCED_TIM_CH1_PIN;
09         GPIO_InitStruct.Mode = GPIO_MODE_AF_PP;
10         GPIO_InitStruct.Speed = GPIO_SPEED_FREQ_HIGH;
11         HAL_GPIO_Init(ADVANCED_TIM_CH1_PORT,&GPIO_InitStruct);
12         //定时器通道 1 互补通道功能引脚 I/O 初始化
13         GPIO_InitStruct.Pin = ADVANCED_TIM_CH1N_PIN;
14         HAL_GPIO_Init(ADVANCED_TIM_CH1N_PORT,&GPIO_InitStruct);
15         //定时器通道 2 功能引脚 IO 初始化
16         GPIO_InitStruct.Pin = ADVANCED_TIM_CH2_PIN;
17         GPIO_InitStruct.Mode = GPIO_MODE_AF_PP;
18         GPIO_InitStruct.Speed = GPIO_SPEED_FREQ_HIGH;
19         HAL_GPIO_Init(ADVANCED_TIM_CH2_PORT,&GPIO_InitStruct);
20         //定时器通道 2 互补通道功能引脚 I/O 初始化
21         GPIO_InitStruct.Pin = ADVANCED_TIM_CH2N_PIN;
22         HAL_GPIO_Init(ADVANCED_TIM_CH2N_PORT,&GPIO_InitStruct);
23         //定时器通道 3 功能引脚 IO 初始化
24         GPIO_InitStruct.Pin = ADVANCED_TIM_CH3_PIN;
25         GPIO_InitStruct.Mode = GPIO_MODE_AF_PP;
26         GPIO_InitStruct.Speed = GPIO_SPEED_FREQ_HIGH;
27         HAL_GPIO_Init(ADVANCED_TIM_CH3_PORT,&GPIO_InitStruct);
28         //定时器通道 3 互补通道功能引脚 I/O 初始化
29         GPIO_InitStruct.Pin = ADVANCED_TIM_CH3N_PIN;
30         HAL_GPIO_Init(ADVANCED_TIM_CH3N_PORT,&GPIO_InitStruct);
31         //定时器通道 4 功能引脚 I/O 初始化
32         GPIO_InitStruct.Pin = ADVANCED_TIM_CH4_PIN;
33         GPIO_InitStruct.Mode = GPIO_MODE_AF_PP;
34         GPIO_InitStruct.Speed = GPIO_SPEED_FREQ_HIGH;
35         HAL_GPIO_Init(ADVANCED_TIM_CH4_PORT,&GPIO_InitStruct);
36     }
37 }
```

代码 19-5 对高级控制定时器 TIM1 的 7 个通道进行了初始化配置,并使能时钟,配置各输出引脚。

代码 19 - 6　定时功能配置

```
01 void ADVANCED_TIMx_Init(void)
02 {
03        TIM_ClockConfigTypeDef sClockSourceConfig;                         //定时器时钟配置
04        TIM_MasterConfigTypeDef sMasterConfig;                             //定时器主从模式配置
05        TIM_BreakDeadTimeConfigTypeDef sBreakDeadTimeConfig;               //制动和死区时间配置
06        TIM_OC_InitTypeDef sConfigOC;                                      //输出比较配置
07        htimx.Instance = ADVANCED_TIMx;
08        htimx.Init.Prescaler = ADVANCED_TIM_PRESCALER;                     //预分频设置
09        htimx.Init.CounterMode = TIM_COUNTERMODE_UP;                       //向上计数方式
10        htimx.Init.Period = ADVANCED_TIM_PERIOD;                           //定时器周期
11        htimx.Init.ClockDivision = TIM_CLOCKDIVISION_DIV1;                 //时钟分频
12        htimx.Init.RepetitionCounter = ADVANCED_TIM_REPETITIONCOUNTER;     //重复计数器
13        HAL_TIM_Base_Init(&htimx);                                         //初始化
14        //定时器时钟配置
15        sClockSourceConfig.ClockSource = TIM_CLOCKSOURCE_INTERNAL;
16        HAL_TIM_ConfigClockSource(&htimx,&sClockSourceConfig);
17        HAL_TIM_PWM_Init(&htimx);
18        //定时器主从模式配置
19        sMasterConfig.MasterOutputTrigger = TIM_TRGO_RESET;
20        sMasterConfig.MasterSlaveMode = TIM_MASTERSLAVEMODE_DISABLE;
          //从模式,设置是否使用定时器的被动触发
21        HAL_TIMEx_MasterConfigSynchronization(&htimx,&sMasterConfig);
          //制动和死区时间配置
22        sBreakDeadTimeConfig.OffStateRunMode = TIM_OSSR_DISABLE;
          //设置运行模式下非工作状态选项
23        sBreakDeadTimeConfig.OffStateIDLEMode = TIM_OSSI_DISABLE;
          //设置在空载下非工作状态选项
24        sBreakDeadTimeConfig.LockLevel = TIM_LOCKLEVEL_OFF;                //锁电平参数
25        sBreakDeadTimeConfig.DeadTime = 0;                                 //死区时间设置
26        sBreakDeadTimeConfig.BreakState = TIM_BREAK_DISABLE;
          //使能或失能 TIMx 制动输入
27        sBreakDeadTimeConfig.BreakPolarity = TIM_BREAKPOLARITY_HIGH;
          //TIMx 制动输入引脚极性
28        sBreakDeadTimeConfig.AutomaticOutput = TIM_AUTOMATICOUTPUT_DISABLE;
          //使能和失能自动输出功能
29        HAL_TIMEx_ConfigBreakDeadTime(&htimx,&sBreakDeadTimeConfig);       //输出比较配置
30        sConfigOC.OCMode = TIM_OCMODE_PWM1;                                //输出比较模式
31        sConfigOC.Pulse = 900;                                             //设置电平跳变值
32        sConfigOC.OCPolarity = TIM_OCPOLARITY_HIGH;                        //输出比较极性
```

```
33      sConfigOC.OCNPolarity = TIM_OCNPOLARITY_HIGH;                    //互补输出比较
极性
34      sConfigOC.OCFastMode = TIM_OCFAST_DISABLE;              //输出比较快速使能和失能
35      sConfigOC.OCIdleState = TIM_OCIDLESTATE_RESET;          //选择空闲状态下非工作状态
36      sConfigOC.OCNIdleState = TIM_OCNIDLESTATE_RESET;       //设置空闲状态下非工作状态
37      HAL_TIM_PWM_ConfigChannel(&htimx,&sConfigOC,TIM_CHANNEL_1);
38      sConfigOC.Pulse = 600;
39      HAL_TIM_PWM_ConfigChannel(&htimx,&sConfigOC,TIM_CHANNEL_2);
40      sConfigOC.Pulse = 300;
41      HAL_TIM_PWM_ConfigChannel(&htimx,&sConfigOC,TIM_CHANNEL_3);
42      sConfigOC.Pulse = 100;
43      HAL_TIM_PWM_ConfigChannel(&htimx,&sConfigOC,TIM_CHANNEL_4);
44      HAL_TIM_MspPostInit(&htimx);
45 }
```

代码 19 - 6 首先声明结构体,然后配置定时器,接着选择时钟源、触发方式、死区设置、
PWM 输出模式、输出极性等。

19.11.3　mian.c 文件内容

main.c 文件中包括两个函数:main()和 systemClock_Config()。在 main()中,初始化
后直接调用 HAL_TIMx_PWM_Start(),互补输出是调用 HAL_TIMEx_PWMN_Start()。

代码 19 - 7　主函数 main( )

```
01 int main(void)
02 {
03      HAL_Init();//复位所有外设,初始化 Flash 接口和系统滴答定时器
04      SystemClock_Config();//配置系统时钟
05      ADVANCED_TIMx_Init();//高级控制定时器初始化并配置 PWM 输出功能
06      //启动通道 PWM 输出
07      HAL_TIM_PWM_Start(&htimx,TIM_CHANNEL_1);
08      HAL_TIM_PWM_Start(&htimx,TIM_CHANNEL_2);
09      HAL_TIM_PWM_Start(&htimx,TIM_CHANNEL_3);
10      //启动定时器互补通道 PWM 输出
11      HAL_TIMEx_PWMN_Start(&htimx,TIM_CHANNEL_1);
12      HAL_TIMEx_PWMN_Start(&htimx,TIM_CHANNEL_2);
13      HAL_TIMEx_PWMN_Start(&htimx,TIM_CHANNEL_3);
14      for(;;){;}//无限循环
15 }
```

19.12　运行验证

将 ST - link 正确接至标识有"SWD 调试器"字样的 4 针接口。确认代码 19 - 6 中第 25

行的 DeadTime＝0 后,编译后下载程序至实验板并运行;根据程序宏定义将 TIM1 对应的
引脚 TIM1_CH1(PA8)、TIM1_CH2(PA9)、TIM1_CH3(PA11)、TIM1_CH4(PA11)、
TIM1_CH1N(PB13)、TIM1_CH2N(PB14)和 TIM1_CH3N(PB15)分别连接至示波器,设
置示波器的相关参数,可以观察到相应的波形,如图 19-21 所示;更改代码 19-6 中第 25 行
DeadTime＝30 后,重新编译、下载运行并测量,可以观察到相应的波形如图 19-22 所示,可
以观察到死区时间的变化改变了 PA8 和 PB13 的波形宽度及相对位置。

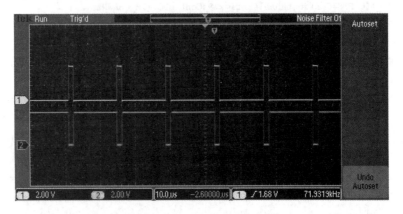

图 19-21 TIM1 通道 PA8 和 PB13 输出的 2 路互补 PWM 波形(DeadTime＝0)

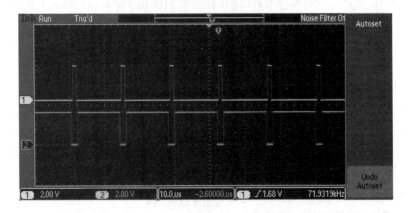

图 19-22 TIM1 通道 PA8 和 PB13 输出的 2 路互补 PWM 波形(DeadTime＝30)

思 考 题

1. 什么是死区? 如何设定死区?
2. 简述高级控制定时器生成 PWM 波编程的步骤。

第 20 章　模拟信号采集

信号的采集、存储与显示是微控制器应用嵌入式系统的常见功能。信号包括数字信号（量）和模拟信号（量）。此前章节涉及的都是数字信号。

模拟信号是指用连续变化的物理量所表达的信息，如温度、湿度、流量、压力、长度、电流、电压等。微处理器不能直接接收模拟信号，而需要先将模拟信号转换为数字信号。将模拟信号转换为数字信号的过程称为模数转换，完成这一转换的器件称为模数转换器（Analog to Digital Converter，ADC）；将数字量转换为模拟量的过程为数模转换，完成这一转换的器件称为数模转换器（Digital to Analog Converter，DAC）。

20.1　STM32 的 ADC

STM32F103ZET6 拥有 ADC1、ADC2 和 ADC3 共 3 个 ADC，这 3 个 ADC 彼此独立，所以可以进行同步采样。STM32 的 ADC 是 12 位逐次逼近型的模拟数字转换器，它有 18 个通道，包括 16 个外部信号源和 2 个内部信号源。各通道的模数转换可以单次、连续、扫描或间断模式执行。ADC 的结果以左对齐或右对齐方式（12 位）存储在 16 位数据寄存器中。

STM32 的 ADC 最大的转换速率为 1MHz，即转换时间为 $1\mu s$（在 ADCCLK＝14MHz，采样时间为 1.5 个 ADCCLK 下得到）。STM32 将 ADC 的转换分为两个通道组：规则通道组和注入通道组。规则通道相当于正常运行的程序，而注入通道相当于中断。注入通道的转换可以打断规则通道的转换，在注入通道被转换完成之后，规则通道才能继续转换。

STM32 的 ADC 在单次转换模式下，只执行一次转换，该模式既可以通过 ADC_CR2 寄存器的 ADON 位（只适用于规则通道）启动，又可以通过外部触发启动（适用于规则通道和注入通道），这时 CONT 位为 0。以规则通道为例，一旦所选择的通道转换完成，转换结果将被存在 ADC_DR 寄存器中，EOC（转换结束）标志将被置位，如果设置了 EOCIE，则会产生中断，ADC 将被停止，直到下次启动。

图 20-1 为 ADC 功能框图，该图非常复杂。

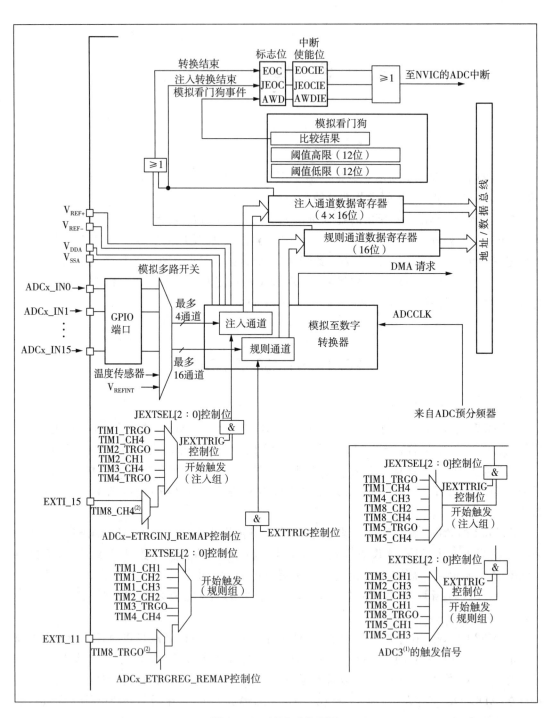

图 20-1 ADC 功能框图

20.1.1　信号源

STM32F103xE 的 ADC 有 18 个通道,外部 16 个通道即 ADC 功能框图中的 ADCx_IN0～ADCx_IN15,这 16 个通道对应着不同的 I/O 口。表 20-1 列出了 STM32F103ZET6 ADC 的引脚分配。

表 20-1　STM32F103ZET6 ADC 的引脚分配

信号源		ADC1	ADC2	ADC3
16 个外部信号	通道 0	PA0		
	通道 1	PA1		
	通道 2	PA2		
	通道 3	PA3		
	通道 4	PA4		PF6
	通道 5	PA5		PF7
	通道 6	PA6		PF8
	通道 7	PA7		PF9
	通道 8	PB0		PF10
	通道 9	PB1		内部 VSS
	通道 10	PC0		
	通道 11	PC1		
	通道 12	PC2		
	通道 13	PC3		
	通道 14	PC4		内部 V_{SS}
	通道 15	PC5		内部 V_{SS}
2 个内部信号	通道 16	内部温度传感器	内部 V_{SS}	内部 V_{SS}
	通道 17	内部参考电压	内部 V_{SS}	内部 V_{SS}

20.1.2　电压输入规范(表 20-2)

表 20-2　ADC 电压输入规范

名称	信号类型	注解
V_{REF+}	参考正极	ADC 使用的正极参考电源,$2.4V \leqslant V_{REF+} \leqslant V_{DDA}$
V_{DDA}	模拟电源正极	$2.4V \leqslant V_{DDA} \leqslant V_{DD}(3.6V)$
V_{REF-}	参考地	0V
V_{SSA}	模拟电源地	0V

ADC 的供电要求为 $2.4 \sim 3.6V$，一般情况下是接到 $3.3V$，严禁接到 $5V$。

20.1.3 通道和转换顺序

1. 规则通道

规则通道就是规规矩矩地按照顺序来，平时用到的就是这类通道。

2. 注入通道

和规则通道不同，"注入"可以理解为"插队"。它是在规则通道转换时强行插入要转换的一种通道。类似于中断处理，当规则通道转换时，如果有注入通道插队，那么须先转换注入通道的，完成注入通道转换后再回来转换规则通道。

3. 规则序列

规则序列寄存器有 3 个，分别是 SQR3、SQR2 和 SQR1，见表 20-3。

表 20-3 规则序列寄存器 SQRx($x = 1,2,3$)

寄存器	寄存器位	功能	取值范围
SQR3	SQ1[4:0]	设置第 1 个转换的通道	$0 \sim 16$
	SQ2[4:0]	设置第 2 个转换的通道	$0 \sim 16$
	SQ3[4:0]	设置第 3 个转换的通道	$0 \sim 16$
	SQ4[4:0]	设置第 4 个转换的通道	$0 \sim 16$
	SQ5[4:0]	设置第 5 个转换的通道	$0 \sim 16$
	SQ6[4:0]	设置第 6 个转换的通道	$0 \sim 16$
SQR2	SQ7[4:0]	设置第 7 个转换的通道	$0 \sim 16$
	SQ8[4:0]	设置第 8 个转换的通道	$0 \sim 16$
	SQ9[4:0]	设置第 9 个转换的通道	$0 \sim 16$
	SQ10[4:0]	设置第 10 个转换的通道	$0 \sim 16$
	SQ11[4:0]	设置第 11 个转换的通道	$0 \sim 16$
	SQ12[4:0]	设置第 12 个转换的通道	$0 \sim 16$
SQR1	SQ13[4:0]	设置第 13 个转换的通道	$0 \sim 16$
	SQ14[4:0]	设置第 14 个转换的通道	$0 \sim 16$
	SQ15[4:0]	设置第 15 个转换的通道	$0 \sim 16$
	SQ16[4:0]	设置第 16 个转换的通道	$0 \sim 16$
	L[3:0]	决定需要转换的通道数目	$0 \sim 15$

3 个寄存器控制着 16 个通道的转换顺序。如果通道 1 想第一个转换，那么在 SQ1[4:0]写 1 即可；如果通道 2 想第三个转换，那么在 SQ3[4:0]写 2 即可。至于具体要使用多少个通道，由 SQR1 的位 L[3:0]决定。例如，L[3:0]＝0b0000 对应有 1 个通道要转换，L[3:0]＝0b1111 对应有 16 个通道要转换，显然最多可以有 16 个通道转换。

4. 注入序列

注入序列寄存器 JSQR 只有 1 个,最多支持 4 个通道(表 20-4),具体使用几个通道由 JSQR 的 JL[2:0]决定。如果 JL 的值小于 4 的话,则 JSQR 和 SQR 决定转换顺序的设置是不一样的,第一次转换的不是 JSQR1[4:0],而是 JCQRx[4:0],$x=(4-JL)$,刚好与 SQR 相反。如果 JL=00(1 个转换),那么转换的顺序是从 JSQR4[4:0]开始,而不是从 JSQR1[4:0]开始;当 JL=4 时,同 SQR 一样。

表 20-4　注入序列寄存器 JSQR

寄存器	寄存器位	功能	取值范围
JSQR	JSQ1[4:0]	设置第 1 个转换的通道	0～16
	JSQ2[4:0]	设置第 2 个转换的通道	0～16
	JSQ3[4:0]	设置第 3 个转换的通道	0～16
	JSQ4[4:0]	设置第 4 个转换的通道	0～16
	JL[1:0]	决定需要转换的通道数目	0～3

20.1.4　触发源

ADC 转换既可以由控制寄存器 ADC_CR2 的位 ADON 来启动,又可以由外部事件的触发来启动。

触发源的选择由 ADC_CR2 的 EXTSEL[2:0]和 JEXTSEL[2:0]位来控制,EXTSEL[2:0]用于规则通道的触发源,JEXTSEL[2:0]用于选择注入通道的触发源。选择好触发源后,控制 ADC_CR2 的 EXTTRIG 和 JEXTTRIG 这两位来激活触发源。使用控制寄存器启动时,写 1 开始转换,写 0 停止转换。使用外部事件来触发转换,这个触发包括内部定时器触发和外部 I/O 触发。

20.1.5　转换时间

1. ADC 时钟

在图 20-1 中,ADC 的时钟 ADCCLK 来源于 ADC 预分频器,由 PCLK2 经过 ADC 预分频器得到,通常设置为 12MHz,最高可设置为 14MHz。

2. 采样时间

ADC 需要若干个 ADCCLK 周期完成对输入的电压进行采样,采样的时间可通过 ADC 采样时间寄存器 ADC_SMPR1 和 ADC_SMPR2 的位设置,ADC_SMPR2 控制的是通道 0～9,ADC_SMPR1 控制的是通道 10～17,每个通道可以分别设置成不同的采样时间,见表 20-5。

表 20-5 采样时间设置

SMPx[2:0]	采样时间/周期
000	1.5
001	7.5
010	12.5

（续表）

SMPx[2：0]	采样时间/周期
011	26.5
100	41.5
101	55.5
110	71.5
111	238.5

由于 ADC 总的转换时间与 ADC 的输入时钟及采样时间有关，其计算公式为 TCONV＝采样时间＋11.5 个周期。其中，11.5 个周期是采集 12 位 ADC 的时间，是固定的。若 ADCCLK＝12MHz，ADC 采样时间为 1.5 周期，那么总的转换时间为 TCONV＝1.5＋11.5＝14 个周期＝1.167μs。

20.1.6 数据寄存器

ADC 转换完成后，规则组的数据放在 ADC_DR 寄存器中，注入组的数据放在 JDRx 寄存器中。

数据以两种方式对齐，如图 20－2 所示。根据 ADC_CR2 寄存器中的 ALIGN 位来选择。SEXT 位是扩展的符号值。对于规则组通道，不需减去偏移值，因此只有 12 个位有效。

图29　　数据右对齐

注入组

SEXT	SEXT	SEXT	SEXT	D11	D10	D9	D8	D7	D6	D5	D4	D3	D2	D1	D0

规则组

0	0	0	0	D11	D10	D9	D8	D7	D6	D5	D4	D3	D2	D1	D0

图30　　数据左对齐

注入组

SEXT	D11	D10	D9	D8	D7	D6	D5	D4	D3	D2	D1	D0	0	0	0

规则组

D11	D10	D9	D8	D7	D6	D5	D4	D3	D2	D1	D0	0	0	0	0

图 20－2　数据对齐方式

1. 规则数据寄存器 ADC_DR

此寄存器是 32 位寄存器，前 16 位存放规则转换的数据，这些位只读，包含了规则通道的转换结果，数据是左对齐或右对齐的。规则通道有 16 个，规则数据寄存器只有 1 个，如果使用多通道转换，那么转换的数据就全部挤在了 DR 中，前一个时间点转换的通道数据就会被下一个时间点的另外一个通道转换的数据覆盖掉，所以当通道转换完成后就应该把数据取走，或者开启 DMA 模式，将数据传输到内存中，常用的方法是开启 DMA 传输。

2. 注入数据寄存器 ADC_JDRx

ADC 注入组有 4 个通道,相对应的数据寄存器也有 4 个,不存在规则寄存器那样的数据覆盖问题,其中数据同样是左对齐或右对齐的。

20.1.7　中断

规则和注入组转换结束时会产生中断,当模拟看门狗状态位被设置时也会产生中断。它们都有独立的中断使能位。需要注意的是,ADC1 和 ADC2 的中断映射在同一个中断向量上,而 ADC3 的中断有单独的中断向量。

20.2　DMA 传输在 ADC 中的应用

通常在使用 ADC 时,需要 CPU 不停地读取数据。如果使用 DMA,那么就可绕过 CPU,降低 CPU 的负担。因为规则通道转换的值储存在一个仅有的数据寄存器中,所以当转换多个通道时需要使用 DMA,这可以避免丢失已经存储在 ADC_DR 寄存器中的数据。只有规则通道的转换结束时才产生 DMA 请求。只有 ADC1 和 ADC3 拥有 DMA 功能,由 ADC2 转化的数据可以通过双 ADC 模式,利用 ADC1 的 DMA 功能传输。使用 STM32CubeMX,选择一个 ADC 进行电压采集时,后面的选项即可直接使能 DMA。

20.3　ADC 应用电路设计

实验板引出了 4 个通道的模数转换引脚,均可以直接通过杜邦线接至光敏电阻和精密电位器,如图 20-3 所示。其中,PR 是光敏电阻。

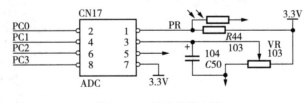

图 20-3　ADC 转换电路

20.4　使用 STM32CubeMX 生成工程

(1)设置 ADC 时钟参数,如图 20-4 所示,设置 PLCK2 时钟经过 6 分频,ADCCLK 为 12MHz。

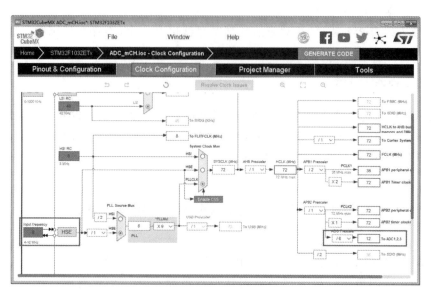

图 20-4 时钟设定

(2)如图 20-5 所示,对应的引脚是 PC0~PC3,设置 ADC 的转换模式及 4 个通道。

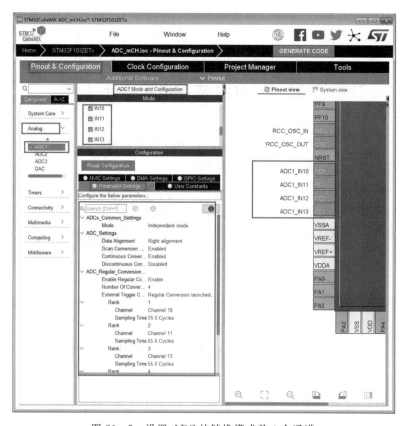

图 20-5 设置 ADC 的转换模式及 4 个通道

（3）设置 DMA，如图 20-6 所示，根据 ADC1，设置通道是 DMA1 通道 1。

图 20-6　设置 DMA

完成后单击"生成代码"按钮生成工程文件。

20.5　ADC 外设结构体分析

代码 20-1　ADC 外设结构体

```
01 typedef struct{
02     ADC_TypeDef            * Instance;        //寄存器基地址
03     ADC_InitTypeDef        Init;             //ADC 初始化
04     DMA_HandleTypeDef      * DMA_Handle;      //指向 DMA 结构体的指针
05     HAL_LockTypeDef        Lock;             //互斥锁
06     __IO uint32_t          State;            //描述状态的变量
07     __IO uint32_t          ErrorCode;        //保存错误代码的变量
08 }ADC_HandleTypeDef;
```

代码 20-1 对 ADC 的外设结构体进行设置，所有对 ADC 的操作都使用这个结构体的指针作为参数。

代码 20-2　设置 ADC 的各项参数

```
01  typedef struct{
02    uint32_t DataAlign；
03    uint32_t ScanConvMode；
04    uint32_t ContinuousConvMode；
05    uint32_t NbrOfConversion；
06    uint32_t DiscontinuousConvMode；
07    uint32_t NbrOfDiscConversion；
08    uint32_t ExternalTrigConv；
09    }ADC_InitTypeDef；
```

(1)DataAlign：数据对齐方式，可选左对齐或右对齐。

(2)ScanConvMode：是否使用扫描模式，结合单次/连续转换来选择。在转换序列中，如果有多个通道需要转换，那么必须开启扫描模式，否则只转换第一个通道。

(3)ContinuousConvMode：单一/连续模式。

(4)NbrOfConversion：A/D 转换通道数目。

(5)DiscontinuousConvMode：是否使用间断模式。需要触发，每触发一次，转换序列中 n 个通道，n 取决于转换通道的数目。

(6)NbrOfDiscConversion：间断模式中一个组的转换通道的数目，可设置范围为 1～8。

(7)ExternalTrigConv：外部触发选择，如图 20-1 所示，有多个选择，可以根据项目需求来配置触发源。一般选择软件自动触发。

代码 20-3　对每个通道的配置

```
01 typedef struct{
02    uint32_t Channel；
03    uint32_t Rank；
04    uint32_t SamplingTime；
05 }ADC_ChannelConfTypeDef；
```

代码 20-3 所示的结构体是对通道进行排序，并对每个通道的采样周期进行设置。

20.6　ADC 编程关键步骤

ADC 编程关键步骤如下：

(1)选择 ADC 的各种模式，使能连续扫描模式。

(2)设定各 ADC 通道的周期。

(3)使能时钟，包括外设时钟、引脚时钟和 DMA 时钟。

(4)配置 DMA 和使能中断。

(5)在主函数中调用函数校准，然后使能 ADC。

(6)对数据进行处理。

20.7　基于 DMA 传输的多通道 ADC 代码分析

20.7.1　bsp_adc.h 文件内容

代码 20-4　相关宏定义

```
01 # define ADCx_RCC_CLK_ENABLE()        __HAL_RCC_ADC1_CLK_ENABLE()
02 # define ADCx_RCC_CLK_DISABLE()       __HAL_RCC_ADC1_CLK_DISABLE()
03 # define DMAx_RCC_CLK_ENABLE()        __HAL_RCC_DMA1_CLK_ENABLE()
04 # define ADCx                         ADC1
05 # define ADC_DMAx_CHANNELn            DMA1_Channel1
06 # define ADC_DMAx_CHANNELn_           IRQn DMA1_Channel1_IRQn
07 # define ADC_DMAx_CHANNELn_           IRQHANDLER DMA1_Channel1_IRQHandler
08 # define ADC_GPIO_ClK_ENABLE()        __HAL_RCC_GPIOC_CLK_ENABLE()
09 # define ADC_GPIO                     GPIOC
10 # define ADC_GPIO_PIN1                GPIO_PIN_0       //连接至 3296 电位器
11 # define ADC_CHANNEL1                 ADC_CHANNEL_10   //连接至 3296 电位器
12 # define ADC_GPIO_PIN2                GPIO_PIN_1       //连接至光敏电阻
13 # define ADC_CHANNEL2                 ADC_CHANNEL_11   //连接至光敏电阻
14 # define ADC_GPIO_PIN3                GPIO_PIN_3
15 # define ADC_CHANNEL3                 ADC_CHANNEL_13
16 # define ADC_GPIO_PIN4                GPIO_PIN_2
17 # define ADC_CHANNEL4                 ADC_CHANNEL_12
18 # define ADC_NUMOFCHANNEL             4
```

20.7.2　bsp_adc.c 文件

代码 20-5　ADC 转换初始化

```
01 ADC_HandleTypeDef hadcx;
02 void MX_ADCx_Init(void)
03 {
04     ADC_ChannelConfTypeDef   sConfig;
05     //ADC 功能配置
06     hadcx. Instance = ADCx;
07     hadcx. Init. ScanConvMode = ADC_SCAN_ENABLE;
08     hadcx. Init. ContinuousConvMode = ENABLE;
09     hadcx. Init. DiscontinuousConvMode = DISABLE;
10     hadcx. Init. ExternalTrigConv = ADC_SOFTWARE_START;
11     hadcx. Init. DataAlign = ADC_DATAALIGN_RIGHT;
12     hadcx. Init. NbrOfConversion = ADC_NUMOFCHANNEL;
```

```
13        HAL_ADC_Init(&hadcx);
14        //配置采样通道
15        sConfig.Channel = ADC_CHANNEL1;
16        sConfig.Rank = 1;
17        sConfig.SamplingTime = ADC_SAMPLETIME_55CYCLES_5;
18        HAL_ADC_ConfigChannel(&hadcx,&sConfig);
19        //配置采样通道
20        sConfig.Channel = ADC_CHANNEL2;
21        sConfig.Rank = 2;
22        HAL_ADC_ConfigChannel(&hadcx,&sConfig);
23        //配置采样通道
24        sConfig.Channel = ADC_CHANNEL3;
25        sConfig.Rank = 3;
26        HAL_ADC_ConfigChannel(&hadcx,&sConfig);
27        //配置采样通道
28        sConfig.Channel = ADC_CHANNEL4;
29        sConfig.Rank = 4;
30        HAL_ADC_ConfigChannel(&hadcx,&sConfig);
31 }
```

代码 20 - 5 使用 ADC_HandleTypeDdef 和 ADC_ChannelConfTypeDef 分别定义 ADC 转换初始化和 ADC 通道的配置结构体。

首先选择 ADC 的基地址,使能扫描模式,使能连续转换模式(间断模式不使能),开启四通道的 ADC 转换,实现连续不停地转换,数据选择右对齐;然后对采样通道进行配置,如通道 1,采样时间设置为 55.5 个周期;最后调用函数,配置所选择的通道与规则组连接。

代码 20 - 6　外设初始化配置

```
01 DMA_HandleTypeDef hdma_adcx;
02 void HAL_ADC_MspInit(ADC_HandleTypeDef  * hadc)
03 {
04   GPIO_InitTypeDef GPIO_InitStruct;
05   if(hadc - >Instance = = ADCx)
06   {
07       ADCx_RCC_CLK_ENABLE();//外设时钟使能
08       ADC_GPIO_ClK_ENABLE();//A/D 转换通道引脚时钟使能
09       DMAx_RCC_CLK_ENABLE();//DMA 时钟使能
10       //A/D 转换通道引脚初始化
11       GPIO_InitStruct.Pin = ADC_GPIO_PIN1|ADC_GPIO_PIN2|ADC_GPIO_PIN3|ADC_GPIO_PIN4;
12       GPIO_InitStruct.Mode = GPIO_MODE_ANALOG;
13       HAL_GPIO_Init(ADC_GPIO,&GPIO_InitStruct);
14       //DMA 外设初始化配置
15       hdma_adcx.Instance = ADC_DMAx_CHANNELn;
16       hdma_adcx.Init.Direction = DMA_PERIPH_TO_MEMORY;
```

```
17        hdma_adcx. Init. PeriphInc = DMA_PINC_DISABLE;
18        hdma_adcx. Init. MemInc = DMA_MINC_ENABLE;
19        hdma_adcx. Init. PeriphDataAlignment = DMA_PDATAALIGN_WORD;
20        hdma_adcx. Init. MemDataAlignment = DMA_MDATAALIGN_WORD;
21        hdma_adcx. Init. Mode = DMA_CIRCULAR;
22        hdma_adcx. Init. Priority = DMA_PRIORITY_HIGH;
23        HAL_DMA_Init(&hdma_adcx);
24        __HAL_LINKDMA(hadc,DMA_Handle,hdma_adcx);//连接 DMA
25        //外设中断优先级配置和使能中断
26        HAL_NVIC_SetPriority(ADC_DMAx_CHANNELn_IRQn,0,0);
27        HAL_NVIC_EnableIRQ(ADC_DMAx_CHANNELn_IRQn);
28    }
29 }
```

代码 20-6 配置了外设时钟使能、引脚时钟使能和 DMA 时钟使能;对用到的采集引脚进行初始化配置。

初始化 DMA1 的通道 1,方向是外设到内存,外设的地址不递增,存储器的地址递增(因为要存放很多数据)。将外设数据长度和存储器数据长度都设置为 word。完成循环模式和传输速度设置后,调用函数将 DMA 应用于 ADC 中,即将 ADC 连接至 DMA。

最后设置中断优先级,使能中断。

20.7.3　main.c 文件内容

在 main.c 文件中,有系统时钟的相关函数、主函数和回调函数。

代码 20-7　主函数 main()

```
01 __IO float ADC_ConvertedValueLocal[ADC_NUMOFCHANNEL];    //用于保存转换计算后的电压值
02 uint32_t ADC_ConvertedValue[ADC_NUMOFCHANNEL];           //A/D = 0 转换结果值
03 uint32_t DMA_Transfer_Complete_Number = 0;
04 int main(void)
05 {
06        HAL_Init();                                       //复位所有外设,初始化 Flash 接口
                                                            和系统滴答定时器
07        SystemClock_Config();                             //配置系统时钟
08        MX_DEBUG_USART_Init();                            //初始化串口并配置串口中断优先级
09        printf("ADC 多通道电压采集实验(DMA 传输)\n");
10        MX_ADCx_Init();                                   //ADC 初始化
11        HAL_ADCEx_Calibration_Start(&hadcx);              //自动校准
12        //启动 A/D 转换并使能 DMA 传输和中断
13        HAL_ADC_Start_DMA(&hadcx,ADC_ConvertedValue,ADC_NUMOFCHANNEL);
14        for(;;)//无限循环
15        {
16            HAL_Delay(1000);
```

```
17          //3.3V A/D 转换的参考电压值,STM32 的 A/D 转换为 12 位,2^12 = 4096,
18          //即当输入为 3.3V 时,A/D 转换结果为 4096 - 1 = 4095
19          //ADC_ConvertedValue[0]只取最低 12 有效数据
20          ADC_ConvertedValueLocal[0] = (float)(ADC_ConvertedValue[0]&0xFFF) * 3.3/4096;
21          ADC_ConvertedValueLocal[1] = (float)(ADC_ConvertedValue[1]&0xFFF) * 3.3/4096;
22          ADC_ConvertedValueLocal[2] = (float)(ADC_ConvertedValue[2]&0xFFF) * 3.3/4096;
23          ADC_ConvertedValueLocal[3] = (float)(ADC_ConvertedValue[3]&0xFFF) * 3.3/4096;
24          printf("CH1_PC0 value = % d - > % fV\n",
                    ADC_ConvertedValue[0]&0xFFF,ADC_ConvertedValueLocal[0]);
25          printf("CH2_PC1 value = % d - > % fV\n",
                    ADC_ConvertedValue[1]&0xFFF,ADC_ConvertedValueLocal[1]);
26          printf("CH3_PC2 value = % d - > % fV\n",
                    ADC_ConvertedValue[2]&0xFFF,ADC_ConvertedValueLocal[2]);
27          printf("CH4_PC3 value = % d - > % fV\n",
                    ADC_ConvertedValue[3]&0xFFF,ADC_ConvertedValueLocal[3]);
28          printf("已经完成 A/D 转换次数:% d\n",DMA_Transfer_Complete_Number);
29          DMA_Transfer_Complete_Number = 0;
30          printf("\n");
31      }
32 }
```

代码 20 - 7 首先声明变量用于存放数据;然后在 main()中进行 ADC 相关的初始化配置,调用函数使能 ADC 自动校准,校准完成后,即可以开始正常的转换,使能 DMA 模式下的 ADC 转换;最后对数据进行处理。

代码 20 - 8　回调函数

```
01 void HAL_ADC_ConvCpltCallback(ADC_HandleTypeDef   * hadc)
02 {
03      DMA_Transfer_Complete_Number + + ;
04 }
```

回调函数用于累计转换次数。

20.8　运行验证

使用合适的 USB 线连接至标识有"调试串口"的 USB 接口,在计算机端打开串口助手软件,设置参数为 115200 - 8 - 1 - N - N,打开串口;将 ST - link 正确接至标识有"SWD 调试器"字样的 4 针接口,下载程序至实验板并运行;在串口助手界面可以看到 4 个通道采集的数据。通道 PC0 采集光敏电阻两端的电压,通道 PC1 采集电位器出点的电压,通道 PC2 短接到地电平,通道 PC3 短接到 3.3V 电源。图 20 - 7 显示了两组结果,PC0 通道有明显不同,第一组结果对应光敏电阻被遮盖,第二组结果对应明亮环境。

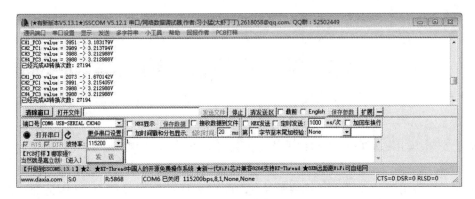

图 20-7　PC0～PC3 通道的转换结果

思考题

1. 查阅文献,简述 ADC 的基本原理。

2. 查阅文献,简述 ADC 的主要性能指标。

3. 查阅文献,简述 ADC 的分类及其特点。

4. 简述 STM32F103ZET6 的 ADC 特点。

5. STM32 单片机的模拟测量范围是多少? 如何可靠地测量 0～10V 电压?

第21章 模拟信号输出

基于安全、实用、功耗、成本和抗干扰等因素,DC 4~20mA 和 DC 1~5V 信号制是国际电工委员会(International Electrotechical Commission,IEC)过程控制系统中使用的模拟信号标准。当使用微处理器控制只接受 4~20mA 或 1~5V 信号的设备时,微处理器就必须先将数字信号转换成模拟信号,DAC 刚好具有这个功能。

21.1 DAC 简介

DAC 是数字输入电压输出的数字/模拟转换器。STM32 具有两个 DAC 输出通道,分别是 PA4 和 PA5,可以配置为 8 位或 12 位,每个通道都有独立的转换器。在双 DAC 模式下,两个通道可以独立地进行转换,也可以同时进行转换并同步地更新两个通道的输出。DAC 可以通过引脚输入参考电压 V_{REF+},以获得更精确的转换结果。

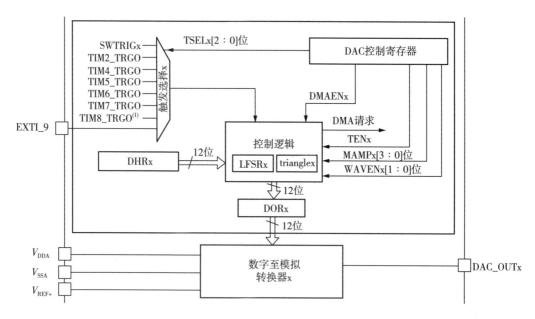

图 21-1 DAC 功能框图

图 21-1 是 DAC 功能框图,其核心是数字至模拟转换器 x。左下方模拟电源的引脚 V_{DDA}、V_{SSA} 和 V_{REF+},其电压输入范围是 DC 2.4~3.3V。STM32 的 DAC 支持 8 位和 12 位模式,数据格式可以分为 8 位数据右对齐、12 位数据左对齐和 12 位数据右对齐 3 种。这里

以通道 1 为例设置不同的数据格式,如图 21-2 所示。

(1)8 位数据右对齐:写入寄存器 DAC_DHR8RD［7：0］位(实际寄存器 DHR1［11：4］位)。

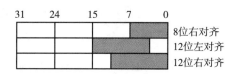

(2)12 位数据左对齐:写入寄存器 DAC_DHR12LD［15：4］位(实际寄存器 DHR1［11：0］位)。

图 21-2 DAC 数据寄存器对齐方式

(3)12 位数据右对齐:写入寄存器 DAC_DHR12RD［11：0］位(实际寄存器 DHR1［11：0］位)。

写入的数据根据相应的移位后,被转存到 DHR1 寄存器。随后 DHR1 的内容既可以被自动地传送到 DORx 寄存器,又可以通过软件触发或外部事件触发被传送到 DORx 寄存器。但不能直接对寄存器 DAC_DORx 写入数据,任何输出到 DAC 通道 x 的数据都必须写入 DAC_DHRx 寄存器(数据实际写入 DAC_DHR8Rx、DAC_DHR12Lx、DAC_DHR12Rx、DAC_DHR8RD、DAC_DHR12LD 或 DAC_DHR12RD 寄存器)。

如果 TENx 位被置 1,DAC 转换可以由某外部事件触发(定时器计数器、外部中断线)。配置控制位 TSELx［2：0］可以选择 8 个触发事件的其中一个触发 DAC 转换,其中前 7 个是硬件触发,见表 21-1。

表 21-1 外部触发

触发源	类型	触发源选择 TSELx［2：0］
定时器 6 TRGO 事件	定时器的内部信号	000
定时器 8 TRGO 事件		001
定时器 7 TRGO 事件		010
定时器 5 TRGO 事件		011
定时器 2 TRGO 事件		100
定时器 4 TRGO 事件		101
EXTI 线路 9	外部引脚	110
SWTRIG(软件触发)	软件控制位	111

每次 DAC 接口侦测到来自选中的定时器 TRGO 输出,或者外部中断线 9 的上升沿,存放在寄存器 DAC_DHRx 中的最新数据会被传送到寄存器 DAC_DORx 中。在 3 个 APB1 时钟周期后,寄存器 DAC_DORx 更新为新值。

两个 DAC 通道都有 DMA 功能,并且可分别用于两个 DAC 通道的 DMA 请求。如果 DMAENx 位置'1',则当有外部触发(不是软件触发)发送时,产生一个 DMA 请求,然后 DAC_DHRx 寄存器的数据被传送到 DAC_NORx 寄存器中。在双 DAC 模式下,选择其中一个 DMA 即可。

STM32 有两个 DAC 通道,分别是 PA4 和 PA5,直接连接相对应的引脚即可。

21.2 使用 STM32CubeMX 生成工程

(1)选择 DAC 通道 2,定时器 6 作为触发源,如图 21-3 所示。

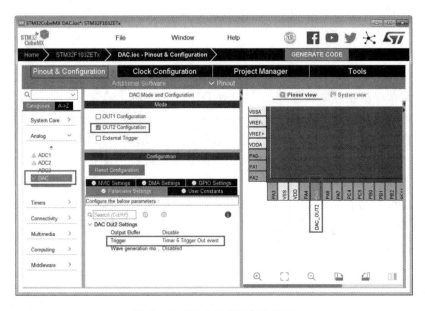

图 21-3 DAC 通道选择及配置

(2)启用 DMA,方向选为内存到外设,如图 21-4 所示。

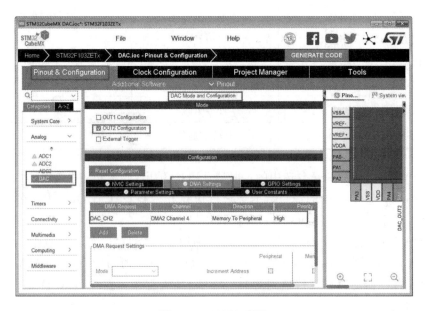

图 21-4 DMA 配置

（3）输出引脚的配置设为模拟模式。使能 DAC 通道后，相应的 GPIO 引脚会自动与 DAC 的模拟输出相连，如图 21-5 所示。

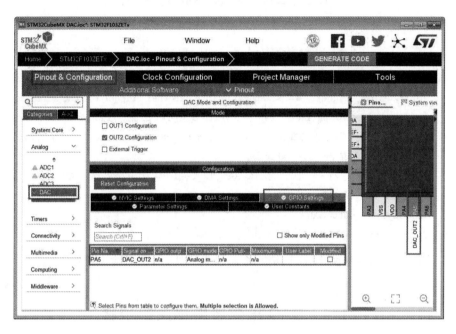

图 21-5　DAC 引脚配置

（4）设置预分频、计数模式和周期，将触发事件设置为更新事件，如图 21-6 所示。

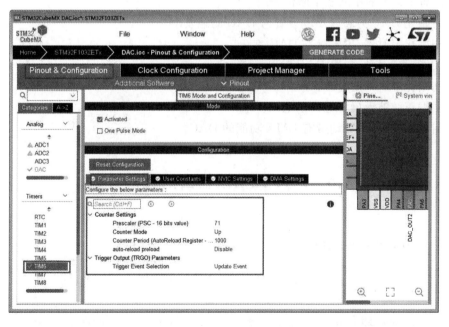

图 21-6　定时器设置

完成后单击"生成代码"按钮生成工程文件。

21.3 DAC 外设结构体分析

代码 21 - 1　DAC 外设结构体

```
01 typedef struct{
02      uint32_t DAC_Trigger;/*!< Specifies the external trigger for the selected DAC chan-
                nel. This parameter can be a value of @ref DACEx_trigger_selection
                Note: For STM32F10x high - density value line devices, additionaltrigger
                sources are available. */
                //见表 21 - 1 可选 DAC_TRIGGER_T2_TRGO、DAC_TRIGGER_T4_TRGO、
                DAC_TRIGGER_T6_TRGO、DAC_TRIGGER_T7_TRGO 等
03      uint32_t DAC_OutputBuffer;
04 }DAC_ChannelConfTypeDef;
```

DAC 外设结构体包括两个成员,第一个是触发方式,第二个输出缓冲。

21.4 DAC 正弦波编程关键步骤

DAC 正弦波编程关键步骤总结如下。
(1)配置 DMA 的中断及中断优先级。
(2)初始化 DAC 并将 TIM6 设置为 DAC 的触发事件。
(3)初始化定时器,用于触发 DAC 更新。
(4)使能对应时钟,配置 DAC 输出引脚。
(5)初始化 DMA 控制器。
(6)根据正弦波形确定输出的电压。
(7)启动定时器,并启动带有 DMA 功能的 DAC。

21.5 DAC 正弦波输出的代码分析

21.5.1 bsp_dac.h 文件内容

代码 21 - 3　DAC 相关宏定义

```
01 #define DACx                                DAC
02 #define DACx_CHANNEL_GPIO_CLK_ENABLE()      __HAL_RCC_GPIOA_CLK_ENABLE()
03 #define DACx_CHANNEL_GPIO_CLK_DISABLE()     __HAL_RCC_DAC_CLK_DISABLE()
04 #define DACx_CLK_ENABLE()                   __HAL_RCC_DAC_CLK_ENABLE()
```

```
05  # define DACx_FORCE_RESET()                    __HAL_RCC_DAC_FORCE_RESET()
06  # define DACx_RELEASE_RESET()                  __HAL_RCC_DAC_RELEASE_RESET()
07  # define DACx_CHANNEL_PIN                      GPIO_PIN_5
08  # define DACx_CHANNEL_GPIO_PORT                GPIOA
09  # define DACx_DMAx_CHANNELn                    DMA2_Channel4//参见 12.2.2 节 DMA2 控制器通道 4
10  # define DACx _ DMAx _ CHANNELn _ IRQn               DMA2 _ Channel4 _ 5 _ IRQn//参见表 9 - 1 的
                                                        STM32F103ZET6 中断源 59 号
11  # define DACx_DMAx_CHANNELn_IRQHANDLER         DMA2_Channel4_5_IRQHandler
12  # define DACx_CHANNEL DAC_                      CHANNEL_2      //使用通道 2,对应功能引脚为 PA5
```

代码 21 - 3 对 DAC 时钟、DAC 复位、DAC 引脚和通道进行了宏定义。

21.5.2　bsp_dac.c 文件内容

代码 21 - 4　DAC 初始化配置

```
01  DAC_HandleTypeDef hdac;
02  TIM_HandleTypeDef htim6;
03  void MX_DAC_Init(void)
04  {
05    DAC_ChannelConfTypeDef sConfig;
06    TIM_MasterConfigTypeDef sMasterConfig;
07    //DMA 中断配置
08    HAL_NVIC_SetPriority(DACx_DMAx_CHANNELn_IRQn,1,0);
09    HAL_NVIC_EnableIRQ(DACx_DMAx_CHANNELn_IRQn);
10    hdac.Instance = DACx;//DAC 初始化
11    HAL_DAC_Init(&hdac);
12    //DAC 通道输出配置
13    sConfig.DAC_Trigger = DAC_TRIGGER_T6_TRGO;
14    sConfig.DAC_OutputBuffer = DAC_OUTPUTBUFFER_DISABLE;
15    HAL_DAC_ConfigChannel(&hdac&sConfig,DACx_CHANNEL);
16    //初始化定时器,用于触发 DAC 更新
17    htim6.Instance = TIM6;
18    htim6.Init.Prescaler = 71;
19    htim6.Init.CounterMode = TIM_COUNTERMODE_UP;
20    htim6.Init.Period = 1000;
21    HAL_TIM_Base_Init(&htim6);
22    sMasterConfig.MasterOutputTrigger = TIM_TRGO_UPDATE;
23    sMasterConfig.MasterSlaveMode = TIM_MASTERSLAVEMODE_DISABLE;
24    HAL_TIMEx_MasterConfigSynchronization(&htim6,&sMasterConfig);
25  }
```

代码 21 - 4 首先声明两个结构体,完成 DMA 的中断优先级设置后,使能 DMA 中断;然后确定 DAC 基地址,进行 DAC 初始化;接着选择定时器 6 作为 DAC 触发,输出不需要缓

冲;最后设置定时器的参数,初始化定时器,并将其作为 DAC 的触发。

代码 21-5　DAC 外设

```
01 DMA_HandleTypeDef hdma_dac_ch;
02 void HAL_DAC_MspInit(DAC_HandleTypeDef  * hdac)
03 {
04  GPIO_InitTypeDef GPIO_InitStruct;
05  if(hdac->Instance == DACx)
06    {
07        DACx_CLK_ENABLE();                    //DAC 外设时钟使能
08        __HAL_RCC_DMA2_CLK_ENABLE();          //DMA 控制器时钟使能
09        DACx_CHANNEL_GPIO_CLK_ENABLE();       //DAC 通道引脚端口时钟使能
10        //DAC 通道引脚配置
11        GPIO_InitStruct.Pin = DACx_CHANNEL_PIN;
12        GPIO_InitStruct.Mode = GPIO_MODE_ANALOG;
13        GPIO_InitStruct.Pull = GPIO_NOPULL;
14        HAL_GPIO_Init(DACx_CHANNEL_GPIO_PORT,&GPIO_InitStruct);
15        //DMA 控制器初始化
16        hdma_dac_ch.Instance = DACx_DMAx_CHANNELn;
17        hdma_dac_ch.Init.Direction = DMA_MEMORY_TO_PERIPH;
18        hdma_dac_ch.Init.PeriphInc = DMA_PINC_DISABLE;
19        hdma_dac_ch.Init.MemInc = DMA_MINC_ENABLE;
20        hdma_dac_ch.Init.PeriphDataAlignment = DMA_PDATAALIGN_HALFWORD;
21        hdma_dac_ch.Init.MemDataAlignment = DMA_MDATAALIGN_HALFWORD;
22        hdma_dac_ch.Init.Mode = DMA_CIRCULAR;
23        hdma_dac_ch.Init.Priority = DMA_PRIORITY_HIGH;
24        HAL_DMA_Init(&hdma_dac_ch);
25        __HAL_LINKDMA(hdac,DMA_Handle2,hdma_dac_ch);
26    }
27 }
```

代码 21-5 进行 DAC 外设时钟使能、DMA 控制器时钟使能、DAC 引脚端口时钟使能,并进行 DAC 选定引脚的配置及 DMA 的初始化,将方向设置为由内存到外设。

21.5.3　main.c 文件内容

代码 21-6　主函数 main()

```
01 const uint16_t Sine_Table[32] = {
    0,38,155,344,599,909,1263,1647,2047,2447,2831,
    3185,3498,3750,3939,4056,4095,4056,3939,3750,
    3495,3185,2831,2447,2047,1647,1263,909,599,344,
    155,38 };                    //正弦波形数据
02 int main(void)
```

```
03 {
04   HAL_Init();                    //复位所有外设,初始化 Flash 接口和系统滴答定时器
05   SystemClock_Config();          //配置系统时钟
06   MX_DAC_Init();                 //初始化 DAC
07   HAL_TIM_Base_Start(&htim6);//启动定时器
08   //启动 DAC 的 DMA 功能
09   HAL_DAC_Start_DMA(&hdac,DACx_CHANNEL,(uint32_t *)Sine_Table,32,DAC_ALIGN_12B_R);
10   for(;;){;}//无限循环
11 }
```

代码 21-6 为启动定时器,定时器触发一次,更新一次 DAC 输出数据,以达到输出正弦波的效果。

21.6　运行验证

将 ST-link 正确接至标识有"SWD 调试器"字样的 4 针接口,断开条线 JP11 和 JP12,下载程序至实验板并运行,用示波器测相应的 PA5 引脚,即可看到输出波形,由于没有滤波电路,波形呈阶梯状,含有谐波,如图 21-7 所示。

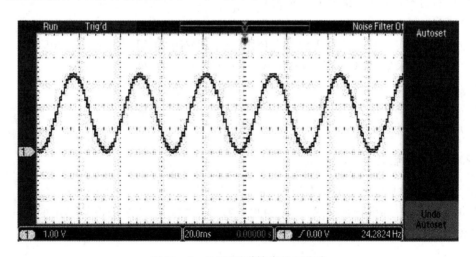

图 21-7　DAC 通道输出的正弦波

思考题

1. 查阅相关文献,简述 DAC 的基本原理。
2. 查阅相关文献,简述 DAC 的主要性能指标。
3. 简述 STM32F103ZET6 的 DAC 特点。
4. 修改例程,使之从 PA4 输出波形。

第22章　I2C 总线

22.1　I2C 总线简介

　　IIC 总线(Inter－Integrated Circuit,集成电路总线)是由 PHILIPS 公司在 1982 年成功开发的两线式串行总线,通常写成 I^2C 或 I2C。I2C 总线是一种用于 IC 器件之间连接的双向二线制总线,通过 SDA 和 SCL 两根线连接,占用空间非常小。当总线的长度为 25ft(1ft≈0.305m)时,I2C 总线能够以 10Kbit/s 的最大传输速率支持 40 个器件。I2C 总线的另一个优点是多主控,所有能够进行接收和发送的设备都可以成为主控制器,但多个主控不能在同一时间工作。目前很多半导体器件都集成了 I2C 接口,详见如下分类。

　　(1)存储器类:24CXX 系列 EEPROM。
　　(2)I2C 总线 8 位并行 I/O 口扩展芯片:PCF8574/JLC1562。
　　(3)I2C 接口实时时钟芯片:DS1307/PCF8563/SD2000D/M41T80/ISL1208。
　　(4)I2C 数据采集 ADC 芯片:DS1100(16 位 ADC)/ADS1112(16 位 ADC)。
　　(5)I2C 接口 DAC 芯片:DAC6573(10 位 DAC)/DAC8571(16 位 DAC)。
　　(6)I2C 接口温度传感器:TMP101/TMP275/DS1621/MAX6625。
　　(7)绝大部分微处理器。

22.1.1　I2C 物理层

　　图 22－1 是常见的 I2C 通信系统,其展示了 I2C 设备之间常用的连接方式。I2C 总线只有串行时钟线 SCL 和串行数据线 SDA 两根上拉线。"总线"即多个设备共用的信号线,在一对 I2C 通信总线中,可连接多个 I2C 设备通信,支持多个通信主机及多个通信从机。

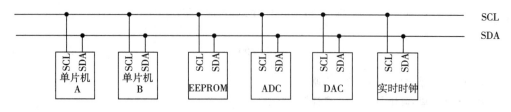

图 22－1　常见的 I2C 通信系统

　　为了区分设备,每个连接到总线的设备都有一个独立的地址,主机可以利用这个地址进行不同设备之间的访问。当有多个主机同时使用总线时,为了防止数据冲突,会利用仲裁的方式决定由哪个设备占用总线。

通过控制 SCL 线和 SDA 线高低电平时序,产生 I2C 总线协议所需的信号进行数据传输。在总线空闲状态下,这两根线一般被上拉电阻拉高,保持高电平。

I2C 支持不同的通信速率,标准模式下可达 100Kbit/s,快速模式下可达 400Kbit/s,高速模式下可达 3.4Mbit/s。

22.1.2　协议层

1. 空闲状态

I2C 总线的 SDA 和 SCL 两条信号线同时处于高电平时,规定为总线的空闲状态。如图 22-2 中所示的椭圆框对应的就是空闲状态。

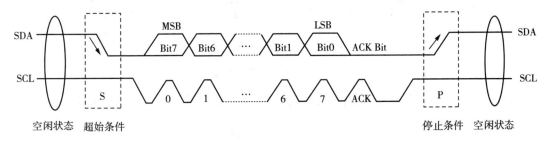

图 22-2　I2C 总线基本时序

2. 起始条件 S 和停止条件 P

起始 S 和停止 P 是两种特殊的状态,如图 22-2 所示,当 SCL 为高电平时,SDA 由高电平向低电平切换,表示通信的起始;当 SCL 是高电平时,SDA 由低电平向高电平切换,表示通信的停止。这两个信号一般由主机产生。

3. 数据位传输

I2C 总线上的所有数据都是以 8 位一个字节为单位进行传输的,如图 22-3 所示。设备地址 7 位+方向位也视为 8 位数据,所以 I2C 总线理论上可以挂接 $2^7 = 128$ 个器件。方向位:0=Write,1=Read。

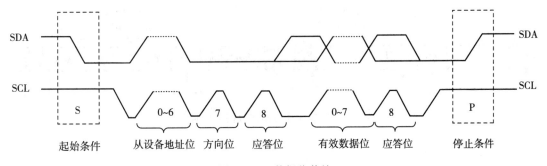

图 22-3　数据位传输

4. 应答位

发送器每发送一个字节,就在第 9 个时钟脉冲释放数据线,并由接收器反馈一个应答信号。当应答信号为低电平时,定义为有效应答位 ACK,表示接收器已经成功接收了该字节;当应答位为高电平时,定义为非应答位 NACK,表示接收器接收该字节失败。应答位可保证数据的有效性,如图 22-3 所示。

22.1.3 I2C 总线读写

对 I2C 总线的操作实际就是主、从设备之间的读写操作。可分为以下 3 种操作情况。

(1)主设备向从设备中写入数据。连续写操作数据传输时序如图 22-4 所示。

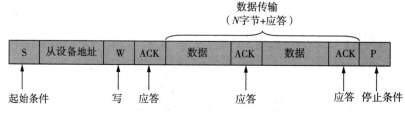

图 22-4 连续写操作数据传输时序

(2)主设备从从设备中读取数据。连续读操作数据传输时序如图 22-5 所示。

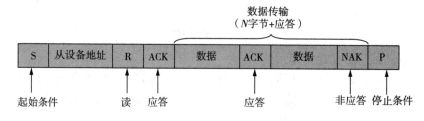

图 22-5 连续读操作数据传输时序

(3)主设备向从设备中写数据,然后重启起始条件,紧接着从从设备中读取数据;或者是主设备从从设备中读数据,然后重启起始条件,紧接着主设备向从设备中写数据。连续读写操作数据传输时序如图 22-6 所示。

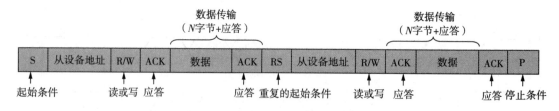

图 22-6 连续读写操作数据传输时序

22.2 STM32 的 I2C 特性及架构

I2C 通过 SDA 和 SCL 即可实现通信,在 STM32 上直接通过控制两个 GPIO 口的电平,即可产生通信的时序,这种方法称为软件 I2C。还有一种是硬件 I2C,即通过配置 STM32 的 I2C 片上的专门负责实现 I2C 通信协议外设,I2C 就会自动地产生满足协议要求的通信信号,收发并缓存数据,CPU 只要检测该外设的状态和访问相应的寄存器,即可实现数据的收发。

STM32 的 I2C 外设具有多主机功能,支持不同的通信速率。产生和检测 7 位/10 位地址和广播呼叫,同时有 DMA 和相应的中断。STM32 的 I2C 功能框图如图 22-7 所示

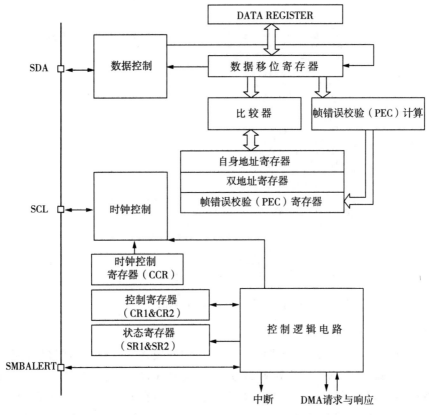

在SMBus模式下, SMBALERT是可选信号。如果禁止了SMBus, 则不能使用该信号。

图 22-7　STM32 的 I2C 功能框图

1. 通信引脚

I2C 的通信引脚是 SCL 和 SDA,选用的 STM32F103ZET6 芯片含有 I2C1 和 I2C2,对应的引脚分布见表 22-1。配置相应的引脚,其中 I2C1 还有引脚的复用。

表 22-1　STM32F103ZET6 的 I2C 引脚

引脚	I2C 编号	
	I2C1	I2C2
SCL	PB6/PB8	PB10
SDA	PB7/PB9	PB11

2. 时钟控制逻辑

SCL 线的时钟信号由 I2C_CCR(时钟控制寄存器)控制,配置此寄存器可以修改通信速率相关的参数。I2C_CCR 可设置标准/快速模式,在快速模式下,可设置 SCL 时钟的占空比(若无严格要求,可不设置该选项)。CCR 寄存器还有一个 12 位的配置因子 CCR(快速/标准模式下的时钟控制分频系数,该分频系数用于设置主模式下的 SCL 时钟),图 22 - 8 是 I2C_CCR 寄存器中对 CCR 分频系数计算的一个例子,DUTY 为两种快速模式时的占空比选择。

图 22 - 8 CCR 取值

3. 数据控制逻辑

I2C 的 SDA 信号连接到数据移位寄存器,当向外发送数据时,数据移位寄存器以"数据寄存器"为数据源,把数据一位一位地通过 SDA 信号线发送出去;当从外部接收数据时,数据移位寄存器把 SDA 信号线采样到的数据一位一位地存储到"数据寄存器"中。若使能了数据校验,接收到的数据会经过 PCE 计算器运行,运算结构存储在 PEC 寄存器中。

4. 整体控制逻辑

在外设工作时,控制逻辑会根据外设的工作状态修改(I2C_SR1 和 I2C_SR2),只要读取这些寄存器相关的寄存器位就可以了解 I2C 的工作状态,整体控制逻辑还可根据要求控制产生中断、DMA 请求和各种通信信号(起始、停止、响应等)。

22.2 I2C - EEPROM 应用电路设计

实验板焊接了一个容量为 2Kbit(256 字节)的 I2C 串行 EEPROM 芯片 AT24C02,满足了普通应用。当然也可以选择更换大容量的芯片,兼容 AT24C01 ~ 24C1024 全系列 EEPROM 芯片。

I2C 应用电路见图 22-9,STM32 的 SCL 和 SDA 均为开漏输出模式,因此必须外接上拉电阻才能输出高电平。上拉电阻阻值越大越省电,但是信号的上升沿越缓慢,这将限制 I2C 通信的速率;上拉电阻阻值越小,上升沿越陡,通信速率越高,但是低电平输出时的功耗越大。因此,需要选择合适的上拉电阻阻值,以便在功耗和速度之间寻求一个平衡点,一般选用 3k~10kΩ。

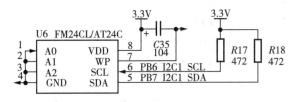

图 22-9　I2C 应用电路

在图 22-9 中,A0~A2 均接地,对 AT24C02 来说就是把地址设置成 0。SCL、SDA 接到 STM32 的硬件 I2C 上,因此既可以使用硬件 I2C,又可以使用软件 I2C。

22.3　使用 STM32CubeMX 生成工程

STM32 有片上外设 I2C,根据硬件 I2C 来说明工程的生成步骤。

(1)其他配置(如时钟、串口等)。参考此前的章节。

(2)首先是使能 I2C1,将地址模式改为 7 位,设置 STM32 自身的地址为 0x0A,配置 I2C1 如图 22-10 所示。然后单击"生成代码"按钮生成工程文件。

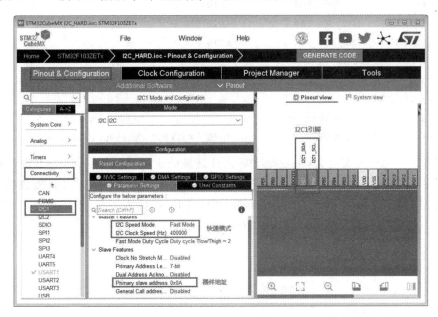

图 22-10　选择 I2C1 并配置其引脚

22.4　I2C － EEPROM 编程关键步骤

I2C－EEPROM 编程关键步骤总结如下。
(1)初始化 I2C 外设,设置 CLK 速率、SCL 占空比、地址模式及自身地址。
(2)使能外设时钟和 GPIO 引脚时钟。
(3)配置通信使用的引脚为开漏模式。
(4)编写 I2C 对 EEPROM 的操作函数。
(5)在主函数中调用相关函数进行读写数据测试。

22.5　硬件 I2C 读写 AT24C02 代码分析

22.5.1　bsp_EEPROM. h 文件内容

代码 22－1　相关宏定义

```
01 # define I2C_SPEEDCLOCK                    400000             //I2C 通信速率(最大为 400Kbit/s)
02 # define I2C_DUTYCYCLE                     I2C_DUTYCYCLE_2  //I2C 占空比模式:1/2
03 # define EEPROM_I2Cx                       I2C1
04 # define EEPROM_I2C_RCC_CLK_ENABLE()      __HAL_RCC_I2C1_CLK_ENABLE()
05 # define EEPROM_I2C_RCC_CLK_DISABLE()     __HAL_RCC_I2C1_CLK_DISABLE()
06 # define EEPROM_I2C_GPIO_CLK_ENABLE()     __HAL_RCC_GPIOB_CLK_ENABLE()
07 # define EEPROM_I2C_GPIO_CLK_DISABLE()    __HAL_RCC_GPIOB_CLK_DISABLE()
08 # define EEPROM_I2C_GPIO_PORT             GPIOB
09 # define EEPROM_I2C1_SCL_PIN              GPIO_PIN_6
10 # define EEPROM_I2C1_SDA_PIN              GPIO_PIN_7
11 / * Device Address
12 * 1 0 1 0 A2 A1 A0 R/W
13 * 1 0 1 0 0 0 0   0 = 0XA0
14 * 1 0 1 0 0 0 0   1 = 0XA1       * /
15 # define EEPROM_I2C_ADDRESS               0xA0 / * EEPROM Addresses defines * /
```

代码 22－1 为相关宏定义,关键是 I2C 器件地址的定义,Device Address(设备地址)前四位是固定的 0b1010。A2、A1、A0 由芯片地址引脚所接电平决定,实验板连接成 000。R/W 位是方向位,当 R/W 位为 0 时,表示读方向;当 R/W 位为 1 时,表示写方向,因此读地址为 0b10100000＝0xA0,写地址为 0b10100001＝0xA1。

22.5.2　bsp_EEPROM. c 文件内容

代码 22－2　I2C 外设初始化

```
01 void MX_I2C_EEPROM_Init(void)
02 {
```

```
03        hi2c_eeprom. Instance = EEPROM_I2Cx;
04        hi2c_eeprom. Init. ClockSpeed = I2C_SPEEDCLOCK;
05        hi2c_eeprom. Init. DutyCycle = I2C_DUTYCYCLE;
06        hi2c_eeprom. Init. OwnAddress1 = 0;
07        hi2c_eeprom. Init. AddressingMode = I2C_ADDRESSINGMODE_7BIT;
08        hi2c_eeprom. Init. DualAddressMode = I2C_DUALADDRESS_DISABLE;
09        hi2c_eeprom. Init. OwnAddress2 = 0;
10        hi2c_eeprom. Init. GeneralCallMode = I2C_GENERALCALL_DISABLE;
11        hi2c_eeprom. Init. NoStretchMode = I2C_NOSTRETCH_DISABLE;
12        HAL_I2C_Init(&hi2c_eeprom);
13  }
```

代码 22 - 2 是对 I2C 外设的初始化,设置 CLK 速率为 400kbit/s,SCL 占空比为 2,使用 7 位地址模式。

代码 22 - 3　连续写入

```
01 /** 函数功能:通过 I2C 写入一段数据到指定寄存器内
02  * 输入参数:Addr,I2C 设备地址
03  * Reg:储存目标寄存器
04  * RegSize:寄存器尺寸(8 位或 16 位)
05  * pBuffer:缓冲区指针
06  * Length:缓冲区长度
07  * 返 回 值:HAL_StatusTypeDef,操作结果
08  * 说 明:在循环调用时需加一定延时时间 */
09 HAL_StatusTypeDef I2C_EEPROM_WriteBuffer(uint16_t Addr,uint8_t Reg,uint16_t RegSize,uint8_
t * pBuffer,uint16_t Length)
10 {
11        HAL_StatusTypeDef status = HAL_OK;
12        status = HAL_I2C_Mem_Write(&hi2c_eeprom,Addr,(uint16_t)Reg,RegSize,pBuffer,Length,
I2cxTimeout);
13        if(status ! = HAL_OK)         //检测 I2C 通信状态
14        {
15            I2C_EEPROM_Error();       //调用 I2C 通信错误处理函数
16        }
17        return status;
18 }
```

代码 22 - 3 通过 I2C 写入一段数据到指定的寄存器内,直接调用 HAL_I2C_Mem_Write()函数,主要用到的参数为 Addr(I2C 设备地址)、Reg(存储目标寄存器)、RegSize(寄存器尺寸)、pBuffer(缓冲区指针)、Length(缓冲区长度),最后对返回的通信状态进行判断。

代码 22 - 4　通过 I2C 读取一段寄存器内容并存放到指定的缓冲区

```
01 / * 函数功能:通过 I2C 读取一段寄存器内容并存放到指定的缓冲区内
02  * 输入参数:Addr,I2C 设备地址
```

```
03  *  Reg:存储目标寄存器
04  *  RegSize:寄存器尺寸(8 位或 16 位)
05  *  pBuffer:缓冲区指针
06  *  Length:缓冲区长度
07  *  返回值:HAL_StatusTypeDef,操作结果
08  *  说明:无
09 */
10 HAL_StatusTypeDef I2C_EEPROM_ReadBuffer(uint16_t Addr,uint8_t Reg,uint16_t RegSize,uint8_t
* pBuffer,uint16_t Length)
11 {
12      HAL_StatusTypeDef status = HAL_OK;
13      status = HAL_I2C_Mem_Read(&hi2c_eeprom,Addr,(uint16_t)Reg,RegSize,pBuffer,Length,
I2cxTimeout);
14      if(status ! = HAL_OK)          //检测 I2C 通信状态
15      {
16          I2C_EEPROM_Error();     //调用 I2C 通信错误处理函数
17      }
18      return status;
19 }
```

代码 22-4 调用 HAL_I2C_Mem_Read()函数。

22.5.3 main.c 文件内容

代码 22-5 主函数 main()

```
01 uint8_t I2c_Buf_Write[256] = {0};
02 uint8_t I2c_Buf_Read[256] = {0};
03 #define EEPROM_I2C_ADDRESS  0xA0 //读地址,由 I2C 芯片及其地址引脚的连接情况决定
04 int main(void)
05 {
06      uint16_t i;
07      HAL_Init();//复位所有外设,初始化 Flash 接口和系统滴答定时器
08      SystemClock_Config();//配置系统时钟
09      MX_DEBUG_USART_Init();//初始化串口并配置串口中断优先级
10      /* 调用格式化输出函数打印输出数据 */
11      printf("******** EEPROM(AT24C02)数据读写(硬件 I2C 模式)测试 ******** \n");
12      MX_I2C_EEPROM_Init();
13      printf("待写入的数据:\n");
14      for(i = 0;i<256;i + +)//缓冲处理
15      {
16          I2c_Buf_Read[i] = 0;//清空接收缓冲区
17          I2c_Buf_Write[i] = i;//为发送缓冲区填充数据
18          printf("0x%02X ",I2c_Buf_Write[i]);
```

```
19          if(i % 16 = = 15)
20          printf("\n");
21      }
22      for(i = 0;i<256;i + = 8)
23      {
24          I2C_EEPROM_WriteBuffer(EEPROM_I2C_ADDRESS,i,I2C_MEMADD_SIZE_8BIT,
    &I2c_Buf_Write[i],8);
25          HAL_Delay(10);//短延时
26      }
27      printf("读出的数据:\n");
28      I2C_EEPROM_ReadBuffer(EEPROM_I2C_ADDRESS,0,I2C_MEMADD_SIZE_8BIT,&I2c_Buf_Read[0],
    256);
29      for(i = 0;i<256;i + + )
30      {
31          if(I2c_Buf_Read[i] ! = I2c_Buf_Write[i])
32          {
33              printf("0x % 02X ",I2c_Buf_Read[i]);
34              printf("错误:I2C EEPROM 写入与读出的数据不一致\n\r");
35              break;
36          }
37          printf("0x % 02X ",I2c_Buf_Read[i]);
38          if(i % 16 = = 15)
39          printf("\n");
40      }
41      if(i = = 256)
42      {
43          printf("EEPROM(AT24C02)读写测试成功\n\r");
44      }
45      for(;;){;}//无限循环
46 }
```

代码 22-5 首先声明两个数组作为写和读的缓冲区;初始化相关配置后,将数据写入缓冲区,然后将缓冲区内的数据写到 EEPROM,延时 10ms;接着读数据,将接收到的数据存放在 I2c_Buf_Read[ ]中,最后将两个缓冲区的数据进行对比,检查是否出现传输错误。

22.6　硬件 I2C 读写 AT24C02 运行验证

使用合适的 USB 线连接至标识有"调试串口"的 USB 接口,在计算机端打开串口助手软件,设置参数为 115200-8-1-N-N,打开串口;将 ST-link 正确接至标识有"SWD 调试器"字样的 4 针接口,下载程序至实验板并运行,可以观察实验的结果,如图 22-11 所示。

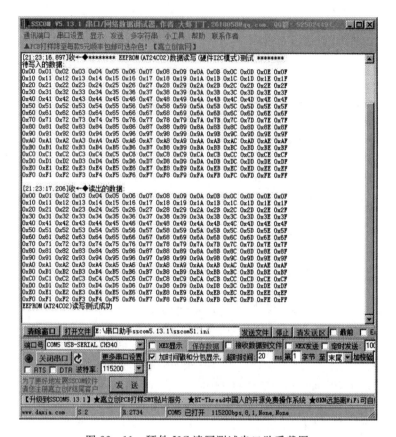

图 22-11   硬件 I2C 读写测试串口助手截图

22.7   软件 I2C 读写 AT24C02 代码分析

软件 I2C 需要编程来模拟 I2C 通信的过程,当然与硬件的编程流程也有所不同。不过原理是一样的,只是需要用普通的 GPIO 模拟出 I2C 总线协议的时序。

22.7.1   bsp_EEPROM. h 文件内容

代码 22-6   相关宏定义

```
01 # define I2C_WR      0     //写控制 bit
02 # define I2C_RD      1     //读控制 bit
03 # define I2C_GPIO_CLK_ENABLE()        __HAL_RCC_GPIOB_CLK_ENABLE()
04 # define I2C_GPIO_PORT                GPIOB
05 # define I2C1_SCL_PIN                 GPIO_PIN_6
06 # define I2C1_SDA_PIN                 GPIO_PIN_7
07 //I/O 操作
```

```
08 /* 利用上拉,设为输入时,输出高电平;设为推挽输出时,输出低电平
09 #define I2C_SCL_HIGH()    {GPIOB->CRL&=0XF0FFFFFF;GPIOB->CRL|=(uint32_t)8<<24;
                             GPIOB->ODR|=I2C_SCL_PIN;} //利用上拉,相当于输出1
10 #define I2C_SCL_LOW()     {GPIOB->CRL&=0XF0FFFFFF;GPIOB->CRL|=(uint32_t)3<<24;
                             GPIOB->ODR&=~I2C_SCL_PIN;}//输出0
11 #define I2C_SDA_HIGH()    {GPIOB->CRL&=0X0FFFFFFF;GPIOB->CRL|=(uint32_t)8<<28;
                             GPIOB->ODR|=I2C_SDA_PIN;}  //利用上拉,相当于输出1
12 #define I2C_SDA_LOW()     {GPIOB->CRL&=0X0FFFFFFF;GPIOB->CRL|=(uint32_t)3<<28;
                             GPIOB->ODR&=~I2C_SDA_PIN;} //输出0
/*
13 #define I2C_SCL_HIGH()
   HAL_GPIO_WritePin(I2C_GPIO_PORT,I2C_SCL_PIN,GPIO_PIN_SET)          //输出高电平
14 #define I2C_SCL_LOW()
   HAL_GPIO_WritePin(I2C_GPIO_PORT,I2C_SCL_PIN,GPIO_PIN_RESET)        //输出低电平
15 #define I2C_SDA_HIGH()
   HAL_GPIO_WritePin(I2C_GPIO_PORT,I2C_SDA_PIN,GPIO_PIN_SET)          //输出高电平
16 #define I2C_SDA_LOW()
   HAL_GPIO_WritePin(I2C_GPIO_PORT,I2C_SDA_PIN,GPIO_PIN_RESET)        //输出低电平
*/
17 #define I2C_SDA_READ()    HAL_GPIO_ReadPin(I2C_GPIO_PORT,I2C1_SDA_PIN)
18 /* AT24C02 2kbit = 2048bit = 2048/8 B = 256 B
19 * 32 pages of 8 bytes each
20 * Device Address
21 * 1 0 1 0 A2 A1 A0 R/W
22 * 1 0 1 0 0  0  0  0 = 0XA0
23 * 1 0 1 0 0  0  0  1 = 0XA1 */
24 //AT24C01/02每页有8字节
25 //AT24C04/08A/16A每页有16字节
26 #define EEPROM_DEV_ADDR 0xA0                       //24xx02的设备地址
27 #define EEPROM_PAGE_SIZE  8                        //24xx02的页面大小
29 #define EEPROM_SIZE 256                            //24xx02总容量
30 void   I2C1_Start(void);
31 void   I2C1_Stop(void);
32 void   I2C1_SendByte(uint8_t ucByte);
33 uint8_t I2C1_ReadByte(void);
34 uint8_t I2C1_WaitAck(void);
35 void   I2C1_Ack(void);
36 void   I2C1_NAck(void);
37 uint8_t I2C1_CheckDevice(uint8_t_Address);
38 uint8_t EEPROM_CheckOk(void);
39 uint8_t EEPROM_ReadBytes(uint8_t * _pReadBuf,uint16_t usAddress,uint16_t usSize);
40 uint8_t EEPROM_WriteBytes(uint8_t * _pWriteBuf,uint16_t usAddress,uint16_t usSize);
```

注意：第 09～12 行是寄存器方式编程,此后 4 行是 HAL 方式编程。HAL 方式编程优势明显。

22.7.2 bsp_EEPROM.c 文件内容

代码 22-7 I2C 总线延时

```
01 /* 函数功能:I2C 总线延时
02 * 输入参数:无
03 * 返 回 值:无
04 * 说 明:无   */
05 static void I2C_Delay(void)
06 {
07   uint8_t i;
08   /* CPU 主频为 72MHz 时,在内部 Flash 运行,MDK 工程不优化
09   循环次数为 10 时,SCL 频率 = 205kHz
10   循环次数为 7 时,SCL 频率 = 347kHz,SCL 高电平时间 1.5μs,SCL 低电平时间 2.87μs
11   循环次数为 5 时,SCL 频率 = 421kHz,SCL 高电平时间 1.25μs,SCL 低电平时间 2.375μs
12   */
13   for(i = 0;i<10;i++);
14 }
```

代码 22-7 作用于 I2C 通信时实现的延时。延时主要是为了满足器件接口时序要求的实际。

代码 22-8 I2C 的起始和停止

```
01 /* 函数功能:CPU 发起 I2C 总线启动信号
02 * 输入参数:无
03 * 返 回 值:无
04 * 说 明:无 */
05 void I2C1_Start(void)
06 {
07   //当 SCL 为高电平时,SDA 出现一个下跳沿,表示 I2C 总线启动信号
08   I2C1_SDA_HIGH();
09   I2C1_SCL_HIGH();
10   I2C_Delay();
11   I2C1_SDA_LOW();
12   I2C_Delay();
13   I2C1_SCL_LOW();
14   I2C_Delay();
15 }
01 /* 函数功能:CPU 发起 I2C 总线停止信号
02 * 输入参数:无
03 * 返 回 值:无
04 * 说 明:无 */
```

```
05 */
06 void I2C1_Stop(void)
07 {
08   //当 SCL 为高电平时,SDA 出现一个上跳沿,表示 I2C 总线停止信号
09   I2C1_SDA_LOW();
10   I2C1_SCL_HIGH();
11   I2C_Delay();
12   I2C1_SDA_HIGH();
13 }
```

代码 22 - 8 中的两个函数是 I2C 的起始和停止信号。

代码 22 - 9　向 I2C 总线设备发送数据

```
01 /* 函数功能:CPU 向 I2C 总线设备发送 8 位数据
02 * 输入参数:Byte,等待发送的字节
03 * 返 回 值:无
04 * 说 明:无 */
05 void I2C1_SendByte(uint8_t Byte)
06 {
07   uint8_t i;
08   //先发送字节的高位 bit7
09   for(i = 0;i < 8;i + + )
10   {
11       if(Byte & 0x80)
12       {
13           I2C1_SDA_HIGH();
14       }
15       else
16       {
17           I2C1_SDA_LOW();
18       }
19       I2C_Delay();
20       I2C1_SCL_HIGH();
21       I2C_Delay();
22       I2C1_SCL_LOW();
23       if(i = = 7)
24       {
25           I2C1_SDA_HIGH();//释放总线
26       }
27       Byte << = 1;//左移一个 bit
28       I2C_Delay();
29   }
30 }
```

在代码 22-9 中,先准备好 SDA 数据,当 SCL 为高电平时,发送数据,直到将 8 位数据全部发送完成,再释放总线。

代码 22-10　从 I2C 总线设备读取数据

```
01 /* 函数功能:CPU 从 I2C 总线设备读取 8 位数据
02  * 输入参数:无
03  * 返回值:读到的数据
04  * 说明:无 */
05 uint8_t I2C1_ReadByte(void)
06 {
07   uint8_t i;
08   uint8_t value;
09   //读到第 1 个 bit 为数据的 bit7
10   value = 0;
11   for(i = 0;i<8;i++)
12   {
13       value <<= 1;
14       I2C1_SCL_HIGH();
15       I2C_Delay();
16       if(I2C1_SDA_READ())
17       {
18           value++;
19       }
20       I2C1_SCL_LOW();
21       I2C_Delay();
22   }
23   return value;
24 }
```

代码 22-10 中的函数和发送类似,只是数据传输方向相反。当 SCL 为高电平时,读取数据,然后判断 SDA 是否为高,如果是,则数据有效。

代码 22-11　等待应答 Ack( )函数

```
01 /* 函数功能:CPU 产生 1 个时钟,并读取器件的 ACK 应答信号
02 输入参数:无
03 返回值:返回 0 表示正确应答,1 表示无器件响应
04 说明:无 */
05 uint8_t I2C1_WaitAck(void)
06 {
07     uint8_t res;
08     I2C1_SDA_HIGH();                //CPU 释放 SDA 总线
09     I2C_Delay();
10     I2C1_SCL_HIGH();                //CPU 驱动 SCL = 1,此时器件会返回 ACK 应答
```

```
11      I2C_Delay();
12      if(I2C1_SDA_READ()){ res = 1;}else{res = 0;}//CPU 读取 SDA 口线状态
13      I2C1_SCL_LOW();
14      I2C_Delay();
15      return res;
16  }
```

代码 22 - 12　应答 Ack( )函数

```
01 / * 函数功能:CPU 产生 1 个 ACK 信号
02  * 输入参数:无
03  * 返 回 值:无
04  * 说 明:无 */
05 void I2C1_Ack(void)
06 {
07   I2C1_SDA_LOW();//CPU 驱动 SDA = 0
08   I2C_Delay();
09   I2C1_SCL_HIGH();//CPU 产生 1 个时钟
10   I2C_Delay();
11   I2C1_SCL_LOW();
12   I2C_Delay();
13   I2C1_SDA_HIGH();//CPU 释放 SDA 总线
14 }
```

代码 22 - 13　不应答 NAck( )函数

```
01  / * 函数功能:CPU 产生 1 个 NACK 信号
02  * 输入参数:无
03  * 返 回 值:无
04  * 说 明:无 */
05 void I2C1_NAck(void)
06 {
07   I2C1_SDA_HIGH();//CPU 驱动 SDA = 1
08   I2C_Delay();
09   I2C1_SCL_HIGH();//CPU 产生 1 个时钟
10   I2C_Delay();
11   I2C1_SCL_LOW();
12   I2C_Delay();
13 }
```

代码 22 - 14　检测函数

```
01 / * 函数功能:检测 I2C 总线设备,向 CPU 发送设备地址,然后读取设备应答来判断该设备是否存在
02 * 输入参数:_Address,设备的 I2C 总线地址
03 * 返 回 值:返回值 0 表示正确,返回 1 表示未探测到
04 * 说 明:在访问 I2C 设备前,请先调用 I2C1_CheckDevice()
```

```
05 检测 I2C 设备是否正常,该函数会配置 GPIO */
06 uint8_t I2C1_CheckDevice(uint8_t _Address)
07 {
08   uint8_t ucAck;
09   I2C_InitGPIO();              //配置 GPIO
10   I2C1_Start();               //发送启动信号
11   //发送设备地址 + 读写控制 bit(0 = w,1 = r)bit7 先传
12   I2C1_SendByte(_Address | I2C_WR);
13   ucAck = I2C1_WaitAck();     //检测设备的 ACK 应答
14   I2C1_Stop();               //发送停止信号
15   return ucAck;
16 }
01 /* 函数功能:判断串行 EERPOM 是否正常
02  * 输入参数:无
03  * 返回值:返回 1 表示正常,返回 0 表示不正常
04  * 说 明:无 */
05 uint8_t EEPROM_CheckOk(void)
06 {
07   if(I2C1_CheckDevice(EEPROM_DEV_ADDR) = = 0){ return 1;}
08   else
09   {
10       I2C1_Stop();//失败后,切记发送 I2C 总线停止信号
11       return 0;
12   }
13 }
```

在 bsp_EEPROM.c 文件中还有两个函数,例程中已经对其进行了详细的注释,一个是从串行 EEPROM 指定地址处开始读取若干数据,另一个是向 EEPROM 指定地址写入若干数据,采用页写操作提高写入效率。

22.7.3 main.c 文件内容

代码 22 - 15 主函数 main()

```
01 uint8_t I2c_Buf_Write[256] = {0};
02 uint8_t I2c_Buf_Read[256] = {0};
03 int main(void)
04 {
05   uint16_t i;
06   uint8_t CheckOk;
07   HAL_Init();                 //复位所有外设,初始化 Flash 接口和系统滴答定时器
08   SystemClock_Config();       //配置系统时钟
09   MX_DEBUG_USART_Init();      //初始化串口并配置串口中断优先级
10   //调用格式化输出函数打印输出数据
```

```
11  printf(" ******** EEPROM(AT24C02)数据读写(模拟 I2C 模式)测试 ******** \n");
12  CheckOk = EEPROM_CheckOk();
13  if(CheckOk = = 1)
14  {
15      printf("检测到板载 EEPROM(AT24C02)芯片\n");
16      printf("待写入的数据:\n");
17      for(i = 0;i<256;i + +)    //填充缓冲
18      {
19          I2c_Buf_Read[i] = 0;  //清空接收缓冲区
20          I2c_Buf_Write[i] = i; //为发送缓冲区填充数据
21          printf("0x % 02X ",I2c_Buf_Write[i]);
22          if(i % 16 = = 15)printf("\n");
23      }
24      //将 I2c_Buf_Write 中顺序递增的数据写入 EERPOM 中
25      EEPROM_WriteBytes(I2c_Buf_Write,0,256);
26      HAL_Delay(200);
27      printf("读出的数据:\n");
28      //将 EEPROM 读出数据的顺序保存到 I2c_Buf_Read 中
29      EEPROM_ReadBytes(I2c_Buf_Read,0,256);
30      for(i = 0;i<256;i + +)
31      {
32          if(I2c_Buf_Read[i] ! = I2c_Buf_Write[i])
33          {
34              printf("0x % 02X ",I2c_Buf_Read[i]);
35              printf("错误:I2C EEPROM 写入与读出的数据不一致\n\r");
36              break;
37          }
38          printf("0x % 02X ",I2c_Buf_Read[i]);
39          if(i % 16 = = 15)printf("\n");
40      }
41      if(i = = 256){printf("EEPROM(AT24C02)读写测试成功\n\r");}
42  }
43  else {printf("无法与板载 EEPROM 通信(AT24C02),读写测试失败\n");}
44  for(;;){;}//无限循环
45  }
```

代码 22 - 15 中的主函数内容和前面所讲的硬件 I2C 主函数内容类似,对 EEPROM 写入数据,然后读出数据,将两者缓冲区的数据进行对比。

22.8　软件 I2C 读写 AT24C02 运行验证

使用合适的 USB 线连接至标识有"调试串口"的 USB 接口,在计算机端打开串口助手软件,设置参数为 115200 - 8 - 1 - N - N,打开串口;将 ST - link 正确接至标识有"SWD 调试器"字样的 4 针接口,下载程序至实验板并运行,可以观察到实验的结果,如图 22 - 12 所示。

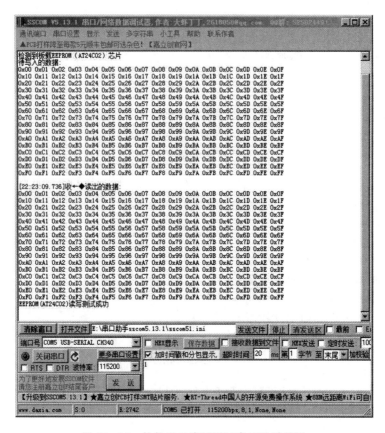

图 22 - 12　软件 I2C 读写测试串口助手截图

思考题

简述 I2C 总线特点。

第 23 章　并行总线

STM32 控制器芯片内部有不同大小的 SRAM(Static Random – Access Memory,静态随机存取存储器)内存空间。当程序需要更大的内存空间时,就需要在 STM32 芯片的外部扩展存储器。微处理器扩展内存时一般使用 SRAM 和 SDRAM(Synchrons Dynamic Random – Access,同步动态随机存储器)存储器。STM32F103ZET 仅支持使用 FSMC(Flexible Static Memory Controller,灵活静态存储器控制器)外设扩展 SRAM。

23.1　STM32 的 FSMC 简介

FSMC 是 STM32 系列微处理器采用的一种新型的存储器扩展技术。之所以说"灵活",是因为通过对特殊功能寄存器的设置,FSMC 能够根据外部存储器的不同特点,发出相应的数据/地址/控制信号类型以匹配信号的速度,从而使得 STM32 系列微控制器不仅能够应用各种不同类型、不同速度的外部静态存储器,而且能够在不增加外部器件的情况下同时扩展多种不同类型的静态存储器,满足系统设计对存储容量、产品体积以及成本的综合要求。

FSMC 技术有如下特点。

(1)支持多种静态存储器类型。STM32 通过 FSMC 可以与 SRAM、ROM、PSRAM、NORFlash 和 NANDFlash 存储器的引脚直接相连。

(2)支持丰富的存储操作方法。FSMC 不仅支持多种数据宽度的异步读/写操作,而且支持对 NOR/PSRAM/NAND 存储器的同步突发访问方式。

(3)支持同时扩展多种存储器。在 FSMC 的映射地址空间中,不同的 BANK 是独立的,可用于扩展不同类型的存储器。当系统中扩展和使用多个外部存储器时,FSMC 会通过总线高阻延迟时间参数的设置,避免各存储器对总线的访问冲突。

(4)支持更为广泛的存储器型号。通过对 FSMC 的时间参数设置,扩大了系统中可用存储器的速度范围,为用户提供了灵活的存储芯片选择空间。

(5)支持代码从 FSMC 扩展的外部存储器中直接运行,而不需要先调入内部 SRAM。

23.1.1　FSMC 结构

FSMC 可用于控制 NORFlash、PSRAM 和 NANDFlash 存储芯片,其结构框图如图 23-1所示。

从图 23-1 可以看出,STM32 的 FSMC 将外部设备分为 3 类:NOR/PSRAM 设备、NAND 设备和 PC 卡设备。根据不同设备的特点,给出不同的信号;根据公用地址数据总线

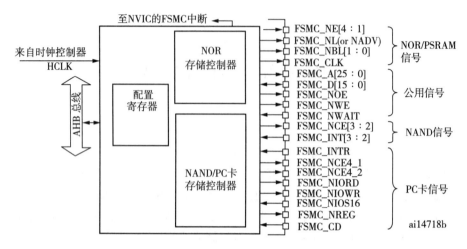

图 23-1　FSMC 结构框图

等信号具有不同的片选 NE 或 NCE,来区分不同的设备。PSRAM(Pseudo Static Random-Access Memory)具有 1 个单晶体管的 DRAM 储存格,与传统具有 6 个晶体管的 SRAM 储存格储存格大不相同。它具有类似 SRAM 的稳定接口,内部的 DRAM 架构给予了 PSRAM 一些比传统 SRAM 更优异的长处。PSRAM 就是伪 SRAM,内部的内存颗粒与 SDRAM 的内存颗粒相似,但外部的接口跟 SDRAM 不同,不需要 SDRAM 那样复杂的控制器和刷新机制。PSRAM 的接口同 SRAM 的接口是一样的。

如图 23-2 所示,把外部存储器划分为固定大小为 256MB 的 4 个存储块。

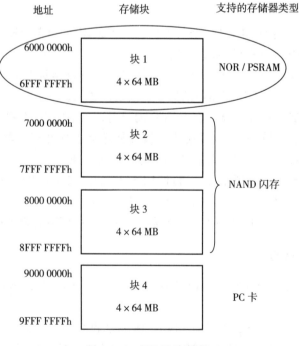

图 23-2　FSMC 存储块

支持 NORFlash/PSRAM/SRAM 的存储块 1(BANK1)被分为 4 个区。每个区管理 64MB 的空间,且均有独立的寄存器对所连接的存储器进行配置,可以通过选择 HADDR[27：26]来确定当前使用的是哪个 64MB 的分地址块,见表 23-1。

表 23-1　Bank1 存储区选择

BANK1 所选区	片选信号	地址范围	HADDR	
			[27：26]	[25：0]
第 1 区	FSMC_NE1	0X6000 0000~63FF FFFF	00	
第 2 区	FSMC_NE2	0X6400 0000~67FF FFFF	01	FSMC_A[25：0]
第 3 区	FSMC_NE3	0X6800 0000~6BFF FFFF	10	
第 4 区	FSMC_NE4	0X6C00 0000~6FFF FFFF	11	

HADDR 是需要转移到外部设备的内部 AHB 地址线,HADDR 是字节地址,而存储器访问不全是按字节访问的,因此接到存储器的地址线根据存储器的数据宽度有所不同,见表 23-2。

表 23-2　外部存储器地址

数据宽度	连到存储器的地址线	最大访问存储器空间(位)
8 位	HADDR[25：0]与 FSMC_A[25：0]对应相连	$64MB=64 \times 8=512Mbit$
16 位	HADDR[25：1]与 FSMC_A[24：0]对应相连,HADDR[0]未接	$64MB=64 /2 \times 16=512Mbit$

HADDR[27：26]的设置是不用干预的。例如,当选择 BANK 的第 2 区,对应的就是 FSMC_NE2 连接外部设备,即对应 HADDR[27：26]=01,连接好后,配置第 2 区的寄存器组以适应外部设备。

FSMC 控制 NORFlash/PSRAM/SRAM 接口控制引脚见表 23-3。

表 23-3　FSMC 控制 NORFlash/PSRAM/SRAM 接口控制引脚

FSMC 信号名称	信号方向	功能
CLK	输出	时钟(同步突发模式使用)
A[25：0]	输出	地址总线
D[15：0]	输入/输出	双向数据总线
NEx	输出	片选,$x=1,2,3,4$
NOE	输出	输出使能
NWE	输出	写使能
NWAIT	输入	NOR 闪存要求 FSMC 等待的信号

FSMC 综合了 SRAM/ROM、PSRAM 和 NORFlash 产品的信号特点,定义了不同的异步时序模型。在选用不同的时序模型时,需要设置不同的时序参数。在实际扩展时,根据选

用存储器的特征确定时序模型,从而确定各时间参数与存储器读/写周期参数指标之间的计算关系,利用该计算关系和存储芯片数据手册中给定的参数指标,可计算出 FSMC 所需要的各时间参数,从而对时间参数寄存器进行合理的配置。

通过 FSMC_BCRx、FSMC_BTRx 和 FSMC_BWTTx(其中 $x=1,2,3,4$,对应 4 个区)寄存器设置 FSMC 访问外部存储器的时序参数。

NOR/SRAM/PSRAM 控制器分为异步模式和同步突发模式,异步模式分为普通模式 1 和普通模式 2。两个普通模式下的 4 种扩展模式依次为 A、B、C、D。FSMC 设置了 3 个时间参数:地址建立时间(ADDSET)、数据建立时间(DATAST)和地址保存时间(ADDHLD)。当选用异步模式的不同时序模型时,须设置不同的时序参数。

23.1.2 NOR/SRAM/PSRAM 控制器时序

所有信号由内部时钟 HCLK 保持同步,但该时钟不会输出到存储器。

FSMC 始终在片选信号 NE 失效前对数据线进行采样,这样能够保证符合存储器的数据保持时序(片选失效至数据失效的间隔通常最小为 0ns);当设置了扩展模式,可以在读和写时混合使用模式 A、B、C、D(例如,允许以模式 A 进行读,而以模式 B 进行写)。

控制 SRAM 使用异步模式 A。模式 A 的读操作时序如图 23-3 所示。模式 A 支持独立的读写时序控制,只需在初始化时进行配置,之后无须再进行配置。

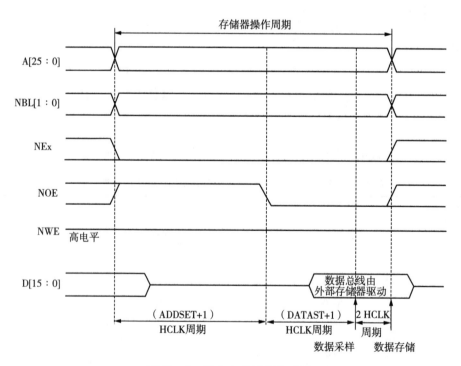

图 23-3 模式 A 的读操作时序

图 23-4 是模式 A 的写操作时序,比较图 23-3 和图 23-4 可知,读操作比写操作多了 2 个 HCLK 周期,用于数据的存储,所以通用的配置读操作一般会比写操作慢一些。读操作

和写操作都有 ADDSET 和 DATAST,它们是通过不同的寄存器设置的。

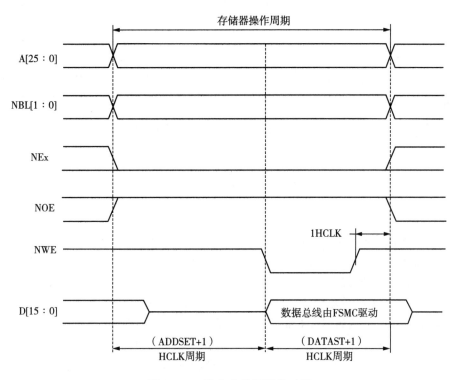

图 23-4　模式 A 的写操作时序

图 23-5 是片选时序读操作寄存器 FSMC_BTRx($x=1,2,3,4$),该寄存器包含每个存储器块的控制信息,可用于 SRAM、ROM 和 NOR 闪存存储器。如果在 FSMC_BCRx 寄存器中设置了 EXTMOD 位,则有两个时序寄存器分别对应读操作 FSMC_BTRx 寄存器和写操作 FSMC_BWTRx 寄存器。要用到 ACCMOD、DATAST、ADDSET 这 3 个设置。

(1)ACCMOD[1:0]:访问模式,可以选择 A、B、C、D 这 4 种访问模式,分别用 00、01、10 和 11 表示,因为用到的是模式 A,所以设置为 00。

(2)DATAST[7:0]:数据建立时间,0 为保留设置。其他设置则代表保存时间为 DATAST 个 HCLK 时钟周期,最大为 255 个 HCLK 周期,现设置为 5。

(3)ADDSET[3:0]:地址建立时间,最大设置为 16,这里设置为 2。ADDSET 和 DATAST 根据图 23-3 中读操作时序的计算可得出读操作周期的时间。

31 30	29 28	27 26 25 24	23 22 21 20	19 18 17 16	15 14 13 12 11 10 9 8	7 6 5 4	3 2 1 0
保留	ACCMOD	DATLAT	CLKDIV	BUSTURE	DATAST	ADDHLD	ADDSET
res	rw	rw	rw	rw	rw	rw	rw

图 23-5　片选时序读操作寄存器 FSMC_BTRx($x=1,2,3$ 或 4)

图 23-6 所示的是片选时序写操作寄存器(FSMC_BWTRx)($x=1,2,3,4$),该寄存器在用作写操作时序控制寄存器时,需要用到的设置和读操作的相同,设置方法也同 FSMC_BTRx 一样。

31 30	29 28	27 26 25 24	23 22 21 20	19 18 17 16	15 14 13 12 11 10 9 8	7 6 5 4	3 2 1 0
保留	ACCMOD	DATLAT	CLKDIV	保留	DATAST	ADDHLD	ADDSET
res	rw	rw	rw	res	rw	rw	rw

图 23-6 片选时序写操作寄存器(FSMC_BWTRx)($x=1,2,3,4$)

23.2 SRAM 简介

SRAM 是随机存取存储器的一种。所谓的"静态",是指这种存储器只要保持通电,里面储存的数据就可以保持不变。与之相对的,DRAM(Dynamic Random Access Memory 动态随机存取存储器)里面所储存的数据则需要周期性地刷新。当断开电源后,RAM 储存的数据就会消失,这与在断电后还能储存资料的 ROM 或 Flash 是不同的。

STM32F103ZET6 内置 64KB 的 SRAM,能够满足一般应用。当要求较高容量 RAM 时,可以外扩 SRAM。如图 23-7 所示的实验板外扩了一片 128KB×16 的 SRAM,型号为 CY7C1011,连接到 FSMC 的 BANK3,采用 16 位数据访问模式。

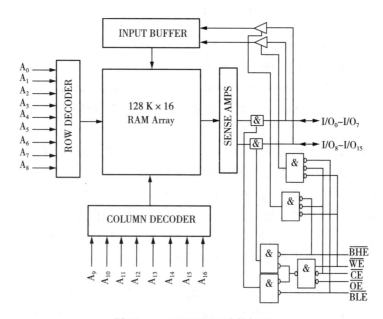

图 23-7 CY7C1011 功能框图

图 23-7 中,A0～A16 为地址线,所以容量为 $2^{17}=2^7 \times 2^{10}=128 \times 1024B=128KB$;I/O0～I/O15 为数据线,共 16 根;CE 是片选信号;OE 是输出使能信号(读信号);WE 为写

使能信号;BHE 和 BLE 分别为高字节控制信号和低字节控制信号,均是低电平有效。实验板兼容容量为 64～512KB,封装为 TSOP44 的 SRAM。

23.3　SRAM 应用电路设计

图 23-8 是 FSMC 外设扩展 SRAM 的应用电路,表 23-4 给出了各引脚的功能和连接,SRAM 连接到 FSMC 的 BANK3,采用 16 位数据访问模式。

表 23-4　扩展 SRAM 引脚的功能和连接

芯片引脚	功能说明	实验板连接
CE	片选,低电平有效,选中	FSMC_NE3
WE	写使能,低电平表示写数据	FSMC_NEW
OE	输出使能,低电平表示读数据	FSMC_NOE
BHE	高字节控制(I/O8～I/O15),低电平有效	FSMC_NBL1
BLE	低字节控制(I/O0～I/O7),低电平有效	FSMC_NBL0
A0～A18	地址总线	FSMC_A[18：0]
I/O0～I/O15	数据总线	FSMC_D[15：0]

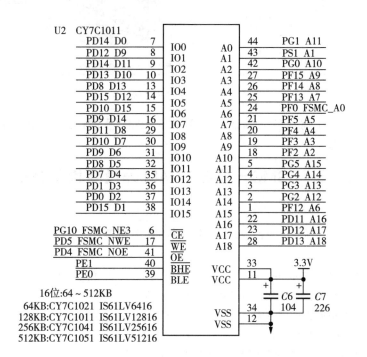

图 23-8　扩展 SRAM 电路

23.4 使用 STM32CubeMX 生成工程

(1)FSMC 配置。配置 18 位地址、16 位数据、BANK1、对应 NE3 片选等,如图 23 - 9 所示。

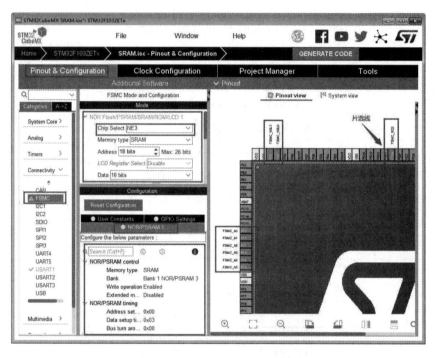

图 23 - 9 FSMC 配置

(2)串口 USART1 配置参见第 10 章相关章节,单击"生成代码"按钮生成工程文件。

23.5 FSMC－外部 SRAM 外设结构体分析

代码 23 - 1 SRAM 结构体

```
01 typedef struct{
02     FSMC_NORSRAM_TypeDef            * Instance;
03     FSMC_NORSRAM_EXTENDED_TypeDef   * Extended;
04     FSMC_NORSRAM_InitTypeDef        Init;
05     HAL_LockTypeDef                 Lock;
06     __IO HAL_SRAM_StateTypeDef      State;
07     DMA_HandleTypeDef               * hdma;
08 }SRAM_HandleTypeDef;
```

（1）＊Instance：指向寄存器基地址的指针。

（2）Extended：指向外设模式下寄存器基地址的指针。

（3）Init：初始化。

（4）Lock：互斥锁。

（5）＊hdma：指向 DMA 结构体的指针。

23.6　FSMC–外部 SRAM 编程关键步骤

FSMC–外部 SRAM 编程关键步骤总结如下。

（1）配置及初始化 FSMC，使用 NE3（Bank1 的 3 区，见图 23–9 右上部），因此 SRAM 外部基地址为 0x6800 0000。

（2）初始化扩展 SRAM 的 I/O 引脚，先使能时钟，将引脚模式设置为复用推挽输出模式，速度为高速。

（3）定义读、写缓冲区及它们的大小。

（4）编写填充缓冲区函数和两个缓冲区对比函数。

（5）在主函数中进行数据写入缓冲区测试，然后将数据读出，进行对比。

23.7　FSMC–外部 SRAM 代码分析

23.6.1　bsp_exSRAM.h 文件内容

代码 23–2　相关宏定义

```
01 //使用 NOR/SRAM 的 Bank1.sector3,对 CY7C1051/IS61LV51216/IS62WV51216,地址线范围为 A0~A18
02 #define EXSRAM_BANK_ADDR((uint32_t)(0x68000000))   //SRAM 地址
03 extern SRAM_HandleTypeDef hexSRAM;                 //外部声明
```

23.6.2　bsp_exSRAM.c 文件内容

代码 23–3　初始化扩展 SRAM

```
01 SRAM_HandleTypeDef hexSRAM;
02 void MX_FSMC_exSRAM_Init(void)
03 {
04       FSMC_NORSRAM_TimingTypeDef Timing;
05       //FSMC 配置
06       hexSRAM.Instance = FSMC_NORSRAM_DEVICE;
07       hexSRAM.Extended = FSMC_NORSRAM_EXTENDED_DEVICE;
08       /* hexSRAM.Init */
```

```
09    hexSRAM.Init.NSBank = FSMC_NORSRAM_BANK3;//使用 NE3
10    hexSRAM.Init.DataAddressMux = FSMC_DATA_ADDRESS_MUX_DISABLE;
11    hexSRAM.Init.MemoryType = FSMC_MEMORY_TYPE_SRAM;
12    hexSRAM.Init.MemoryDataWidth = FSMC_NORSRAM_MEM_BUS_WIDTH_16;//位宽 16bit
13    hexSRAM.Init.BurstAccessMode = FSMC_BURST_ACCESS_MODE_DISABLE;
14    hexSRAM.Init.WaitSignalPolarity = FSMC_WAIT_SIGNAL_POLARITY_LOW;
15    hexSRAM.Init.WrapMode = FSMC_WRAP_MODE_DISABLE;
16    hexSRAM.Init.WaitSignalActive = FSMC_WAIT_TIMING_BEFORE_WS;
17    hexSRAM.Init.WriteOperation = FSMC_WRITE_OPERATION_ENABLE;//存储器写使能
18    hexSRAM.Init.WaitSignal = FSMC_WAIT_SIGNAL_DISABLE;
19    hexSRAM.Init.ExtendedMode = FSMC_EXTENDED_MODE_DISABLE;    //读写使用相同的时序
20    hexSRAM.Init.AsynchronousWait = FSMC_ASYNCHRONOUS_WAIT_DISABLE;
21    hexSRAM.Init.WriteBurst = FSMC_WRITE_BURST_DISABLE;
22    //FSMC 操作时序
23    Timing.AddressSetupTime = 0x00;        //地址建立时间(ADDSET)
24    Timing.AddressHoldTime = 0x00;         //地址保持时间(ADDHLD),模式 A 未用到
25    Timing.DataSetupTime = 0x03;           //数据保持时间(DATAST)为 3 个 HCLK 4/72M = 55ns
26    Timing.BusTurnAroundDuration = 0x00;
27    Timing.CLKDivision = 0x00;
28    Timing.DataLatency = 0x00;
29    Timing.AccessMode = FSMC_ACCESS_MODE_A;//模式
30    HAL_SRAM_Init(&hexSRAM,SCONNECTED());
31  }
```

在代码 23-3 中选择 BANK1 的第 3 区设置操作时序。

23.6.3 main.c 文件内容

在 mian.c 文件中,首先是系统时钟的配置,然后是在主函数中实现的功能,即写入数据、复制数据和数据比较。

代码 23-4 SRAM 读写缓冲区定义

```
01 # define BUFFER_SIZE          (1024 * 1024/8)//定义缓冲区大小 128KB
02 # define WRITE_READ_ADDR      EXSRAM_BANK_ADDR //
03 //定义读写缓冲区,并且直接定义在扩展 SRAM 上
04 # if defined(__CC_ARM)//使用 Keil 编译环境
05  uint32_t aTxBuffer[BUFFER_SIZE]__attribute__((at(EXSRAM_BANK_ADDR)));
06  uint32_t aRxBuffer[BUFFER_SIZE]__attribute__((at(EXSRAM_BANK_ADDR + 1024 * 1024/2)));
07 # elif defined(__ICCARM__)//使用 IAR 编译环境
08  # pragma location = EXSRAM_BANK_ADDR
09  uint32_t aTxBuffer[BUFFER_SIZE];
10  # pragma location = (EXSRAM_BANK_ADDR + 1024 * 1024/2)
11  uint32_t aRxBuffer[BUFFER_SIZE];
12 # endif
```

```
13 __IO uint8_t WriteReadStatus = 0;        //读写状态
14 uint32_t Index = 0;                       //计数值
```

首先是定义一个大小为(1024×1024/8)的缓冲区,然后定义读写的基地址,因为选择的是 BANK1 的第 3 区,所以起始基地址为 0x6800 0000。

在 MDK 编译环境下定义读写缓冲区,有两个 C 语言的关键字。首先是__attribute__。__attribute__可以设置函数属性、变量属性、类型属性和或结构体位域的特殊属性,后面的双括号中的内容就是属性说明。其次是 at,用来设置变量的绝对地址,指定某个变量处于内存里面的某个给定的地址。因为 bsp_exSRAM.h 的宏定义 EXSRAM_BANK_ADDR 为((uint32_t)(0x68000000)),设置变量处于地址 0x6800 0000,强制指定数组的起始内存地址。

代码 23-5　填充缓冲区

```
01 static void Fill_Buffer(uint32_t * pBuffer,uint32_t BufferLenght)
02 {
03   uint32_t tmpIndex = 0;
04   for(tmpIndex = 0;tmpIndex < BufferLenght;tmpIndex + + )//为缓冲区填入不同的值
05       {
06           pBuffer[tmpIndex] = tmpIndex;
07           //每隔 1024,打印信息
08            if(tmpIndex % 1024 = = 0)printf("pBuffer[ % d] = 0x % 08X\n",tmpIndex,pBuffer
[tmpIndex]);
09       }
10 }
```

在代码 23-5 中,有两个形参:前面的是缓冲区指针,后面的是缓冲区大小。循环写入数据,每隔 1KB,打印一个写入的数据。

代码 23-6　对比两个缓冲区数据

```
01 static TestStatus Buffercmp(uint32_t * pBuffer1,uint32_t * pBuffer2,uint32_t BufferLength)
02 {
03       while(BufferLength -- )
04       {
05           if( * pBuffer1 ! = * pBuffer2)
06           {
07               return FAILED;
08           }
09           pBuffer1 + + ;
10           pBuffer2 + + ;
11       }
12       return PASSED;
13 }
```

代码 23-6 的主要作用是逐个对比缓冲区的数据,如果相同就返回通过,不同则返回

失败。

代码 23 - 7　主函数 main()

```
01  int main(void)
02  {
03    HAL_Init();                        //复位所有外设,初始化 Flash 接口和系统滴答定时器
04    SystemClock_Config();              //配置系统时钟
05    MX_FSMC_exSRAM_Init();             //初始化 FSMC
06    MX_DEBUG_USART_Init();//初始化串口并配置串口中断优先级
07    printf("FSMC 扩展 SRAM 读写测试\n");
08    Fill_Buffer(aTxBuffer,BUFFER_SIZE);//向缓冲区写入数据
09    //复制数据:外扩 SRAM 复制到扩展 SRAM
10    for(Index = 0;Index < BUFFER_SIZE;Index + + )
11    {
12        aRxBuffer[Index] = * (__IO uint32_t * )(WRITE_READ_ADDR + 4 * Index);
13        if(Index % 1024 = = 0)printf("aRxBuffer[ % d] = 0x % 08X\n",Index,aRxBuffer[Index]);
14    }
15    WriteReadStatus = Buffercmp(aTxBuffer,aRxBuffer,BUFFER_SIZE);//数据比较
16    if(WriteReadStatus ! = PASSED)
17    {
18        printf("外扩 SRAM 读写测试 OK! \n");                    //一短声提示测试 OK
19        BEEP_ON;HAL_Delay(100);BEEP_OFF;
20        LED1_ON;                                              //发光指示
21    }
22    else
23    {
24        printf("外扩 SRAM 读写测试失败! \n");                   //一长声一短声提示测试失败
25        BEEP_ON;HAL_Delay(100);BEEP_OFF;HAL_Delay(1000);BEEP_ON;HAL_Delay(100);BEEP_OFF;
26        LED3_ON;                                              //发光指示
27    }
28    for(;;){;}                                                //无限循环
29  }
```

在代码 23 - 6 中,使用 Fill_Buffer()将数据写入指定的地址,然后从这个地址将数据读取出来,放到另一个地址中。* (__IO uint32_t *)(WRITE_READ_ADDR + 4 * Index)将后面的地址(WRITE_READ_ADDR + 4 * Index)强制转换为 uint32_t 类型指针,并读取地址里面的内容。最后是对比两个缓冲区的内容是否完全一样。调用函数逐一对比,通过串口助手打印信息,同时实验板还发出声光提示。

23.8　运行验证

使用合适的 USB 线连接至标识有"调试串口"的 USB 接口,在计算机端打开串口助手

软件,设置参数为 115200 - 8 - 1 - N - N,打开串口;将 ST - link 正确接至标识有"SWD 调试器"字样的 4 针接口,下载程序至实验板并运行;串口调试助手中可以看到运行中打印出来的数据及测试结果,如图 23 - 10 所示。

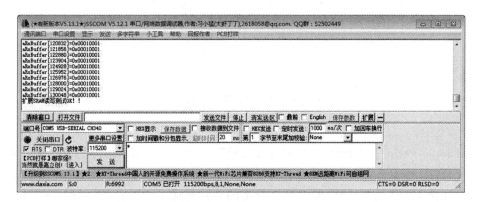

图 23 - 10　扩展 SRAM 读写测试结果

思考题

如果外扩 SRAM 容量 512KB,需要用多少根地址线?

第24章 SPI 总线

24.1 SPI 简介

SPI(Serial Peripheral Interface,串行外围设备接口)是 Motorola 公司推出的一种采用同步串行、高速、全双工的通信总线,只需 4 只引脚,节约了芯片的引脚,同时便于 PCB 布局。基于这种简单易用的特性,如今越来越多的芯片集成了 SPI 总线。SPI 接口主要应用在 EEPROM、FLASH、实时时钟、网络控制器、LCD 显示驱动器 ADC、数字信号处理器、数字信号解码器等设备之间通信。

24.1.1 SPI 物理层

SPI 通信设备之间的常用连接方式如图 24-1 所示。从图 24-1 可以看到,SPI 通信使用 3 条总线及片选线,4 条信号线定义为 MOSI、MISO、SCK、NSS。

(1)MOSI(SDO):主器件数据输出,从器件数据输入;

(2)MISO(SDI):主器件数据输入,从器件数据输出;

(3)SCK:时钟信号,由主器件产生,用于通信数据同步;

(4)NSS:从器件使能信号,由主器件控制(也就是片选),其中 N 代表低电平有效。

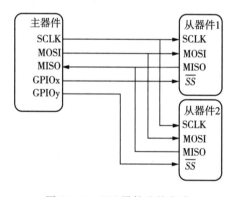

图 24-1 SPI 器件连接方式

24.1.2 SPI 特点

SPI 优点:支持全双工操作,操作简单,数据传输速率较高。

SPI 缺点:只支持单个主机,没有应答机制确认是否接收到数据。

24.1.3 SPI 内部工作机制

SSPSR(Synchronous Serial Port Register,同步串行端口寄存器)是 SPI 设备内部的移位寄存器(Shift Register),其作用是根据 SPI 时钟信号状态,将数据移入或移出 SSPBUF(Synchronous Serial Port Buffer,SPI 设备内部的内部缓冲区),每次移动的数据大小由 Bus-

Width(总线位宽)及 Channel - Width(信道宽度)所决定。SPI 内部工作机制如图 24 - 2 所示。

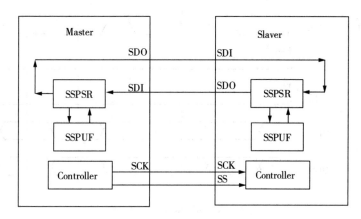

图 24 - 2　SPI 内部工作机制

24.1.3　SPI 协议层

NSS 信号线由高变低,是 SPI 通信的起始信号。NSS 是每个从机各自独占的信号线,当从机从独占的 NSS 线检测到起始信号后,就得知其已被主机选中,于是该从机准备与主机通信。NSS 信号线由低变高,是 SPI 通信的停止信号,表示本次通信结束,从机被选中的状态被取消。

1. SPI 模式

SPI 通信有 4 种不同的模式,不同的从设备可能在出厂时就配置为某种模式,这是不能改变的;但通信双方必须在同一模式下工作,因此可以对主设备的 SPI 模式进行配置,通过 CPOL(时钟极性)和 CPHA(时钟相位)来控制主设备的通信模式,具体见表 24 - 1。

表 24 - 1　SPI 通信模式

SPI 模式	CPOL	CPHA	说明
0	0	0	时钟的空闲状态为低电平;上升沿采样
1	0	1	时钟的空闲状态为低电平;下降沿采样
2	1	0	时钟的空闲状态为高电平;下降沿采样
3	1	1	时钟的空闲状态为高电平;上升沿采样

2. SPI 协议

SPI 接口允许同时在两线(MOSI 和 MISO)发送和接收数据。CPOL 和 CPHA 是定义 SPI 所使用的时钟格式的主要参数。根据 CPOL,SPI 时钟可以反转或不变。CPHA 用于改变采样相位。

如果 CPHA=0,那么将于第一个时钟边沿进行数据采样。

如果 CPHA=1,那么无论时钟边缘上升或下降,将于第二个时钟边沿进行数据采样。

当 SPI 模式=0 时(图 24 - 3),脉冲传输前和完成后都保持在低电平状态,即 CPOL=0;

在第一个边沿(上升沿)采样数据,第二个边沿(下降沿)输出数据,即 CPHA＝0。

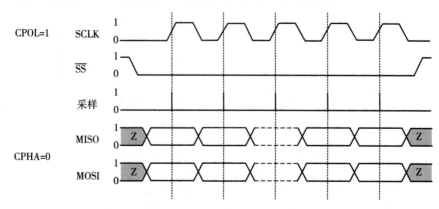

图 24-3　SPI 模式＝0 的时序

当 SPI 模式＝1 时(图 24-4),脉冲传输前和完成后都保持在低电平状态,即 CPOL＝0;在第二个边沿(下降沿)采样数据,第一个边沿(上升沿)输出数据,即 CPHA＝1。

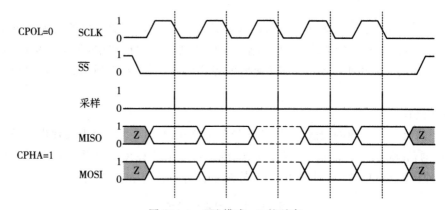

图 24-4　SPI 模式＝1 的时序

当 SPI 模式＝2 时(图 24-5),脉冲传输前和完成后都保持在高电平状态,即 CPOL＝1;在第一个边沿(下降沿)采样数据,第二个边沿(上升沿)输出数据,即 CPHA＝0。

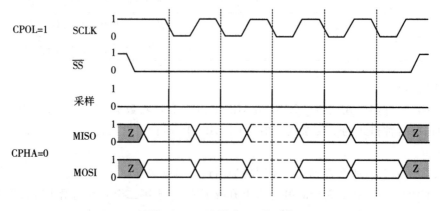

图 24-5　SPI 模式＝2 的时序

　　当 SPI 模式=3 时(图 24-6),脉冲传输前和完成后都保持在高电平状态,即 CPOL=1;在第二个边沿(上升沿)采样数据,第一个边沿(下降沿)输出数据,即 CPHA=1。

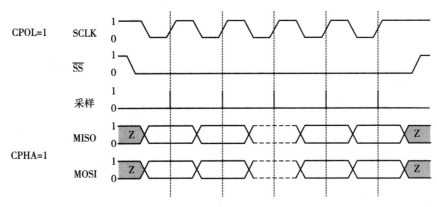

图 24-6　SPI 模式=3 的时序

　　CPOL 用来配置 SCLK 的电平出于何种状态(空闲状态或有效状态),CPHA 用来配置在第几个边沿进行数据采样。

　　CPOL=0,表示当 SCLK=0 时处于空闲状态,所以是 SCLK 处于高电平时有效状态。

　　CPOL=1,表示当 SCLK=1 时处于空闲状态,所以是 SCLK 处于低电平时有效状态。

　　CPHA=0,表示在第 1 个边沿采样数据,在第 2 个边沿发送数据。

　　CPHA=1,表示在第 2 个边沿采样数据,在第 1 个边沿发送数据。

3. SPI 读写时序

图 24-7 和图 24-8 分别是 SPI 读数据时序和 SPI 写数据时序。

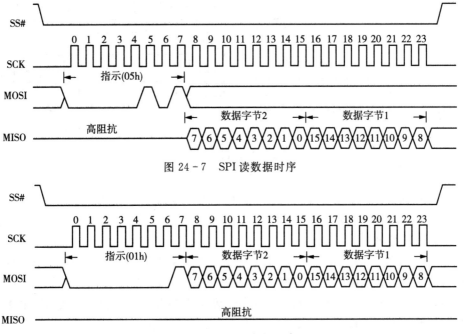

图 24-7　SPI 读数据时序

图 24-8　SPI 写数据时序

24.2 STM32 的 SPI 框架剖析

1. 通信引脚

如图 24-9 所示，SPI 的全部硬件架构均从左侧 MOSI、MISO、SCK 和 NSS 线引出，分别连接至板载串行 Flash。实验板上布置了一个 W25Q128 位置，兼容 1～256Mbit 的 SPI 接口的串行 Flash，挂载在 SPI1。

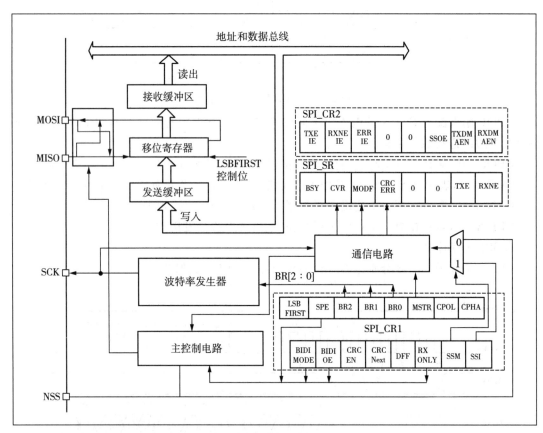

图 24-9 SPI 功能框图

2. 时钟控制逻辑

SCK 线的时钟信号由波特率发生器根据控制器寄存器 CR1 的 BR[2：0]位控制。SCK 引脚输出的时钟频率是对 f_{pclk} 时钟的分频而得到的。

3. 数据逻辑控制

SPI 的 MOSI 及 MISO 均连接到数据移位寄存器，数据移位寄存器的数据来源及目标分别为接收、发送缓冲区。当向外发送数据时，数据移位寄存器以"发送缓冲区"为数据源，通过数据线把数据一位一位地发送出去；当从外部接收数据时，数据移位寄存器把数据线采样到的数据一位一位地存储到"数据寄存器 DR"中。通过写或读 SPI 的数据寄存器 DR，可以实现将数据填充到发送缓冲区或读接收缓冲区。其中数据帧长度可以通过"控制寄存器 CR1"的 DFF 位配置成 8 位或 16 位模式;配置 LSBFIRST 位可以选择 MSB 先行或 LSB 先行。

4. 整体控制逻辑

整体控制逻辑负责协调整个 SPI 外设,控制逻辑的工作模式根据配置的控制寄存器 CR1/CR2 的参数而改变。基本参数包括 SPI 模式、波特率、LSB 先行、主从模式等。在实际应用中,对于 NSS 信号线一般是使用普通的 GPIO。用软件控制该 GPIO 的电平输出,从而产生通信起始信号和通信停止信号。

24.3　SPI 通信过程

STM32 的 SPI 外设可用作通信的主机及从机,完全支持 SPI 协议的 4 种模式,数据帧长度可设置为 8 位或 16 位,可设置数据 MSB 先行或 LSB 先行,支持双全工、双线单向及单线模式。STM32 的 SPI 外设还支持 I2S 音频串行通信协议。

STM32 使用 SPI 外设通信时,在通信的不同阶段它会对"状态寄存器 SR"的不同数据位写入参数,可以通过读取这些寄存器标志来了解通信状态。

图 24 - 10 是 STM32 作为 SPI 通信的主机端时的数据收发过程。

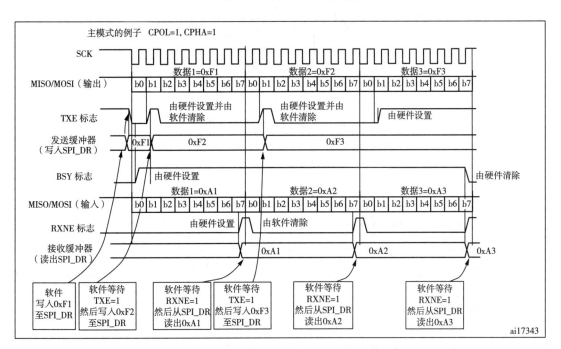

图 24 - 10　STM32 作为 SPI 通信的主机端时的数据收发过程

收发数据的主要过程如下。

(1)STM32 拉低 NSS 信号线,产生起始信号。

(2)把要发送的数据写入 SPI_DR,该数据会被存储到缓存区。

(3)通信开始,SCK 时钟开始运行,MOSI 把发送缓冲区的数据一位一位地输出;MISO 则把数据一位一位地存储进接收缓冲区。

（4）当发送完一帧数据时，SPI_DR 中的 TXE 被置 1；当接收完一帧数据时，RXNE 位被置 1。

（5）当 TXE 置 1 时，若需要继续发送数据，则再次往 SPI_DR 写入数据即可；当 RXNE 置 1 时，通过读取 SPI_DR 可以获取接收缓冲区中的内容。如果使能了 TXE 或 RXNE 中断，则 TXE 或 RXNE 置 1 时会产生 SPI 中断信号，从而进入同一个 SPI 中断服务程序，通过检查寄存器位确定中断事件，再分别处理。也可以使用 DMA 方式来收发 SPI_DR 中的数据。

24.4　串行 Flash 应用电路设计

Flash 存储器又称为闪存，是存储器件的一种，其存储特性相当于硬盘。在没有电源供应的条件下闪存也能够长久保存数据。Flash 芯片只能整块地擦写，这与有些存储器是不同的。例如，EEPROM 可以单个字节地擦写。

Flash 芯片选用 W25Q 系列芯片，挂载在 SPI1 接口上。串行 Flash 电路如图 24-11 所示，其各引脚说明见表 24-2。

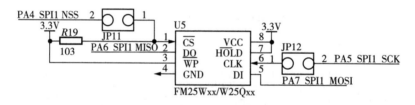

图 24-11　串行 Flash 电路

表 24-2　串行 Flash 引脚说明

引脚	功能说明	STM32 引脚
CS	片选（Chip Select），由高变低时，芯片被使能。在命令传输器件，CS 必须持续为低	PA4_SPI1_NSS；通过软件控制片选的状态
DO	串行数据输出（Serial Data Output），在 SCK 的下降沿，Flash 的数据输出到 DO 口线	PA6_SPI1_MISO
WP	写保护使能（Write Protect），写保护引脚用于使能状态字中的 BPL 位	接 3.3V 电源，默认是允许写入数据的
GND	电源地	GND
DI	串行数据输入（Serial Data Input），在 SCK 的上升沿，将 STM32 发送的命令、地址和数据输出到 Flash	PA7_SPI1_MOSI
CLK	串行时钟，用于提供串行接口的时序。命令、地址或输入数据在时钟输入的上升沿进行锁存，而输出数据在时钟输入的下降沿被移出	PA5_SPI1_SCK
HOLD	保持使能，无须复位 Flash，当 Hold 为低时，可临时停止 SPI 通信	通过上拉电阻接 3.3V 电源，SPI 通信被允许
VCC	电源正	3.3V

24.5　使用 STM32CubeMX 生成工程

(1)配置 SPI1,选择 PA4 作为片选脚,如图 24 - 12 所示。

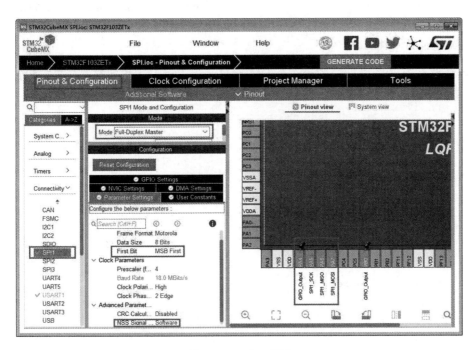

图 24 - 12　SPI 配置

(2)USART1 配置参见第 10 章。

调试用到的串口和 LED 也需设置,完成后"生产代码"按钮生成工程文件。

24.6　串行 Flash 结构体分析

代码 24 - 1　SPI 结构体

```
01 typedef struct__SPI_HandleTypeDef{
02 SPI_TypeDef                    * Instance;        /* SPI registers base address */
03    SPI_InitTypeDef            Init;              /* SPI communication parameters */
04    uint8_t                    * pTxBuffPtr;       /* Pointer to SPI Tx transfer Buffer */
05    uint16_t TxXferSize;        /* SPI Tx transfer size */
06    uint16_t TxXferCount;       /* SPI Tx Transfer Counter */
07    uint8_t * pRxBuffPtr;       /* Pointer to SPI Rx transfer Buffer */
08    uint16_t RxXferSize;        /* SPI Rx transfer size */
09    uint16_t RxXferCount;       /* SPI Rx Transfer Counter */
```

```
10      DMA_HandleTypeDef  * hdmatx; /*  SPI Tx DMA handle parameters * /
11      DMA_HandleTypeDef  * hdmarx; /*  SPI Rx DMA handle parameters * /
12      void( * RxISR)(struct__SPI_HandleTypeDef    * hspi);   /* function pointer on Rx ISR * /
13      void( * TxISR)(struct__SPI_HandleTypeDef    * hspi);   /* function pointer on Tx ISR * /
14      HAL_LockTypeDef                       Lock;       /* SPI locking object * /
15      __IO HAL_SPI_StateTypeDef             State;      /* SPI communication state * /
16      __IO uint32_t                         ErrorCode; /* SPI Error code * /
17 }SPI_HandleTypeDef;
```

SPI 结构体有 6 个成员变量和 2 个 DMA_HandleTypeDef 指针类型变量。6 个成员变量的含义与串口结构体类似。下面是 SPI_InitTypeDef 结构体的说明。

代码 24 - 2   SPI 初始化结构体

```
01 typedef struct{
02      uint32_t Mode;
03      uint32_t Direction;
04      uint32_t DataSize;
05      uint32_t CLKPolarity;
06      uint32_t CLKPhase;
07      uint32_t NSS;
08      uint32_t BaudRatePrescaler;
09      uint32_t FirstBit;
10      uint32_t TIMode;
11      uint32_t CRCCalculation;
12      uint32_t CRCPolynomial;
13 }SPI_InitTypeDef;
```

相关参数说明如下。

(1)Mode:模式,可选主模式或从模式。

(2)Direction:SPI 通信方向,可选择双线全双工、双线只接收、单线只接收或单线只发送。

(3)DataSize:SPI 通信的数据帧大小,8 位或 16 位。

(4)CLKPolarity:时钟极性。

(5)CLKPhase:时钟相位。

(6)NSS:片选信号,可以是硬件控制,也可以是软件控制。

(7)BaudRatePrescaler:设置 SPI 波特率的预分频系数。

(8)FirstBit:起始位是 MSB 或 LSB。

(9)TIMode:帧格式。

(10)CRCCalculation:硬件 CRC 计算是否使能。

(11)CRCPolynomial:CRC 校验多项式,若使能 CRC 计算,则使用此多项式来计算 CRC 的值。

24.7　串行 Flash 编程关键步骤

SPI-串行 Flash 编程关键步骤如下。
(1)初始化串行 Flash,完成上述初始化结构体中各成员的配置。
(2)SPI 系统级初始化,并对相关引脚进行配置。
(3)编写 SPI 按字节收发的函数。
(4)编写对 Flash 擦除及读写操作的函数。
(5)主函数中调用相关函数进行读写测试。

24.8　串行 Flash 代码分析

24.8.1　bsp_spiFlash.h 文件内容

代码 24-3　SPI 相关宏定义

```
01 //#define SPI_Flash_ID              0xEF3015 //W25X16 2MB
02 //#define SPI_Flash_ID              0xEF4015 //W25Q16 4MB
03 //#define SPI_Flash_ID              0XEF4017 //W25Q64 8MB
04 #define SPI_Flash_ID               0XEF4018 //W25Q128 16MB 默认使用
05 #define Flash_SPIx                 SPI1
06 #define Flash_SPIx_RCC_CLK_ENABLE()        __HAL_RCC_SPI1_CLK_ENABLE()
07 #define Flash_SPIx_RCC_CLK_DISABLE()       __HAL_RCC_SPI1_CLK_DISABLE()
08 #define Flash_SPI_GPIO_CLK_ENABLE()        __HAL_RCC_GPIOA_CLK_ENABLE()
09 #define Flash_SPI_GPIO_PORT        PIOA
10 #define Flash_SPI_SCK_PIN          GPIO_PIN_5
11 #define Flash_SPI_MISO_PIN         GPIO_PIN_6
12 #define Flash_SPI_MOSI_PIN         GPIO_PIN_7
13 #define Flash_SPI_CS_CLK_ENABLE()          __HAL_RCC_GPIOA_CLK_ENABLE()
14 #define Flash_SPI_CS_PORT          GPIOA
15 #define Flash_SPI_CS_PIN           GPIO_PIN_4
16 #define Flash_SPI_CS_ENABLE()  HAL_GPIO_WritePin(Flash_SPI_CS_PORT,\
                              Flash_SPI_CS_PIN,GPIO_PIN_RESET)
17 #define Flash_SPI_CS_DISABLE()  HAL_GPIO_WritePin(Flash_SPI_CS_PORT,\
                              Flash_SPI_CS_PIN,GPIO_PIN_SET)
18 extern SPI_HandleTypeDef  hspiFlash;
```

代码 24-3 的开始部分是不同串行 Flash 的型号 ID,然后是一些引脚的宏定义,可以使用普通的 I/O 口进行片选信号的控制,因此对 SPI 的起始和停止信号进行了定义,低电平起始,高电平停止。

24.8.2 bsp_spiFlash.c 文件内容

代码 24-4 控制 Flash 的指令宏定义

```
01 #define SPI_Flash_PageSize            256
02 #define SPI_Flash_PerWritePageSize    256
03 #define W25X_WriteEnable              0x06
04 #define W25X_WriteDisable             0x04
05 #define W25X_ReadStatusReg            0x05
06 #define W25X_WriteStatusReg           0x01
07 #define W25X_ReadData                 0x03
08 #define W25X_FastReadData             0x0B
09 #define W25X_FastReadDual             0x3B
10 #define W25X_PageProgram              0x02
11 #define W25X_BlockErase               0xD8
12 #define W25X_SectorErase              0x20
13 #define W25X_ChipErase                0xC7
14 #define W25X_PowerDown                0xB9
15 #define W25X_ReleasePowerDown         0xAB
16 #define W25X_DeviceID                 0xAB
17 #define W25X_ManufactDeviceID         0x90
18 #define W25X_JedecDeviceID            0x9F
19 #define WIP_Flag                      0x01 /* Write In Progress(WIP)flag */
20 #define Dummy_Byte                    0xFF
```

代码 24-4 定义了很多指令,通过控制 STM32,利用 SPI 总线型 Flash 芯片发送指令,Flash 芯片收到指令后就会执行相应的操作。

代码 24-5 串行 Flash 初始化

```
01 void MX_SPIFlash_Init(void)
02 {
03     hspiFlash.Instance = Flash_SPIx;
04     hspiFlash.Init.Mode = SPI_MODE_MASTER;
05     hspiFlash.Init.Direction = SPI_DIRECTION_2LINES;
06     hspiFlash.Init.DataSize = SPI_DATASIZE_8BIT;
07     hspiFlash.Init.CLKPolarity = SPI_POLARITY_HIGH;
08     hspiFlash.Init.CLKPhase = SPI_PHASE_2EDGE;
09     hspiFlash.Init.NSS = SPI_NSS_SOFT;
10     hspiFlash.Init.BaudRatePrescaler = SPI_BAUDRATEPRESCALER_4;
11     hspiFlash.Init.FirstBit = SPI_FIRSTBIT_MSB;
12     hspiFlash.Init.TIMode = SPI_TIMODE_DISABLE;
13     hspiFlash.Init.CRCCalculation = SPI_CRCCALCULATION_DISABLE;
14     hspiFlash.Init.CRCPolynomial = 10;
```

15　　　HAL_SPI_Init(&hspiFlash);

16 }

　　代码 24 - 5 对 hspiFlash（SPI_InitTypeDef 结构体类型）的成员进行赋值，然后调用 HAL_SPI_Init()完成初始化。

代码 24 - 6　SPI 外设系统级初始化

```
01 void HAL_SPI_MspInit(SPI_HandleTypeDef  * hspi)
02 {
03     GPIO_InitTypeDef GPIO_InitStruct;
04     if(hspi - >Instance = = Flash_SPIx)
05     {
06         Flash_SPIx_RCC_CLK_ENABLE();//SPI 外设时钟使能
07         Flash_SPI_GPIO_ClK_ENABLE();//GPIO 外设时钟使能
08         Flash_SPI_CS_CLK_ENABLE();   //GPIO 外设时钟使能
09         / ** SPI1 GPIO Configuration
10         PA4 ------ >SPI1_NSS
11         PA5 ------ >SPI1_SCK
12         PA6 ------ >SPI1_MISO
13         PA7 ------ >SPI1_MOSI
14          * /
15         GPIO_InitStruct. Pin = Flash_SPI_SCK_PIN|Flash_SPI_MOSI_PIN;
16         GPIO_InitStruct. Mode = GPIO_MODE_AF_PP;
17         GPIO_InitStruct. Speed = GPIO_SPEED_FREQ_HIGH;
18         HAL_GPIO_Init(Flash_SPI_GPIO_PORT,&GPIO_InitStruct);
19         GPIO_InitStruct. Pin = Flash_SPI_MISO_PIN;
20         GPIO_InitStruct. Mode = GPIO_MODE_INPUT;
21         GPIO_InitStruct. Pull = GPIO_NOPULL;
22         HAL_GPIO_Init(Flash_SPI_GPIO_PORT,&GPIO_InitStruct);
23         HAL_GPIO_WritePin(Flash_SPI_CS_PORT,Flash_SPI_CS_PIN,GPIO_PIN_SET);//拉高 CS
24         GPIO_InitStruct. Pin = Flash_SPI_CS_PIN;
25         GPIO_InitStruct. Mode = GPIO_MODE_OUTPUT_PP;
26         HAL_GPIO_Init(Flash_SPI_CS_PORT,&GPIO_InitStruct);
27     }
28 }
```

　　代码 24 - 6 对 SPI 引脚进行配置并将其初始化，拉高 CS 停止 SPI 通信。

24.8.3　串行 Flash 的操作函数

代码 24 - 7　基本读写操作

```
01 / *
02  * 函数功能:向串行 Flash 读取并写入一个字节数据并接收一个字节数据
03  * 输入参数:byte,待发送数据
```

```
04  * 返 回 值:d_read,接收到的数据
05  * 说 明:无                              */
06  uint8_t SPI_Flash_SendByte(uint8_t byte)
07  {
08      uint8_t d_read,d_send = byte;
09      if(HAL_SPI_TransmitReceive(&hspiFlash,&d_send,&d_read,1,0xFFFFFF)! = HAL_OK)
10          d_read = Dummy_Byte;
11      return d_read;
12  }
```

代码 24 - 7 声明两个变量,并将待发送的数据赋给 d_send。调用 HAL_SPI_TransmitReceive()可实现数据发送和数据接收。

代码 24 - 8   读取串行 Flash 型号的 ID

```
01  /*
02  * 函数功能:读取串行 Flash 型号的 ID
03  * 输入参数:无
04  * 返 回 值:uint32_t,串行 Flash 型号的 ID
05  * 说 明:Flash_ID  IC 型号  存储空间大小
06  0xEF3015  W25X16  2M byte
07  0xEF4015  W25Q16  4M byte
08  0XEF4017  W25Q64  8M byte
09  0XEF4018  W25Q128  16M byte(实验板默认配置)*/
10  uint32_t SPI_Flash_ReadID(void)
11  {
12      uint32_t Temp = 0,Temp0 = 0,Temp1 = 0,Temp2 = 0;
13      Flash_SPI_CS_ENABLE();                        //CS 低电平启动 SPI
14      SPI_Flash_SendByte(W25X_JedecDeviceID);       //发送命令:读取芯片型号的 ID
15      Temp0 = SPI_Flash_SendByte(Dummy_Byte);       //从串行 Flash 读取一个字节数据
16      Temp1 = SPI_Flash_SendByte(Dummy_Byte);       //从串行 Flash 读取一个字节数据
17      Temp2 = SPI_Flash_SendByte(Dummy_Byte);       //从串行 Flash 读取一个字节数据
18      Flash_SPI_CS_DISABLE();                       //CS 高电平停止 SPI
19      Temp = (Temp0 << 16)|(Temp1 << 8)|Temp2;
20      return Temp;
21  }
```

CS 低电平启动 SPI,接着调用 SPI_Flash_SendByte( )函数,发送指令,Flash 根据收到的指令返回数值,于是读取 3 个字节的数据,最后将读取到的 3 个数据合并到一个变量 temp 中,返回 temp。

代码 24 - 9   擦除扇区函数

```
01  /*
02  * 函数功能:擦除扇区
03  * 输入参数:SectorAddr,待擦除扇区地址,要求为 4096 的倍数
```

```
04 * 返 回 值:无
05 * 说 明:串行 Flash 最小擦除块大小为 4KB(4096 字节),即一个扇区大小,要求输入参数
06 * 为 4096 的倍数。在向串行 Flash 芯片写入数据之前要先擦除空间。
07 */
08 void SPI_Flash_SectorErase(uint32_t SectorAddr)
09 {
10     SPI_Flash_WriteEnable();                        //发送 Flash 写使能命令
11     SPI_Flash_WaitForWriteEnd();
12     //擦除扇区
13     Flash_SPI_CS_ENABLE();                          //CS 低电平启动 SPI
14     SPI_Flash_SendByte(W25X_SectorErase);           //发送擦除扇区指令
15     SPI_Flash_SendByte((SectorAddr & 0xFF0000)>>16);  //发送擦除扇区地址的高位
16     SPI_Flash_SendByte((SectorAddr & 0xFF00)>>8);   //发送擦除扇区地址的中位
17     SPI_Flash_SendByte(SectorAddr & 0xFF);          //发送擦除扇区地址的低位
18     Flash_SPI_CS_DISABLE();                         //CS 高电平停止 SPI
19     SPI_Flash_WaitForWriteEnd();                    //等待擦除完毕
20 }
```

Flash 芯片的最小擦除单位为扇区,大小为 4KB,首先"写使能",发送擦除扇区指令,然后将发送的 3 个字节用于表示要擦除的存储矩阵地址,最后通过读取寄存器状态等待擦除扇区操作完毕。

代码 24-10　按页写入数据

```
01 /* 函数功能:向串行 Flash 按页写入数据,调用本函数写入数据前须先擦除扇区
02 * 输入参数:pBuffer,待写入数据的指针
03 * WriteAddr:写入地址
04 * NumByteToWrite:写入数据长度必须不大于 SPI_Flash_PerWritePageSize
05 * 返 回 值:无
06 * 说 明:串行 Flash 每页大小为 256 字节 */
07 void SPI_Flash_PageWrite(u8 * pBuffer,u32 WriteAddr,u16 NumByteToWrite)
08 {
09     SPI_Flash_WriteEnable();                        //发送 Flash 写使能命令
10     Flash_SPI_CS_ENABLE();                          //CS 低电平启动 SPI
11     SPI_Flash_SendByte(W25X_PageProgram);           //发送写指令
12     SPI_Flash_SendByte((WriteAddr&0xFF0000)>>16);   //发送写地址的高位
13     SPI_Flash_SendByte((WriteAddr&0xFF00)>>8);      //发送写地址的中位
14     SPI_Flash_SendByte(WriteAddr&0xFF);             //发送写地址的低位
15     if(NumByteToWrite>SPI_Flash_PerWritePageSize)
16     {
17         NumByteToWrite = SPI_Flash_PerWritePageSize;
18         //printf("Err:SPI_Flash_PageWrite too large! \n");
19     }
20     //写入数据
```

```
21    while(NumByteToWrite -- )
22    {
23        //发送当前要写入的字节数据
24        SPI_Flash_SendByte( * pBuffer);
25        pBuffer + + ;                          //指向下一字节数据
26    }
27    Flash_SPI_CS_DISABLE();                    //CS 高电平停止 SPI
28    SPI_Flash_WaitForWriteEnd();               //等待写入完毕
29 }
```

代码 24-10 首先"写使能",发送指令编码,接着发送地址,再把要写入的数据一个接一个地发送出去,发送完成后,结束通信,最后检测 Flash 状态寄存器,等待写入结束。

代码 24-11　写入不定长数据

```
01 /* 函数功能:向串行 Flash 写入数据,调用本函数写入数据前须先擦除扇区
02  * 输入参数:pBuffer,待写入数据的指针
03  * WriteAddr:写入地址
04  * NumByteToWrite:写入数据长度
05  * 返 回 值:无
06  * 说 明:该函数可以设置任意写入数据长度 */
07 void SPI_Flash_BufferWrite(uint8_t * pBuffer,uint32_t WriteAddr,uint16_t NumByteToWrite)
08 {
09    uint8_t NumOfPage = 0,NumOfSingle = 0,Addr = 0,count = 0,temp = 0;
10    //求余,若为整数倍,则 Addr 为 0
11    Addr = WriteAddr % SPI_Flash_PageSize;
12    //差 count 个数据,刚好可以对齐到页地址
13    count = SPI_Flash_PageSize - Addr;
14    //计算出要写的整数页数
15    NumOfPage = NumByteToWrite /SPI_Flash_PageSize;
16    //计算出剩余不满一页的字节数
17    NumOfSingle = NumByteToWrite % SPI_Flash_PageSize;
18    if(Addr = = 0)   //若地址与 SPI_Flash_PageSize 对齐
19    {
20        if(NumOfPage = = 0)   //NumByteToWrite < SPI_Flash_PageSize?
21        {
22            SPI_Flash_PageWrite(pBuffer,WriteAddr,NumByteToWrite);
23        }
24        else//NumByteToWrite>SPI_Flash_PageSize
25        {
26            //先把整页都写了
27            while(NumOfPage -- )
28            {
29                SPI_Flash_PageWrite(pBuffer,WriteAddr,SPI_Flash_PageSize);
```

```
30                    WriteAddr + = SPI_Flash_PageSize;
31                    pBuffer + = SPI_Flash_PageSize;
32                }
33                //写不满一页的字节数
34                SPI_Flash_PageWrite(pBuffer,WriteAddr,NumOfSingle);
35            }
36        }
37    else
38    { //若地址与 SPI_Flash_PageSize 不对齐
39        if(NumOfPage = = 0)
40        { //NumByteToWrite < SPI_Flash_PageSize
41            //如果不满一页的字节数比相差的字节数多
42        if(NumOfSingle>count)
43            { //(NumByteToWrite + WriteAddr)>SPI_Flash_PageSize
44                temp = NumOfSingle - count;
45                //先写相差的字节 count
46                SPI_Flash_PageWrite(pBuffer,WriteAddr,count);
47                //加上 count,地址对齐
48                WriteAddr + = count;
49                pBuffer + = count;
50                SPI_Flash_PageWrite(pBuffer,WriteAddr,temp);
51            }
52            else
53            {
54                SPI_Flash_PageWrite(pBuffer,WriteAddr,NumByteToWrite);
55            }
56        }
57        else
58        { //NumByteToWrite>SPI_Flash_PageSize
59            NumByteToWrite - = count;
60            NumOfPage = NumByteToWrite /SPI_Flash_PageSize;
61            NumOfSingle = NumByteToWrite % SPI_Flash_PageSize;
62            SPI_Flash_PageWrite(pBuffer,WriteAddr,count);
63            WriteAddr + = count;
64            pBuffer + = count;
65            //把整数页都写完
66            while(NumOfPage -- )
67            {
68                SPI_Flash_PageWrite(pBuffer,WriteAddr,SPI_Flash_PageSize)
69                WriteAddr + = SPI_Flash_PageSize;
70                pBuffer + = SPI_Flash_PageSize;
71            }
```

```
72                  //若有多余的不满一页的数据,将它写完
73                  if(NumOfSingle ! = 0)
74                  {
75                      SPI_Flash_PageWrite(pBuffer,WriteAddr,NumOfSingle);
76                  }
77              }
78      }
79  }
```

在编写代码时,常常要写入不同长度的数据,如果用页写入的话并不好处理。代码 24-11 是在"页写入"的基础上进行完善的版本,目的就是通过计算要写入的数据 NumByteToWrite 能写满,对输入的数据进行分页。当出现写不满的情况时,不满一页的数据个数就存在 NumOfSingle 中,分情况处理。另一个问题是首地址,利用 Addr 和 count 两个变量来完善,具体可以看代码的解析。

代码 24-12　读取 Flash 数据

```
01 / * 函数功能:读取串行 Flash 数据
02  * 输入参数:pBuffer,存放读取到数据的指针
03  * ReadAddr:读取数据目标地址
04  * NumByteToRead:读取数据长度
05  * 返 回 值:无
06  * 说 明:该函数可以设置任意读取数据长度 */
07 void SPI_Flash_BufferRead(uint8_t * pBuffer,uint32_t ReadAddr,uint16_t NumByteToRead)
08 {
09      Flash_SPI_CS_ENABLE();                          //CS 低电平启动 SPI
10      SPI_Flash_SendByte(W25X_ReadData);              //发送读指令
11      SPI_Flash_SendByte((ReadAddr & 0xFF0000)>>16);  //发送读地址的高位
12      SPI_Flash_SendByte((ReadAddr& 0xFF00)>>8);      //发送读地址的中位
13      SPI_Flash_SendByte(ReadAddr & 0xFF);            //发送读地址的低位
14      while(NumByteToRead -- )                         //读取数据
15      {
16          * pBuffer = SPI_Flash_SendByte(Dummy_Byte); //读取一个字节
17          pBuffer + + ;                                //指向下一个字节缓冲区
18      }
19      Flash_SPI_CS_DISABLE();//CS 高电平停止 SPI
20 }
```

代码 24-12 同前面的写数据类型类似,先"使能",接着发送地址,读取一个字节,然后指向下一个字节缓冲区,继续读取,直到 NumByteToRead 为 0,表示读取完成,最后结束读取。

24.8.4　mian.c 文件内容

代码 24-13　宏定义和变量声明

```
01 / * 获取缓冲区的长度 */
```

```
02  # define countof(a)                    (sizeof(a)/sizeof( * (a)))
03  # define TxBufferSize1                  (countof(TxBuffer1) – 1)
04  # define RxBufferSize1                  (countof(TxBuffer1) – 1)
05  # define BufferSize                     (countof(TxBuffer) – 1)
06  # define Flash_WriteAddress             0x00000
07  # define Flash_ReadAddress              Flash_WriteAddress
08  # define Flash_SectorToErase            Flash_WriteAddress
09  uint8_t TxBuffer[] = "感谢您选用 STM32 实验板!";
10  uint8_t RxBuffer[BufferSize];
11  __IO uint32_t DeviceID = 0;
12  __IO uint32_t FlashID = 0;
13  __IO TestStatus TransferStatus1 = FAILED;
```

代码 24 – 14　主函数 main( )

```
01  int main(void)
02  {
03  HAL_Init();                           //复位所有外设,初始化 Flash 接口和系统滴答定时器
04      SystemClock_Config();             //配置系统时钟
05      LED_GPIO_Init();                  //LED 初始化
06      MX_DEBUG_USART_Init();            //初始化串口并配置串口中断优先级
07  //调用格式化输出函数打印输出数据
08      printf("这是串行 Flash(W25Q128)读写实验\n");
09      MX_SPIFlash_Init();
10      DeviceID = SPI_Flash_ReadDeviceID();//Get SPIFlashDevice ID
11      HAL_Delay(200);
12      FlashID = SPI_Flash_ReadID();     //获取 SPIFlashID
13      printf("FlashID is 0x % X,Manufacturer Device ID is 0x % X\n",FlashID,DeviceID);
14      //检查 SPIFlashID
15          if(FlashID = = SPI_Flash_ID)  // # define sFlash_ID 0XEF4018
16          {
17          printf("检测到华邦串行 FlashW25Q128! \n");
18          SPI_Flash_SectorErase(Flash_SectorToErase);//擦除 SPI 的扇区以写入
19          //将发送缓冲区的数据写入 Flash 中
20          PI_Flash_BufferWrite(TxBuffer,Flash_WriteAddress,BufferSize);
21          SPI_Flash_BufferWrite(TxBuffer,252,BufferSize);
22          printf("写入的数据为:\n % s \n",TxBuffer);
23          //将刚刚写入的数据读出来放到接收缓冲区中
24          SPI_Flash_BufferRead(RxBuffer,Flash_ReadAddress,BufferSize);
25          printf("读出的数据为:\n % s\n",RxBuffer);
26          //检查写入的数据与读出的数据是否相等
27          TransferStatus1 = Buffercmp(TxBuffer,RxBuffer,BufferSize);
28          if(PASSED = = TransferStatus1)
```

```
29          {
30              printf("16M 串行 Flash(W25Q128)读写成功！\r");
31              BEEP_ON;HAL_Delay(100);BEEP_OFF;//发声提示
32              LED4_ON;                    //发光提示
33          }else{
34              printf("16M 串行 Flash(W25Q128)读写失败！\r");
35              BEEP_ON;HAL_Delay(100);BEEP_OFF;//发声提示
36              LED5_ON;                    //发光提示
37          }
38      }else{
39          printf("获取不到 W25Q128 ID！\n");
40          BEEP_ON;HAL_Delay(100);BEEP_OFF;//发声提示
41          LED6_ON;                        //发光提示
42      }
43      for(;;){;}                          //无限循环
44 }
```

代码 24-14 对 SPI-Flash 读写测试所用到的外设进行初始化，读取芯片 ID 进行校验，通过校验后，进行写入、读出、对比，通过 LED 的亮灭情况输出结果，测试完成。

24.9 运行验证

使用合适的 USB 线连接到实验板标识"调试"字样的 USB 口为实验板供电，在计算机端打开串口调试助手，设置参数为 115200-8-1-N-N；将 ST-link 正确接至标识有"SWD 调试器"字样的 4 针接口，下载程序至实验板并运行，可以观察到实验的结果，如图 24-13所示。也可以通过 LED 的亮灭情况来判断实验结果，LED4 亮表示读写成功，LED5 亮表示读写失败，LED6 亮表示读取不到 SPI 存储器。

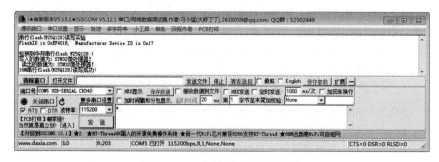

图 24-13　串行 Flash 读写实验

思考题

简述 STM32 中 SPI 功能特点。

第25章　SD卡驱动

25.1　SDIO简介

SD存储卡(Secure Digital Memory Card,SD卡)是一种基于半导体快闪存储器的新一代高速存储设备,由美国SanDisk和日本松下电器、东芝联合于1999年8月推出。SD卡分为标准型、迷你型和Micro型3种类型,如图25-1所示。

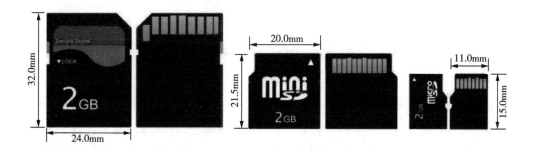

图25-1　标准型、迷你型和Micro SD卡

SD卡具有记忆容量高、数据传输速率快、极大的移动灵活性等优良特性。SD卡的结构能保证数字文件传送的安全性,也很容易重新格式化,因此被广泛地应用于便携式装置上,如数码照相机、平板计算机和多媒体播放器等。目前市场上SD卡的品牌众多,诸如SanDisk、Kingston、Toshiba、Samsung、Sony和Panasonic等。

控制器对SD卡进行读写通信操作一般有两种通信接口可选,一种是SPI接口,另一种是SDIO接口。SDIO(Secure Digital Input and Output)全称是安全数字输入/输出接口。MMC卡(多媒体卡)、SD存储卡、SD I/O卡和CE-ATA设备都有SDIO接口,如图25-2所示。

目前SD协议提供的SD卡规范版本最新是4.01版本,但STM32F10x系列控制器只支持SD卡规范版本2.0,即只支持标准容量SD和高容量SDHC标准卡,不支持超大容量SDXC标准卡,可以支持的最高容量是32GB。

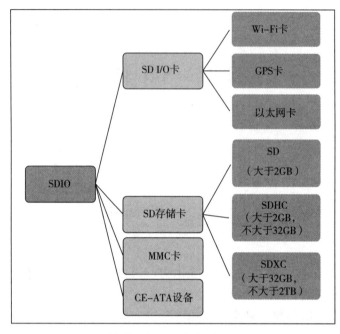

图 25 - 2　SDIO 接口设备

25.2　SD 卡物理结构

　　一张标准的 SD 卡包括存储单元、存储单元接口、电源检测、卡及接口控制器和接口驱动器共 5 个部分,如图 25 - 3 所示。存储单元是存储数据部分,存储单元通过存储单元接口与卡及接口控制单元进行数据传输。电源检测控制 SD 卡工作在合适的电压下,如果出现掉电或上电的情况,卡及接口控制单元与存储单元接口复位。卡及接口控制单元控制 SD 卡运行状态,它包括有 8 个寄存器。接口驱动器控制 SD 卡引脚的输入/输出。

　　SD 卡共有 8 个寄存器,用于设定或标识 SD 卡信息。这 8 个寄存器只能通过对应的命令访问,对 SD 卡进行控制操作并不像操作控制器 GPIO 相关寄存器一样一次读写一个寄存器,SD 卡寄存器是通过命令来控制的,其相关描述见表 25 - 1。STM32 的 SDIO 定义了 64 个命令,每个命令都有特定意义,用于实现某一特定功能。SD 卡接收到命令后,会修改内部寄存器的信息。STM32 只需发送组合命令就可以实现对 SD 卡的控制及读写。

表 25 - 1　SD 卡寄存器

名称	位宽度	描述
CID	128	卡唯一识别号
RCA	16	相对地址,卡的本地系统地址
DSR	16	驱动级寄存器,配置卡的输出驱动
CSD	128	卡的特点数据、卡的操作条件信息

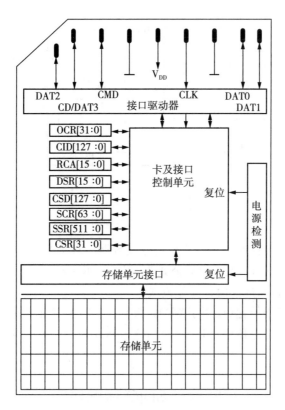

图 25-3　标准 SD 卡结构图

（续表）

名称	位宽度	描述
SCR	64	SD 卡配置寄存器、SD 卡特殊特性信息
OCR	32	操作条件寄存器
SSR	512	SD 卡状态、SD 卡专有特征的信息
CSR	32	卡状态、卡状态信息

25.3　SDIO 功能框图

　　SDIO 包含两部分：SDIO 适配器模块和 AHB 总线接口，如图 25-4 所示。

　　复位模式 SDIO_D0 用于数据传输。初始化后主机可以改变数据总线的宽度（通过 ACMD6 命令设置）；如果一个 MMC 卡接到总线上，则 SDIO_D0、SDIO[3：0]或 SDIO[7：0]可以用于数据传输；MMC 版本 V3.31 和之前版本的协议只支持 1 位数据线，所以只能用 SDIO_D0。如果将一个 SD 卡或 SD I/O 卡接到总线上，则可以通过主机配置数据传输使用 SDIO_D0 或 SDIO_D[3：0]。所有的数据线都工作在推挽模式下。

　　SDIO_CK 时钟通过 PC12 引脚连接到 SD 卡，是 SDIO 接口与 SD 卡用于同步的时钟，

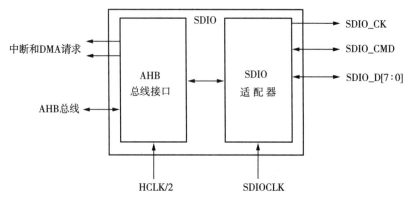

图 25-4　SDIO 框图

每个时钟周期在命令和数据线上传输 1 位命令或数据。对于 SD 卡或 SD I/O 卡,时钟频率在 0～25MHz 间变化。SDIO_CK 计算公式为 SDIO_CK＝SDIOCLK/(2＋CLKDIV)。

SDIO_CMD 有开路和推挽两种操作模式。

(1)开路模式:用于初始化(仅用于 MMC 版本 V3.31 或之前版本)。

(2)推挽模式:用于命令传输(SD 卡/SD IO 卡和 MMC 卡版本 V4.2 在初始化时也使用推挽驱动)。

25.4　SDIO 适配器

图 25-5 是简化的 SDIO 适配器框图,由控制单元、命令通道、数据通道、数据 FIFO 和适配器寄存器 5 个单元组成。

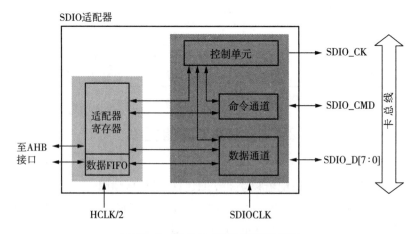

图 25-5　简化的 SDIO 适配器框图

(1)控制单元,包含电源管理和时钟管理功能,其内部结构如图 25-6 所示。在电源关闭和电源启动阶段,电源管理子单元会关闭卡总线上的输出信号。时钟管理子单元产生和控制 SDIO_CK 信号。

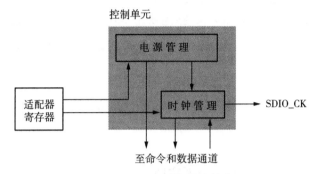

图 25 - 6　SDIO 适配器控制单元

(2)命令通道单元向卡发送命令并从卡接收响应,其内部结构如图 25 - 7 所示。

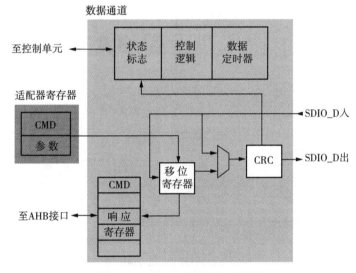

图 25 - 7　SDIO 适配器命令通道

(3)数据通道,负责与 SD 卡相互传输数据,其内部结构如图 25 - 8 所示。

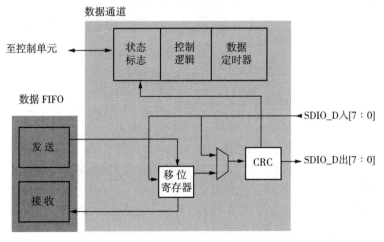

图 25 - 8　SDIO 适配器数据通道

(4)数据 FIFO,数据缓冲器,带发送和接收单元。控制器的数据 FIFO 包含宽度为 32 位、深度为 32 字节的数据缓冲器和发送/接收逻辑。依据 SDIO 状态寄存器(SDII_STA)的 TXACT 和 RXACT 位标志,可以关闭数据 FIFO、使能发送或使能接收。

25.5   AHB 接口

AHB 接口产生中断和 DMA 请求,并访问 SDIO 接口寄存器和数据 FIFO。它包含一个数据通道、寄存器译码器和中断/DMA 控制逻辑。

25.6   SDIO 总线拓扑

SD 卡总线拓扑如图 25-9 所示。

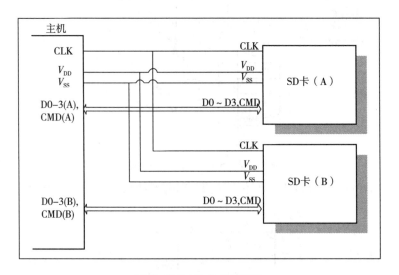

图 25-9   SD 卡总线拓扑

标准型 SD 卡有 9 个引脚(两个电源地引脚);迷你型 SD 卡有 11 个引脚,比标准型 SD 卡多两个引脚;Micro SD 卡只有 8 个引脚。引脚的说明如下。

(1)CLK:时钟线,由 SDIO 主机产生。

(2)CMD:命令控制线,SDIO 主机通过该线发送命令控制 SD 卡,如果命令要求 SD 卡提供应答,则 SD 卡通过该线传输应答信息。

(3)D0~D3:数据线,传输读写数据,SD 卡可将 D0 拉低标识忙状态。

(4)V_{DD}/V_{SS}:电源和地,SD 卡有两个 V_{SS}。

25.7　SDIO 总线协议

　　SDIO 总线通信基于命令和数据传输,都是由一个以 0 开头、以 1 结尾的比特流构成的。命令是一个操作的开始点,它在 CMD 线上串行传输,由主机发送给 SD 卡,命令又分为广播命令和寻址命令;响应是由某个目标卡或总线上全部卡针对之前收到的命令回复给主机的,响应也在 CMD 线上传输,如图 25 - 10 所示。

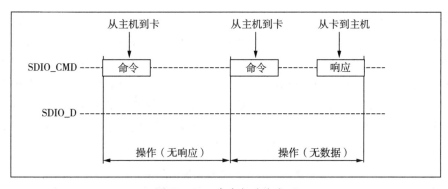

图 25 - 10　命令与响应交互

　　数据通过数据线传输,既可以选择 1 位宽的数据线,也可以选择 4 位宽的数据线。数据的传输是双向的,主机从卡读数据时,数据由卡到主机;主机向卡写数据时,数据由主机到卡。图 25 - 11 为主机向卡写入数据块(数据以块的形式传输)操作。

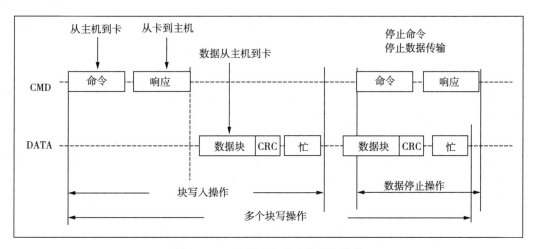

图 25 - 11　主机向卡写入数据块操作

25.7.1　命令

SDIO 的命令可以分为应用相关命令(ACMD)和通用命令(CMD)两部分。发送 ACMD

时,须先发送 CMD55。SDIO 的全部命令和响应都是通过 SDIO_CMD 引脚传输的,任何命令的长度都是固定的 48 位,它的命令格式如图 25 - 12 所示。

图 25 - 12　SDIO 命令格式

起始位和终止位均固定不变,传输标志的 0 和 1 分别表示响应和命令。命令的内容包括命令(也称为命令索引)、地址信息/参数和 CRC 校验 3 个部分。命令固定占用 6 位,所以命令共有 $2^6 = 64$ 个(CMD0~CMD63),每个命令都有特定的用途,部分命令不适用于 SD 卡操作,而是专门用于 MMC 卡或 SD I/O。每个命令都有 32 位地址信息/参数可用于命令的附加内容。命令在 SDIO_CMD 寄存器里面设置,命令参数则由寄存器 SDIO_ARG 设置。部分块读取操作命令见表 25 - 2。SD 卡系统的命令被分为多个类,更多详细信息可以参考 $SD\ Card\ Specification$(V1.0). pdf(《SD 卡规范(V1.0)版本》)。

表 25 - 2　部分块读取操作命令

CMD 索引	类型	参数	响应格式	编写	说明
CMD16	ac	[31:0]数据块长度	R1	SET_BLOCKLEN	设置数据块长度
CMD17	actc	[31:0]=数据地址	R1	Read_SINGLE_BLOCK	读取一个块
CMD18	actc	[31:0]=数据地址	R1	Read_MULTIPLE_BLOCK	连续读取多个块,直到停止命令

25.7.2　响应

一般情况下,SD 卡接收到命令之后,都会回复一个应答,这个应答称为响应。响应也是在 CMD 线上串行传输的。响应由 SD 卡向主机发出。部分命令要求 SD 卡对命令做出响应,用于反馈 SD 卡状态。SD I/O 卡共有 7 个响应类型(代号为 R1~R7),SD 卡没有 R4、R5 响应。特定的命令会得到其中一个的响应内容。根据响应内容的大小可分为短响应和长响应,短响应长度是 48 位,只有 R2 是长响应,长度为 136 位。

25.8　MicroSD 卡应用电路设计

STM32F103ZET6 内置了一个 SDIO 接口,可以用于 SD 卡操作,实验板设计布置了一个 Micro SD 卡座,可将 Micro SD 卡插入使用,最高支持 32GB 的 SD 卡。

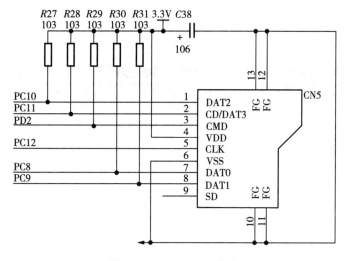

图 25 - 13　MicroSD 卡座

25.9　使用 STM32CubeMX 生成工程

(1)配置 SDIO 和 USART1(图 25 - 14)。选择 4 位宽总线的 SD 卡模式、时钟 2 分频。

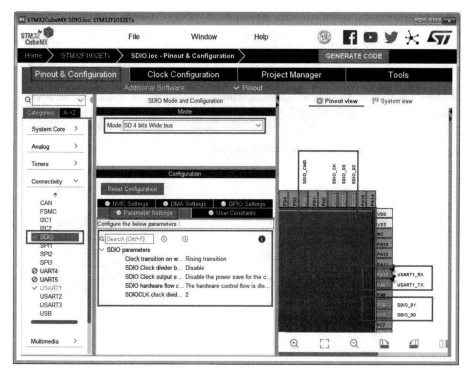

图 25 - 14　配置 SDIO 和 USART1

（2）配置时钟（图 25 - 15）。时钟来自 HCLK 的 2 分频。

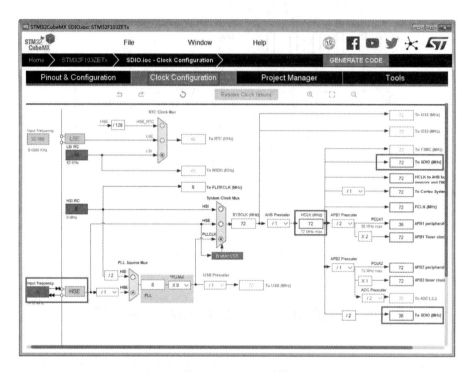

图 25 - 15　配置时钟

（3）开启 SDIO 全局中断，如图 25 - 16 所示。

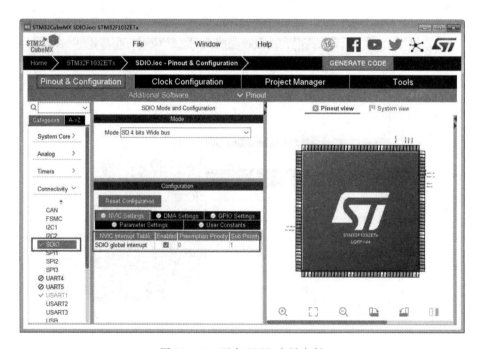

图 25 - 16　开启 SDIO 全局中断

（4）选择引脚模式及速度，如图 25-17 所示，单击"生成代码"生成工程文件。

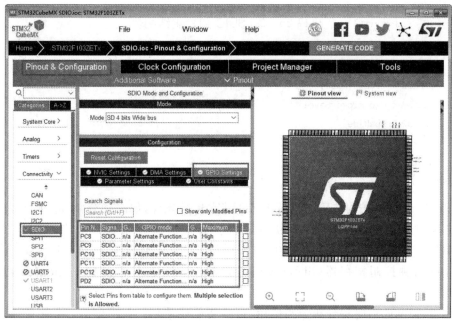

图 25-17　选择引脚模式及速度

25.10　SDIO 外设结构体分析

STM32CubeMX 生成的工程包含文件 STM32f1xx_hal_sd.c，即 SD 卡的驱动文件。下面是对一些主要结构体的分析。

代码 25-1　SDIO 结构体定义

```
01 typedef struct{
02    SD_TypeDef           * Instance;           //寄存器基地址
03    SD_InitTypeDef       Init;                 //SDIO 初始化变量
04    HAL_LockTypeDef      Lock;                 //互斥锁
05    uint32_t             CardType;             //卡类型
06    uint32_t             RCA;                  //卡相对地址
07    uint32_t             CSD[4];               //保存 SD 卡 CSD 寄存器信息
08    uint32_t             CID[4];               //保存 SD 卡 CID 寄存器信息
09    __IO uint32_t        SdTransferCplt;       //非阻塞模式完成标志
10    __IO uint32_t        SdTransferErr;        //非阻塞模式错误标志
11    __IO uint32_t        DmaTransferCplt;      //DMA 传输结束标志
12    __IO uint32_t        SdOperation;          //SD 卡传输操作:读/写
13    DMA_HandleTypeDef    * hdmarx;             //DMA 发送指针
```

```
14    DMA_HandleTypeDef    * hdmatx;                //DMA 接收指针
15  }SD_HandleTypeDef;
```

代码 25 - 2   SDIO 初始化结构体

```
01 typedef struct{
02    uint32_t ClockEdge;
03    uint32_t ClockBypass;
04    uint32_t ClockPowerSave;
05    uint32_t BusWide;
06    uint32_t HardwareFlowControl;
07    uint32_t ClockDiv;
08 }SDIO_InitTypeDef;
```

代码 25 - 2 中的结构体用于配置 SDIO 基本运行环境,如时钟分频、时钟沿、数据宽度等,它被 HAL_SD_Init() 调用,进行初始化。

(1)ClockEdge:主时钟 SDIO 产生 CLK 引脚时钟有效沿选择,可选上升沿或下降沿,它设定 SDIO 时钟控制寄存器(SDIO_CLKCR)的 NEGEDGE 位的值,一般选择设置为上升沿。

(2)ClockBypass:时钟分频旁路使用,可选使能或禁用。如果使能,则 SDIO 直接驱动 CLK 线输出时钟;如果禁用,则先使用 SDIO_CLKCR 寄存器的 CLKDIV 位分频 SDIOCLK,然后输出 CLK 线。一般选择禁用。

(3)ClockPowerSave:节能模式,可选使能或禁用。它设定 SDIO_CLKCR 寄存器的 PWRSAV 位的值。如果使能,CLK 线只有在总线激活时才有时钟输出;如果禁用,CLK 线输出时钟。

(4)BusWide:数据线宽度选择,可选 1 位数据总线、4 位数据总线或 8 位数据总线,系统默认是 1 位数据总线。初始化后在使能宽总线模式时可以将其设置为 4 位数据总线。

(5)HardwareFlowControl:硬件流控制选择,可选使能或禁用。此功能可以避免 FIFO 发送上溢或下溢错误。

(6)ClockDiv:时钟分频系数,设定 SDIO_CLKER 寄存器的 CLKDIV 位的值,设置 SDIOCLK 与 CLK 线时钟分频系数:CLK 线时钟频率＝SDIOCLK/([CLKDIV＋2])

代码 25 - 3   SD 卡信息结构体

```
01 typedef struct{
02    HAL_SD_CSDTypedef     SD_csd;         //SD card specific data register
03    HAL_SD_CIDTypedef     SD_cid;         //SD card identification number register
04    uint64_t              CardCapacity;   //Card capacity
05    uint32_t              CardBlockSize;  //Card block size
06    uint16_t              RCA;            //SD relative card address
07    uint8_t               CardType;       //SD card type
08 }HAL_SD_CardInfoTypedef;
```

此结构体用于获取 SD 卡的信息,如 ID、卡类型等。

25.11　SDIO 编程关键步骤

SDIO 编程关键步骤总结如下。
(1)初始化 SD 卡,选定时钟沿、数据线宽和分频系数。
(2)调用函数使能 4 位宽总线操作。
(3)SDIO 外设初始化,使能时钟及配置相关引脚。
(4)在 main()中定义相关的变量,如 SD 卡块的大小。
(5)编写擦除与读写测试函数,并在主函数中调用。

25.12　SDIO/SD 卡读写代码分析

bsp_sdcard.c 初始化配置 SD 卡。

代码 25 - 4　SD 卡初始化配置

```
01 SD_HandleTypeDef              hsdcard;
02 HAL_SD_CardInfoTypedef        SDCardInfo;
03 void MX_SDIO_SD_Init(void)
04 {
05     hsdcard. Instance = SDIO;
06     hsdcard. Init. ClockEdge = SDIO_CLOCK_EDGE_RISING;
07     hsdcard. Init. ClockBypass = SDIO_CLOCK_BYPASS_DISABLE;
08     hsdcard. Init. ClockPowerSave = SDIO_CLOCK_POWER_SAVE_DISABLE;
09     hsdcard. Init. BusWide = SDIO_BUS_WIDE_1B;
10     hsdcard. Init. HardwareFlowControl = SDIO_HARDWARE_FLOW_CONTROL_DISABLE;
11     hsdcard. Init. ClockDiv = 2;
12     HAL_SD_Init(&hsdcard,&SDCardInfo);
13     HAL_SD_WideBusOperation_Config(&hsdcard,SDIO_BUS_WIDE_4B);//设置为 4 位宽 SDIO 总线
14 }
```

代码 25 - 4 利用 SD_HandleTypeDef 定义结构体变量,完成对应配置即可,调用 HAL_SD_Init 进行初始化后,使能 4 位总线模式,将数据线宽度设置为 4 位。

代码 25 - 5　SDIO 外设初始化

```
01 void HAL_SD_MspInit(SD_HandleTypeDef   * hsd)
02 {
03     GPIO_InitTypeDef GPIO_InitStruct;
04     if(hsd - >Instance = = SDIO)
05     {
06         __HAL_RCC_SDIO_CLK_ENABLE();     //使能 SDIO 外设时钟
```

```
07          __HAL_RCC_GPIOC_CLK_ENABLE();    //使能 GPIO 端口时钟
08          __HAL_RCC_GPIOD_CLK_ENABLE();
09          /* SDIO GPIO Configuration
10          PC8 -------->SDIO_D0
11          PC9 -------->SDIO_D1
12          PC10 ------->SDIO_D2
13          PC11 ------->SDIO_D3
14          PC12 ------->SDIO_CK
15          PD2 -------->SDIO_CMD
16          */
17          GPIO_InitStruct.Pin = GPIO_PIN_8|GPIO_PIN_9|GPIO_PIN_10|GPIO_PIN_11
               |GPIO_PIN_12;
18          GPIO_InitStruct.Mode = GPIO_MODE_AF_PP;
19          GPIO_InitStruct.Speed = GPIO_SPEED_FREQ_HIGH;
20          HAL_GPIO_Init(GPIOC,&GPIO_InitStruct);
21          GPIO_InitStruct.Pin = GPIO_PIN_2;
22          GPIO_InitStruct.Mode = GPIO_MODE_AF_PP;
23          GPIO_InitStruct.Speed = GPIO_SPEED_FREQ_HIGH;
24          HAL_GPIO_Init(GPIOD,&GPIO_InitStruct);
25          HAL_NVIC_SetPriority(SDIO_IRQn,0,1);//SDIO 外设中断配置
26          HAL_NVIC_EnableIRQ(SDIO_IRQn);
27      }
28  }
```

代码 25-5 使能相应时钟、对 SDIO 相关的引脚进行配置、中断配置并使能中断。

代码 25-6　SD 卡擦除测试

```
01 typedef enum{FAILED = 0,PASSED = ! FAILED}TestStatus;
02 #define BLOCK_SIZE                512              //SD 卡块大小
03 #define NUMBER_OF_BLOCKS          8                //测试块数量(小于 15)
04 #define WRITE_READ_ADDRESS        0x00000000       //测试读写地址
05 uint32_t Buffer_Block_Tx[BLOCK_SIZE * NUMBER_OF_BLOCKS];    //写数据缓存
06 uint32_t Buffer_Block_Rx[BLOCK_SIZE * NUMBER_OF_BLOCKS];    //读数据缓存
07 HAL_SD_ErrorTypedef sd_status;                    //HAL 库函数操作 SD 卡函数返回
                                                      值:操作结果
08 TestStatus test_status;                           //数据测试结果
09 void SD_EraseTest(void)
10 {
11     //第 1 个参数为 SD 卡结构体,第 2 个参数为擦除起始地址,第 3 个参数为擦除结束地址
12     sd_status = HAL_SD_Erase(&hsdcard,WRITE_READ_ADDRESS,
           WRITE_READ_ADDRESS + BLOCK_SIZE * NUMBER_OF_BLOCKS * 4);
13     if(sd_status = = SD_OK)
14     {
```

```
15      //读取刚刚擦除的区域
16      sd_status = HAL_SD_ReadBlocks(&hsdcard,Buffer_Block_Rx,WRITE_READ_ADDRESS,BLOCK_
        SIZE,NUMBER_OF_BLOCKS);
17      //把擦除区域读出来对比
18      test_status = eBuffercmp(Buffer_Block_Rx,BLOCK_SIZE * NUMBER_OF_BLOCKS);
19      if(test_status = = PASSED)
20          printf("》擦除测试成功! \n");
21      else
22          printf("》擦除不成功,数据出错! \n");
23      }
24      else printf("》擦除测试失败! 部分 SD 卡不支持擦除,只要读写测试通过即可\n");
25   }
26 }
```

代码 25-6 首先进行宏定义和声明相关变量,然后是擦除测试函数。擦除测试函数调用 HAL_SD_Erase() 将 SD 卡擦除,擦除从 WRITE_READ_ADDRESS 开始,第三个参数是擦除结束地址,然后调用 HAL_SD_ReadBlocks 读取刚刚擦除区域的数据保存在 Buffer_Block_Rx 中,最后通过检测缓冲区的数据是否为 0xff 或 0(SD 卡擦除后的可能值为 0xff 或 0),得出是否擦除成功。

代码 25-7　SD 卡读写测试

```
01 void SD_Write_Read_Test(void)
02 {
03    //填充数据到写缓存
04    Fill_Buffer(Buffer_Block_Tx,BLOCK_SIZE * NUMBER_OF_BLOCKS,0x32F1);
05    //向 SD 卡写入数据
06    sd_status = HAL_SD_WriteBlocks(&hsdcard,Buffer_Block_Tx,WRITE_READ_ADDRESS,BLOCK_SIZE,
      NUMBER_OF_BLOCKS);
07    printf("write status: % d\n",sd_status);
08    HAL_Delay(500);
09    //从 SD 卡读取数据
10    sd_status = HAL_SD_ReadBlocks(&hsdcard,Buffer_Block_Rx,WRITE_READ_ADDRESS,BLOCK_SIZE,
      NUMBER_OF_BLOCKS);
11    printf("read status: % d\n",sd_status);
12    //比较数据
13    test_status = Buffercmp(Buffer_Block_Tx,Buffer_Block_Rx,BLOCK_SIZE * NUMBER_OF_BLOCKS/
4);//比较
14    if(test_status = = PASSED)printf("》读写测试成功! \n");
15    else printf("》读写测试失败! \n ");
16 }
```

代码 25-7 将数据填入缓冲区,调用 HAL_SD_WriteBlocks(　)将缓冲区的数据写入 SD 卡,延时一段时间,再将数据读出,与写入的数据进行比较,得出测试结果。

代码 25 - 8　主函数 main( )

```
01 int main(void)
02 {
03     HAL_SD_TransferStateTypedef State;
04     HAL_Init();                        //复位所有外设,初始化 Flash 接口和系统滴答定时器
05     SystemClock_Config();              //配置系统时钟
06     MX_DEBUG_USART_Init();             //初始化串口并配置串口中断优先级
07     MX_SDIO_SD_Init();                 //初始化 SD 卡
08     printf("SD 卡操作测试\n");
09     State = HAL_SD_GetStatus(&hsdcard);//获取 SD 卡初始化状态
10     if(State = = SD_TRANSFER_OK)
11     {
12         printf("SD 卡初始化成功\n");
13     }
14     else
15     {
16         printf("SD 卡初始化失败\n");
17         while(1);//停机
18     }
19     sd_status = HAL_SD_Get_CardInfo(&hsdcard,&SDCardInfo);//获取 SD 卡信息
20     if(sd_status = = SD_OK)
21     {
22         printf("CardType is:% d\n",SDCardInfo. CardType);
23         printf("CardCapacity is:0x % 11X\n",SDCardInfo. CardCapacity);
24         printf("CardBlockSize is:% d\n",SDCardInfo. CardBlockSize);
25         printf("RCA is:% d\n",SDCardInfo. RCA);
26         printf("ManufacturerID is:% d \n",SDCardInfo. SD_cid. ManufacturerID);
27     }
28     SD_EraseTest();                    //擦除测试
29     SD_Write_Read_Test();              //读写测试
30     for(;;){;}                         //无限循环
31 }
```

代码 25 - 8 将 SD 卡相关进行初始化后,打印出 SD 卡信息,最后对 SD 卡进行擦除和读写测试。

25.13　运行验证

将一张容量不大于 32GB 的 Micro SD 卡插入实验板上的 Micro SD 卡槽;使用合适的 USB 线连接至标识有"调试串口"的 USB 接口,在计算机端打开串口助手软件,设置参数为

115200 - 8 - 1 - N - N,打开串口；将 ST - link 正确接至标识有"SWD 调试器"字样的 4 针接口，下载程序至实验板并运行；在串口调试助手窗口可接收到信息，如图 25 - 18 所示。

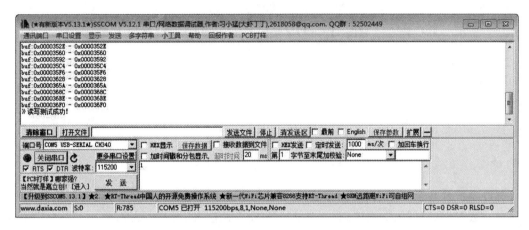

图 25 - 18　SD 卡读写测试

思考题

STM32F1 HAL 库读写 SD 卡的操作要点是什么？

第 26 章 基于 SD 卡的 FatFS 文件系统

26.1 文件系统

　　文件系统是基于操作系统,用来管理和组织保存在磁盘驱动器上的数据的系统软件。它通过对数据存储布局、空间管理、文件命名和安全控制等方面的管理,解决了如何有效地存储数据的问题。可以说通过文件系统,实现了数据的完整性,也就是保证了写入磁盘的数据和随后读出的数据的一致性,同时也实现了数据读写的简单化和安全性。文件系统除了保存和管理以文件方式存储的数据外,同样也将文件及文件系统自身的一些重要信息,如文件的权限、大小、修改日期、属主和存储位置等存放到磁盘上,这些信息称为文件系统的元数据。文件系统是操作系统与磁盘设备之间交互的一个桥梁,通过文件系统可实现数据的合理组织和有效存取,表现在操作系统上就是对文件和目录的管理。

　　在使用文件系统前,要先对存储介质进行格式化。格式化即先擦除原来的内容,在存储介质上新建一个文件分配表和目录。这样,文件系统就可以记录数据存放的物理地址和剩余空间。

　　使用文件系统时,数据都以文件的形式存储。当写入新文件时,先在目录中创建一个文件索引,索引指示了文件存放的物理地址,再把数据存储到该地址中。当需要读取数据时,可以从目录中找到该文件的索引,进而在相应的地址中读取数据。另外,读取数据还涉及逻辑地址、簇大小、不连续存储等一系列辅助结构或处理过程。

　　文件系统在存取数据时,不再是简单地向某物理地址直接读写,而是要遵循它的读写格式。例如,经过逻辑转换,一个完整的文件可能被分成多段存储到不连续的物理地址,可使用目录或链表的方式来获知下一段的位置。

26.2 FatFS 简介

　　随着信息技术的发展,社会的信息量越来越大,以往由单片机构成的系统简单地对存储媒介按地址、按字节的读/写已不能满足人们实际应用的需要,于是利用文件系统对存储媒介进行管理成为今后单片机系统的一个发展方向。目前,常用的文件系统主要有微软的FAT16、FAT32、NTFS 及 Linux 系统下的 EXT2 和 EXT3 等。由于 Windows 的广泛应用,因此在当前消费类电子产品中使用最多的还是 FAT 文件系统,如 U 盘、MP3、MP4 和数码照相机等,所以找到一款容易移植、方便使用、占用硬件资源相对较小而功能又强大的 FAT 开源文件系统,对于单片机系统设计者来说是很重要的。

　　FatFS 模块是一种完全免费开源的 Fat 文件系统模块,专门为小型的嵌入式系统而设计。FatFS 的编写遵循标准 C 语言,且完全独立于 I/O 层,因此不依赖于硬件平台。它可以被移植到低价的微控制器系统中,如 8051、PIC、AVR、SH、Z80、H8 和 ARM 等系列微处理器上,且只需做简单的修改。FatFS 模块支持 FATl2、FATl6 和 FAT32,支持多种存储媒介,

图 26-1　FatFS 文件系统结构

有独立的缓冲区,可以对多个文件进行读/写,并特别对 8 位、16 和 32 位单片机做了优化。FatFS 文件系统结构如图 26-1 所示。

　　图 26-1 中最顶层是应用层,用户只需要调用 FatFS 提供给的一系列接口函数即可,如 f_open()、f_read()、f_write()等函数。中间层是 FatFS 模块,实现了 FAT 文件读/写协议,一般不用修改,使用时直接将头文件包含即可。需要编写移植代码的是 FatFS 模块提供的底层接口,包括存储媒介读/写接口和供给文件创建修改时间的实时时钟。FatFS 的源代码可以在网址 http://elm-chan.org/fsw/ff/00index_e.html 下载,也可以使用 STM32CubeMX 软件直接生成 FatFS 的源代码。下面介绍如何使用 STM32CubeMX 直接生成 FatFS 源代码。为了适配 SPI 串行 Flash 工程,对源代码进行了必要的修改。

30.3　使用 STM32CubeMX 生成工程

（1）中间件选择 FatFS 选项下的 SD Card,如图 26-2 所示。

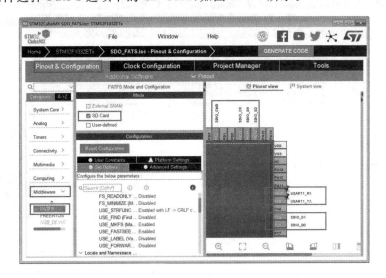

图 26-2　FatFS 文件系统生成

(2)FatFS 配置:CODE_PAGE 明确目标系统使用的 OEM 代码页;FS_NORTC 明确没有 RTC,禁用时间戳,如图 26-3 所示,单击"生成代码"生成工程文件。

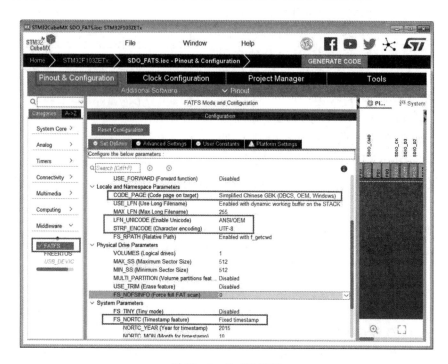

图 26-3　FatFS 配置

(3)开启 DMA,用于从 SD 卡读取数据到缓冲区,如图 26-4 所示。

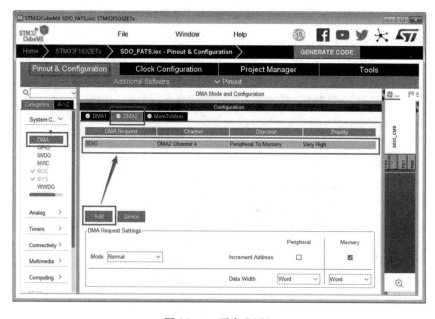

图 26-4　开启 DMA

26.4　SDIO - FatFS 文件系统功能使用外设结构体分析

代码 26 - 1　输入/输出操作函数结构体

```
01 //存储设备输入/输出操作函数类型定义
02 typedef struct{
03 {
04     DSTATUS( * disk_initialize)(BYTE);                    //初始化存储设备函数指针
05     DSTATUS( * disk_status)(BYTE);                        //获取存储设备状态函数指针
06     DRESULT( * disk_read)(BYTE,BYTE * ,DWORD,UINT);       //从存储设备读取扇区数据函数
指针
07 #if_USE_WRITE = = 1                                       //当_USE_WRITE = 1 时才有效
08     DRESULT( * disk_write)(BYTE,const BYTE * ,DWORD,UINT);//写数据到存储设备扇区内函数
指针
09 #endif //_USE_WRITE = = 1
10 #if_USE_IOCTL = = 1 //当_USE_IOCTL = 1 时才有效
11     DRESULT( * disk_ioctl)(BYTE,BYTE,void * );            //输入/输出控制操作函数指针
12 #endif //_USE_IOCTL = = 1
13 }Diskio_drvTypeDef;
```

代码 26 - 1 为存储设备输入/输出操作函数的类型定义,包括设备的初始化、设备状态、从存储设备读取扇区数据函数等。

代码 26 - 2　存储设备类型结构体

```
01 //存储设备类型定义
02 typedef struct{
03 {
04     uint8_t is_initialized[_VOLUMES];     //存储设备初始化状态
05     Diskio_drvTypeDef * drv[_VOLUMES];    //存储设备输入/输出操作函数
06     int8_t lun[_VOLUMES];                 //存储设备逻辑分区编号
07     __IO uint8_t nbr;                     //存储设备在 FatFS 中的设备编号
08 }Disk_drvTypeDef;
```

代码 26 - 2 为存储设备类型定义,该结构体成员用于存放存储设备初始化、指向存储设备输入/输出操作函数,以及存放一些设备的信息。

26.5　SDIO - FatFS 文件系统功能应用编程关键步骤

SDIO - FatFS 文件系统功能应用编程关键步骤总结如下。

(1)初始化 SD 卡,选定时钟沿、数据线宽及分频系数。

（2）调用函数使能 4 位宽总线操作。

（3）初始化 SD 卡外设。

（4）编写 SD 卡与 FatFS 文件系统桥接函数。

（5）编写 FatFS 文件系统相关函数，如文件系统操作结果信息处理函数及多项功能测试函数。

（6）使用 SD 卡前挂载文件系统，文件系统挂载时会对 SD 卡初始化。

（7）调用函数实现对 SD 卡多项功能的测试。

26.6 SDIO–FatFS 文件系统功能使用代码分析

diskio. c 和 sd_diskio. c 及 ff_fen_drv. c 这 3 个文件是驱动文件系统和 SD 卡的根本文件。

26.6.1 diskio. c 文件内容

FatFS 文件系统与底层介质的驱动是分离的，对底层介质的操作都交给用户去实现，它仅仅是提供了一个函数接口而已。diskio. c 文件的函数内容需要用户自行添加代码，实现接口函数与 SD 卡驱动相连接。但使用 STM32CubeMX 软件生成时，并不需要对其进行编写，因为本身此函数内容为空。diskio. c 文件含有 6 个接口函数。

代码 26 - 3   磁盘控制功能原型

```
01 DSTATUS          disk_initialize(BYTE pdrv);
02 DSTATUS          disk_status(BYTE pdrv);
03 DRESULT          disk_read(BYTE pdrv,BYTE * buff,DWORD sector,UINT count);
04 DRESULT          disk_write(BYTE pdrv,const BYTE * buff,DWORD sector,UINT count);
05 DRESULT          disk_ioctl(BYTE pdrv,BYTE cmd,void * buff);
06 DWORD            get_fattime(void);
```

代码 26 - 3 中的 6 个函数都是操作底层介质的函数，使用 STM32CubeMX 生成后无须进行修改。

26.6.2 sd_diskio. c 文件内容

结合 diskio. c 和 sd_diskio. c 文件，可以发现 HAL 库使用结构体进行了很好的对接。sd_diskio. c 文件的内容就是具体的操作。代码 26 - 4 对 SD 卡进行了初始化配置。

代码 26 - 4   SD 卡初始化配置

```
01/ * * 函数功能:初始化物理设备
02  * 输入参数:pdrv:物理设备编号
03  * 返 回 值: DSTATUS:操作结果
04  * 说      明:无   */
05 DSTATUS SD_initialize(BYTE lun)
06 {
```

```
07 Stat = STA_NOINIT;
08 MX_SDIO_SD_Init();//初始化 SDIO 外设
09 if(HAL_SD_GetStatus(&hsdcard) = = SD_TRANSFER_OK) //获取 SD 卡状态
10 {
11 Stat & = ～STA_NOINIT;
12}
13 return Stat;
14 }
```

代码 26-4 在 SD 卡未初始化的状态下,调用 MX_SDIO_SD_Init()初始化 SD 卡,完成后获取 SD 卡的状态,最后返回 SD 卡验证是否初始化。

代码 26-5　定义 SD 卡接口函数

```
01                   //定义 SD 卡接口函数
02 const Diskio_drvTypeDef SD_Driver = {
03     SD_initialize,//SD 卡初始化
04     SD_status, //SD 卡状态获取
05     SD_read,   //SD 卡读数据
06 # if USE_WRITE = = 1
07     SD_write,  //SD 卡写数据
08 #endif         //_USE_WRITE = = 1
09 # if USE_IOCTL = = 1
10     SD_ioctl,  //获取 SD 卡信息
11 #endif         //_USE_IOCTL = = 1
12 };
```

sd_diskio.c 文件开始对部分 SD 卡接口函数进行定义,代码 26-5 中,使用结构体 Diskio_drvTypeDef 的指针指向 SD_Driver 的成员函数()函数。

代码 26-6　初始化物理设备

```
01 / * 函数功能:初始化物理设备
02  * 输入参数:pdrv:物理设备编号
03  * 返 回 值:DSTATUS:操作结果
04  * 说    明:无     * /
05 DSTATUS disk_initialize(BYTE pdrv / * Physical drive number to identify the drive * /)
06 {
07 DSTATUS stat = RES_OK;
08 if(disk.is_initialized[pdrv] = = 0)
09 {
10 disk.is_initialized[pdrv] = 1;
11stat = disk.drv[pdrv] - >disk_initialize(disk.lun[pdrv]);
12 }
13 return stat;
14 }
```

代码 26-6 为 diskio.c 文件中的初始化物理设备函数 disk_initialize()。文件系统的一些函数调用 disk_initialize()接口来进行底层存储媒介的初始化。

代码 26-7　从 SD 卡读取数据到缓冲区

```
01 /* 函数功能：从 SD 卡读取数据到缓冲区
02  * 输入参数：lun：只用于 USB 设备以添加多个逻辑分区,否则设置 lun 为 0,本函数中未用
03  *       buff:存放读取到数据缓冲区指针
04  *       sector:扇区地址(LBA)
05  *       count:扇区数目
06  * 返 回 值：DSTATUS:操作结果   */
07 DRESULT SD_read(BYTE lun,BYTE * buff,DWORD sector,UINT count)
08 {
09 DRESULT res = RES_OK;
10 if((DWORD)buff&3)
11 {
12 DWORD scratch[BLOCK_SIZE/4];
13 while(count - -)
14 {
15 res = SD_read(lun,(void *)scratch,sector + + ,1);
16 if(res ! = RES_OK)
17 {
18 break;
19 }
20 memcpy(buff,scratch,BLOCK_SIZE);
21 buff + = BLOCK_SIZE;
22 }
23 return res;
24 }
25 if(HAL_SD_ReadBlocks_DMA(&hsdcard,(uint32_t * )buff,(uint64_t)(sector
 * BLOCK_SIZE),BLOCK_SIZE,count) ! = SD_OK)
26 {
27 res = RES_ERROR;
28 }
29 if(res = = RES_OK)
30 {
31 if(HAL_SD_CheckReadOperation(&hsdcard,0xFFFFFFFF)! = SD_OK)
32 {
33 res = RES_ERROR;
34 }
35 }
36 return res;
37 }
```

代码 26－7 中的函数用于从存储设备指定地址开始读取一定数量的数据到指定存储区内。调用 HAL_SD_ReadBlocks_DMA()使用 DMA 传输。SD 卡数据操作是使用 DMA 传输的,并设置数据尺寸为 32 位。为了能够正确传输数据,要求存储区是 4 字节对齐。在某些情况下,FatFS 提供的 buff 地址不是 4 字节对齐,如果不是 4 字节对齐,则先申请一个 4 字节对齐的临时缓冲区,即局部数字变量 scratch,将其定义为 DWORD 类型可以使其自动 4 字节对齐,使用 memcry()将 scratch 内容复制到 buff 地址空间上即可。最后检测 SD 读操作是否正常。

写操作函数与读操作类似,也是先进行判断,如果是,就直接调用 HAL _ SD _ WriteBlocks()。与读操作不同的是,写操作没有使用 DMA 传输。

26.6.3　ff_gen_drv.c 文件内容

代码 26－8　注册一个 FatFS 设备

```
01/ * 函数功能:链接一个存储设备并且增加当前活动的设备数目
02 * 输入参数:drv:存储设备输入输出操作函数结构体指针
03   * path:逻辑设备路径缓冲区指针
04 *           lun:只用于 USB 设备以添加多个逻辑分区,否则设置 lun 为 0
05 * 返 回 值:0:操作成功,1:操作出错
06 * 说       明:FatFS 最大支持活动设备数目为 10 个 */
07 uint8_t FatFS_LinkDriverEx(Diskio_drvTypeDef * drv,char * path,uint8_t lun)
08 {
09 uint8_t ret = 1;
10 uint8_t DiskNum = 0;
11 if(disk. nbr < = _VOLUMES)
12 {
13 disk. is_initialized[disk. nbr] = 0;
14 disk. drv[disk. nbr] = drv;
15 disk. lun[disk. nbr] = lun;
16 DiskNum = disk. nbr + + ;
17 path[0] = DiskNum + '0';
18 path[1] = ':';
19 path[2] = '/';
20 path[3] = 0;
21 ret = 0;
22 }
23 return ret;
24 }
```

代码 26－8 中的函数用于连接兼容的磁盘 I/O 驱动,并增加已激活连接的驱动的数量,如果成功,则返回 0,如果失败,则返回 1。由于 FatFS 方面的限制,所连接的磁盘最大数目(_VOLUMES)为 10 个。

26.6.4 main.c 文件内容

main.c 文件包含系统时钟的配置函数、主函数,3 个基于 SD 卡的 FatFS 文件系统功能
测试函数和一个文件系统错误信息处理函数。

代码 26-9　主函数 main()

```
01 int main(void)
02 {
03     HAL_Init();                    //复位所有外设,初始化 Flash 接口和系统滴答定时器
04     SystemClock_Config();          //配置系统时钟
05     MX_DEBUG_USART_Init();         //初始化串口并配置串口中断优先级
06     printf(" ****** 这是一个基于 SD 卡的 FatFS 文件系统功能使用 ****** \n");
07     if(FatFS_LinkDriver(&SD_Driver,SDPath) = = 0)//注册一个 FatFS 设备:SD 卡
08     {
09         //在 SD 卡前挂载文件系统,文件系统挂载时会对 SD 卡初始化
10         f_res = f_mount(&fs,(TCHAR const * )SDPath,1);
11         printf_FatFS_error(f_res);
12         if(f_res! = FR_OK)
13         {
14             printf("!! SD 卡挂载文件系统失败。\n");
15             for(;;);
16         }
17         else
18         {
19             printf("》SD 卡文件系统挂载成功,可以进行测试。\n");
20         }
21         f_res = miscellaneous();//FatFS 多项功能测试
22         printf("\n************** 文件信息获取测试 ************** \r\n");
23         f_res = file_check();
24         printf(" **************** 文件扫描测试 **************** \r\n");
25         strcpy(fpath,SDPath);
26         scan_files(fpath);
27         f_res = f_mount(NULL,(TCHAR const * )SDPath,1);//不再使用,取消挂载
28     }
29     FatFS_UnLinkDriver(SDPath); //注销一个 FatFS 设备:SD 卡
30     for(;;){;}                   //无限循环
31 }
```

代码 26-9 首先对外设、时钟和串口进行初始化,然后调用 FatFS_LinkDriver()注册一
个 FatFS 设备。使用 FatFS 前先使用 f_mount()挂载工作区。f_mount()有 3 个形参:第一
个参数为指向 FatFS 变量指针,如果赋值为 NULL,则可以取消物理设备挂载;第二个参数
为逻辑设备编号,使用设备根据路径表示,与物理设备编号挂钩;第三个参数可选 0 和 1,其

中 1 表示立即挂载,0 表示不立即挂载,延迟挂载。f_mount()返回一个 FRESULT 类型的值,指示运行情况。

26.7　运行验证

将一张容量不大于 32GB 的 Micro SD 卡插入实验板上的 SD 卡槽;使用合适的 USB 线连接至标识有"调试串口"的 USB 接口,在计算机端打开串口助手软件,设置参数为 115200 - 8 - 1 - N - N,打开串口;将 ST - link 正确接至标识有"SWD 调试器"字样的 4 针接口,下载程序至实验板并运行,在串口调试助手窗口可接收到信息,如图 26 - 5 所示。

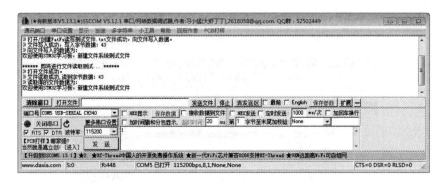

图 26 - 5　基于 SD 卡的文件系统测试信息反馈

思考题

FatFs 模块有何特点? 主要应用在哪些系统中?

第 27 章 基于串行 Flash 的 FatFS 文件系统

27.1 使用 STM32CubeMX 生成工程

(1)FatFS 与 SD 卡文件系统的不同之处是,需要选中"用户自定义"复选框,Flash 扇区最大为 4096,如图 27-1 所示。

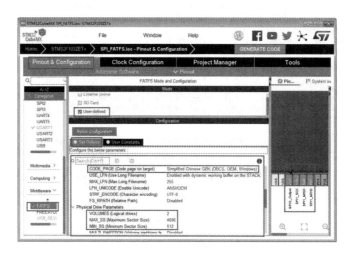

图 27-1 配置 FatFS 文件系统

(2)配置 SPI 引脚,如图 27-2 所示,单击"生成代码"生成工程文件。

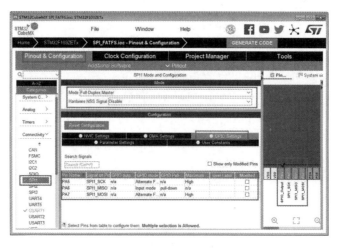

图 27-2 配置 SPI 引脚

27.2　基于串行 Flash 的 FatFS 文件系统编程关键步骤

SPI -基于串行 Flash 的 FatFS 文件系统编程关键步骤总结如下。
(1)初始化串行 Flash 结构体的各成员。
(2)使能 SPI 外设时钟和相关引脚时钟,并配置相关引脚。
(3)对 Flash 进行相关宏定义,以方便 FatFS 操作。
(4)编写 SPI 和 FatFS 的接口函数。
(5)在主函数中调用相关函数对 SPI 基于串行 Flash 的 FatFS 进行操作。

27.3　基于串行 Flash 的 FatFS 文件系统代码分析

与基于 SD 卡的 FatFS 文件类似,最主要的是编写 spiFlash_diskio.c 文件中的接口函数。

27.3.1　spiFlash_diskio.c 文件内容

代码 27-1　相关宏定义

```
01 # define SPI_Flash_REBUILD        1 //1 = 使能格式化串行 Flash,0 = 禁用格式化串行 Flash
02 # define SPI_Flash_SECTOR_SIZE    4096 //串行 Flash 扇区大小
03 # define SPI_Flash_START_SECTOR   1792 //串行 Flash 文件系统 FatFS 偏移量
04 # define SPI_Flash_SECTOR_COUNT   2304 //串行 Flash 文件系统 FatFS 占用扇区个数
```

代码 27-1 对是否使能格式化、串行 Flash 扇区大小、偏移量和所占扇区个数进行了宏定义。

代码 27-2　串行 Flash 初始化配置

```
01 / *
02  * 函数功能:串行 Flash 初始化配置
03  * 输入参数:lun,逻辑分区数
04  * 返回值:无
05  * 说　明:无
06  * /
07 DSTATUS SPIFlash_initialize(BYTE lun)
08 {
09 # if SPI_Flash_REBUILD = = 1
10      static uint8_t unformatted = 1;;              //未格式化
11 # endif
12      Stat = STA_NOINIT;
13      MX_SPIFlash_Init();                           //初始化 SPIFlashIO 外设
```

```
14          if(SPI_Flash_ReadID( ) = = SPI_Flash_ID)        //获取串行 Flash 状态
15          {
16  # if SPI_Flash_REBUILD = = 1
17              if(unformatted)
18              {
19                  SPI_Flash_SectorErase(SPI_Flash_START_SECTOR * SPI_Flash_SECTOR_SIZE);
20                  unformatted = 0;
21              }
22  # endif
23              Stat & = ~STA_NOINIT;
24          }
25      return Stat;
26  }
```

代码 27 - 2 首先判断是否使能格式化,然后定义标志位变量 unformatted=1,将 STA_NOINIT(未初始化)赋值给 Stat,接着调用 MX_SPIFlash_Init()对 SPI 外设进行初始化,读取 Flash ID 进行判断;利用 unformatted 来判断是否擦除扇区;最后返回初始化状态。

代码 27 - 3 扇区读取

```
01 / * 函数功能:从串行 Flash 读取数据到缓冲区
02 * 输入参数:lun:只用于 USB 设备以添加多个逻辑分区,否则设置 lun 为 0,本函数中未用
03 *          buff:存放读取到数据缓冲区指针
04 *          sector:扇区地址(LBA)
05 *          count:扇区数目
06 * 返 回 值:DSTATUS:操作结果
07 * 说 明:无    * /
08 DRESULT SPIFlash_read(BYTE lun,BYTE * buff,DWORD sector,UINT count)
09 {
10 sector + = SPI_Flash_START_SECTOR;
11 SPI_Flash_BufferRead(buff,sector * SPI_Flash_SECTOR_SIZE,count * SPI_Flash_SECTOR_SIZE);
12 return RES_OK;
13 }
```

代码 27 - 3 所示的函数有 4 个形参。其中,buff 是 BYTE 类型指针变量,指向用来存放读取到数据的存储器首地址;sector 是 DWORD 类型变量,指定要读取数据的扇区首地址;count 是一个 UINT 类型变量,指定扇区数量。调用 bsp_spiFlash.c 文件中的 SPI_Flash_BufferRead()直接从串行 Flash 读取数据,保存在 buff。

代码 27 - 4 扇区写入

```
01 / *
02 * 函数功能:将缓冲区数据写入串行 Flash 内
03 * 输入参数:lun,逻辑分区数
04 * buff:存放待写入数据的缓冲区指针
05 * sector:扇区地址(LBA)
```

```
06 * count:扇区数目
07 * 返 回 值:DSTATUS,操作结果
08 * 说 明:无
09 */
10 #if_USE_WRITE = = 1
11 DRESULT SPIFlash_write(BYTE lun const BYTE * buff,DWORD sector,UINT count)
12 {
13     uint32_t write_addr;
14     //扇区偏移 7MB,外部 Flash 文件系统空间放在 SPIFlash 后面 9MB 空间
15     sector + = SPI_Flash_START_SECTOR;
16     write_addr = sector * SPI_Flash_SECTOR_SIZE;
17     SPI_Flash_SectorErase(write_addr);
18     SPI_Flash_BufferWrite((uint8_t * )buff,write_addr,count * SPI_Flash_SECTOR_SIZE);
19     return RES_OK;
20 }
21 #endif //_USE_WRITE = = 1
```

Flash 要求先擦除后写入,先调用 SPI_Flash_SectorErase(),再调用 SPI_Flash_BufferWrite()。

代码 27-5　输入/输出控制操作

```
01 /*
02 * 函数功能:输入/输出控制操作(I/O control operation)
03 * 输入参数:lun,逻辑分区数
04 * cmd:控制命令
05 * buff:存放待写入或读取数据的缓冲区指针
06 * 返 回 值:DSTATUS,操作结果
07 * 说 明:无
08 */
09 #if_USE_IOCTL = = 1
10  DRESULT SPIFlash_ioctl(BYTE lun,BYTE cmd,void * buff)
11  {
12     DRESULT res = RES_ERROR;
13     if(Stat & STA_NOINIT)return RES_NOTRDY;
14       switch(cmd)
15       {
16           case CTRL_SYNC:
17               res = RES_OK;
18               break;
19           case GET_SECTOR_COUNT://获取串行 Flash 总扇区数目(DWORD)
20               * (DWORD * )buff = SPI_Flash_SECTOR_COUNT;
21               res = RES_OK;
22               break;
```

```
23                case GET_SECTOR_SIZE://获取读写扇区大小(WORD)
24                    *(WORD *)buff = SPI_Flash_SECTOR_SIZE;
25                    res = RES_OK;
26                    break;
27                case GET_BLOCK_SIZE://获取擦除块大小(DWORD)
28                    *(DWORD *)buff = 1;
29                    res = RES_OK;
30                    break;
31            default:
32                    res = RES_PARERR;
33            }
34        return res;
35        }
36 #endif
```

代码 27-5 中的 cmd 为控制指令,包括确定是否有被挂起的写过程、获取扇区数目、获取扇区大小、获取擦除块大小等。

27.3.2 main.c 文件内容

代码 27-6 主函数 main()

```
01 char SPIFlashPath[4];//串行 Flash 逻辑设备路径
02 FatFS fs;//FatFS 文件系统对象
03 FIL file;//文件对象
04 FRESULT f_res;//文件操作结果
05 UINT fnum;//文件成功读写数量
06 BYTE ReadBuffer[1024] = {0};//读缓冲区
07 BYTE WriteBuffer[] = "欢迎学习 STM32,新建文件系统测试文件\n";
08 int main(void)
09 {
10 HAL_Init();//复位所有外设,初始化 Flash 接口和系统滴答定时器
11 SystemClock_Config();//配置系统时钟
12 MX_DEBUG_USART_Init();//初始化串口并配置串口中断优先级
13 printf("****** 这是一个基于 Flash 的 FatFS 文件系统实验 ****** \n");
14 //注册一个 FatFS 设备:串行 Flash
15 if(FatFS_LinkDriver(&SPIFlash_Driver,SPIFlashPath) == 0){
16 //在串行 Flash 挂载文件系统,文件系统挂载时会对串行 Flash 初始化
17 f_res = f_mount(&fs,(TCHAR const *)SPIFlashPath,1);
18 printf_FatFS_error(f_res);
19 /* ---------------------------- 格式化测试 ---------------------------- */
20 /* 如果没有文件系统就格式化创建文件系统 */
21 if(f_res == FR_NO_FILESYSTEM)
22 {
```

```
23 printf("》Flash 还没有文件系统,即将进行格式化 ...\n");
24 //格式化
25 f_res = f_mkfs((TCHAR const * )SPIFlashPath,0,0);
26 if(f_res = = FR_OK)
27 {
28 printf("》Flash 已成功格式化文件系统。\n");
29 //格式化后,先取消挂载
30 f_res = f_mount(NULL,(TCHAR const * )SPIFlashPath,1);
31 //重新挂载
32 f_res = f_mount(&fs,(TCHAR const * )SPIFlashPath,1);
33 }else{
34 printf("《《格式化失败。》》\n");
35 while(1);
36 }
37 }else if(f_res! = FR_OK)
38 {
39 printf("!! Flash 挂载文件系统失败。(%d)\n",f_res);
40 printf_FatFS_error(f_res);
41 while(1);
42}else{
43printf("》文件系统挂载成功,可以进行读写测试\n");
44 }
45 / * ------------------------- 文件系统测试:写测试 ------------------------- * /
46 //打开文件,如果文件不存在则创建它
47 printf(" ****** 即将进行文件写入测试 ... ****** \n");
48 f_res = f_open(&file,"FatFS 读写测试文件 .txt",FA_CREATE_ALWAYS|FA_WRITE );
49 if( f_res = = FR_OK )
50 {
51 printf("》打开/创建 FatFS 读写测试文件 .txt 文件成功,向文件写入数据。\n");
52 //将指定存储区内容写入到文件内
53 f_res = f_write(&file,WriteBuffer,sizeof(WriteBuffer),&fnum);
54 if(f_res = = FR_OK){
55 printf("》文件写入成功,写入字节数据:%d\n",fnum);
56 printf("》向文件写入的数据为:\n%s\n",WriteBuffer);
57 }else{
58 printf("!! 文件写入失败:(%d)\n",f_res);
59 }
60 f_close(&file); //不再读写,关闭文件
61 }else{
62 printf("!! 打开/创建文件失败。\n");
63 }
64 / * ------------------------- 文件系统测试:读测试 ------------------------- * /
```

```
65 printf(" ****** 即将进行文件读取测试 ... ****** \n");
66 f_res = f_open(&file,"FatFS读写测试文件.txt",FA_OPEN_EXISTING|FA_READ);
67 if(f_res == FR_Of_res = f_readK)
68 {
69 printf("》打开文件成功。\n");
70 (&file,ReadBuffer,sizeof(ReadBuffer),&fnum);
71 if(f_res == FR_OK)
72 {
73 printf("》文件读取成功,读到字节数据:%d\n",fnum);
74 printf("》读取得的文件数据为:\n%s \n",ReadBuffer);
75 }else{
76 printf("!! 文件读取失败:(%d)\n",f_res);
77 }
78 }else{
79 printf("!! 打开文件失败。\n");
80 }
81 f_close(&file);//不再读写,关闭文件
82 f_res = f_mount(NULL,(TCHAR const * )SPIFlashPath,1);//不再使用,取消挂载
83 }
84 FatFS_UnLinkDriver(SPIFlashPath);//注销一个 FatFS 设备:串行 Flash
85 for(;;){;}//无限循环
86 }
```

代码 27-6 先定义变量。使用文件系统前,先注册一个 FatFS 设备,然后再调用 f_mount()挂载文件系统。此函数有 3 个形参:第一个参数指向 FatFS 变量指针,如果赋值为 NULL,则可以取消物理设备挂载;第二个参数为逻辑设备变量,使用设备根路径表示,与物理设备编号连接,在函数前已有定义;第三个参数可选 0 或 1,1 表示立即挂载,0 表示不立即挂载,延迟挂载。在文件系统测试中,先进行写测试,然后进行读测试,其中需要用到 f_read()、f_write()、f_open()和 f_close()4 个函数。

```
f_read()和 f_write()的参数相同。
FRESULT f_read(
FIL * fp,      /* Pointer to the file object */
  void * buff, /* Pointer to data buffer */
  UINT btr,    /* Number of bytes to read */
  UINT * br    /* Pointer to number of bytes read */
)
```

上面函数中,第一个形参为指向将被读取的已打开的文件对象结构的指针;第二个参数为指向存储读取数据的缓冲区的指针;第三个参数为读取数据的字节数;第四个参数为指向返回已读取字节数的 UINT 变量的指针,返回为实际读取的字节数。

27.4　运行验证

使用合适的 USB 线连接至标识有"调试串口"的 USB 接口,在计算机端打开串口调试助手,设置参数为 115200 - 8 - 1 - N - N;将 ST - link 正确接至标识有"SWD 调试器"字样的 4 针接口,下载程序至实验板并运行,在串口调试助手窗口可接收到信息,如图 27 - 3 所示。

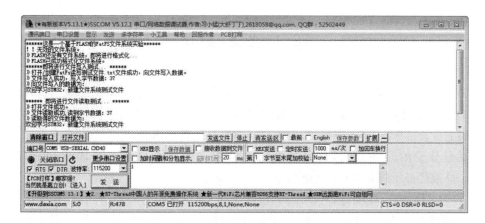

图 27 - 3　基于 Flash 的 FatFS 实验

思考题

简述串行 Flash 初始化的配置。

第 28 章 并行总线驱动 LCD

28.1 LCD 简介

LCD(Liquid Crystal Display)是液晶显示器的简称。

LCD 通过在两片平行的玻璃基板当中放置液晶盒,上基板玻璃上放置彩色滤光片,下基板玻璃上放置 TFT(Thin Film Transistor,薄膜晶体管),通过 TFT 上的信号与电压改变来控制液晶分子的转动方向,从而控制每个像素点偏振光出射与否而达到显示目的。TFT-LCD 液晶显示屏是 TFT 型液晶显示屏。

TFT-LCD 具有:亮度好、对比度高、层次感强、颜色鲜艳等特点,广泛应用于各类产品中,如常见的数码产品(如手表、计算器、手机、电视机、电子词典、平板计算机、计算机等)、实验设备(如示波器、数字万用表、游标卡尺),还用于大量的医疗器材和工业控制等专业设备中。

实验板布置了液晶显示器模块并行 16 位接口,适用于采用 ILI9488 作为驱动芯片的液晶,触摸接口适配于 XPT2046。

28.2 LCD 驱动芯片简介

LCD 显示控制器的主要作用是把接收到的其他信号模式转换成液晶屏制造所固有的显示分辨率,并输出驱动 LCD 屏所需要的各种信号。

28.2.1 驱动芯片结构

驱动芯片是 ILI9488,其内部结构如图 28-1 所示,可以参考《ILI9488.pdf》。

在图 28-1 的左上角,是 ILI9488 的主要控制信号线和配置引脚,可根据不同的状态设置将芯片工作在不同的模式,如每个像素点的位数是 8 位、16 位、18 位或 24 位;可选择 SPI接口或 8080 接口与微控制器进行通信。

图 28-1 的中部是显存 GRAM(Graphics RAM,图像内存),GRAM 中每个存储单元都对应着液晶面板的一个像素点。它右侧的各种模块共同作用把 GRAM 存储单元的数据转化成液晶面板的控制信号,使像素点呈现特定的颜色,而像素点组合起来就是一个要表达的东西,如一段文字或一幅图像。

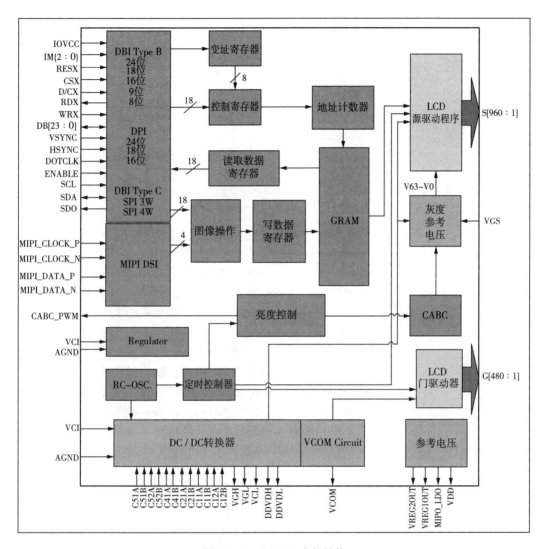

图 28-1　ILI9488 内部结构

28.2.2　像素点的数据格式

图像数据的像素点由红(R)、绿(G)、蓝(B)三基色组成,根据深浅程度三基色被分为 0～255 个级别,它们按照不同的比例混合可以形成色彩。根据描述像素点数据的长度,主要分为 8 位、16 位、18 位和 24 位。例如,以 8 位来描述的像素点可表示 $2^8=256$ 色,以 16 位描述的像素点可表示 $2^{16}=65536$ 色。

ILI9488 最高可以控制 24 位的 LCD,为了方便与 STM32F103ZET6 连接,采用 16 位模式。按照标准的格式,16 位的像素点的三基色描述的位数为 R:G:B=5:6:5,描述绿色的位数比较多是因为人眼对绿色更为敏感。

如图 28-2 所示,使用 16 位数据线时,像素点三基色和数据线的对应情况:DB0～DB4 为蓝色,DB5～DB10 为绿色,DB11～DB15 为红色。例如,若要使 R:G:B=5:6:5 与图

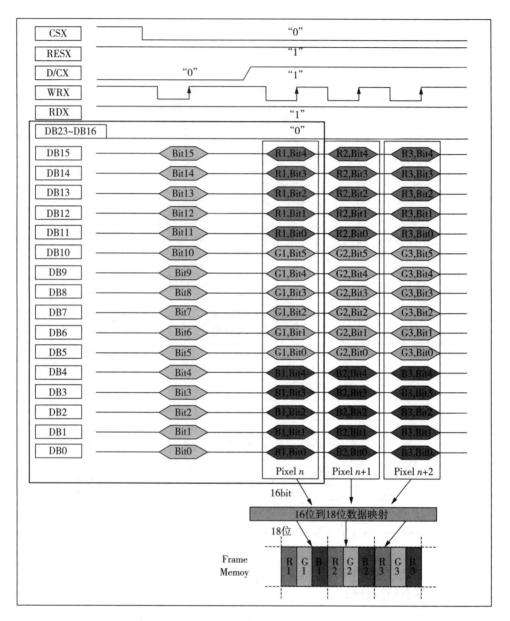

图 28 - 2 16 位数据与显存对应关系

28 - 2 对应控制 LCD 输出红色的像素点,那么需要在 GRAM 相应的地址填入 0xF800。

28.2.3 ILI9488 通信时序

ILI9488 使用 8080 通信时序时,8080 接口有 5 条基本控制信号线,尾部带 X 表示低电平有效。

(1)CSX:片选信号线。

(2)WRX:写使能信号线。

（3）RDX:读使能信号线。

（4）D/CX:区分数据和命令的信号线。

（5）RESX:复位信号线。

数据信号线位数是根据图 28 - 1 中的 IM[2 : 0]位来设定的,这里设置为 16 位数据线。

图 28 - 3 是使用 24 位数据线的 8080 接口写操作时序。以写操作时序为例,片选 CSX
信号线拉低开始,若 D/CX 信号线置低表示写入的是命令,则 D/CX 信号线置高表示写入的
是数据。WRX 表示低时写入。

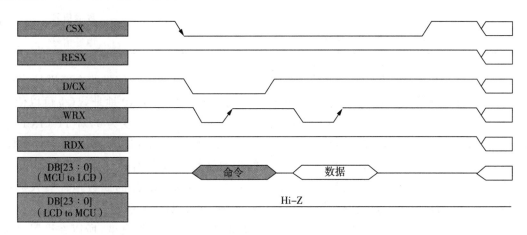

图 28 - 3　使用 24 位数据线的 8080 接口写操作时序

28.3　STM32 的 LCD 控制

将 TFTLCD 当作 SRAM 来控制,用 FSMC_NE4 来片选 TFTLCD。FSMC 控制
NORFlash 见表 28 - 1。

表 28 - 1　FSMC 控制 NORFlash 接口

FSMC 信号名称	信号方向	功能
CLK	输出	时钟(同步突发模式使用)
A[23 : 0]	输出	地址总线
D[15 : 0]	输入/输出	双向数据总线
NEx	输出	片选,$x=1,2,3,4$
NOE	输出	输出使能
NWE	输出	写使能
NWAIT	输入	NOR 闪存要求 FSMC 等待的信号

FSMC 控制 NORFlash 接口与 LCD 控制器 ILI9488 模拟 8080 的 5 条基本信号线除
D/CX信号线(区分数据 D 和命令 C 的信号线)外都有对应。FSMC - NOR 信号线与 8080

信号线对应见表 28-2。

表 28-2 FSMC-NOR 信号线与 8080 信号线对应

8080 信号线	功能	FSMC-NOR 信号线	功能
CSX	片选信号	NEx,x=1,2,3,4	片选
WRX	写使能	NWE	写使能
RDX	读使能	NOE	读使能
D[15:0]	数据信号	D[15:0]	数据信号
D/CX	数据/命令选择	A0	地址信号

表 28-2 可以看出,除 8080 的数据/命令选择线与 FSMC 的地址信号线有区别外,前 4 种信号线是完全一样的。此时,为了模拟出 8080 时序,将 FSMC 的 A0 地址线(也可以使用其他地址线)连接 8080 的 D/CX,当 FSMC 控制器输出地址 0 时,A0 变为 0,对 TFTLCD 来说,这是写命令。而 FSMC 控制器输出地址 1 时,A0 变为 1,对 TFTLCD 来说这是写数据。例如,当向地址为 0x6xxx xxx1、0x6xxx xxx3 的奇数地址写入数据时,地址线 A0 为高电平,这个数据被理解为数据;当向地址为 0x6xxx xxx0、0x6xxx xxx2 的偶数地址写入数据时,地址线 A0 为低电平,这个数据被理解为命令。这样就可以区分开数据和命令了。

STM32 支持 8 位、16 位、32 位数据宽度,TFTLCD 是 16 位数据宽度,所以在设置时选择 16 位宽。下面是 STM32FSMC 的外部设备地址映像。如图 28-4 所示,把外部存储器划分为固定大小为 256MB 的 4 个存储块。

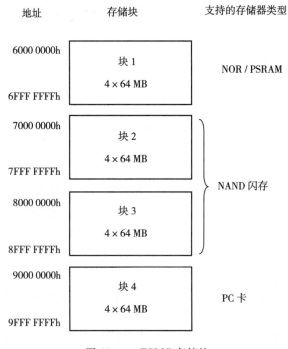

图 28-4 FSMC 存储块

从图 28-4 可知,FSMC 管理从 0x6000 0000 开始,到 0x9FFF FFFF 结束,共 4 个块,总共管理 1GB 空间。LCD 接口选用第一块,也就是存储块 1。

存储块 1(Bank1)被分为 4 个区,每个区管理 64MB 的空间,均有独立的寄存器对所连接的存储器进行配置,可以通过选择 HADDR[27∶26]来确定当前使用的是哪个 64BM 的分地址块,见表 28-3。

表 28-3　Bank1 存储区选择

Bank1 所选区	片选信号	地址范围	HADDR	
			[27∶26]	[25∶0]
第 1 区	FSMC_NE1	0X6000 0000～63FF FFFF	00	FSMC_A[25∶0]
第 2 区	FSMC_NE2	0X6400 0000～67FF FFFF	01	
第 3 区	FSMC_NE3	0X6800 0000～6BFF FFFF	10	
第 4 区	FSMC_NE4	0X6C00 0000～6FFF FFFF	11	

HADDR 需要转移到外部设备的内部 AHB 地址线,HADDR 是字节地址,而存储器访问不都是按字节访问,因此接到存储器的地址线根据存储器的数据宽度有所不同。如果数据宽度为 8 位,则 HADDR[25∶0]与 FSMC_A[25∶0]相连;如果数据宽度为 16 位,则 HADDR[25∶1]与 FSMC_A[24∶0]相连,HADDR[0]不接。

需要注意的是,HADDR[27∶26]的设置是不用干预的。例如,当选择 Bank1 的第 2 区时,对应的就是 FSMC_NE2 连接外部设备,即对应 HADDR[27∶26]=01,完成连接后,需要配置第 2 区的寄存器组,以适应外部设备。

选好地址后进行读写,关键是时序。对于 NORFlash 控制器,主要通过 FSMC_BCRx、FSMC_BTRx 和 FSMC_BWTTx 寄存器设置(其中 x=1,2,3,4,对应 4 个区)。通过这 3 个寄存器,可以设置 FSMC 访问外部存储器的时序参数。

FSMC 的 NORFlash 控制器分为异步模式和同步突发模式,其中异步模式分为普通模式 1 和普通模式 2,在两个普通模式下又有 A、B、C、D4 种扩展模式。FSMC 设置了 3 个时间参数:地址建立时间(ADDSET)、数据建立时间(DATAST)和地址保存时间(ADDHLD)。当选用异步模式的不同时序模型时,须设置不同的时序参数。

控制 TFTLCD 使用异步模式 A。模式 A 的读操作时序如图 28-5 所示。如果模式 A 支持独立的读、写操作时序控制,那么只要初始化时配置好,之后就不用再配置了。

图 28-6 是模式 A 的写操作时序,对比图 28-5 与图 28-6 可以发现,读操作比写操作多了两个 HCLK 周期。这两个 HCLK 周期用于数据的存储,所以通用的配置读操作一般比写操作会慢一些。读操作和写操作都有 ADDSET 和 DATAST,它们是通过不同的寄存器设置的。

图 28-7 为片选时序读操作宏寄存器 FSMC_BTRx(x=1,2,3,4),该寄存器包含了每个存储器块的控制信息,可用于 SRAM、ROM 和 NOR 闪存存储器。如果在 FSMC_BCRx 寄存器中设置了 EXTMOD 位,则有两个时序寄存器分别对应读操作 FSMC_BTRx 寄存器和写操作 FSMC_BWTRx 寄存器。

这里要用到的 3 个设置是 ACCMOD、DATAST 和 ADDSET。

(1)ACCMOD[1：0]：访问模式，可以选择 A、B、C、D 共 4 种访问模式，分别用 00、01、10 和 11 表示，因为这里用到的是模式 A，所以设置为 00。

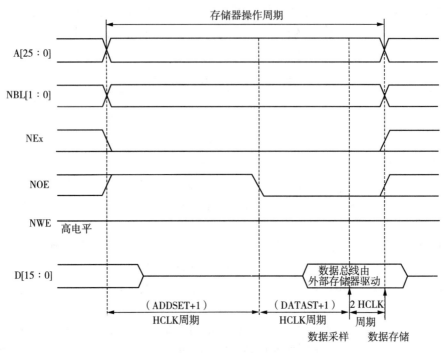

图 28-5　模式 A 的读操作时序

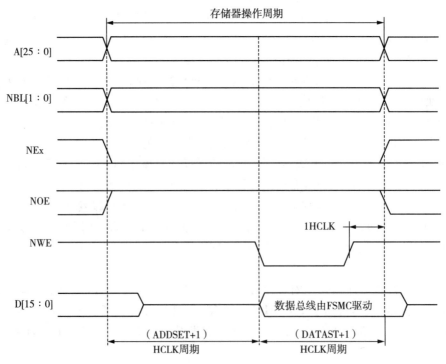

图 28-6　模式 A 的写操作时序

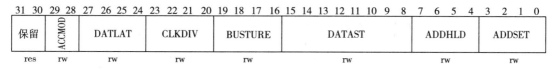

图 28-7　片选时序读操作寄存器 FSMC_BTRx(x=1,2,3,4)

（2）DATAST[7∶0]：数据建立时间，0 为保留设置。其他设置则代表保存时间为 DATAST 个 HCLK 时钟周期，最大为 255 个 HCLK 周期，现设置为 5。

（3）ADDSET[3∶0]：地址建立时间，最大设置为 16，这里设置为 2。ADDSET 和 DATAST 根据图 28-5 中读操作时序的计算可得出读周期的时间，也可以参考《ILI9488.PDF》来进行修改。

图 28-8 是片选时序写寄存器 FSMC_BTRx(x=1,2,3,4)该寄存器在用作写操作时序控制寄存器时，需要用到的设置和 FSMC_BTRx 是相同的，设置方法也与 FSMC_BTRx 一样。

图 28-8　片选时序写寄存器（FSMC_BWTRx）

28.4　LCD 应用电路设计

实验板布置了 LCD 接口，适配的驱动芯片为 ILI9488，使用 16 位总线。在 ILI9488 控制器接口的上方 5 个引脚与 XPT2046 触摸控制芯片连接。图 28-9 为液晶显示电器接口。

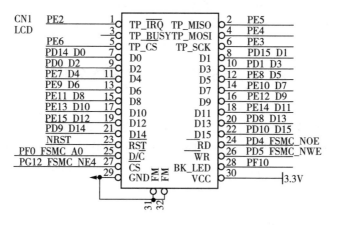

图 28-9　液晶显示电路接口

28.5　使用 STM32CubeMX 生成工程

（1）FSMC 及背光 GPIO 设置如图 28-10 所示。选择 FSMC 来控制 SRAM，1 位地址，将 A0 作为数据和命令的区分线，即将 D/C̄ 接到 A0；液晶背光的控制是选用 PF10 口；片选接在 FSMC_NE4 上；配置 FSMC，选择存储器类型及存储器块，然后使能写操作，填好地址建立时间和数据建立时间即可。

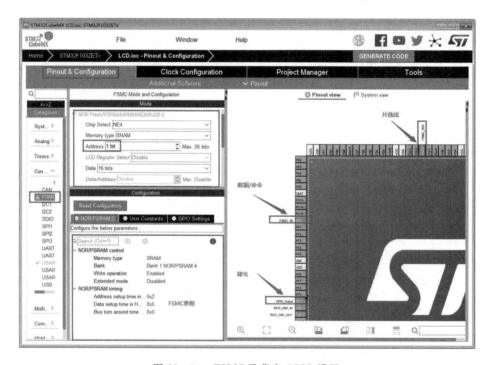

图 28-10　FSMC 及背光 GPIO 设置

（2）将控制背光的 I/O 口设置为推挽输出，初始为低电平，如图 28-10 所示。
（3）配置 USART1 参见第 10 章相关内容，单击"生成代码"按钮生成工程文件。

28.6　FSMC 外设结构体分析

驱动 TFTLCD 需要两种类型的结构体，第一种为 FSMC_NORSRAM_InitTypeDef，第二种为 FSMC_NORSRAM_TimingTypeDef。下面对这两种结构体成员进行详细说明。

代码 28-1　FSM_NORSRAM 配置结构体

```
01 typedef struct{
02    uint32_t NSBank;
03    uint32_t DataAddressMux;
```

```
04      uint32_t MemoryType;
05      uint32_t MemoryDataWidth;
06      uint32_t BurstAccessMode;
07      uint32_t WaitSignalPolarity;
08      uint32_t WrapMode;
09      uint32_t WaitSignalActive;
10      uint32_t WriteOperation;
11      uint32_t WaitSignal;
12      uint32_t ExtendedMode;
13      uint32_t AsynchronousWait;
14      uint32_t WriteBurst;
15  }FSMC_NORSRAM_InitTypeDef;
```

使用 FSMC 模拟 8080 接口，相当于操作 SRAM，此结构体主要用于 NOR Flash 的模式配置，包括存储器类型、数据宽度等。

（1）NSBank：选择外界存储器的地址空间。选择 Bank1：0X6C00 0000～0X6FFFF FFFF。

（2）DataAddressMux：本成员用于配置 FSMC 的数据线与地址线是否复用，可以选择复用和非复用。实验板用 FSMC 模拟 8080 接口，地址线 A0 提供 8080 的 D/$\overline{C}$ 信号，实际上只使用一根地址线。

（3）MemoryType：配置 FSMC 外界的存储器类型，可被配置为 NOR Flash 模式、PSRAM 模式和 SRAM 模式。

（4）MemoryDataWidth：设置 FSMC 接口的数据宽度，有 8 位或 16 位。对于 16 位宽度的外部存储器，在 STM32 地址映射到 FSMC 接口的结构中，HADDR 信号线需要转换到外部存储器的内部 AHB 地址线，是字节地址。在 16 位数据宽度下，实际访问地址为右移一位之后的地址。

（5）BurstAccessMode：配置访问模式。FSMC 对存储器的访问分为异步模式和突发模式。在异步模式下，每次传输数据都需要产生一个确定的地址；而突发模式可在开始提供一个地址后，把数据成组地连续写入。现采用异步模式，所以设置为 SMC_BURST_ACCESS_MODE_DISABLE。

（6）WaitSignalPolarity：配置等待信号极性，设置为低。（开启突发模式有效）

（7）WrapMode：配置是否使用非对齐方式。（开启突发模式有效）

（8）WaitSignalActive：配置等待信号何时产生。（开启突发模式有效）

（9）WriteOperation：写操作使能。如果被禁止了，则 FSMC 不产生写时序，但可以从存储器读出数据。本实验需要写时序，所以配置为使能。

（10）WaitSignal：配置是否使用等待信号。（开启突发模式有效）

（11）ExtendedMode：配置是否使用扩展模式。在扩展模式下，读操作时序和写操作时序可以使用独立时序模式，因为本实验中数据/地址线不复用，所以读、写操作时序中不同的 NADV 信号并没有影响，不使能。

（12）AsynchronousWait：是否使能异步等待。本实验板不使能。

（13）WriteBurst：是否允许突发写操作。

代码 28-2　FSM_NORSRAM 时序配置结构体

```
01 typedef struct{
02     uint32_t AddressSetupTime;
03     uint32_t AddressHoldTime;
04     uint32_t DataSetupTime;
05     uint32_t BusTurnAroundDuration;
06     uint32_t CLKDivision;
07     uint32_t DataLatency;
08     uint32_t AccessMode;
09 }FSMC_NORSRAM_TimingTypeDe
```

其中，AddressSetupTime 是地址建立时间，AddressHoldTime 是地址保持时间，Data-SetupTime 是数据建立时间，DataLatency 是数据延迟，AccessMode 是访问模式。

28.7　LCD 编程关键步骤

LCD 编程关键步骤总结如下。

（1）初始化相关引脚。

（2）配置 FSMC 模式，选择外界存储器的区域、数据宽度等。

（3）设置读操作与写操作时序。

（4）初始化 LCD 寄存器，根据厂家提供的参数进行配置。

（5）初始化液晶模组。

（6）编写关于液晶显示的函数。

（7）在主函数中调用显示函数。

28.8　LCD 显示代码分析

28.8.1　bsp_lcd.h 文件内容

代码 28-3　读写数据、命令宏定义

```
01 /*
02     2^26 = 0X0400 0000 = (2^16) * (2^10) = 64K * 1K = 64MB，每个 BANK 有 4 * 64MB = 256MB
03     64MB：FSMC_Bank1_NORSRAM1：0X6000 0000～0X63FF FFFF
04     64MB：FSMC_Bank1_NORSRAM2：0X6400 0000～0X67FF FFFF
05     64MB：FSMC_Bank1_NORSRAM3：0X6800 0000～0X6BFF FFFF
06     64MB：FSMC_Bank1_NORSRAM4：0X6C00 0000～0X6FFF FFFF
07     选择 BANK1 - BORSRAM4 连接 LCD，地址范围为 0X6C00 0000～ 0X6FFF FFFF
```

08　实验板选择 FSMC_A0 接 LCD 的 D/C(数据/命令选择)脚

09　寄存器基地址 = 0X6C00 0000

10　RAM 基地址 = 0X6C00 0002 = 0X6C00 0000 + (1<<(0 + 1))

11　如果电路设计时选择不同的地址线,则地址要重新计算

12　* /

//ILI9488 显示屏的 FSMC 参数宏定义

13　# define FSMC_LCD_CMD　　　　　　　　((uint32_t)0x6C000000)//用于 LCD 命令操作的地址

14　# define FSMC_LCD_DATA　　　　　　　((uint32_t)0x6C000002)//用于 LCD 数据操作的地址

15　# define LCD_WRITE_CMD(x)　　　　　* (__IO uint16_t *)FSMC_LCD_CMD = x

16　# define LCD_WRITE_DATA(x)　　　　* (__IO uint16_t *)FSMC_LCD_DATA = x

17　# define LCD_READ_DATA()　　　　　* (__IO uint16_t *)FSMC_LCD_DATA

18　# define FSMC_LCD_BANKx　　　　　FSMC_NORSRAM_BANK4

　　代码 28-3 选择 Bank1 第 4 区,使用 SMC_NE4 作为 CS 的片选信号;使用 16 位宽度的外部存储器,地址线是右移一位对齐的,且 FAMC_A[0] 接外部设备的 A[0](D/C 引脚)。也就是说,当写数据地址时,必须是 2 的整数倍,所以写数据的地址为 0x6C00 0002,至于是如何计算的,在第 10 行有相关说明。第 15 行和第 16 行先把两个地址强制转换成一个 16 位的地址,在用 * 作运算,取该指针对象的内容,并将它的内容赋值为 x。所以第 15 行和第 16 行的作用是将参数 x 写入地址为 0x6C00 0000 和 0x6C00 0002 的地址空间。STM32 会将 x 传输到 ILI9488 的控制器中。

代码 28-4　TFTLCD 相关宏定义

01　//ILI9488 显示屏引脚宏定义

02　# define FSMC_LCD_CS_GPIO_ClK_ENABLE()　　　　__HAL_RCC_GPIOG_CLK_ENABLE()

03　# define FSMC_LCD_CS_PORT　　　　　　　　GPIOG

04　# define FSMC_LCD_CS_PIN　　　　　　　　GPIO_PIN_12

05　# define FSMC_LCD_DC_GPIO_ClK_ENABLE()　　　　__HAL_RCC_GPIOF_CLK_ENABLE()

06　# define FSMC_LCD_DC_PORT　　　　　　　　GPIOF

07　# define FSMC_LCD_DC_PIN　　　　　　　　GPIO_PIN_0

08　# define FSMC_LCD_BK_GPIO_ClK_ENABLE()　　　　__HAL_RCC_GPIOF_CLK_ENABLE()

09　# define FSMC_LCD_BK_PORT　　　　　　　　GPIOF

10　# define FSMC_LCD_BK_PIN　　　　　　　　GPIO_PIN_10

11　# define LCD_BK_ON()HAL_GPIO_WritePin(FSMC_LCD_BK_PORT,FSMC_LCD_BK_PIN,GPIO_PIN_SET);

12　# define LCD_BK_OFF()HAL_GPIO_WritePin(FSMC_LCD_BK_PORT,FSMC_LCD_BK_PIN,GPIO_PIN_RESET);

13　//显示方向选择,可选(1,2,3,4)4 个方向

14　# define LCD_DIRECTION1　　　　　　　　　//原点在屏幕左上角 X * Y = 320 * 480 竖屏

15　//# define LCD_DIRECTION 2　　　　　　　//原点在屏幕右上角 X * Y = 480 * 320 横屏

16　//# define LCD_DIRECTION3　　　　　　　//原点在屏幕右下角 X * Y = 320 * 480 竖屏

17　//# define LCD_DIRECTION 4　　　　　　　//原点在屏幕左下角 X * Y = 480 * 320 竖屏

18　//ILI988 显示屏全屏默认(扫描方向为 1 时)最大宽度和最大高度

19　# if(LCD_DIRECTION = = 1)||(LCD_DIRECTION = = 3)

20　　# define LCD_DEFAULT_WIDTH　　　320 //X 轴长度

```
21    # define LCD_DEFAULT_HEIGTH        480 //Y 轴长度
22 # else
23 # define LCD_DEFAULT_WIDTH            480 //X 轴长度
24 # define LCD_DEFAULT_HEIGTH           320 //Y 轴长度
25 # endif
26 //定义 ILI9488 显示屏常用颜色
27 # define BACKGROUND      WHITE                    //默认背景颜色
28 # define BLUE            (uint16_t)0x001F         //蓝色
29 # define GREEN           (uint16_t)0x07E0         //绿色
30 # define RED             (uint16_t)0xF800         //红色
31 # define CYAN            (uint16_t)0x07FF         //青色
32 # define MAGENTA         (uint16_t)0xF81F         //洋红色
33 # define YELLOW          (uint16_t)0xFFE0         //黄色
34 # define LIGHTBLUE       (uint16_t)0x841F         //淡蓝色
35 # define LIGHTGREEN      (uint16_t)0x87F0         //淡绿色
36 # define LIGHTRED        (uint16_t)0xFC10         //淡红色
37 # define LIGHTCYAN       (uint16_t)0x87FF         //淡青色
38 # define LIGHTMAGENTA    (uint16_t)0xFC1F         //品红色
39 # define LIGHTYELLOW     (uint16_t)0xFFF0         //淡黄色
40 # define DARKBLUE        (uint16_t)0x0010         //深蓝色
41 # define DARKGREEN       (uint16_t)0x0400         //深绿色
42 # define DARKRED         (uint16_t)0x8000         //深红色
43 # define DARKCYAN        (uint16_t)0x0410         //深青色
44 # define DARKMAGENTA     (uint16_t)0x8010         //深洋红
45 # define DARKYELLOW      (uint16_t)0x8400         //深黄色
46 # define WHITE           (uint16_t)0xFFFF         //白色
47 # define LIGHTGRAY       (uint16_t)0xD69A         //浅灰色
48 # define GRAY            (uint16_t)0x8410         //灰色
49 # define DARKGRAY        (uint16_t)0x4208         //深灰色
50 # define BLACK           (uint16_t)0x0000         //黑色
51 # define BROWN           (uint16_t)0xA145         //褐色
52 # define ORANGE          (uint16_t)0xFD20         //橙色
```

代码 28-4 是 LCD 的相关宏定义,包括引脚的时钟、背光的控制、液晶的显示方向、液晶的宽度和高度及液晶的显示颜色。

28.8.2 bsp_lcd.c 文件内容

初始化 LCD 的 I/O 引脚。

代码 28-5　初始化 LCD 的 I/O 引脚

```
01 static int FSMC_LCD_Initialized = 0;//0 = 未初始化;1 = 已完成初始化
02 static void HAL_FSMC_LCD_MspInit(void)
03 {
```

```
04  GPIO_InitTypeDef GPIO_InitStruct;
05  //如果已经完成初始化则无须初始化第二遍
06  if(FSMC_LCD_Initialized){return;}
07  FSMC_LCD_Initialized = 1;
08  FSMC_LCD_CS_GPIO_ClK_ENABLE();          //使能相关端口时钟
09  FSMC_LCD_DC_GPIO_ClK_ENABLE();
10  FSMC_LCD_BK_GPIO_ClK_ENABLE();
11  __HAL_RCC_GPIOF_CLK_ENABLE();
12  __HAL_RCC_GPIOE_CLK_ENABLE();
13  __HAL_RCC_GPIOD_CLK_ENABLE();
14  __HAL_RCC_FSMC_CLK_ENABLE();            //使能 FSMC 外设时钟
15  /* FSMC GPIO Configuration
16  PF0 ------ >FSMC_A0
17  PE7 ------ >FSMC_D4
18  PE8 ------ >FSMC_D5
19  PE9 ------ >FSMC_D6
20  PE10 ------ >FSMC_D7
21  PE11 ------ >FSMC_D8
22  PE12 ------ >FSMC_D9
23  PE13 ------ >FSMC_D10
24  PE14 ------ >FSMC_D11
25  PE15 ------ >FSMC_D12
26  PD8 ------ >FSMC_D13
27  PD9 ------ >FSMC_D14
28  PD10 ------ >FSMC_D15
29  PD14 ------ >FSMC_D0
30  PD15 ------ >FSMC_D1
31  PD0 ------ >FSMC_D2
32  PD1 ------ >FSMC_D3
33  PD4 ------ >FSMC_NOE
34  PD5 ------ >FSMC_NWE
35  PG12 ------ >FSMC_NE4
36  */
37  GPIO_InitStruct.Pin = FSMC_LCD_DC_PIN;
38  GPIO_InitStruct.Mode = GPIO_MODE_AF_PP;
39  GPIO_InitStruct.Speed = GPIO_SPEED_FREQ_HIGH;
40  HAL_GPIO_Init(FSMC_LCD_DC_PORT,&GPIO_InitStruct);
41  GPIO_InitStruct.Pin = FSMC_LCD_CS_PIN;
42  GPIO_InitStruct.Mode = GPIO_MODE_AF_PP;
43  GPIO_InitStruct.Speed = GPIO_SPEED_FREQ_HIGH;
44  HAL_GPIO_Init(FSMC_LCD_CS_PORT,&GPIO_InitStruct);
45  GPIO_InitStruct.Pin = GPIO_PIN_7|GPIO_PIN_8|GPIO_PIN_9|GPIO_PIN_10|GPIO_PIN_11|
```

```
                  GPIO_PIN_12|GPIO_PIN_13|GPIO_PIN_14|GPIO_PIN_15;
46   GPIO_InitStruct.Mode = GPIO_MODE_AF_PP;
47   GPIO_InitStruct.Speed = GPIO_SPEED_FREQ_HIGH;
48   HAL_GPIO_Init(GPIOE,&GPIO_InitStruct);
49   GPIO_InitStruct.Pin = GPIO_PIN_8|GPIO_PIN_9|GPIO_PIN_10|GPIO_PIN_14|GPIO_PIN_15|
                  GPIO_PIN_0|GPIO_PIN_1|GPIO_PIN_4|GPIO_PIN_5;
50   GPIO_InitStruct.Mode = GPIO_MODE_AF_PP;
51   GPIO_InitStruct.Speed = GPIO_SPEED_FREQ_HIGH;
52   HAL_GPIO_Init(GPIOD,&GPIO_InitStruct);
53   HAL_GPIO_WritePin(FSMC_LCD_BK_PORT,FSMC_LCD_BK_PIN,GPIO_PIN_RESET);//关闭背光
54   //液晶背光控制引脚初始化
55   GPIO_InitStruct.Pin = FSMC_LCD_BK_PIN;
56   GPIO_InitStruct.Mode = GPIO_MODE_OUTPUT_PP;
57   GPIO_InitStruct.Speed = GPIO_SPEED_FREQ_LOW;
58   HAL_GPIO_Init(FSMC_LCD_BK_PORT,&GPIO_InitStruct);
59  }
```

代码 28 - 5 配置了 LCD 需要用到的 I/O,并且将其初始化。同时,代码 28 - 5 所示的函数被 HAL_SRAM_MspInit()调用。

代码 28 - 6　FSMC 模式配置及时序

```
01 void MX_FSMC_Init(void)
02 {
03   FSMC_NORSRAM_TimingTypeDef Timing;
04   //配置 FSMC 参数
05   hlcd.Instance = FSMC_NORSRAM_DEVICE;
06   hlcd.Extended = FSMC_NORSRAM_EXTENDED_DEVICE;
07   hlcd.Init.NSBank = FSMC_LCD_BANKx;
08   hlcd.Init.DataAddressMux = FSMC_DATA_ADDRESS_MUX_DISABLE;
09   hlcd.Init.MemoryType = FSMC_MEMORY_TYPE_SRAM;
10   hlcd.Init.MemoryDataWidth = FSMC_NORSRAM_MEM_BUS_WIDTH_16;
11   hlcd.Init.BurstAccessMode = FSMC_BURST_ACCESS_MODE_DISABLE;
12   hlcd.Init.WaitSignalPolarity = FSMC_WAIT_SIGNAL_POLARITY_LOW;
13   hlcd.Init.WrapMode = FSMC_WRAP_MODE_DISABLE;
14   hlcd.Init.WaitSignalActive = FSMC_WAIT_TIMING_BEFORE_WS;
15   hlcd.Init.WriteOperation = FSMC_WRITE_OPERATION_ENABLE;
16   hlcd.Init.WaitSignal = FSMC_WAIT_SIGNAL_DISABLE;
17   hlcd.Init.ExtendedMode = FSMC_EXTENDED_MODE_DISABLE;
18   hlcd.Init.AsynchronousWait = FSMC_ASYNCHRONOUS_WAIT_DISABLE;
19   hlcd.Init.WriteBurst = FSMC_WRITE_BURST_DISABLE;
20   Timing.AddressSetupTime = 0x02;    //地址建立时间
21   Timing.AddressHoldTime = 0x00;     //地址保持时间
22   Timing.DataSetupTime = 0x05;       //数据建立时间
```

```
23   Timing. BusTurnAroundDuration = 0x00;
24   Timing. CLKDivision = 0x00;
25   Timing. DataLatency = 0x00;
26   Timing. AccessMode = FSMC_ACCESS_MODE_A;
27   HAL_SRAM_Init(&hlcd,&Timing,&Timing);
28   / * Disconnect NADV * /
29   __HAL_AFIO_FSMCNADV_DISCONNECTED();
30 }
```

　　代码 28 - 6 为 FSMC 模式配置及明序设置,主要配置了选择块、数据宽度、时序及模式 A。

代码 28 - 7　初始化 LCD 寄存器

```
01 static void ILI9488_REG_Config(void)
02 {
03   //Start Initial Sequence
04   LCD_WRITE_CMD(0xE0);//PGAMCTRL(Positive Gamma Control)(E0h)
05   LCD_WRITE_DATA(0x00);
06   LCD_WRITE_DATA(0x07);
07   LCD_WRITE_DATA(0x10);
08   OLCD_WRITE_DATA(0x09);
09   LCD_WRITE_DATA(0x17);
10   LCD_WRITE_DATA(0x0B);
11   LCD_WRITE_DATA(0x41);
12   LCD_WRITE_DATA(0x89);
13   LCD_WRITE_DATA(0x4B);
14   LCD_WRITE_DATA(0x0A);
15   LCD_WRITE_DATA(0x0C);
16   LCD_WRITE_DATA(0x0E);
17   LCD_WRITE_DATA(0x18);
18   LCD_WRITE_DATA(0x1B);
19   LCD_WRITE_DATA(0x0F);
20   LCD_WRITE_CMD(0XE1);//NGAMCTRL(Negative Gamma Control)(E1h)
21   LCD_WRITE_DATA(0x00);
22   LCD_WRITE_DATA(0x17);
23   LCD_WRITE_DATA(0x04);
24   LCD_WRITE_DATA(0x0E);
25   LCD_WRITE_DATA(0x06);
26   LCD_WRITE_DATA(0x2F);
27   LCD_WRITE_DATA(0x45);
28   LCD_WRITE_DATA(0x43);
29   LCD_WRITE_DATA(0x02);
30   LCD_WRITE_DATA(0x0A);
```

```
31  LCD_WRITE_DATA(0x09);
32  LCD_WRITE_DATA(0x32);
33  LCD_WRITE_DATA(0x36);
34  LCD_WRITE_DATA(0x0F);
35  LCD_WRITE_CMD(0XF7);//Adjust Control 3(F7h)
36  LCD_WRITE_DATA(0xA9);
37  LCD_WRITE_DATA(0x51);
38  LCD_WRITE_DATA(0x2C);
39  LCD_WRITE_DATA(0x82);//DSI write DCS command,use loose packet RGB666
40  LCD_WRITE_CMD(0xC0);//Power Control 1(C0h)
41  LCD_WRITE_DATA(0x11);
42  LCD_WRITE_DATA(0x09);
43  LCD_WRITE_CMD(0xC1);//Power Control 2(C1h)
44  LCD_WRITE_DATA(0x41);
45  LCD_WRITE_CMD(0XC5);//VCOM Control(C5h)
46  LCD_WRITE_DATA(0x00);
47  LCD_WRITE_DATA(0x0A);
48  LCD_WRITE_DATA(0x80);
49  LCD_WRITE_CMD(0xB1);//Frame Rate Control(In Normal Mode/Full Colors)(B1h)
50  LCD_WRITE_DATA(0xB0);
51  LCD_WRITE_DATA(0x11);
52  LCD_WRITE_CMD(0xB4);//Display Inversion Control(B4h)
53  LCD_WRITE_DATA(0x02);
54  LCD_WRITE_CMD(0xB6);//Display Function Control(B6h)
55  LCD_WRITE_DATA(0x02);
56  LCD_WRITE_DATA(0x22);
57  LCD_WRITE_CMD(0xB7);//Entry Mode Set(B7h)
58  LCD_WRITE_DATA(0xc6);
59  LCD_WRITE_CMD(0xBE);//HS Lanes Control(BEh)
60  LCD_WRITE_DATA(0x00);
61  LCD_WRITE_DATA(0x04);
62  LCD_WRITE_CMD(0xE9);//Set Image Function(E9h)
63  LCD_WRITE_DATA(0x00);
64  LCD_SetDirection(LCD_DIRECTION);   //设置屏幕方向和尺寸
65  LCD_WRITE_CMD(0x3A);               //Interface Pixel Format(3Ah)
66  LCD_WRITE_DATA(0x55);              //0x55:16 bits/pixel
67  LCD_WRITE_CMD(0x11);              //Sleep Out(11h)
68  HAL_Delay(120);
69  LCD_WRITE_CMD(0x29);              //Display On
70 }
```

代码 28-7 对 LCD 写入一些命令和参数，设置了像素点格式、屏幕扫描方式、横屏/竖屏等初始化的配置。该函数配置寄存器的值由厂家提供,不同厂家的参数可能不同。

代码 28-8　读取液晶模组 ID

```
01 static uint32_t LCD_ReadID(void)
02 {
03   uint16_t buf[4];
04   LCD_WRITE_CMD(0x04);
05   buf[0] = LCD_READ_DATA();            //第一个读取数据无效
06   buf[1] = LCD_READ_DATA()&0x00ff;     //只有低 8 位数据有效
07   buf[2] = LCD_READ_DATA()&0x00ff;     //只有低 8 位数据有效
08   buf[3] = LCD_READ_DATA()&0x00ff;     //只有低 8 位数据有效
09   return(buf[1]<<16) + (buf[2]<<8) + buf[3];
10 }
```

代码 28-8 首先定义一个数组来存储读取的 ID 值,然后通过发送命令读取 ID 值并将其返回。

代码 28-9　液晶模组初始化

```
01 uint32_t BSP_LCD_Init(void)
02 {
03   MX_FSMC_Init();
04   lcd_id = LCD_ReadID();
05   if(lcd_id = = 0x548066||lcd_id = = 0x8066)
06   {
07       ILI9488_REG_Config();
08   }
09   LCD_Clear(0,0,LCD_DEFAULT_WIDTH,LCD_DEFAULT_HEIGTH,BLACK);
10   HAL_Delay(20);
11   return lcd_id;
12 }
```

代码 28-9 通过调用 MX_FSMC_Init()和 ILI9488_REG_Config()完成液晶模组的初始化。

代码 28-10　开窗函数

```
01 void LCD_OpenWindow(uint16_t usX,uint16_t usY,uint16_t usWidth,uint16_t usHeight)
02 {
03   LCD_WRITE_CMD(0x2A);                      //设置 X 坐标
04   LCD_WRITE_DATA(usX>>8);                   //设置起始点:先高 8 位
05   LCD_WRITE_DATA(usX&0xff);                 //然后低 8 位
06   LCD_WRITE_DATA((usX + usWidth-1)>>8);     //设置结束点:先高 8 位
07   LCD_WRITE_DATA((usX + usWidth-1)&0xff);   //然后低 8 位
08   LCD_WRITE_CMD(0x2B);                      //设置 Y 坐标
09   LCD_WRITE_DATA(usY>>8);                   //设置起始点:先高 8 位
```

```
10   LCD_WRITE_DATA(usY&0xff);                          //然后低 8 位
11   LCD_WRITE_DATA((usY + usHeight – 1)>>8);           //设置结束点:先高 8 位
12   LCD_WRITE_DATA((usY + usHeight – 1)&0xff);         //然后低 8 位
13 }
```

代码 28-10 在 LCD 显示器上开辟了一个窗口,并且有 4 个参数,从左到右分别代表在特定扫描方向下窗口的起点 X 坐标、窗口的起点 Y 坐标、窗口的宽度、窗口的高度。0x2A 命令的含义是列地址控制命令,0x2B 命令的含义是页(行)地址控制命令,两个命令都有 4 个参数,分别对应起点、终点、高 8 位和低 8 位。

代码 28-11　以某色填充像素点

```
01 static__inline void LCD_FillColor(uint32_t ulAmout_Point,uint16_t usColor)
02 {
03   uint32_t i = 0;
04   LCD_WRITE_CMD(0x2C);//写入命令
05   for(i = 0;i < ulAmout_Point;i + + )
06   LCD_WRITE_DATA(usColor);
07 }
```

代码 28-11 写入 0x2C 命令,表示开始写入像素显示数据,在 Ox2C 命令后面的即为写入 GRAM 的 RGB5∶6∶5 的颜色数据,液晶初始化也需调用此命令。

28.9　LCD 基本图形显示代码分析

在 LCD 显示屏上显示直线、圆形、矩形等图案。下面分析图形显示相关的函数。

28.9.1　bsp_lcd.c 文件内容

代码 28-13　以某颜色填充某点

```
01 void LCD_SetPointPixel(uint16_t usX,uint16_t usY,uint16_t usColor)
02 {
03   if((usX<LCD_DEFAULT_WIDTH)&&(usY<LCD_DEFAULT_HEIGTH))
04   {
05       LCD_OpenWindow(usX,usY,1,1);
06       LCD_FillColor(1,usColor);
07   }
08 }
```

代码 28-13 首先调用一个开窗函数,用于开辟液晶屏幕的显示区域,然后填充颜色。

代码 28-14　使用 Bresenham 算法画线段

```
01 void LCD_DrawLine(uint16_t usX1,uint16_t usY1,uint16_t usX2,uint16_t usY2,uint16_t usColor)
02 {
```

```
03  uint16_t us;
04  uint16_t usX_Current,usY_Current;
05  int32_t lError_X = 0,lError_Y = 0,lDelta_X,lDelta_,lDistance;
06  int32_t lIncrease_X,lIncrease_Y;
07  lDelta_X = usX2 - usX1;//计算坐标增量
08  lDelta_Y = usY2 - usY1;
09  usX_Current = usX1;
10  usY_Current = usY1;
11  if(lDelta_X>0)
12  {
13      Increase_X = 1;//设置单步方向
14  }
15    else if(lDelta_X = = 0)
16  {
17      lIncrease_X = 0;//设置垂直线
18  }
19    else
20  {
21      lIncrease_X = - 1;
22      lDelta_X = - lDelta_X;
23  }
24  if(lDelta_Y>0)
25  {
26      lIncrease_Y = 1;
27  }
28  else if(lDelta_Y = = 0)
29  {
30      lIncrease_Y = 0;//设置水平线
31  }
32  else
33  {
34      lIncrease_Y = - 1;
35      lDelta_Y = - lDelta_Y;
36  }
37  if(lDelta_X>lDelta_Y)
38  {
39      lDistance = lDelta_X;//选取基本增量坐标轴
40  }
41  else
42  {
43      lDistance = lDelta_Y;
44  }
```

```
45  for(us = 0;us< = lDistance + 1;us + + )
46  { //画线输出
47      LCD_SetPointPixel(usX_Current,usY_Current,usColor);//画点
48      lError_X + = lDelta_X;
49      lError_Y + = lDelta_Y;
50      if(lError_X>lDistance)
51      {
52          lError_X - = lDistance;
53          usX_Current + = lIncrease_X;
54      }
55      if(lError_Y>lDistance)
56      {
57          lError_Y - = lDistance;
58          usY_Current + = lIncrease_Y;
59      }
60  }
61 }
```

代码 28 - 14 的作用是绘制一条线段,真实的直线是连续的,但是 LCD 显示的不是连续的线段,而是用系列离散化后的点(像素)来逼近直线。Bresenham 直线算法就是常用的计算方式。

代码 28 - 15　使用 Bresenham 算法画圆

```
01 void LCD_DrawCircle(uint16_t usX_Center,uint16_t usY_Center,uint16_t usRadius,
        uint16_t usColor,uint8_t ucFilled)
02 {
03  int16_t sCurrentX,sCurrentY;
04  int16_t sError;
05  sCurrentX = 0;
06  sCurrentY = usRadius;
07  sError = 3 - (usRadius<<1);//判断下个点位置的标志
08  while(sCurrentX< = sCurrentY)
09  {
10      int16_t sCountY;
11      if(ucFilled)
12      {
13          for(sCountY = sCurrentX;sCountY< = sCurrentY;sCountY + + )
14          {
15              LCD_SetPointPixel(usX_Center + sCurrentX,usY_Center + sCountY,usColor);
16              LCD_SetPointPixel(usX_Center - sCurrentX,usY_Center + sCountY,usColor);
17              LCD_SetPointPixel(usX_Center - sCountY,usY_Center + sCurrentX,usColor);
18              LCD_SetPointPixel(usX_Center - sCountY,usY_Center - sCurrentX,usColor);
19              LCD_SetPointPixel(usX_Center - sCurrentX,usY_Center - sCountY,usColor);
```

```
20              LCD_SetPointPixel(usX_Center + sCurrentX,usY_Center – sCountY,usColor);
21              LCD_SetPointPixel(usX_Center + sCountY,usY_Center – sCurrentX,usColor);
22              LCD_SetPointPixel(usX_Center + sCountY,usY_Center + sCurrentX,usColor);
23          }
24      }
25      else
26      {
27          LCD_SetPointPixel(usX_Center + sCurrentX,usY_Center + sCurrentY,usColor);//1
28          LCD_SetPointPixel(usX_Center – sCurrentX,usY_Center + sCurrentY,usColor);//2
29          LCD_SetPointPixel(usX_Center – sCurrentY,usY_Center + sCurrentX,usColor);//3
30          LCD_SetPointPixel(usX_Center – sCurrentY,usY_Center – sCurrentX,usColor);//4
31          LCD_SetPointPixel(usX_Center – sCurrentX,usY_Center – sCurrentY,usColor);//5
32          LCD_SetPointPixel(usX_Center + sCurrentX,usY_Center – sCurrentY,usColor);//6
33          LCD_SetPointPixel(usX_Center + sCurrentY,usY_Center – sCurrentX,usColor);//7
34          LCD_SetPointPixel(usX_Center + sCurrentY,usY_Center + sCurrentX,usColor);//0
35      }
36      sCurrentX + + ;
37      if(sError<0)
38      {
39          sError + = (4 * sCurrentX + 6);
40      }
41      else
42      {
43          sError + = (10 + 4 * (sCurrentX – sCurrentY));
44          sCurrentY -- ;
45      }
46  }
47 }
```

　　圆具有对称性,在 XY 坐标中具有八对称的特点。代码 28 – 15 使用 Bresenham 算法画圆,此算法的原理是把圆分成 8 段,只需算出其中一段上点的坐标,然后找出其在其他段上的对称点及间接对称点即可。

代码 28 – 16　画矩形

```
01 void LCD_DrawRectangle(uint16_t usX_Start,uint16_t usY_Start,uint16_t usWidth,uint16_t
   usHeight,
       uint16_t usColor,uint8_t ucFilled)
02 {
03  if(ucFilled)
04  {
05      LCD_Clear(usX_Start,usY_Start,usWidth,usHeight,usColor);
06  }
07  else
```

```
08  {
09      LCD_DrawLine(usX_Start,usY_Start,usX_Start + usWidth - 1,usY_Start,usColor);
10      LCD_DrawLine(usX_Start,usY_Start + usHeight - 1,usX_Start + usWidth - 1,
            usY_Start + usHeight - 1,usColor);
11      LCD_DrawLine(usX_Start,usY_Start,usX_Start,usY_Start + usHeight - 1,usColor);
12      LCD_DrawLine(usX_Start + usWidth - 1,usY_Start,usX_Start + usWidth - 1,
            usY_Start + usHeight - 1,usColor);
13  }
14  }
```

代码 28 - 16 所示函数的参数有起点、宽度、高度、颜色和是否用颜色填充。

28.9.2　main. c 文件内容

本实验主函数主要用于显示线段、圆和矩形,可直接调用显示函数,完成坐标设置等。

代码 28 - 17　主函数 main( )

```
01 int main(void)
02 {
03  uint32_t lcdid;
04  uint16_t color;
05  HAL_Init();                              //复位所有外设,初始化 Flash 接口和系统滴答定时器
06  SystemClock_Config();                    //配置系统时钟
07  lcdid = BSP_LCD_Init();                  //初始化液晶模组,一般优先于调试串口初始化
08  MX_DEBUG_USART_Init();                   //初始化串口并配置串口中断优先级
09  printf("LCD ID = 0x % 08X\n",lcdid);     //调用格式化输出函数打印输出数据
10  LCD_Clear(0,0,LCD_DEFAULT_WIDTH,LCD_DEFAULT_HEIGTH,BLACK);
11  LCD_BK_ON();                             //开背光
12  srand(0xffff);//初始化随机种子
13  //画两条直线
14  LCD_DrawLine(10,10,310,470,WHTE);
15  LCD_DrawLine(210,10,10,270,RED);
16  //画两个矩形,一个不填充,另一个填充
17  LCD_DrawRectangle(50,50,200,100,CYAN,0);
18  LCD_DrawRectangle(250,180,50,200,MAGENTA,1);
19  //画两个圆形,一个不填充,另一个填充
20  LCD_DrawCircle(150,250,30,BLUE,1);
21  LCD_DrawCircle(150,250,70,GREEN,0);
22  for(;;)                                  //无限循环
23  {
24      HAL_Delay(1000);
25      color = rand();                      //获取随机数
26      LCD_Clear(10,390,300,80,color);
```

```
27        LCD_DrawCircle(150,250,30,color + 50,1);
28    }
29  }
```

代码 28 - 17 首先初始化系统外设和系统时钟,然后初始化 LCD 并读取其 ID 值,接着调用函数绘制线段、矩形和圆,最后在无限循环中将获取的随机值利用清屏函数呈现一个不同颜色的矩形。

28.10   运行验证

使用合适的 USB 线连接至标识有"调试串口"的 USB 接口,在计算机端打开串口助手软件,设置参数为 115200 - 8 - 1 - N - N,打开串口;将 ST - link 正确接至标识有"SWD 调试器"字样的 4 针接口,下载程序至实验板并运行,可以看到 LCD 屏幕上显示的基本图案。在串口调试助手界面中可以看到 LCD 的 ID 值如图 28 - 11 所示。

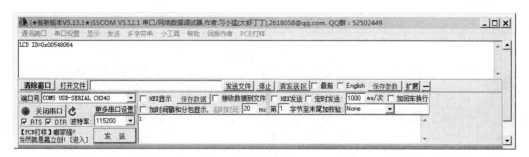

图 28 - 11   LCD 的 ID 值

思考题

利用 LCD 作为显示器时,如何传送数据和命令?

第 29 章　LCD 显示中英文(片内 Flash 字库)

29.1　ASCII 编码

ASCII(American Standard Code for Information Interchange,美国信息交换标准代码)是基于拉丁字母的一套计算机编码系统,主要用于显示现代英语和其他西方语言。ASCII 是最通用的信息交换标准,且等同于国际标准 ISO/IEC646,到目前为止共定义了 128 个字符,如图 29-1 所示。

ASCII表

(American Standard Code for Information Interchange 美国标准信息交换代码)

高四位		ASCII控制字符												ASCII打印字符												
		0000						0001						0010		0011		0100		0101		0100		0111		
		0						1						2		3		4		5		6		7		
低四位		十进制	字符	Ctrl	代码	转义字符	字符解释	十进制	字符	Ctrl	代码	转义字符	字符解释	十进制	字符	十进制	字符	十进制	字符	十进制	字符	十进制	字符	十进制	字符	Ctrl
0000	0	0		^@	NUL	\0	空字符	16	►	^P	DLE		数据链路转义	32		48	0	64	@	80	P	96	`	112	p	
0001	1	1	☺	^A	SOH		标题开始	17	◄	^Q	DC1		设备控制 1	33	!	49	1	65	A	81	Q	97	a	113	q	
0010	2	2	☻	^B	STX		正文开始	18	↕	^R	DC2		设备控制 2	34	"	50	2	66	B	82	R	98	b	114	r	
0011	3	3	♥	^C	ETX		正文结束	19	‼	^S	DC3		设备控制 3	35	#	51	3	67	C	83	S	99	c	115	s	
0100	4	4	♦	^D	EOT		传输结束	20	¶	^T	DC4		设备控制 4	36	$	52	4	68	D	84	T	100	d	116	t	
0101	5	5	♣	^E	ENQ		查询	21	§	^U	NAK		否定应答	37	%	53	5	69	E	85	U	101	e	117	u	
0110	6	6	♠	^F	ACK		肯定应答	22	▬	^V	SYN		同步空闲	38	&	54	6	70	F	86	V	102	f	118	v	
0111	7	7	•	^G	BEL	\a	响铃	23	↨	^W	ETB		传输块结束	39	'	55	7	71	G	87	W	103	g	119	w	
1000	8	8	◘	^H	BS	\b	退格	24	↑	^X	CAN		取消	40	(	56	8	72	H	88	X	104	h	120	x	
1001	9	9	○	^I	HT	\t	横向制表	25	↓	^Y	EM		介质结束	41	)	57	9	73	I	89	Y	105	i	121	y	
1010	A	10	◙	^J	LF	\n	换行	26	→	^Z	SUB		替代	42	*	58	:	74	J	90	Z	106	j	122	z	
1011	B	11	♂	^K	VT	\v	纵向制表	27	←	^[	ESC	\e	溢出	43	+	59	;	75	K	91	[	107	k	123	{	
1100	C	12	♀	^L	FF	\f	换页	28	∟	^\	FS		文件分隔符	44	,	60	<	76	L	92	\	108	l	124	|	
1101	D	13	♪	^M	CR	\r	回车	29	↔	^]	GS		组分隔符	45	-	61	=	77	M	93	]	109	m	125	}	
1110	E	14	♫	^N	SO		移出	30	▲	^^	RS		记录分隔符	46	.	62	>	78	N	94	^	110	n	126	~	
1111	F	15	☼	^O	SI		移入	31	▼	^-	US		单元分隔符	47	/	63	?	79	O	95	_	111	o	127	⌂	^Backspace 代码：DEL

注：表中的ASCII字符可以用“Alt + 小键盘上的数字键”方法输入。

图 29-1　ASCII 码表

ASCII 码表分为左、右两部分。左半部分是控制字符或通信专用字符,它们的数字编码是 0～31,它们并没有特定的图形显示,但会根据不同的应用程序,而对文本显示有不同的影响。右半部分包括空格、阿拉伯数字、标点符号、大小写英文字母及"DEL(删除控制)",这部分符号的数字编码 33～126(共 94 个)是字符(32 是空格),其中 48～57 为 0 到 9 共 10 个阿拉伯数字。65～90 为 26 个大写英文字母,97～122 号为 26 个小写英文字母,其余为一些标点符号、运算符号等。右半部分的符号都能以图形的方式来表示,并且属于传统文字书写系统的一部分。若直接从编号 32 开始,相对于标准 ASCII 码表的偏移量为 32。

29.2　字模

单片机应用经常会用到液晶显示屏。液晶显示屏有两种显示方式:段码式和点阵式。

段码液晶屏起源于早期应用液晶显示屏的时候,主要是用来替代 LED 数码管(它由 7 个笔段组成,用来显示数字 0～9)的,显示的内容基本都是数字。如今,一般将非点阵类的液晶显示屏统称为段码液晶屏。

点阵液晶屏是用点阵的方式显示内容的。显示汉字或字符时会用到字模,字模就是字在点阵上显示时对应的编码,如图 29-2 的"正"字,使用的是 16×16 点阵。点阵中灰白的点是高亮的,对应于二进制编码中的 1,暗黑的低亮对应于二进制编码中的 0。例如,第一行二进制编码应该是 0000 0000、0000 1000,刚好用两个字节表示为 0x00,0x08,这样 16 行共需要用 32 个字节来表示,这 32 个字节就是"正"的字模。在单片机程序中,将字模发送给液晶显示模块,就能够显示出相应的汉字或字符,如图 29-3 所示。

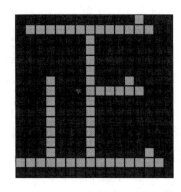

图 29-2　显示汉字

根据字符编码与字模的映射关系可以找到相应的字模,然后液晶屏可根据字模显示该字符。

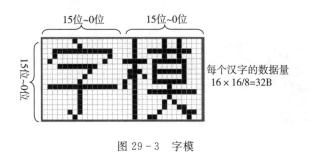

图 29-3　字模

29.3　制作字模

制作字模就是获得显示对象的编码,包括 ASCII 码与汉字的字模制作。

29.3.1 ASCII 码字模制作

（1）打开取模软件"PCtoLCD2002 完美版"如图 29－4 所示的，将准备好的 ASCII 码表复制进图 29－4 中的文本框内，然后单击"齿轮"按钮转换到图 29－5。

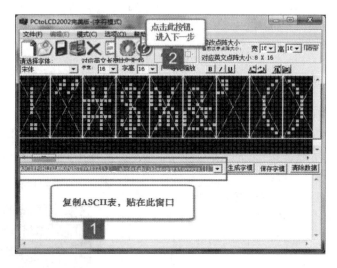

图 29－4 ASCII 码取模第一步

（2）从图 29－5 中可以看到有不同的选项组。其中选项组"点阵格式"中的"阴码"和"阳码"是指在字模点阵中有笔迹像素位的状态是"1"还是"0"。"取模方式"设置为"逐行式"，设置完成后右边的"取模演示"会有相应动画效果显示。将"点阵"和"索引"都设置为"16"，"取模走向"设置为"逆向"，格式设置为"C51"，不用自定义格式。完成后单击"确定"按钮，然后对应图中的数值修改点阵大小，并修改字体。完成上述设置后，单击"生成字模"。

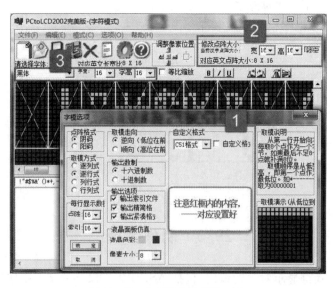

图 29－5 ASCII 码取模第二步

如果设置一个 24×24 的字库,则它的各项设置如图 29-6 所示。

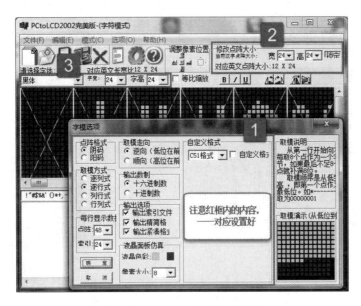

图 29-6　24×24 点阵各项设置

29.3.2　汉字字模制作

本实验将字库存储在片内 Flash 中,显示固定的汉字。如果存储整个编码库,则可以显示任意的汉字,如 GBK 编码,但由于数据量大,超出片内 Flash 的容量,所以只能将整个字库存放至 SD 卡或外部 Flash 中。图 29-7 和图 29-8 分别是宋体 16×16 汉字取模和华文中宋 24×24 汉字取模。

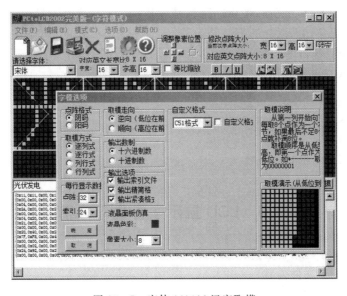

图 29-7　宋体 16×16 汉字取模

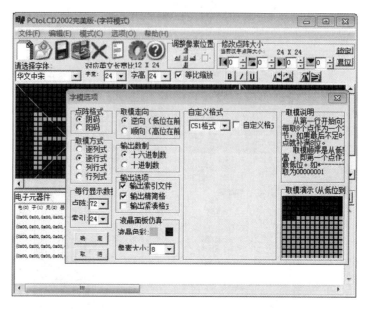

图 29-8　华文中宋 24×24 汉字取模

29.4　使用 STM32CubeMX 生成工程

参见 28.5。

29.5　LCD 显示字符及汉字编程关键步骤

显示字符与显示汉字的原理及过程都是一样的,只不过用于显示的函数有所不同。
LCD 显示字符及汉字编程关键步骤总结如下。

(1)初始化液晶接口的相关引脚。

(2)配置 FSMC 及显示时序。

(3)初始化液晶模块。

(4)将字库数据保存在 ascii.h 文件中。

(5)编写显示字符及显示汉字的函数。

(6)在主函数中调用显示函数。

29.6　LCD 显示字符代码分析

29.6.1　ascii.h 文件内容

ascii.h 文件内容添加了字符的字库。具体可参考如下代码。

代码 29 - 1　添加字符的字库

```
01 const unsigned char ucAscii_1608[95][16] = {   //@字体 Fixedsys,阴码点阵格式,逐行逆向取模
02     {0x00, 0x00, 0x00, 0x00, 0x00, 0x00, 0x00, 0x00, 0x00, 0x00, 0x00, 0x00, 0x00, 0x00, 0x00,
0x00},/ * " ",0 * /
03     {0x00, 0x00, 0x18, 0x18, 0x18, 0x18, 0x18, 0x08, 0x08, 0x08, 0x08, 0x00, 0x18, 0x18, 0x00,
0x00},/ * "!",1 * /
04     {0x00, 0x00, 0x00, 0x3C, 0x24, 0x24, 0x00, 0x00, 0x00, 0x00, 0x00, 0x00, 0x00, 0x00, 0x00,
0x00},/ * """,2 * /
05     {0x00, 0x00, 0x00, 0x44, 0x24, 0x24, 0xFF, 0x24, 0x24, 0x24, 0xFF, 0x22, 0x12, 0x12, 0x00,
0x00},/ * "#",3 * /
06     {0x00,0x00,0x08,0x3C,0x2E,0x6A,0x0E,0x0C,0x38,0x68,0x6A,0x6A,0x2E,0x1C,0x08,0x00},/
 * " $ ",4 * /
07     {0x00, 0x00, 0x00, 0x26, 0x25, 0x15, 0x1D, 0x16, 0x68, 0x58, 0x54, 0x54, 0x52, 0x62, 0x00,
0x00},/ * " % ",5 * /
08     {0x00, 0x00, 0x00, 0x1C, 0x34, 0x34, 0x14, 0x0C, 0x0E, 0x4A, 0x53, 0x63, 0xF6, 0x1C, 0x00,
0x00},/ * "&",6 * /
09     {0x00, 0x00, 0x00, 0x08, 0x08, 0x08, 0x00, 0x00, 0x00, 0x00, 0x00, 0x00, 0x00, 0x00, 0x00,
0x00},/ * "‾",7 * /
10     {0x00, 0x00, 0x40, 0x20, 0x30, 0x10, 0x10, 0x10, 0x10, 0x10, 0x10, 0x10, 0x20, 0x20, 0x40,
0x00},/ * "(",8 * /
11     {0x00, 0x00, 0x02, 0x04, 0x04, 0x08, 0x08, 0x08, 0x08, 0x08, 0x08, 0x08, 0x04, 0x06, 0x03,
0x00},/ * ")",9 * /
12     {0x00, 0x00, 0x00, 0x18, 0x18, 0x7E, 0x18, 0x3C, 0x5A, 0x18, 0x18, 0x00, 0x00, 0x00, 0x00,
0x00},/ * " * ",10 * /
13     {0x00, 0x00, 0x00, 0x00, 0x00, 0x08, 0x08, 0x08, 0xFF, 0x08, 0x08, 0x08, 0x00, 0x00, 0x00,
0x00},/ * " + ",11 * /
14     {0x00, 0x00, 0x00, 0x00, 0x00, 0x00, 0x00, 0x00, 0x00, 0x00, 0x00, 0x00, 0x06, 0x06, 0x02,
0x00},/ * ",",12 * /
15     {0x00, 0x00, 0x00, 0x00, 0x00, 0x00, 0x00, 0x00, 0x7F, 0x00, 0x00, 0x00, 0x00, 0x00, 0x00,
0x00},/ * " - ",13 * /
16     {0x00, 0x00, 0x00, 0x00, 0x00, 0x00, 0x00, 0x00, 0x00, 0x00, 0x00, 0x00, 0x06, 0x06, 0x00,
0x00},/ * ".",14 * /
17     {0x00, 0x00, 0x00, 0x40, 0x20, 0x20, 0x10, 0x10, 0x08, 0x08, 0x04, 0x04, 0x02, 0x01, 0x00,
0x00},/ * "/",15 * /
18     {0x00, 0x00, 0x00, 0x3C, 0x26, 0x42, 0x42, 0x42, 0x42, 0x42, 0x42, 0x62, 0x34, 0x18, 0x00,
0x00},/ * "0",16 * /
19     {0x00, 0x00, 0x00, 0x10, 0x18, 0x1E, 0x1A, 0x18, 0x18, 0x18, 0x18, 0x18, 0x18, 0x18, 0x00,
0x00},/ * "1",17 * /
20     {0x00, 0x00, 0x00, 0x3C, 0x66, 0x42, 0x60, 0x20, 0x30, 0x10, 0x08, 0x04, 0x7E, 0x7E, 0x00,
0x00},/ * "2",18 * /
21     {0x00, 0x00, 0x00, 0x3C, 0x66, 0x42, 0x60, 0x30, 0x30, 0x60, 0x40, 0x42, 0x26, 0x18, 0x00,
```

0x00},/ * "3",19 * /

22   {0x00, 0x00, 0x00, 0x20, 0x30, 0x38, 0x28, 0x24, 0x26, 0x22, 0xFF, 0x20, 0x20, 0x20, 0x00,
0x00},/ * "4",20 * /

23   {0x00, 0x00, 0x00, 0x7C, 0x06, 0x02, 0x0A, 0x3E, 0x62, 0x40, 0x40, 0x63, 0x36, 0x1C, 0x00,
0x00},/ * "5",21 * /

24   {0x00, 0x00, 0x00, 0x10, 0x18, 0x08, 0x0C, 0x3E, 0x46, 0xC2, 0xC2, 0x42, 0x66, 0x3C, 0x00,
0x00},/ * "6",22 * /

25   {0x00, 0x00, 0x00, 0x7E, 0x40, 0x60, 0x20, 0x30, 0x10, 0x18, 0x08, 0x08, 0x0C, 0x0C, 0x00,
0x00},/ * "7",23 * /

26   {0x00, 0x00, 0x00, 0x3C, 0x62, 0x42, 0x62, 0x3E, 0x3E, 0x42, 0x43, 0x42, 0x66, 0x3C, 0x00,
0x00},/ * "8",24 * /

27   {0x00, 0x00, 0x00, 0x3C, 0x62, 0x43, 0x43, 0x63, 0x36, 0x3C, 0x10, 0x18, 0x08, 0x0C, 0x00,
0x00},/ * "9",25 * /

28   {0x00, 0x00, 0x00, 0x00, 0x00, 0x00, 0x00, 0x18, 0x00, 0x00, 0x00, 0x00, 0x18, 0x18, 0x00,
0x00},/ * ":",26 * /

29   {0x00, 0x00, 0x00, 0x00, 0x00, 0x00, 0x00, 0x18, 0x00, 0x00, 0x00, 0x00, 0x18, 0x18, 0x08,
0x00},/ * ";",27 * /

30   {0x00, 0x00, 0x00, 0x40, 0x20, 0x10, 0x08, 0x06, 0x02, 0x04, 0x08, 0x10, 0x20, 0x40, 0x00,
0x00},/ * "<",28 * /

31   {0x00, 0x00, 0x00, 0x00, 0x00, 0x00, 0x7F, 0x00, 0x00, 0x00, 0x7F, 0x00, 0x00, 0x00, 0x00,
0x00},/ * " = ",29 * /

32   {0x00, 0x00, 0x00, 0x02, 0x04, 0x08, 0x10, 0x20, 0x40, 0x20, 0x10, 0x08, 0x06, 0x02, 0x00,
0x00},/ * ">",30 * /

33   {0x00, 0x00, 0x00, 0x3C, 0x66, 0x62, 0x60, 0x30, 0x10, 0x08, 0x00, 0x00, 0x08, 0x08, 0x00,
0x00},/ * "?",31 * /

34   {0x00, 0x00, 0x00, 0x3C, 0x42, 0x79, 0x69, 0x65, 0x55, 0x55, 0x55, 0x29, 0x02, 0x3C, 0x00,
0x00},/ * "@",32 * /

35   {0x00, 0x00, 0x00, 0x18, 0x18, 0x18, 0x3C, 0x24, 0x24, 0x3E, 0x66, 0x42, 0x42, 0xC3, 0x00,
0x00},/ * "A",33 * /

36   {0x00, 0x00, 0x00, 0x3E, 0x62, 0x42, 0x42, 0x3E, 0x3E, 0x42, 0x42, 0x42, 0x7E, 0x1E, 0x00,
0x00},/ * "B",34 * /

37   {0x00, 0x00, 0x00, 0x3C, 0x66, 0x42, 0x42, 0x02, 0x02, 0x42, 0x42, 0x46, 0x6C, 0x38, 0x00,
0x00},/ * "C",35 * /

38   {0x00, 0x00, 0x00, 0x1E, 0x32, 0x62, 0x42, 0x42, 0x42, 0x42, 0x42, 0x62, 0x3E, 0x0E, 0x00,
0x00},/ * "D",36 * /

39   {0x00, 0x00, 0x00, 0x7E, 0x02, 0x02, 0x02, 0x7E, 0x7E, 0x02, 0x02, 0x02, 0x7E, 0x7E, 0x00,
0x00},/ * "E",37 * /

40   {0x00, 0x00, 0x00, 0x7E, 0x02, 0x02, 0x02, 0x02, 0x3E, 0x02, 0x02, 0x02, 0x02, 0x02, 0x00,
0x00},/ * "F",38 * /

41   {0x00, 0x00, 0x00, 0x3C, 0x66, 0x42, 0x42, 0x02, 0x72, 0x72, 0x42, 0x46, 0x6C, 0x58, 0x00,
0x00},/ * "G",39 * /

42   {0x00, 0x00, 0x00, 0x42, 0x42, 0x42, 0x42, 0x7E, 0x7E, 0x42, 0x42, 0x42, 0x42, 0x42, 0x00,

```
0x00},/ * "H",40 * /
    43      {0x00, 0x00, 0x00, 0x18, 0x18, 0x18, 0x18, 0x18, 0x18, 0x18, 0x18, 0x18, 0x18, 0x00,
0x00},/ * "I",41 * /
    44      {0x00, 0x00, 0x00, 0x40, 0x40, 0x40, 0x40, 0x40, 0x40, 0x40, 0x42, 0x62, 0x3E, 0x1C, 0x00,
0x00},/ * "J",42 * /
    45      {0x00, 0x00, 0x00, 0x62, 0x22, 0x12, 0x1A, 0x0E, 0x1E, 0x12, 0x32, 0x22, 0x62, 0xC2, 0x00,
0x00},/ * "K",43 * /
    46      {0x00, 0x00, 0x00, 0x02, 0x02, 0x02, 0x02, 0x02, 0x02, 0x02, 0x02, 0x02, 0x7E, 0x7E, 0x00,
0x00},/ * "L",44 * /
    47      {0x00, 0x00, 0x00, 0x66, 0x66, 0x66, 0x66, 0x76, 0x5E, 0x5A, 0x5A, 0x5A, 0x5A, 0x4A, 0x00,
0x00},/ * "M",45 * /
    48      {0x00, 0x00, 0x00, 0x42, 0x46, 0x46, 0x4E, 0x4A, 0x5A, 0x52, 0x72, 0x62, 0x62, 0x62, 0x00,
0x00},/ * "N",46 * /
    49      {0x00, 0x00, 0x00, 0x3C, 0x66, 0x42, 0x42, 0x43, 0x43, 0x43, 0x42, 0x62, 0x26, 0x18, 0x00,
0x00},/ * "O",47 * /
    50      {0x00, 0x00, 0x00, 0x3E, 0x62, 0x42, 0x42, 0x42, 0x7E, 0x0E, 0x02, 0x02, 0x02, 0x02, 0x00,
0x00},/ * "P",48 * /
    51      {0x00, 0x00, 0x00, 0x3C, 0x66, 0x42, 0x42, 0x43, 0x43, 0x43, 0x52, 0x72, 0x26, 0x78, 0x00,
0x00},/ * "Q",49 * /
    52      {0x00, 0x00, 0x00, 0x3E, 0x62, 0x42, 0x42, 0x62, 0x3E, 0x12, 0x32, 0x22, 0x62, 0x42, 0x00,
0x00},/ * "R",50 * /
    53      {0x00, 0x00, 0x00, 0x3C, 0x66, 0x62, 0x06, 0x0C, 0x38, 0x60, 0x42, 0x42, 0x66, 0x3C, 0x00,
0x00},/ * "S",51 * /
    54      {0x00, 0x00, 0x00, 0x7E, 0x18, 0x18, 0x18, 0x18, 0x18, 0x18, 0x18, 0x18, 0x18, 0x18, 0x00,
0x00},/ * "T",52 * /
    55      {0x00, 0x00, 0x00, 0x42, 0x42, 0x42, 0x42, 0x42, 0x42, 0x42, 0x42, 0x42, 0x66, 0x3C, 0x00,
0x00},/ * "U",53 * /
    56      {0x00, 0x00, 0x00, 0x43, 0x42, 0x62, 0x66, 0x26, 0x24, 0x34, 0x1C, 0x18, 0x18, 0x18, 0x00,
0x00},/ * "V",54 * /
    57      {0x00, 0x00, 0x00, 0xD9, 0x5B, 0x5B, 0x5A, 0x5A, 0x56, 0x56, 0x66, 0x66, 0x26, 0x26, 0x00,
0x00},/ * "W",55 * /
    58      {0x00, 0x00, 0x00, 0x62, 0x26, 0x24, 0x1C, 0x18, 0x18, 0x1C, 0x34, 0x26, 0x62, 0x43, 0x00,
0x00},/ * "X",56 * /
    59      {0x00, 0x00, 0x00, 0x43, 0x62, 0x26, 0x34, 0x1C, 0x18, 0x18, 0x18, 0x18, 0x18, 0x18, 0x00,
0x00},/ * "Y",57 * /
    60      {0x00, 0x00, 0x00, 0x7E, 0x60, 0x20, 0x30, 0x10, 0x08, 0x0C, 0x04, 0x06, 0x7E, 0x7E, 0x00,
0x00},/ * "Z",58 * /
    61      {0x00, 0x78, 0x08, 0x08, 0x08, 0x08, 0x08, 0x08, 0x08, 0x08, 0x08, 0x08, 0x08, 0x08, 0x78,
0x00},/ * "[",59 * /
    62      {0x00, 0x00, 0x00, 0x02, 0x04, 0x04, 0x04, 0x08, 0x08, 0x10, 0x10, 0x10, 0x20, 0x20, 0x40,
0x40},/ * "\",60 * /
    63      {0x00, 0x1E, 0x10, 0x10, 0x10, 0x10, 0x10, 0x10, 0x10, 0x10, 0x10, 0x10, 0x10, 0x10, 0x1E,
```

0x00},/＊"]",61＊/

    64   {0x00, 0x18, 0x34, 0x42, 0x00, 0x00, 0x00, 0x00, 0x00, 0x00, 0x00, 0x00, 0x00, 0x00, 0x00,
0x00},/＊"^",62＊/

    65   {0x00, 0x00, 0x00, 0x00, 0x00, 0x00, 0x00, 0x00, 0x00, 0x00, 0x00, 0x00, 0x00, 0x00, 0x00,
0xFF},/＊"_",63＊/

    66   {0x00, 0x0C, 0x18, 0x10, 0x00, 0x00, 0x00, 0x00, 0x00, 0x00, 0x00, 0x00, 0x00, 0x00,
0x00},/＊"`",64＊/

    67   {0x00, 0x00, 0x00, 0x00, 0x00, 0x00, 0x00, 0x3C, 0x62, 0x70, 0x6E, 0x62, 0x72, 0x5C, 0x00,
0x00},/＊"a",65＊/

    68   {0x00, 0x00, 0x00, 0x02, 0x02, 0x02, 0x02, 0x3E, 0x62, 0x42, 0x42, 0x62, 0x66, 0x1A, 0x00,
0x00},/＊"b",66＊/

    69   {0x00, 0x00, 0x00, 0x00, 0x00, 0x00, 0x00, 0x3C, 0x62, 0x02, 0x02, 0x42, 0x66, 0x1C, 0x00,
0x00},/＊"c",67＊/

    70   {0x00, 0x00, 0x00, 0x40, 0x40, 0x40, 0x40, 0x7E, 0x62, 0x42, 0x42, 0x62, 0x66, 0x5C, 0x00,
0x00},/＊"d",68＊/

    71   {0x00, 0x00, 0x00, 0x00, 0x00, 0x00, 0x00, 0x3C, 0x62, 0x7E, 0x02, 0x42, 0x66, 0x38, 0x00,
0x00},/＊"e",69＊/

    72   0x00,0x00,0x00,0x78,0x08,0x08,0x08,0x7E,0x08,0x08,0x08,0x08,0x08,0x08,0x00,0x00},/
＊"f",70＊/

    73   {0x00, 0x00, 0x00, 0x00, 0x00, 0x00, 0x00, 0x7C, 0x22, 0x22, 0x3C, 0x02, 0x3E, 0x62, 0x42,
0x3E},/＊"g",71＊/

    74   {0x00, 0x00, 0x00, 0x02, 0x02, 0x02, 0x02, 0x7A, 0x46, 0x42, 0x42, 0x42, 0x42, 0x42, 0x00,
0x00},/＊"h",72＊/

    75   {0x00, 0x00, 0x00, 0x18, 0x18, 0x00, 0x00, 0x18, 0x18, 0x18, 0x18, 0x18, 0x18, 0x18, 0x00,
0x00},/＊"i",73＊/

    76   {0x00, 0x00, 0x00, 0x30, 0x30, 0x00, 0x00, 0x30, 0x30, 0x30, 0x30, 0x30, 0x30, 0x30, 0x32,
0x1E},/＊"j",74＊/

    77   {0x00, 0x00, 0x00, 0x02, 0x02, 0x02, 0x02, 0x32, 0x1A, 0x1E, 0x16, 0x22, 0x62, 0x42, 0x00,
0x00},/＊"k",75＊/

    78   {0x00, 0x00, 0x00, 0x18, 0x18, 0x18, 0x18, 0x18, 0x18, 0x18, 0x18, 0x18, 0x18, 0x18, 0x00,
0x00},/＊"l",76＊/

    79   {0x00,0x00,0x00,0x00,0x00,0x00,0x00,0xEF,0xDB,0xDB,0xDB,0xDB,0xDB,0xDB,0x00,0x00},/
＊"m",77＊/

    80   {0x00, 0x00, 0x00, 0x00, 0x00, 0x00, 0x00, 0x7A, 0x46, 0x42, 0x42, 0x42, 0x42, 0x42, 0x00,
0x00},/＊"n",78＊/

    81   {0x00, 0x00, 0x00, 0x00, 0x00, 0x00, 0x00, 0x3C, 0x62, 0x42, 0x42, 0x42, 0x66, 0x18, 0x00,
0x00},/＊"o",79＊/

    82   {0x00, 0x00, 0x00, 0x00, 0x00, 0x00, 0x00, 0x3E, 0x62, 0x42, 0x42, 0x62, 0x66, 0x1A, 0x02,
0x02},/＊"p",80＊/

    83   {0x00, 0x00, 0x00, 0x00, 0x00, 0x00, 0x00, 0x7E, 0x62, 0x42, 0x42, 0x62, 0x66, 0x5C, 0x40,
0x40},/＊"q",81＊/

    84   {0x00, 0x00, 0x00, 0x00, 0x00, 0x00, 0x00, 0x34, 0x0C, 0x04, 0x04, 0x04, 0x04, 0x04, 0x00,

0x00},/ * "r",82 * /

85　　　{0x00,0x00,0x00,0x00,0x00,0x00,0x00,0x3C,0x66,0x06,0x38,0x42,0x66,0x3C,0x00,
0x00},/ * "s",83 * /

86　　　{0x00,0x00,0x00,0x00,0x08,0x08,0x08,0x3F,0x08,0x08,0x08,0x08,0x48,0x70,0x00,
0x00},/ * "t",84 * /

87　　　{0x00,0x00,0x00,0x00,0x00,0x00,0x00,0x42,0x42,0x42,0x42,0x62,0x76,0x5C,0x00,
0x00},/ * "u",85 * /

88　　　{0x00,0x00,0x00,0x00,0x00,0x00,0x00,0x42,0x66,0x24,0x24,0x1C,0x18,0x18,0x00,
0x00},/ * "v",86 * /

89　　　{0x00,0x00,0x00,0x00,0x00,0x00,0x00,0xDB,0x5B,0x5A,0x56,0x66,0x26,0x24,0x00,
0x00},/ * "w",87 * /

90　　　{0x00,0x00,0x00,0x00,0x00,0x00,0x00,0x26,0x34,0x18,0x18,0x3C,0x26,0x42,0x00,
0x00},/ * "x",88 * /

91　　　{0x00,0x00,0x00,0x00,0x00,0x00,0x00,0x42,0x66,0x24,0x24,0x1C,0x18,0x18,0x08,
0x0E},/ * "y",89 * /

92　　　{0x00,0x00,0x00,0x00,0x00,0x00,0x00,0x7E,0x30,0x10,0x08,0x04,0x06,0x7E,0x00,
0x00},/ * "z",90 * /

93　　　{0x00,0x60,0x30,0x30,0x30,0x30,0x30,0x30,0x10,0x30,0x30,0x30,0x30,0x30,0x20,
0x00},/ * "{",91 * /

94　　　{0x18,0x18,0x18,0x18,0x18,0x18,0x18,0x18,0x18,0x18,0x18,0x18,0x18,0x18,0x18,
0x18},/ * "|",92 * /

95　　　{0x00,0x06,0x04,0x04,0x04,0x04,0x04,0x04,0x08,0x04,0x04,0x04,0x04,0x04,0x04,
0x00},/ * "}",93 * /

96　　　{0x04,0x4E,0x72,0x00,0x00,0x00,0x00,0x00,0x00,0x00,0x00,0x00,0x00,0x00,0x00,
0x00},/ * "~",94 * /

97　　};

29.6.2　bsp_lcd.c 文件内容

下面的 bsp_lcd.c 文件主要是显示字符的函数,先实现一个字符的显示,然后显示一串字符。

代码 29 - 2　显示一个字符

```
01 void LCD_DispChar_EN(uint16_t usX,uint16_t usY,const char cChar,uint16_t usColor_
   Background,uint16_t usColor_Foreground,USE_FONT_Typdef font)
02 {
03   uint8_t ucTemp,ucRelativePositon,ucPage,ucColumn;
04   //检查输入参数是否合法
05   assert_param(IS_USE_FONT(font));
06   ucRelativePositon = cChar - '';
07   if(font = = USE_FONT_16)
08   {
09       LCD_OpenWindow(usX,usY,8,16);
```

```
10        LCD_WRITE_CMD(0x2C);
11        for(ucPage = 0;ucPage<16;ucPage + +)
12        {
13            ucTemp = ucAscii_1608[ucRelativePositon][ucPage];
14            for(ucColumn = 0;ucColumn<8;ucColumn + +)
15            {
16                    if(ucTemp&0x01)
17                        LCD_WRITE_DATA(usColor_Foreground);
18                    else
19                        LCD_WRITE_DATA(usColor_Background);
20                ucTemp>> = 1;
21            }
22        }
23   }
24   else
25   {
26        LCD_OpenWindow(usX,usY,12,24);
27        LCD_WRITE_CMD(0x2C);
28        for(ucPage = 0;ucPage<48;ucPage + +)
29        {
30            for(ucPage = 0;ucPage<48;ucPage + +)
31            ucTemp = ucAscii_2412[ucRelativePositon][ucPage];
32            for(ucColumn = 0;ucColumn<8;ucColumn + +)
33            {
34                if(ucTemp&0x01)
35                    LCD_WRITE_DATA(usColor_Foreground);
36                else
37                    LCD_WRITE_DATA(usColor_Background);
38                ucTemp>> = 1;
39            }
40            ucPage + +;
41            ucTemp = ucAscii_2412[ucRelativePositon][ucPage];
42            //只显示前面 4 位,与上面 8 位共 12 位
43            for(ucColumn = 0;ucColumn<4;ucColumn + +)
44            {
45                if(ucTemp&0x01)
46                    LCD_WRITE_DATA(usColor_Foreground);
47                else
48                    LCD_WRITE_DATA(usColor_Background);
49                ucTemp>> = 1;
50            }
51        }
```

```
52  }
53  }
```

代码 29-2 分成两部分,一部分显示 16×8 的字符,另一部分显示 24×12 的字符。代码 29-2 有 6 个参数:起始 X 坐标、起始 Y 坐标、要显示的英文字符、背景色、字符颜色、字体选择(16 号或 24 号)。因为只使用了 ASCII 码表数字编码的 32 ～ 127,所以用 ucRelativePositon＝cChar－' '这句代码计算偏移的量。由于此 ASCII 字库从空格开始取模,所以－' '即可得到对应字符的字库(点阵)。选择字体,开一个字符的窗口用于显示,然后写命令 0x2C,开始写入颜色数据。

在代码 29-2 中,第一个 for 循环表示行计数,用于调用偏移后的点阵数据;第二个 for 循环表示列计数,用于对每个点进行判断,如果是'1',则显示字符颜色(组合起来就是字符),如果是'0',则显示背景色。显示 24×12 的字符时,12 位宽度的字体用 8 位的数据且需要两个 8 位,也就是 16 位(第二个 8 位只显示前面 4 位,与第一个 8 位共组成 12 位),那么数据的点阵就变成 48。

代码 29-3　显示字符串

```
01 void LCD_DispString_EN(uint16_t usX,uint16_t usY,const char * pStr,uint16_t usColor_
   Background,uint16_t usColor_Foreground,USE_FONT_Typdef font)
02 {
03     assert_param(IS_USE_FONT(font));//断言
04     while( * pStr != '\0')
05     {
06         if(font == USE_FONT_16)
07         {
08             if((usX + 8)>LCD_DEFAULT_WIDTH)
09             {
10                 usX = 0;
11                 usY += 16;
12             }
13             if((usY + 16)>LCD_DEFAULT_HEIGTH)
14             {
15                 usX = 0;
16                 usY = 0;
17             }
18             LCD_DispChar_EN(usX,usY,* pStr,usColor_Background,usColor_Foreground,font);
19             pStr ++ ;
20             usX += 8;
21         }
22         else
23         {
24             if((usX + 12)>LCD_DEFAULT_WIDTH)
25             {
```

```
26                    usX = 0；
27                    usY + = 24；
28                }
29                if((usY + 24)＞LCD_DEFAULT_HEIGTH)
30                {
31                    usX = 0；
32                    usY = 0；
33                }
34                LCD_DispChar_EN(usX,usY, * pStr,usColor_Background,usColor_Foreground,font);
35                pStr + + ;
36                usX + = 12;
37            }
38        }
39 }
```

代码 29 - 3 显示两种字号。以 16 号为例,根据液晶屏的宽度和高度进行换行:如果超过屏幕宽度,那么显示下一行;如果超过屏幕高度,那么从第一行开始显示。每次显示一个字符,直到遇到显示完的标志:'\0'。

29.7　LCD 显示汉字代码分析

29.7.1　ascii. h 文件内容 2

ascii. h 文件内容添加了汉字的字库。具体可参考如下代码。

代码 29 - 4　添加汉字字库

```
01 const unsigned int zk_1616[][32] = / * "中华人民共和国",隶书,16 * 16,阴码,逐行逆向取摸 * /
02 {
03    {0x00,0x00,0x00,0x00,0x00,0x00,0x00,0x00,0x80,0x01,0x80,0x01,0xFC,0x3F,0x84,0x31,
04    0x84,0x31,0xFC,0x3F,0x80,0x01,0x80,0x01,0x80,0x01,0x80,0x00,0x00,0x00,0x00,0x00},/
* "中",0 * /
05    {0x00,0x00,0x00,0x00,0x00,0x00,0x00,0x00,0x60,0x03,0x3E,0x1D,0x2E,0x03,0xE0,0x36,
06    0xA0,0x19,0xFE,0x03,0xFE,0xFF,0x80,0x01,0x80,0x01,0x80,0x01,0x00,0x00,0x00,0x00},/
* "华",1 * /
07    {0x00,0x00,0x00,0x00,0x00,0x00,0x00,0x00,0x80,0x00,0x80,0x00,0x80,0x00,0xC0,0x00,
08    0xC0,0x01,0x60,0x06,0x30,0x0C,0x18,0x38,0x0E,0xF0,0x00,0x60,0x00,0x00,0x00,0x00},/
* "人",2 * /
09    {0x00,0x00,0x00,0x00,0x00,0x00,0x00,0x00,0xFC,0x0F,0x0C,0x08,0xF8,0x0F,0x88,0x00,
10    0xF8,0x1F,0x08,0x01,0x8C,0x03,0x7C,0x0E,0x1C,0x7C,0x00,0x38,0x00,0x00,0x00,0x00},/
* "民",3 * /
11    {0x00,0x00,0x00,0x00,0x00,0x00,0x00,0x00,0x20,0x02,0x60,0x02,0xF8,0x1F,0x60,0x02,
```

```
12    0x60,0x02,0xFE,0xFF,0x40,0x62,0x60,0x07,0x18,0x0C,0x04,0x30,0x00,0x00,0x00,0x00},/
*"共",4*/
13    {0x00,0x00,0x00,0x00,0x00,0x00,0x00,0x00,0xC0,0x00,0x38,0x00,0x20,0x3F,0xFC,0x23,
14    0x70,0x23,0xB8,0x36,0x2E,0x2E,0x23,0x00,0x20,0x00,0x20,0x00,0x00,0x00,0x00,0x00},/
*"和",5*/
15    {0x00,0x00,0x00,0x00,0x00,0x00,0x00,0x00,0x04,0x00,0xFC,0x3F,0xF4,0x37,0x84,0x31,
16    0xE4,0x37,0x84,0x35,0xF4,0x3F,0x04,0x30,0xFC,0x3F,0x00,0x00,0x00,0x00,0x00,0x00},/
*"国",6*/
17    };
```

29.7.2 bsp_lcd.c 文件内容

下面的 bsp_lcd.c 文件主要是分析显示汉字的函数。

代码 29-5 显示一个汉字

```
01 void LCD_DispCHAR_CH(uint16_t usX,uint16_t usY,uint8_t index,uint16_t usColor_Background,
      uint16_t usColor_Foreground,USE_FONT_Typdef font)
02 {
03    uint8_t ucTemp,ucPage,ucColumn;
04    //检查输入参数是否合法
05    assert_param(IS_FONT(font));
06    if(font = = USE_FONT_16)
07    {
08        LCD_OpenWindow(usX,usY,16,16);
09        LCD_WRITE_CMD(0x2C);
10        for(ucPage = 0;ucPage<32;ucPage + + )
11        {
12            ucTemp = ysdz_1616[index][ucPage];
13            for(ucColumn = 0;ucColumn<8;ucColumn + + )
14            {
15            if(ucTemp&0x01)
16                LCD_WRITE_DATA(usColor_Foreground);
17            else
18                LCD_WRITE_DATA(usColor_Background);
19            ucTemp>> = 1;
20            }
21        }
22    }
23    else
24    {
25        LCD_OpenWindow(usX,usY,24,24);
26        LCD_WRITE_CMD(0x2C);
27        for(ucPage = 0;ucPage<72;ucPage + + )
```

```
28          {
29              ucTemp = ysdz_2424[index][ucPage];
30              for(ucColumn = 0;ucColumn<8;ucColumn + + )
31              {
32                  if(ucTemp&0x01)
33                      LCD_WRITE_DATA(usColor_Foreground);
34                  else
35                      LCD_WRITE_DATA(usColor_Background);
36                  ucTemp>> = 1;
37              }
38          }
39      }
40 }
```

代码 29 - 5 显示一个汉字。一个字节对应 8 个像素点的显示。当显示 16×16 的字体时,共需要 8×2×16=256 个像素点,也就是 32 字节。当显示 24×24 的字体时,共需要 8×3×24=576 个像素点,也就是 72 字节。该函数的第三个形参为字模顺序,与显示一个字符的函数原理相同。

代码 29 - 6　显示一串汉字

```
01 void LCD_DispString_CH(uint16_t usX,uint16_t usY,uint8_t start,uint8_t number,
       uint16_t usColor_Background,uint16_t usColor_Foreground,USE_FONT_Typdef font)
02 {
03     uint8_t i = start;
04     assert_param(IS_FONT(font));//断言
05     do{
06         if(font = = USE_FONT_16)
07         {
08             if((usX + 16)>LCD_DEFAULT_WIDTH)
09             {
10                 usX = 0;usY + = 16;
11             }
12             if((usY + 16)>LCD_DEFAULT_HEIGTH)
13             {
14                 usX = 0;usY = 0;
15             }
16             LCD_DispCHAR_CH(usX,usY,i,usColor_Background,usColor_Foreground,USE_FONT_
16);
17             usX + = 16;
18         }
19         else
20         {
21             if((usX + 24)>LCD_DEFAULT_WIDTH)
```

```
22                 {
23                     usX = 0;usY + = 24;
24                 }
25                 if((usY + 24)>LCD_DEFAULT_HEIGHT)
26                 {
27                     usX = 0;usY = 0;
28                 }
29                 LCD_DispCHAR_CH(usX,usY,i,usColor_Background,usColor_Foreground,USE_FONT_
24);
30                 usX + = 24;
31             }
32         i + + ;
33     }
34     while(i<(start + number));
35 }
```

代码 29 - 6 显示一串汉字,与显示一串字符的原理类似,与之不同的是形参。从代码
29 -6 可以看到,当第四个形参赋值为 3 时,显示 3 个汉字;赋值为 4 时,显示 4 个汉字,以此
类推。第三个形参的赋值是字模顺序。do...while 语句的特点是至少执行一次循环,只要表
达式的值为真就继续循环。

29.7.3　main. c 文件内容

main. c 文件包含系统时钟的配置和主函数内容。

代码 29 - 7　主函数 main( )

```
01 int main(void)
02 {
03     uint32_t lcdid,color1,color2;
04     HAL_Init();                              //复位所有外设,初始化 Flash 接口和系统滴答定
时器
05     SystemClock_Config();                    //配置系统时钟
06     lcdid = BSP_LCD_Init();                  //初始化 3.5 寸(1 寸≈3.33cm)TFT 液晶模组
07     MX_DEBUG_USART_Init();                   //初始化串口并配置串口中断优先级
08     printf("LCD ID = 0x % 08X\n",lcdid);     //调用格式化输出函数打印输出数据
09     LCD_Clear(0,0,LCD_DEFAULT_WIDTH,LCD_DEFAULT_HEIGTH,BLACK);
10     LCD_BK_ON();//开背光
11     / * 显示中文用字模软件取得字模,该函数第三个形参为字模顺序
12     这里赋值为 0,就可以得到第一个字,赋值为 2,就可以得到第三个字 * /
13     LCD_DispCHAR_CH(50,50,0,RED,GREEN,USE_FONT_16);
14     LCD_DispCHAR_CH(50,80,2,RED,GREEN,USE_FONT_24);
15     //显示中文字符串
16     LCD_DispString_CH(50,200,2,3,BLUE,YELLOW,USE_FONT_16);
```

```
17    LCD_DispString_CH(150,250,0,5,BLUE,YELLOW,USE_FONT_24);
18    for(;;)                                    //无限循环
19    {
20        HAL_Delay(1000);
21        color1 = rand();color2 = rand();      //获取随机数
22        LCD_DispString_CH(20,350,0,7,color1,color2,USE_FONT_24);
23    }
24 }
```

系统初始化,读取 ID 值并串口打印信息,开背光,调用函数显示汉字。

29.8 运行验证

使用合适的 USB 线连接至标识有"调试串口"的 USB 接口,在计算机端打开串口助手软件,设置参数为 115200 - 8 - 1 - N - N,打开串口;将 ST - link 正确接至标识有"SWD 调试器"字样的 4 针接口,下载程序至实验板并运行,可以看到 LCD 显示屏上显示的汉字情况。

思考题

常用的字模软件有哪些? 有什么作用?

第 30 章　LCD 显示汉字(SD 卡字库)

30.1　中文编码

　　英文书写系统由 26 个基本字母组成,利用 26 个字母组合即可呈现不同的单词。但是汉字非常多,常用汉字就有 6000 多个,因此需要用到中文编码。中文编码直接对方块汉字进行编码,一个汉字使用一个号码。下面介绍一些常用的中文编码方式。

　　1. GB 2312—1980 标准

　　《信息交换用汉字编码字符集　基本集》GB 2312—1980 标准共收录 6763 个汉字,其中一级汉字 3755 个,二级汉字 3008 个;同时 GB 2312—1980 还收录了包括拉丁字母、希腊字母、日文平假名及片假字母、俄语西里尔字母在内的 682 个全角字符,但未能覆盖繁体中文字、部分人名、方言、古汉语等出现的罕用字。

　　GB 2312—1980 取消了 ASCII 码表 127 号之后的扩展字符集,并规定小于 127 的编码按 ASCII 码表解释字符。当两个大于 127 的字符连在一起时,表示 1 个汉字。GB 2312—1980 将代码表分为 94 个区,对应第一个字节(0XA1～0XFE);每个区 94 个位(0XA1～0XFE),对应第二个字节。两个字节的值分别为区号值和位号值,因此也称为区位码。

　　2. GBK 编码

　　在 GB 2312—1980 编码中,收录的 6763 个汉字已经覆盖了约 98.75% 的汉字使用率,然而并未收录繁体字和生僻字,导致有些罕见字并不能处理,而 GBK 编码可向下兼容 GB 2312—1980(指字符的编码也相同),又比 GB 2312—1980 增加了 14240 个新汉字和符号。

　　3. GB 18030

　　计算机应用越来越普及,在 GBK 编码的标准上不断扩张字符,这些标准称为 GB 18030,如 GB 18030—2000、GB 18030—2005 等。现 GB 18030 的编码使用 4 个字节,遵循标准 GB 18030—2005。

　　ASCII、GB2312、GBK、GB18030 标准的特点与联系如下:

　　(1)ASCII 码每个字符占据 1 字节,用二进制表示的最高位必须为 0(不包括扩展的 ASCII),因此 ASCII 只能表示 128 个字。

　　(2)GB 2312—1980 最早的一版中文编码,每个字占据 2 字节。为了与 ASCII 兼容,这 2 字节最高位不可以为 0(否则会与 ASCII 有冲突)。在 GB 2312—1980 中收录了 6763 个汉字及 682 个特殊符号,基本囊括了生活中常用汉字。

　　(3)GBK 在兼容 GB 2312—1980 和 ASCII 的前提下,也用每个字占据 2 字节的方式编码了很多汉字。经过 GBK 编码后,可以表示的汉字达到 20902 个,另有 984 个汉语标点符号、部首等。值得注意的是,这 20902 个汉字还包含了繁体字。

(4)为了满足应用更多汉字的需求,GB 18030 将多出来的汉字使用 4 字节编码。为了兼容 GBK,这个 4 字节的前两位不能与 GBK 冲突(实操中发现后两位也并没有与 GBK 冲突)。我国在 2000 年和 2005 年分别颁布了两次 GB 18030 编码,其中 2005 年的是在 2000 年的基础上进一步补充的。至此,GB 18030 编码的中文文件已经包含七万多个汉字,甚至包含少数民族文字。

30.2　Unicode

Unicode 又称统一码、万国码、单一码,是计算机科学领域里的一项业界标准,包括字符集、编码方案等,它为每种语言中的每个字符设定了统一并且唯一的二进制编码,以满足跨语言、跨平台进行文本转换、处理的要求。ISO 于 1990 年开始研发 Unicode,1994 年正式发布 Unicode 1.0 版本,2020 年发布 12.0 版本。Unicode 字符集可以简写为 UCS(Unicode Character Set)。在 Unicode 中,所有的字符都被一视同仁,汉字不再使用"两个扩展 ASCII",而用"1 个 Unicode"来表示,所有的文字都按一个字符来处理,它们都有唯一的 Unicode 码。Unicode 用数字 0~0x10FFFF 来映射这些字符,最大可以容纳 1114112 个字符,或者说 1114112 个码位。

码位就是可以分配给字符的数字,Unicode 编码方案采取 UTF-8、UTF-16 或 UTF-32。中文编码之间的兼容性如图 30-1 所示。

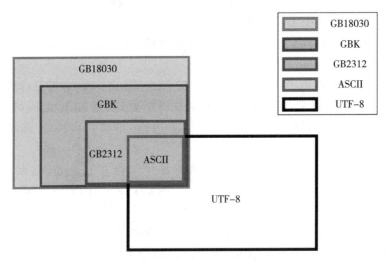

图 30-1　中文编码之间的兼容性

30.3　字模的生成

制作 GB 2312—1980 编码中全部字符编码的字模,此时打开取模软件"PCtoLCD 2002 完美版",根据图 30-2 设置好取模选项。

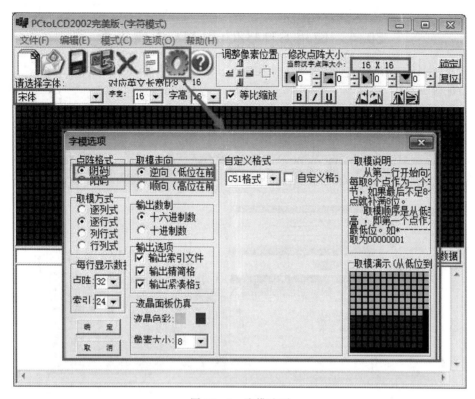

图 30-2　取模选项

按图 30-3 中的箭头顺序操作,导入字库文件生成字模文件,存到 SD 卡的根目录中。

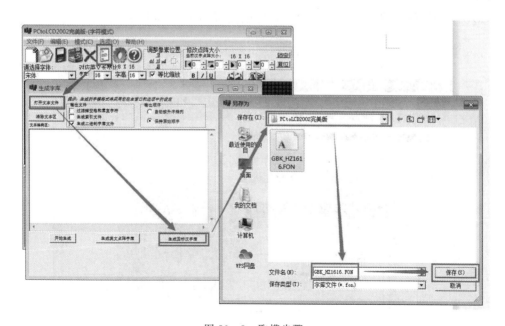

图 30-3　取模步骤

30.4 使用 STM32CubeMX 生成工程

(1)配置 FSMC,如图 30-4 所示。

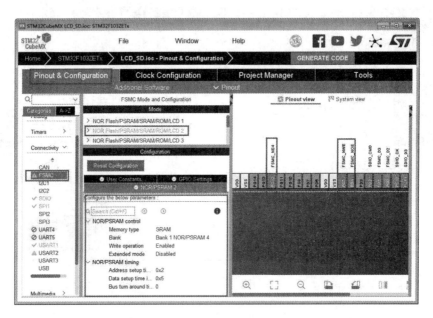

图 30-4 配置 FSMC

(2)配置 SDIO,如图 30-5 所示,单击"生成代码"生成工程文件。

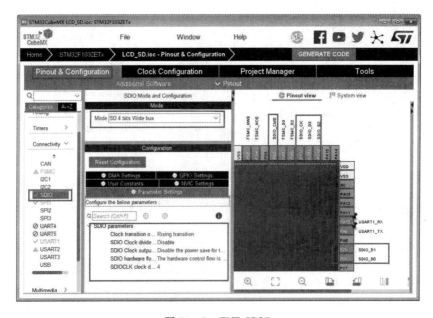

图 30-5 配置 SDIO

30.5　LCD 显示汉字(SD 卡字库)编程关键步骤

LCD‐显示函数(字库在 SD 卡)编程关键步骤总结如下。
(1)配置工程需要用到的外设。
(2)设置 SD 卡的文件系统。
(3)从 SD 卡中获取字模数据,并进行相关处理。
(4)编写显示中文的函数。
(5)在主函数中调用相关函数进行 LCD 中文的显示。

30.6　LCD 显示汉字(SD 卡字库)代码实现

下面对本实验工程用到的主要函数进行解析。

30.6.1　bsp_lcd.h 文件内容

代码 30-1　相关宏定义

```
01 typedef enum{
02     USE_FONT_16 = 16,
03     USE_FONT_24 = 24,
04 }USE_FONT_Typdef;
05 #define IS_USE_FONT(FONT)(((FONT) = = USE_FONT_16)||((FONT) = = USE_FONT_24))
06 //ILI9488 显示屏全屏默认(扫描方向为 1 时)最大宽度和最大高度
07 #if(LCD_DIRECTION = = 1)||(LCD_DIRECTION = = 3)
08     #define LCD_DEFAULT_WIDTH        320 //X 轴长度
09     #define LCD_DEFAULT_HEIGH        480 //Y 轴长度
10 #else
11     #define LCD_DEFAULT_WIDTH        480 //X 轴长度
12     #define LCD_DEFAULT_HEIGH        320 //Y 轴长度
13 #endif
```

代码 30-1 枚举了两种字号(24 号、16 号),显示中文,对屏幕大小进行定义。

30.6.2　bsp_lcd.c 文件内容

代码 30-2　从 SD 卡获取字模数据

```
01 /* 函数功能:从 SD 卡读取 GBK 码
02 * 输入参数:pBuffer,数据保存地址
03 *          gbk,汉字字符低字节码
04 *          font,字体选择
```

```
05  *              可选值,USE_FONT_16：16 号字体
06  *                     USE_FONT_24：24 号字体
07  * 返 回 值:uint8_t,0 表示读取失败,1 表示读取成功
08  * 说     明:使用该函数之前确保已运行了 f_mount(&fs,"0:",1);程序。*/
09  static uint8_t GetGBKCode_SD(uint8_t * pBuffer,const uint8_t * pstr,USE_FONT_Typdef font)
10  {
11      uint32_t        pos;
12      uint8_t         high8bit,low8bit;
13      FRESULT         f_res;
14      UINT            f_num;
15      high8bit = * pstr;
16      low8bit = * (pstr + 1);
17      if(font = = USE_FONT_16)
18      {
19          //16 * 16 大小的汉字,其字模占用 16 * 16/8 字节
20          pos = ((high8bit - 0xa1) * 94 + low8bit - 0xa1) * 16 * 16/8;
21          f_res = f_open(&file,"0:/GBK_HZ1615.FON",FA_OPEN_EXISTING|FA_READ);
22      }else{
23          //24 * 24 大小的汉字,其字模占用 24 * 24/8 字节
24          pos = ((high8bit - 0xa1) * 94 + low8bit - 0xa1) * 24 * 24/8;
25          f_res = f_open(&file,"0:/GBK_HZ2423.FON",FA_OPEN_EXISTING|FA_READ);
26      }
27      if(f_res = = FR_OK)
28      {
29          f_lseek(&file,pos);//指针偏移
30          if(font = = USE_FONT_16)
31          {
32              f_res = f_read(&file,pBuffer,32,&f_num);
33          }else{
34              f_res = f_read(&file,pBuffer,72,&f_num);
35          }
36          f_close(&file);
37          return 1;
38      }else return 0;
39  }
```

代码 30-2 中的函数获取 SD 卡内字模的数据指针,再利用 f_lseek()读取指针偏移,使它能够读取特定字符的字模数据。定义 uint8_t 类型的高 8 位和低 8 位,利用指针变量 pstr 来区分高 8 位和低 8 位。

代码中的第 20 行和第 24 行代码是字模的寻址公式,分为 16 号字体和 24 号字体。根据 16 号字体来理解,每个字模的大小为 $16 \times 16/8 = 32$ 字节,GB 2312—1980 的第一字节是 0xa1~0xfe,第二字节也是 0xa1~0xfe,故可以得出寻址公式为 pos=((high8bit-0xa1) *

94＋low8bit－0xa1)×16×16/8,然后调用 f_read()读出数据。

代码 30 - 3　在 LCD 显示一个汉字

```
01 / *
02  * 函数功能:在 LCD 显示器上显示一个汉字
03  * 输入参数:usX,在特定扫描方向下字符的起始 X 坐标
04  *          usY,在特定扫描方向下字符的起始 Y 坐标
05  *          pstr,汉字字符低字节码
06  *          usColor_Background,选择背景颜色
07  *          usColor_Foreground,选择前景颜色
08  *          font,字体选择,可选值包括 USE_FONT_16 即 16 号字体和 USE_FONT_24 即 24 号字体
09  * 返 回 值:无 * /
10 void LCD_DispCHAR_CH(uint16_t usX,uint16_t usY,const uint8_t * pstr,uint16_t usColor_
   Background,uint16_t usColor_Foreground,USE_FONT_Typdef font)
11 {
12     uint8_t ucTemp,ucPage,ucColumn;
13     uint8_t gbk_buffer[72];
14     assert_param(IS_FONT(font));//检查输入参数是否合法
15     if(font = = USE_FONT_16)
16     {
17         LCD_OpenWindow(usX,usY,16,16);
18         LCD_WRITE_CMD(0x2C);
19         GetGBKCode_SD(gbk_buffer,pstr,USE_FONT_16);
20         for(ucPage = 0;ucPage<32;ucPage + + )
21         {
22             ucTemp = gbk_buffer[ucPage];
23             for(ucColumn = 0;ucColumn<8;ucColumn + + )
24             {
25                 if(ucTemp&0x01)
26                     LCD_WRITE_DATA(usColor_Foreground);
27                 else
28                     LCD_WRITE_DATA(usColor_Background);
29                 ucTemp>> = 1;
30             }
31         }
32     }else{
33         LCD_OpenWindow(usX,usY,24,24);
34         LCD_WRITE_CMD(0x2C);
35         GetGBKCode_SD(gbk_buffer,pstr,USE_FONT_24);
36         for(ucPage = 0;ucPage<72;ucPage + + )
37         {
38             ucTemp = gbk_buffer[ucPage];
```

```
39              for(ucColumn = 0;ucColumn<8;ucColumn + + )
40              {
41              if(ucTemp&0x01)LCD_WRITE_DATA(usColor_Foreground);
42              else                  LCD_WRITE_DATA(usColor_Background);
43              ucTemp>> = 1;
44          }
45      }
46  }
47 }
```

代码 30 - 3 中的显示函数与 ASCII 码的显示函数类似,先"开窗",写使能,从 SD 卡获取字模数据,然后根据一个字模与 32 字节循环写入,一位一位地判断这些数据,数据位为 1 时,像素点就显示字体颜色,否则显示背景颜色。

代码 30 - 4　在 LCD 显示一串中文

```
01 / *
02 * 函数功能:在 LCD 显示屏上显示一串中文
03 * 输入参数:usX,在特定扫描方向下字符的起始 X 坐标
04 *          usY,在特定扫描方向下字符的起始 Y 坐标
05 *          pstr,汉字字符低字节码
06 *          usColor_Background,选择背景颜色
07 *          usColor_Foreground,选择前景颜色
08 *          font,字体选择,可选值包括 USE_FONT_16 即 16 号字体 和 USE_FONT_24 即 24 号字体
09 * 返 回 值:无
10 * /
11 void LCD_DispString_CH(uint16_t usX,uint16_t usY,const uint8_t * pstr,uint16_t usColor_
   Background,uint16_t usColor_Foreground,USE_FONT_Typdef font)
12 {
13     assert_param(IS_FONT(font));//检查输入参数是否合法
14     while( * pstr ! =\0'){
15         if(font = = USE_FONT_16)
16         {
17             if((usX + 16)>LCD_DEFAULT_WIDTH)
18             {
19                 usX = 0;
20                 usY + = 16;
21             }
22             if((usY + 16)>LCD_DEFAULT_HEIGTH)
23             {
24                 usX = 0;
25                 usY = 0;
26             }
27             LCD_DispCHAR_CH(usX,usY,pstr,usColor_Background,usColor_Foreground,USE_FONT_
```

```
16);
28              pstr + = 2;
29              usX + = 16;
30          }else{
31              if((usX + 24)＞LCD_DEFAULT_WIDTH)
32              {
33                  usX = 0;
34                  usY + = 24;
35              }
36              if((usY + 24)＞LCD_DEFAULT_HEIGTH)
37              {
38                  usX = 0;
39                  usY = 0;
40              }
41              LCD_DispCHAR_CH(usX,usY,pstr,usColor_Background,usColor_Foreground,USE_FONT_
24);
42              pstr + = 2;
43              usX + = 24;
44          }
45      }
46 }
```

代码 30-4 中的函数与 ASCII 码显示一串字符类似,判断行宽和列高,一个字一个字地显示。只是,每个中文字符占 2 字节,所以 pstr 指针变量每次加 2。

代码 30-5　在 LCD 显示一串英文以及汉字

```
01 /*
02 * 函数功能:在 LCD 显示屏上显示一串英文以及汉字
03 * 输入参数:usX,在特定扫描方向下字符的起始 X 坐标
04 *          usY,在特定扫描方向下字符的起始 Y 坐标
05 *          pstr,汉字字符低字节码
06 *          usColor_Background,选择背景颜色
07 *          usColor_Foreground,选择前景颜色
08 *          font,字体选择,可选值包括 USE_FONT_16 即 16 号字体和 USB_FONT_24 即 24 号字体
09 * 返 回 值:无 */
10 void LCD_DispString_EN_CH(uint16_t usX,uint16_t usY,const uint8_t * pstr,uint16_t usColor_
   Background,uint16_t usColor_Foreground,USE_FONT_Typdef font)
11 {
12     assert_param(IS_FONT(font));//检查输入参数是否合法
13     while( * pstr ！ =\0)
14     {
15         if( * pstr＜ = 0x7f)
16         {
```

```
17              if(font = = USE_FONT_16)
18              {
19                  if((usX + 8)>LCD_DEFAULT_WIDTH)
20                  {
21                      usX = 0;
22                      usY + = 16;
23                  }
24                  if((usY + 16)>LCD_DEFAULT_HEIGTH)
25                  {
26                      usX = 0;
27                      usY = 0;
28                  }
29                  LCD_DispChar_EN(usX,usY, * pstr,usColor_Background,
                        usColor_Foreground,USE_FONT_16);
30                  pstr + + ;
31                  usX + = 8;
32              }else{
33                  if((usX + 12)>LCD_DEFAULT_WIDTH)
34                  {
35                      usX = 0;
36                      usY + = 24;
37                  }
38                  if((usY + 24)>LCD_DEFAULT_HEIGTH)
39                  {
40                      usX = 0;
41                      usY = 0;
42                  }
43                  LCD_DispChar_EN(usX,usY, * pstr,usColor_Background,
                        usColor_Foreground,USE_FONT_24);
44                  pstr + + ;
45                  usX + = 12;
46              }
47          }else{
48              if(font = = USE_FONT_16)
49              {
50                  if((usX + 16)>LCD_DEFAULT_WIDTH)
51                  {
52                      usX = 0;
53                      usY + = 16;
54                  }
55                  if((usY + 16)>LCD_DEFAULT_HEIGTH)
56                  {
```

```
57                          usX = 0;
58                          usY = 0;
59                      }
60                      LCD_DispCHAR_CH(usX,usY,pstr,usColor_Background,
                            usColor_Foreground,USE_FONT_16);
61                  pstr + = 2;
62                  usX + = 16;
63              }else{
64                  if((usX + 24)>LCD_DEFAULT_WIDTH)
65                  {
66                      usX = 0;
67                      usY + = 24;
68                  }
69                  if((usY + 24)>LCD_DEFAULT_HEIGTH)
70                  {
71                      usX = 0;
72                      usY = 0;
73                  }
74                  LCD_DispCHAR_CH(usX,usY,pstr,usColor_Background,
                        usColor_Foreground,USE_FONT_24);
75                  pstr + = 2;
76                  usX + = 24;
77              }
78          }
79      }
80 }
```

代码 30 - 5 中的函数用于在 LCD 上显示一串英文以及汉字。

30.6.3　main. c 文件内容

代码 30 - 6　主函数 main()

```
01 char SDPath[4];                     //SD 卡逻辑设备路径
02 FatFS fs;                           //FatFS 文件系统对象
03 FRESULT f_res;                      //文件操作结果
04 int main(void)
05 {
06     uint32_t lcdid;                 //液晶 ID
07     HAL_Init();                     //复位所有外设,初始化 Flash 接口和系统滴答定
时器
08     SystemClock_Config();           //配置系统时钟
09     lcdid = BSP_LCD_Init();         //初始化 3.5 寸 TFT 液晶模组
10     MX_DEBUG_USART_Init();          //初始化串口并配置串口中断优先级
```

```
11    printf("LCD ID = 0x % 08X\n",lcdid);      //调用格式化输出函数打印输出数据
12    //注册一个 FatFS 设备:SD 卡
13    if(FatFS_LinkDriver(&SD_Driver,SDPath) = = 0)
14    {
15        //在 SD 卡挂载文件系统前,文件系统挂载时会对 SD 卡初始化
16        f_res = f_mount(&fs,(TCHAR const * )SDPath,1);
17        if(f_res! = FR_OK)
18        {
19            printf("!! SD 卡挂载文件系统失败! ( % d)\n",f_res);
20            while(1);
21            }else{
22                printf("》SD 卡文件系统挂载成功。\n");
23            }
24        }
25    LCD_Clear(0,0,LCD_DEFAULT_WIDTH,LCD_DEFAULT_HEIGTH,BLACK);
26    LCD_BK_ON();//开背光
27    //显示中文
28    LCD_DispCHAR_CH(50,50,(uint8_t * )"液",BLACK,YELLOW,USE_FONT_16);
29    LCD_DispCHAR_CH(50,80,(uint8_t * )"Y",BLACK,YELLOW,USE_FONT_24);
30    //显示一串中文
31    LCD_DispString_CH(50,200,(uint8_t * )"意法半导体",BLACK,GREEN,USE_FONT_16);
32    LCD_DispString_CH(150,250,(uint8_t * )"意法半导体",BLACK,GREEN,USE_FONT_24);
33    //显示中英文字符串
34    LCD_DispString_EN_CH(30,320,(uint8_t * )"STM32 实验板",BLACK,BLUE,USE_FONT_16);
35    LCD_DispString_EN_CH(50,350,(uint8_t * )"STM32 实验板",BLACK,WHITE,USE_FONT_24);
36    for(;;){;}//无限循环
37 }
```

在代码 30-6 中,初始化所用到的外设后,注册一个 FatFS 设备,在 SD 卡挂载文件系统时前,文件系统会对 SD 卡进行初始化,然后清屏,开背光,对上述的显示函数进行验证。

30.7 运行验证

将 ST-link 正确接至标识有"SWD 调试器"字样的 4 针接口,下载程序至实验板并运行,可以观察到 LCD 显示屏上显示相关内容。

思考题

简述在 LCD 上是如何显示一个汉字的。

第 31 章　LCD 显示汉字(串行 Flash 字库)

若要显示在意的汉字,就需要存储整个汉字编码库。例如,GBK 编码,但因其数据量大,超出片内 Flash 容量,所以只能将整个字库存放至 SD 卡或外部 Flash 中。

31.1　使用 STM32CubeMX 生成工程

(1)配置 FSMC,如图 31-1 所示。

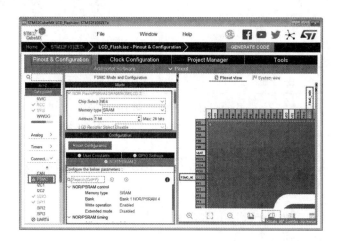

图 31-1　配置 FSMC

(2)配置 SDIO,如图 31-2 所示。

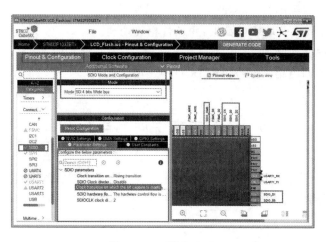

图 31-2　配置 SDIO

(3)配置 SPI1,如图 31 - 3 所示,单击"生成代码"生成工程文件。

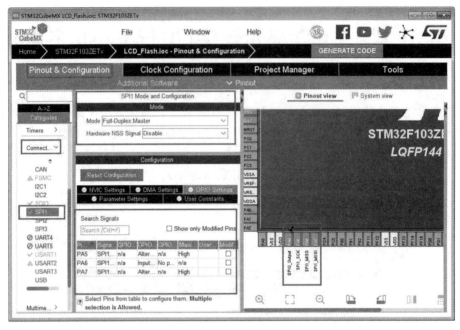

图 31 - 3　配置 SPI1

31.2　LCD 显示汉字(串行 Flash 字库)编程关键步骤

LCD 显示汉字(字库在串行 Flash)编程关键步骤如下。

(1)配置工程需要用到的外设。

(2)配置串行 Flash 及编写相关操作函数。

(3)配置串行 Flash 的 FatFS 文件系统。

(4)烧录中文字库到串行 Flash。

(5)从串行 Flash 中获取字模数据,并进行相关处理。

(6)编写显示中文的函数。

(7)在主函数中调用相关函数进行 LCD 中文的显示。

31.3　烧录中文字库到串行 Flash

烧录中文字库到串行 Flash 的本质是将存放在 SD 卡中的字库文件写入串行 Flash 中。实现烧录中文字库到串行 Flash 的主要代码在 mian. c 文件中。

代码 31 - 1　相关宏定义

```
01 #define GBK_HZ1616 1 //1  = 使能烧录 GBK_HZ1615. FON 字库文件;0 = 不烧写
```

```
02 # define GBK_HZ2424          1 //1 = 使能烧录 GBK_HZ2423. FON 字库文件; 0 = 不烧写
03 # define FatFS_UNIGBK         1 //1 = 使能烧录 UNIGBK. BIN 字库文件; 0 = 不烧写
04 # define XBF_STXIHEI16        1 //1 = 使能烧录 stxihei15. xbf 字库文件; 0 = 不烧写
05 # define XBF_KAITI24          1 //1 = 使能烧录 kaiti23. xbf 字库文件; 0 = 不烧写
06 # define GBK_HZ1616_ADDR    (10 * 4096)//GBK_HZ1615. FON 字库文件存放在串行 Flash 的地址中
07 # define GBK_HZ2424_ADDR    (75 * 4096)//GBK_HZ2423. FON 字库文件存放在串行 Flash 的地址中
08 # define FatFS_UNIGBK_ADDR (332 * 4096)//UNIGBK. BIN 字库文件存放在串行 Flash 的地址中
09 # define XBF_STXIHEI16_ADDR(380 * 4096)//stxihei15. xbf 字库文件存放在串行 Flash 的地址中
10 # define XBF_KAITI24_ADDR  (750 * 4096)//kaiti23. xbf 字库文件存放在串行 Flash 的地址中
11 # define GBK_HZ1616_SIZE    (64)//GBK_HZ1615. FON 字库文件占用扇区数(每个扇区为 4096 字节)
12 # define GBK_HZ2424_SIZE    (144)//GBK_HZ2423. FON 字库文件占用扇区数(每个扇区为 4096 字节)
13 # define FatFS_UNIGBK_SIZE (43)//UNIGBK. BIN 字库文件占用扇区数(每个扇区为 4096 字节)
14 # define XBF_STXIHEI16_SIZE(348)//stxihei15. xbf 字库文件占用扇区数(每个扇区为 4096 字节)
15 # define XBF_KAITI24_SIZE  (628)//kaiti23. xbf 字库文件占用扇区数(每个扇区为 4096 字节)
```

代码 31 - 2 烧录 16 号字体及验证

```
01 //GBK_HZ1615. FON 字库文件
02 # if GBK_HZ1616
03    f_res = f_open(&file,"0;GBK_HZ1615. FON",FA_OPEN_EXISTING|FA_READ);
04    printf("f_open GBK_HZ1615. FON res = % d\n",f_res);
05    if(f_res = = FR_OK)
06    {
07        //擦除空间
08        write_addr = GBK_HZ1616_ADDR;
09        for(j = 0;j<GBK_HZ1616_SIZE;j + + )                     //擦除扇区
10        {
11            SPI_Flash_SectorErase(write_addr + j * 4096);
12        }
13        //烧录字库文件
14        j = 0;
15        write_addr = GBK_HZ1616_ADDR;
16        while(f_res = = FR_OK)
17        {
18            f_res = f_read(&file,tempbuf,256,&fnum);            //读取数据
19            if(f_res! = FR_OK)break;                            //执行错误
20            SPI_Flash_PageWrite(tempbuf,write_addr,256);        //复制数据到串行 Flash 中
21            write_addr + = 256;
22            j + + ;
23            if(fnum ! = 256)break;
24        }
25    }
26    f_close(&file);
```

```
27    SPI_Flash_BufferRead(tempbuf,GBK_HZ1616_ADDR,256);          //读取数据,打印验证
28    printf("readbuf GBK_HZ1615.FON:\n");
29    for(j = 0;j<256;j + +)
30    printf(" % 02X ",tempbuf[j]);
31    printf("\n 如果 tempbuf 不全为 FF,那么说明字库复制成功!!! \n");
32    if((tempbuf[0]! = 0xff)&&(tempbuf[1]! = 0xff))LED1_ON;
33 # endif // # if GBK_HZ1616
```

代码 31 - 2 为在主函数中对串行 Flash 进行初始化,调用 f_open()打开 SD 卡中的 16 号字体文件,然后擦除足够的扇区,调用 f_read()读取数据,将读取的数据按页写入串行 Flash 中。当写入完成后,调用 SPI_Flash_BufferRead()读取写入数据,打印至串口验证,如果不全为 FF,则说明字库复制成功。

31.4 LCD 显示汉字(串行 Flash 字库)代码分析

bsp_lcd. h 文件中的代码与前面是相同的,关于一些 LCD 操作的宏定义,可直接看 bsp_lcd. c 文件中的内容。

31.4.1 bsp_lcd. c 文件内容

代码 31 - 3 从串行 Flash 获取字模数据

```
01 # if USE_SPIFlash_CH = = 1
02 / **
03 * 函数功能:从串行 Flash 读取 GB2312 码
04 * 输入参数:pBuffer,数据保存地址
05 * gbk:汉字字符低字节码
06 * font:字体选择
07 * 可选值:FONT_16,16 号字体
08 * FONT_24,24 号字体
09 * 返 回 值:uint8_t,0 表示读取失败,1 表示读取成功
10 * 说 明:无
11 * /
12 static uint8_t GetGBKCode_SPIFlash(unsigned char * pBuffer,const uint8_t * pstr,USE_FONT_
Typdef font)
13 {
14    uint32_t pos;
15    uint8_t high8bit,low8bit;
16    static uint8_t spi_uninited = 1;           //使用函数体内部的静态局部变量
17    assert_param(IS_FONT(font));               //检查输入参数是否合法
18    if(spi_uninited){
19        MX_SPIFlash_Init();                    //初始化 SPI 外设
```

```
20        spi_uninited = 0;
21    }
22    high8bit = * pstr;
23    ow8bit = * (pstr + 1);
24    if(font = = USE_FONT_16){
26        pos = ((high8bit - 0xa1) * 94 + low8bit - 0xa1) * 16 * 16/8;//16 * 16 大小的汉字字模占
用 16 * 16/8 字节
27        SPI_Flash_BufferRead(pBuffer,GBK_HZ1616_ADDR + pos,32);
28    }else{
29        pos = ((high8bit - 0xa1) * 94 + low8bit - 0xa1) * 24 * 24/8;//24 * 24 大小的汉字字模占
用 24 * 24/8 个字节
30        SPI_Flash_BufferRead(pBuffer,GBK_HZ2424_ADDR + pos,72);
31    }
32    if((pBuffer[0] = = 0xFF)&&(pBuffer[1] = = 0xFF)){return 0;break;}
33    return 1;
34 }
35 #else
```

代码 31 - 3 使用 SPI 总线读取存放在串行 Flash 中的字模数据。首次读取时需要初始化 SPI 外设,初始化后改变 spi_uninited 的值,再次读取字模数据时就不再需要初始化 SPI 了。取出要显示字符的第一位字节和第二位字节,以便于计算字符的字模地址偏移。接着判断是 16 号字体和 24 号字体。得到地址偏移 pos 后加上基地址 GBK_HZ1616_ADDR,即可得出字模在串行 Flash 中存储的实际地址。然后调用 SPI_Flash_BufferRead(),可以从串行 Flash 读取字模数据。获取字模的数据后,在显示一个中文的函数中直接调用即可。

31.4.2　main. c 文件内容

代码 31 - 4　主函数 main( )

```
01 int main(void)
02 {
03    uint32_t lcdid,DIRECTION = 1;
04    HAL_Init();                          //复位所有外设,初始化 Flash 接口和系统滴答定时器
05    SystemClock_Config();                //配置系统时钟
06    lcdid = BSP_LCD_Init();              //初始化 3.5 寸 TFT 液晶模组
07    MX_DEBUG_USART_Init();               //初始化串口并配置串口中断优先级
08    printf("LCD ID = 0x % 08X\n",lcdid);//调用格式化输出函数打印输出数据
09 #if USB_SPIFlash_CH = = 0
10    //注册一个 FatFS 设备:串行 Flash
11    if(FatFS_LinkDriver(&SD_Driver,SDPath) = = 0)
12    {
13        //在串行 Flash 挂载文件系统,文件系统挂载时会对串行 Flash 初始化
14        f_res = f_mount(&fs,(TCHAR const * )SDPath,1);
```

```
15        if(f_res! = FR_OK)
16        {
17            printf("!! SD 卡挂载文件系统失败。(%d)\n",f_res);
18            while(1);
19        }else{
20          printf("》SD 卡文件系统挂载成功\n");
21    }
22    }
23 #endif
24    LCD_Clear(0,0,LCD_DEFAULT_WIDTH,LCD_DEFAULT_HEIGTH,BLACK);
25    LCD_BK_ON();//开背光
26    //显示中文
27    LCD_DispCHAR_CH(50,50,(uint8_t *)"液",BLACK,YELLOW,USE_FONT_16);
28    LCD_DispCHAR_CH(50,80,(uint8_t *)"Y",BLACK,YELLOW,USE_FONT_24);
29    //显示一串中文
30    LCD_DispString_CH(50,200,(uint8_t *)"意法半导体",BLACK,GREEN,USB_FONT_16);
31    LCD_DispString_CH(150,250,(uint8_t *)"意法半导体",BLACK,GREEN,USB_FONT_24);
32    //显示中英文字符串
33    LCD_DispString_EN_CH(30,320,(uint8_t *)"STM32 实验板",BLACK,BLUE,USE_FONT_16);
34    LCD_DispString_EN_CH(50,350,(uint8_t *)"STM32 实验板",BLACK,BLUE,USE_FONT_24);
35    for(;;)//无限循环
36    {
37        if(KEY1_StateRead() = = KEY_DOWN)//按键控制显示方向
38        {
39            DIRECTION + + ;if(DIRECTION>4)DIRECTION = 1;
40            LCD_SetDirection(DIRECTION);
41            LCD_Clear(0,0,480,480,BLACK);
42            LCD_DispString_EN_CH(0,0,(uint8_t *)"显示方向顺时针切换",BLACK,WHITE,USE_
FONT_24);
43        }
44        if(KEY2_StateRead() = = KEY_DOWN)
45        {
46            DIRECTION -- ;if(DIRECTION<1)DIRECTION = 4;
47            LCD_SetDirection(DIRECTION);
48            LCD_Clear(0,0,480,480,BLACK);
49            LCD_DispString_EN_CH(0,0,(uint8_t *)"显示方向逆时针切换",BLACK,RED,USE_
            FONT_24);
50        }
51    }
52 }
```

前面已经介绍了显示中文所需要的函数,在主函数中直接调用相关显示函数即可。

31.5　运行验证

将 ST‑link 正确接至标识有"SWD 调试器"字样的 4 针接口,下载程序至实验板并运行,可以观察到 LCD 显示屏上显示的内容,触压按键 KEY1,显示方向顺时针改变;触压按键 KEY2,显示方向逆时针改变。

思考题

在 LCD 显示汉字的工程中,如何使用 STM32CubeMX 生成工程?

第 32 章 多参数实时测量仪设计

仪器仪表是用以检测、观察、计算各种物理量、物质成分、物性参数等的器具或设备,如水质分析仪、电子经纬仪、红外测温仪、真空检漏仪、万用表、示波器等。随着微电子技术的进步,仪器仪表进一步与微控制器技术融合,仪器仪表的数字化、智能化水平不断提高,进入了智能仪器仪表时代。

将以单片或多片微控制器作为控制核心的仪器仪表统称为智能仪器仪表。智能仪器仪表具有体积小、功能强、功耗低等特点。

前面章节介绍了 STM32F103ZET6 的相关知识,包括开发环境的搭建、工程文件框架结构的生成、常用外设的编程等。本章将结合具体实例,介绍智能仪器仪表的相关知识。

32.1 需求分析

采用 STM32F103ZET6 设计一台多参数实时测量仪,要求具有测量三相电压、三相电流、有功功率、无功功率、相角、2~63 次谐波和温湿度等功能,精度要求:电压、电流±0.2%,功率±0.5%,相角±0.2°,谐波±1%,温度±0.2℃,湿度±2%,采用液晶显示,1 路 RS232 通信,1 路 RS485 通信,1 路 CAN 通信。

温湿度测量、数据显示和通信等实时性要求不高的事务性任务可以由 STM32F103ZET6 来承担。6 路信号的实时信号采集谐波分析,数据计算量特别大,STM32F103ZET6 无法完成,需要数字信号处理器(DSP)来专门处理。本实例数据采集部分采用数字信号处理器 TMS32F28335 和同步采样 AD7606 构成。

TMS320F28335 是美国德州仪器(Texas Instruments,TI)公司的一款高速数字信号处理器,主频 150MHz,具备 32 位浮点处理单元,具有浮点运算单元,特别适合实时数据处理。

AD7606 是美国亚诺德(Analog Devices,Inc.,ADI)公司生产的 8 通道 16 位同步采样 ADC,内置模拟输入箝位保护、二阶抗混叠滤波器、跟踪保持放大器、16 位电荷再分配逐次逼近型 ADC、灵活的数字滤波器、2.5V 基准电压源、基准电压缓冲及高速串行和并行接口。AD7606 采用 5V 单电源供电,可以处理±10V 和±5V 真双极性输入信号,同时所有通道均能以高达 200kSPS 的吞吐速率采样,具有片内滤波和高输入阻抗,因此无须驱动运算放大器和外部双极性电源。输入箝位保护电路可以耐受最高达±15.5V 的电压。

32.2　方案设计

32.2.1　方案框图

本实验系统组成框图如图 32-1 所示。

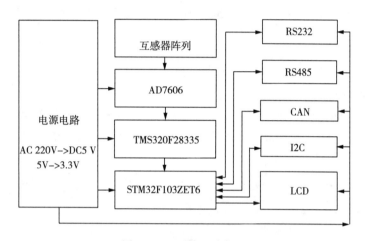

图 32-1　系统组成框图

32.2.2　硬件设计

1. 开关电源

AC 220V 转换 DC 5V/2A 电路是典型的反激式开关电源电路,把交流 220V 转换为直流 5V,其电器如图 32-2 所示。电路采用同步整流技术,大幅提高了开关电源效率。其他电源处理可参考前面章节介绍的电路。

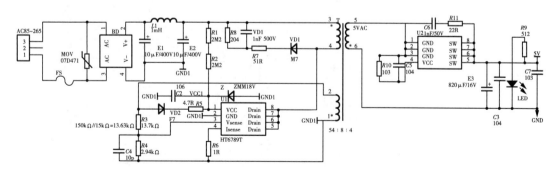

图 32-2　AC220V 转换 DC5V/2A 电路

2. 交流变换

交流变换电路使用了 3 只电压互感器和 3 只电流互感器,把交流高压、交流大电流均变换为交流小信号,提供给 AD7606,如图 32-3 所示。

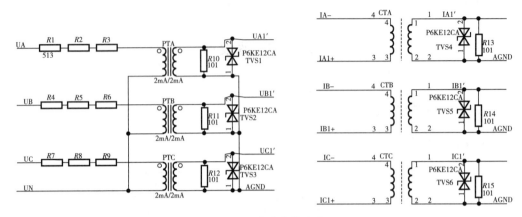

图 32-3 交流变换电路

3. A/D 转换电路

交流采样 A/D 转换电路使用了 AD7606,以及 V1～V6 共 6 个通道,剩余 V7～V8 个通道接至模拟地,与 TMS320F28335 间采用并行总线传输数据,如图 32-4 所示。

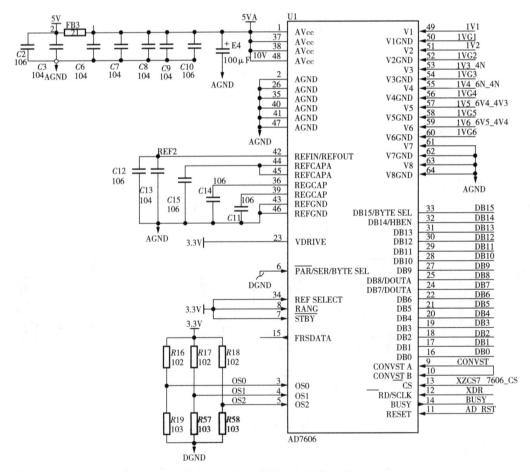

图 32-4 交流采样 A/D 转换电路

4. 数字信号处理电路

TMS320F28335 定时启动 AD7606,实现三相电压、三相电流共 6 路交流信号采集转换,接收转换后的数字信号,采用 FFT 算法计算出每相电压、电流、有功功率、无功功率、相角、谐波,然后通过串口传送给 STM32F103ZET6。数字信号处理电路如图 32-5 所示。

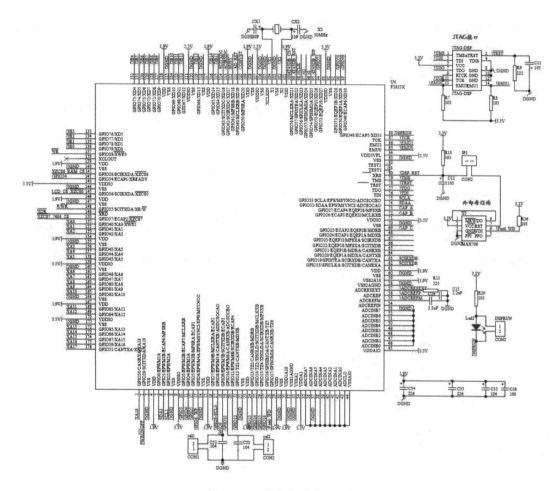

图 32-5　数字信号处理电路

5. STM32F103ZET6 相关电路

STM32F103ZET6 接收 TMS320F28335 通过串口传送过来的电压、电流、有功功率、无功功率、相角、谐波数值,显示在液晶显示屏上。STM32F103ZET6 相关电路(如按键电路、显示电路、RS232、RS485 和 CAN 通信等)可以直接采用此前的电路。温湿度采集电路使用 I2C 总线的 SHT30。

SHT30 数字温湿度传感器是瑞士 Sensirion 公司推出的新一代 SHT30 温湿度传感器芯片,采用 Sensirion 的 CMOSens ® 技术,高集成度电容式测湿元件和能隙式测温元件,能够提供极高的可靠性和出色的长期稳定性,具有功耗低、反应快、抗干扰能力强等优点。采用 I2C 总线通信,兼容于 3.3V/5V,可以非常容易地应用到智能楼宇、气象站、仓储、养殖、孵化、智慧农业等场景中。传感器在 $10\%\sim90\%\mathrm{RH}(25℃时)$误差为$\pm2\%\mathrm{RH}$,在 $0\sim65℃$误差为$\pm0.2℃$。

32.3　软件设计

由于本实验采用了两种微处理器,因此需要对 STM32F103ZET6 和 TMS320F28335 分别编写应用程序。

32.3.1　STM32 侧软件

STM32F103ZET6 侧应用程序就是把前述的各外设的驱动程序移植到一个工程下。

32.3.2　DSP 侧软件

TMS320F28335 侧应用程序采用 C 语言编写,集成开发环境是 TI 的 Code Composer Studio IDE,与 MDK 类似,DSP 开发环境 CCS 如图 32-6 所示。

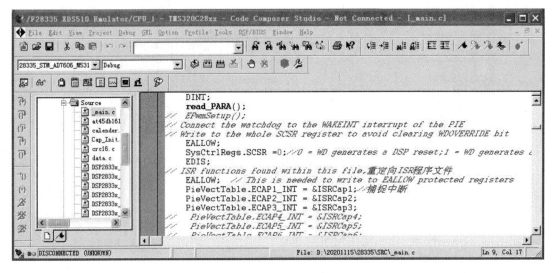

图 32-6　DSP 开发环境 CCS

DSP 侧的应用程序主要完成:①控制 AD7606 定时同步采样转换;②采用 FFT 算法算出基波和谐波,进一步得到其他参数;③通过串口向 STM32F103ZET6 发送数据。关键是采样转换和数值计算,其程序框图如图 32-7 所示,TMS320F28335 的定时器 1 专门用来控制采样间隔。过零捕捉电路检测两个相邻且同样边沿过零,计算出交流电网周期,然后除以设定的采样数 Ns(一般 $Ns=32$、64、128、256 等),就得到采样间隔,作为定时器 1 的定时周期,然后定时器就定期中断。启动 AD7606 采样转换,转换完成后通过并行 16 位总线送到 TMS320F28335 缓存,一个交流周期内 Ns 点采样完成后,调用快速傅里叶 FFT 程序计算出电压、电流、有功功率、无功功率、谐波。为了削弱干扰,可以把连续的多个周期的数据累加后平均,如 10 个周期,然后根据有功功率和无功功率计算出相角和功率因数。

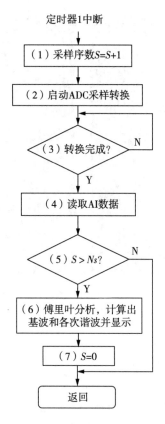

定时器1中断

（1）采样序数$S=S+1$

（2）启动ADC采样转换

（3）转换完成？　N

Y

（4）读取AI数据

（5）$S > Ns$？　N

Y

（6）傅里叶分析，计算出基波和各次谐波并显示

（7）$S=0$

返回

图 32 - 7　采样转换和
数值计算程序框图

32.4　样机运行

多参数实时测量仪运行状况如图 32 - 8 所示。

左侧页面符号意义如下。

(1)Ua：A 相电压基波值(V)。

(2)Ia：A 相电流基波值(A)。

(3)Pa：A 相有功功率(W)。

(4)Qa：A 相无功功率(Var)。

(5)PHa：A 相电压超前电流的角度(°)。

(6)PFa：A 相功率因数。

(7)P：三相总有功功率。

(8)Q：三相总无功功率。

(9)Sdmax：每天最大投运容量。

(10)Smmax：每月最大投运容量。

图 32-8   多参数实时测量仪运行状况

在没有电流信号时,相角与功率因数是由背景干扰信号决定的,无意义。若后续完善程序,可以设定阈值,清除无意义的数据。

右侧页面符号意义如下。

(1)Ua1:A 相电压基波。

(2)Ua2:A 相电压 2 次谐波,Ua3～Ua15 以此类推;

(3)Ia1:A 相电流基波。

(4)Ia2:A 相电流 2 次谐波,Ia3～Ia15 以此类推。

液晶显示屏自带触摸屏,结合应用程序,轻触屏幕可实现换页。

思考题

1. 简述 SHT30 数字温湿度传感器的特点,它测量温湿度的范围是多少?

2. 简述 ARM 控制器与 DSP 数字处理器主要性能特点,设计产品时如何选用不同类型的微处理器?

参考文献

[1] (英)姚文祥(Yiu,J.)著.ARM Cortex - M3 权威指南:第 2 版[M].吴常玉,程凯译.北京:清华大学出版社,2014.

[2] 杨百军.轻松玩转 STM32Cube[M].北京:电子工业出版社,2017.

[3] 蒙博宇.STM32 自学笔记[M].3 版.北京:北京航空航天大学出版社,2019.

[4] 刘火良,杨森.STM32 库开发实战指南:基于 STM32F4[M].北京:机械工业出版社,2017.

[5] 沈红卫,等.STM32 单片机应用与全案例实践[M].北京:电子工业出版社,2017.

[6] 连艳.嵌入式技术与应用项目教程(STM32 版)——基于 STM32CubeMX 和 HAL库[M].北京:科学出版社,2021.

[7] 刘凌顺.TMS320F28335 DSP 原理与开发编程[M].北京:北京航空航天大学出版社,2010.

[8] 谭浩强.C 语言程序设计[M].4 版.北京:清华大学出版社,2020.

[9] (美)K.N.金(K.N.King)著.C 语言程序设计:现代方法:第 2 版[M].昌秀锋,黄情译.修订本.北京:人民邮电出版社,2021.

[10] 孟培.Altium Designer 20 电路设计与仿真入门到精通[M].北京:人民邮电出版社,2021.